BEIHEFT

Statistik für Forschung und Beruf

Ein programmierter Lehrgang

Erfassung, Aufbereitung und Darstellung statistischer Daten

Von Dr. sc. phil. Heinz Lohse und Dr. rer. nat. Dr. phil. Rolf Ludwig

VERLAG HARRI DEUTSCH · THUN · FRANKFURT/MAIN

Mathematische Grundsymbole und Begriffe

Allgemeine Zeichen

M, G, S	Mengen (insbesondere Grundgesamtheiten und Stichproben)
$\{a, b, c\}$	Menge aus den Elementen a, b, c
A, B, S, U	Ereignisse
X, Y, Z	Zufallsvariablen (Merkmale)
$x_1, x_2, ..., x_i, ..., x_n$	Realisationen der Zufallsvariablen X (Merkmalswerte, Meßwerte, Beobachtungswerte)
$a, b, ...$	unendliche Folge (»a, b und so weiter«)
∞	unendlich
$n \rightarrow \infty$	n geht gegen unendlich, n strebt gegen unendlich, n wächst über alle Grenzen
$\lim\limits_{k \to \infty} a_k$	(lies: Limes der a_k für k gegen unendlich). Ausdruck für einen mathematischen Grenzprozeß: die a_k durchlaufen eine unendliche Folge und streben dabei einem (festen) Grenzwert zu, die Folge konvergiert gegen a_k.

Aufbau der Zahlenbereiche

K Menge der komplexen Zahlen   Beispiel: $a + bj$

Re Menge der reellen Zahlen, Beispiele: $-\sqrt{3}$; $\sin 15°$; $\log_4 4{,}5$

R Menge der rationalen Zahlen, Beispiele: 3; $-\frac{4}{5}$; $+\frac{2}{3}$

G Menge der ganzen Zahlen $\{0; -1; +1; -2; +2; ...\}$

N Menge der natürlichen Zahlen $\{0; 1; 2; 3; ...\}$

Jeder höhere Zahlenbereich umfaßt den darunterstehenden.

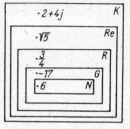

Relationssymbole,

die Beziehungen zwischen Mengen ausdrücken

Beispiele

$\subset$	echte Teilmenge, echte Untermenge, echt enthalten in	$N \subset G$
$\not\subset$	nicht echt enthalten in	$G \not\subset N$
$\subseteqq$	Teilmenge, Untermenge, enthalten in	$A \subseteqq B$

die Beziehungen zwischen Zahlen ausdrücken

$=$	gleich	$a = b$	$7 = \frac{21}{3}$
$\neq$	nicht gleich, ungleich	$a \neq b$	$7 \neq 9$
$\approx$	angenähert, nahezu gleich	$a \approx b$	$\frac{1}{3} \approx 0{,}33$
$<$	kleiner als	$a < b$	$7 < 9$
$\leqq$	kleiner oder gleich	$a \leqq b$	$x \leqq 9$
			(Zahl 9 ist inbegriffen)
$>$	größer als	$b > a$	$9 > 7$
$\geqq$	größer oder gleich	$b \geqq a$	$x \geqq 7$
$[\ ]$	abgeschlossenes Intervall	$[a; b]$ bedeutet $a \leqq x \leqq b$	
		(a und b gehören zum Intervall)	
$(\ )$	offenes Intervall	$(a; b)$ bedeutet $a < x < b$	
		(a und b gehören **nicht** dazu)	
$[\ )$ $(\ ]$	$\Big\}$ halboffene Intervalle	$\Big\{$ rechtsoffen $[a; b)$ bedeutet $a \leqq x < b$ linksoffen $(a; b]$ bedeutet $a < x \leqq b$	
$\triangleq$	entspricht	$\dfrac{p}{100} \triangleq p\%$	$0{,}05 \triangleq 5\%$

Merkmale, Merkmalsausprägungen

An vier Beispielen zeigen wir den Zusammenhang zwischen den wichtigsten Begriffen, die in diesem Abschnitt auftauchten.

Praxis	Unter-suchungs-objekt	Unter-suchtes Merkmal	Merkmals-klasse	Merkmals-ausprägungen	Art der Auspră-gungen
	Mensch	Geschlecht	nicht stetig	männlich weiblich	qualitativ
	Wurf eines Würfels	Augenzahl	nicht stetig	1, 2, 3, 4, 5, 6	quantitativ
	Student	Einstellung zum Partner	stetig	kamerad-schaftlich gleichgültig freundlich kritisch ablehnend	qualitativ
	Werkstück	Durch-messer	stetig	15,0 mm 15,1 mm 15,2 mm $\vdots$	quantitativ
Theorie	Individuum Objekt	Zufalls-variable X	Klasse der Zufalls-variablen	Realisationen $x_1, x_2, x_3, \ldots$	Art der Realisationen

Merkmale sind bestimmte Charakteristika des Untersuchungsobjekts.

Definitionen

▶ Ein Merkmal ist **stetig** oder **kontinuierlich**, wenn es jeden beliebigen Wert im betrachteten Intervall auf einem Kontinuum annehmen kann.

▶ Ein Merkmal ist dagegen **nicht stetig** oder **diskret**, wenn es nur in n Kategorien ($n \geq 2$) angebbar ist.

▶ Die Ausprägungen eines Merkmals sind **quantitativ**, wenn sie durch Zahlen dargestellt werden, die die Beziehungen zwischen den Objekten eindeutig widerspiegeln.

▶ Die Ausprägungen eines Merkmals sind **qualitativ**, wenn sie in bestimmten (voneinander verschiedenen) Kategorien angegeben werden.

▶ Eine **Zufallsvariable** (auch: Zufallsgröße) ist eine Funktion, die ihre Werte in Abhängigkeit vom Zufall, d. h. nach einer Wahrscheinlichkeitsverteilung, annimmt. Bitte umblättern!

3

Die Wahrscheinlichkeitsverteilung gibt an, nach welcher Gesetzmäßigkeit die möglichen Werte einer Zufallsvariablen angenommen werden.

Wahrscheinlichkeitsverteilung (Verteilung)

Wahrscheinlichkeitsfunktion
(für diskrete Zufallsvariablen)

Dichtefunktion
(für stetige Zufallsvariablen)

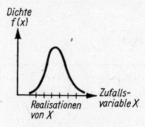

Spezielle Dichtefunktion: Normalverteilung

Legen Sie jetzt eine **Pause** ein!

Entspannen Sie sich!

! Entscheiden Sie dann:

Ich möchte auf regulärem Wege fortfahren. ⟶ **Lehrschritt 17** im Programm

Ich möchte Näheres über Wahrscheinlichkeitsverteilungen kennenlernen. ⟶ **T 22**, S. 293

(Gehen Sie diesen Weg bitte nur für den Fall, daß Ihnen die bisherigen Lehrschritte leichtfielen.)

Messen und Maßeinheiten

Bestimmen von

quantitativen Merkmalsausprägungen | **qualitativen** Merkmalsausprägungen

durch

MESSEN	KATEGORISIEREN
▶ **Messen** besteht im Zuordnen von Zahlen zu Objekten, so daß bestimmte Relationen zwischen den Zahlen analoge Relationen zwischen den Objekten widerspiegeln.	▶ **Kategorisieren** ist das Einordnen qualitativer Ausprägungen eines Merkmals in bestimmte Gruppen oder Klassen (Kategorien).

Beim Messen unterscheiden wir:

Messen im engeren (physikalischen) Sinn	Festlegen einer Rangordnung, Zuordnung mit Relationstreue	Zuordnung ohne Relationstreue
Anlegen eines Vergleichsmaßstabes	Anwenden der Größer-kleiner-Relation	Verwenden des Nebeneinander
5 6 7 8	$A < B < C$	A; B; C

Gemessen wird mit geeigneten Meßinstrumenten. Meßinstrumente haben drei Hauptkriterien zu genügen: der Objektivität, der Zuverlässigkeit (Reliabilität), der Gültigkeit (Validität).

! Durchdenken Sie an dieser Gegenüberstellung die Zusammenhänge! Wiederholen Sie gegebenenfalls den einen oder anderen Lehrschritt! Legen Sie dann eine kurze Pause ein!

Abschnitt 1.3. ————▶ 25

(Schritte bis 25 bis 37)

Datenarten und ihr Informationswert

Wir sind interessiert an der quantitativen Charakterisierung von Merkmalen, also an der Erfassung von Daten.

Definition

 Daten sind eindeutig durch Zahlen (numerische Zeichen) festgehaltene Informationen, die durch Messen oder Kategorisieren der interessierenden Merkmale am Untersuchungsobjekt entstanden sind.

Je nach Merkmal bzw. Meßvorschrift stehen uns verschiedene Skalen und damit Datenarten zur Verfügung:

Skala	Datenart	Möglicher Übergang	Informations-wert	Abbildung des Merkmals
Intervallskala (Ratio-, wenn absoluter Nullpunkt)	**Meßwerte**	↓ ↑	hoch	relationstreu
Ordinalskala	**Rangdaten** ⟨ Rangwerte / Rangplätze		mittel	relationstreu
Nominalskala	Kategorien		gering	nicht relationstreu

Rangwerte sind Merkmalsausprägungen, die mit einem Meßinstrument gewonnen werden, das keinen metrischen Maßstab trägt.

Rangplätze sind Ordnungsnummern, die auf Grund von Vergleichen der Objekte bezüglich eines Merkmals entstehen.

Auf Grund der Kenntnis der drei Datenarten

Meßwerte

Rangdaten

Kategorien

ist es möglich, eine dem Merkmal adäquate Meßvorschrift (Skala) zu wählen. Dabei ist ein möglichst hoher Informationswert anzustreben.

An Hand einiger Beispiele zeigt folgende Übersicht, welche Klassifizierungen für Merkmale nach Art der Ausprägungen und Daten möglich sind.

Datenart	Merkmal			
	stetig		nicht stetig	
	Ausprägung			
	quantitativ	qualitativ	quantitativ	qualitativ
Meßwerte	Farbe (in µm) Ernteertrag von Weizen Leistungsstand in Physik (in Punkten)	–	Anzahl der Ferkel pro Wurf	–
Rangdaten	Leistungsstand in Physik (in Noten)	–	Reihenfolge, Zieleinlauf	–
Kategorien	–	Farbe (violett, blau, ..., rot)	–	Familienstand Geschlecht Beruf

Beachten Sie: Sechs Kästchen sind durch Striche gekennzeichnet. Sie weisen darauf hin, daß es Merkmale der betreffenden Art nicht geben kann.

Zum Beispiel gibt es keine Merkmale, deren Ausprägungen qualitativ in Meßwerten erfaßt werden.

Sie arbeiten zielstrebig und gewissenhaft.
Das ist hoch einzuschätzen.
Lassen Sie aber bitte nicht in Ihren Bemühungen nach.
Gönnen Sie sich zunächst eine längere Pause!

Dann weiter mit ————————▶ 38

(Schritte 38 bis 52)

Grundgesamtheit und Stichprobe

Grundgesamtheit und Stichprobe sind Mengen.

Definitionen

▶ Eine **Menge** ist eine Zusammenfassung von bestimmten wohlunterschiedenen Objekten unserer Anschauung oder unseres Denkens − welche die Elemente der Menge genannt werden − zu einem Ganzen.

▶ Die Menge aller gleichartigen Individuen oder Objekte bildet die **Grundgesamtheit G.**

▶ Die für eine bestimmte Untersuchung zufallsmäßig aus G ausgewählte Menge von Individuen oder Objekten heißt eine **Stichprobe S** aus der Grundgesamtheit G.

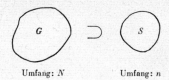

Umfang: N Umfang: n

Untersuchungsobjekte sind für den Statistiker Versuchspersonen, Versuchstiere, Werkstücke usw. An den einzelnen Objekten untersuchen wir ein oder mehrere Merkmale.

Es besteht Interesse an repräsentativen Stichproben.

▶ Unter einer **repräsentativen Stichprobe** der Grundgesamtheit G verstehen wir eine solche, die ein getreues Modell der Grundgesamtheit ist.

Kriterien für eine repräsentative Stichprobe:

Gute Durchmischung der Elemente der Grundgesamtheit.
Zufallsmäßige Entnahme der Elemente für die Stichprobe nach festgelegtem Auswahlplan.

Definition

▶ Eine **Zufallsauswahl** liegt vor, wenn für jedes Element aus G eine berechenbare Wahrscheinlichkeit angebbar ist, in die Stichprobe aufgenommen zu werden.

Auswahltechniken einer Zufallsauswahl

Lotterieprinzip   (wahlloses Ziehen von Elementen aus einer Urne)
systematische Auswahl (jedes 10. oder 20. oder ... Element)
Geburtstagsauswahl   (jedes Individuum mit einem bestimmten Geburtstag)
Buchstabenauswahl   (jedes Individuum mit bestimmten Anfangsbuchstaben)
Tafel mit Zufallszahlen.

Zur Gewinnung einer repräsentativen Stichprobe dienen uns

Stichprobenverfahren:

1. Zufallsauswahl:

   a) reine Zufallsauswahl (für jedes Element aus G besteht die **gleiche Wahrscheinlichkeit**, in die Stichprobe zu gelangen)

   b) geschichtetes Auswahlverfahren (G wird in eine Anzahl **nebengeordneter Teilgesamtheiten** $T_1, ..., T_m$ gegliedert, die weitgehend homogene Elemente enthalten)

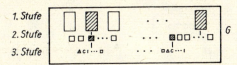

1. Schicht

2. Schicht   3. Schicht

Stichprobenumfang der j-ten Schicht

$$n_j = \frac{n}{N} \cdot N_j \tag{1}$$

$$j = 1, ..., m$$

Die Schichtung erfolgt auf Grund des Schichtungsmerkmals (Geschlecht, Alter, Beruf, soz. Herkunft o. ä.)

   c) mehrstufiges Auswahlverfahren (die Elemente, die in die Stichprobe **gelangen**, werden **stufenweise** ermittelt, indem man durch Zufallsauswahl **auf immer kleinere Teilgesamtheiten** zurückgeht, die jeweils heterogene Elemente enthalten.

1. Stufe

2. Stufe

3. Stufe

G

   d) Klumpenauswahlverfahren (spezielles mehrstufiges Verfahren, bei dem **auf der letzten Stufe** eine **Vollerhebung** vorgenommen wird. Die Teilgesamtheiten der vorletzten Stufe werden Klumpen genannt.)

2. Auswahl nach Gutdünken:

   a) gezieltes Auswahlverfahren
   b) Quotenauswahlverfahren $\Big\}$ sind weniger zu empfehlen.

Die Festlegung eines Stichprobenverfahrens unter Anwendung einer bestimmten Auswahltechnik bezeichnet man als **Auswahlplan.**

Legen Sie wieder eine kurze Pause ein!

Wenden Sie sich dann
dem Abschnitt 1.5. zu ⟶ **53**

Zusammenfassung zu Abschnitt 1.5.

Z 1.5.

(Schritte 53 bis 65)

Datenerfassung und Datenträger

▶ Die **Datenerfassung** dient der Gewinnung von Informationen in Form von Zeichen (Zahlen, Buchstaben, Sonderzeichen) zur späteren Auswertung.

▶ **Datenträger** sind Mittel zum Festhalten von Daten für eine spätere Auswertung. Als Symbol verwendet man ⟨____⟩.

Primärdatenträger sind im allgemeinen **nicht-maschinenlesbar**, Sekundärdatenträger sind **maschinenlesbar**; Primär-Sekundärdatenträger sind **manuell gefertigte maschinenlesbare** Datenträger.

Überblick:

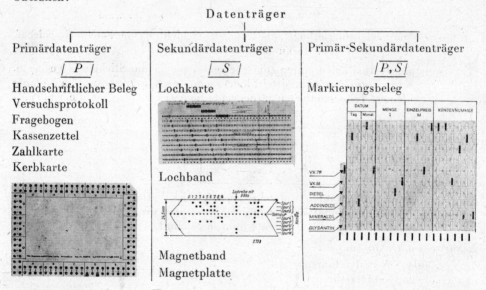

Prinzipien für die Anlage von Primärdatenträgern, aus denen Sekundärdatenträger hergestellt werden sollen:

Belege möglichst im Format A 4 oder A 5.

Es sind Felder für alle Angaben vorzusehen, die für den verfolgten Zweck wichtig sein könnten.

Reihenfolge der Daten auf Beleg soll mit vorgesehener Reihenfolge auf Sekundärdatenträger übereinstimmen.

Für alle zu übertragenden Daten sind im Beleg umrandete Felder vorzubereiten.

═══════════════════════════════════
Entspannen Sie sich für einige Minuten!
═══════════════════════════════════

Lösen Sie jetzt die Kontrollaufgaben K 1 zum 1. Abschnitt! Diese finden Sie auf den Seiten 147/149 (**nach Lehrschritt 65**) ────▶ **Seite 147**

10

Z2.1. u. Z2.2.

Vorbereitende Arbeiten und Ziel der Aufbereitung

▶ Unter **Aufbereitung** verstehen wir das Ordnen und Verdichten der Daten in Form von Tabellen.

Vorbereitende Arbeiten sind:

Codieren (Zuordnen von Zahlen zu Merkmalsausprägungen)
Kontrolle der Vollständigkeit
Kontrolle der Richtigkeit der Eintragungen.

Ziel der Aufbereitung ist die Ermittlung von

Häufigkeiten

absolute Häufigkeit

▶ Unter absoluter Häufigkeit verstehen wir die Anzahl der Elemente einer Grundgesamtheit oder Stichprobe, die die gleiche Merkmalsausprägung tragen.
Als Symbol verwenden wir f.

relative Häufigkeit

▶ Unter der relativen Häufigkeit einer Merkmalsausprägung verstehen wir das Verhältnis der vorliegenden absoluten Häufigkeit f zum Umfang n (bzw. N).
Relative Häufigkeit
$$= \frac{\text{absol.Hfgkt.}}{\text{Umfang}} = \frac{f}{n} \left(\text{bzw.} \frac{f}{N} \right)$$

Häufigkeitsverteilung

▶ Unter Häufigkeitsverteilung verstehen wir die eindeutige Zuordnung von (absoluten oder relativen) Häufigkeiten zu allen im Variationsbereich möglichen Ausprägungen des Merkmals oder zu den möglichen Ausprägungen einer Kombination mehrerer Merkmale.

monovariable Häufigkeitsverteilung

bivariable Häufigkeitsverteilung
(an jedem Element der beobachteten Menge werden **zwei** Merkmale untersucht und zueinander in Beziehung gesetzt.)

Merkmalsausprägung	Häufigkeit absolut oder relativ	
x_j	f_j	f_j/n
x_1	f_1	f_1/n
x_2	f_2	f_2/n
$\vdots$	$\vdots$	$\vdots$
x_j	f_j	f_j/n
$\vdots$	$\vdots$	$\vdots$
x_m	f_m	f_m/n
	$\sum_{j=1}^{m} f_j = n$	$\sum_{j=1}^{m} f_j/n = 1{,}00$ $\widehat{=} 100\%$

(primäre Verteilungstafel)

		y_1	y_2	$\cdots$	y_k	$\cdots$	y_l	
Merkmal X	x_1	f_{11}	f_{12}	$\cdots$	f_{1k}	$\cdots$	f_{1l}	$f_{1.}$
	x_2	f_{21}	f_{22}	$\cdots$	f_{2k}	$\cdots$	f_{2l}	$f_{2.}$
	$\vdots$	$\vdots$	$\vdots$		$\vdots$		$\vdots$	$\vdots$
	x_j	f_{j1}	f_{j2}	$\cdots$	f_{jk}	$\cdots$	f_{jl}	$f_{j.}$
	$\vdots$	$\vdots$	$\vdots$		$\vdots$		$\vdots$	$\vdots$
	x_m	f_{m1}	f_{m2}	$\cdots$	f_{mk}	$\cdots$	f_{ml}	$f_{m.}$
		$f_{.1}$	$f_{.2}$	$\cdots$	$f_{.k}$	$\cdots$	$f_{.l}$	$f_{..} = n$

Merkmal Y

Korrelations- oder Kontingenztabelle
(auch Mehrfeldertafel)

——————→ 76

Zusammenfassung zu Abschnitt 2.3.

(Schritte 76 bis 85)

Z 2.3.

Durchführung der Aufbereitung

Wir unterscheiden

manuelle   von   maschineller Datenaufbereitung

| **Strichlistenverfahren** (günstig für $n < 100$) | **Lochkartenverfahren** (günstig für $n > 200$) |

Urbeleg, z. B. Fragebogen, Versuchsprotokoll, Urliste (ungeordnete Folge x_i der Beobachtungswerte)

mit Lochkartenmaschinen:
Sortiermaschine (Lochkarten werden nach einer Lochspalte vorsortiert.)

18	13	17	12	...
4	11	5	11	
4	13	13	12	
22	5	11	15	

Strichliste (geordnete Folge x_j der Beobachtungswerte mit Angabe der entsprechenden Häufigkeit f_j in Strichen)

Merkmalsausprägung x_j ($j = 1, ..., m$)	Häufigkeit f_j
4	||
5	||
6	
7	|
8	||
9	'
⋮	

Tabelliermaschine (Angabe der Häufigkeiten in Tabellenform mittels Druckers)

Primäre Verteilungstafel (f_j in Zahlen)

Merkmalsausprägung x_j ($j = 1, ..., m$)	Häufigkeit f_j
4	2
5	2
6	–
7	1
8	2
9	1
⋮	

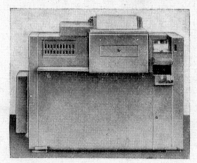

Kerbkartenverfahren (günstig für $n \geqq 100$)
Merkmalsausprägungen werden auf Kerbkarte durch bestimmte Kombinationen von Flach- und Tiefkerbungen dargestellt. Auffinden aller Elemente (Karten), die die gleiche Merkmalsausprägung tragen, mittels Selektionsnadel.

Elektronische Datenverarbeitung
Vorteile:
höchste Effektivität
große Speicherkapazität
minimale Zugriffszeit
gleichzeitige Aufbereitung
und Auswertung der Daten
kürzeste Rechenzeiten.

Gönnen Sie sich eine Verschnaufpause!

Dann ⟶ 86

Klassenbildung

Die Klassenbildung dient der weiteren Verdichtung der Daten.

Als Ergebnis dieser Verdichtung entstehen sekundäre Verteilungstafeln.

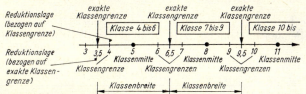

Klassengrenzen:	werden durch den kleinsten und größten vorkommenden Merkmalswert der betreffenden Klasse gebildet.
Exakte Klassengrenzen: (x_{ug} und x_{og})	umschließen den Bereich, in den alle möglichen Ausprägungen der betreffenden Klasse hineinfallen, auch wenn Zwischenwerte gar nicht erfaßt werden.
Klassenmitte:	ist das arithmetische Mittel der Klassengrenzen oder der exakten Klassengrenzen.
Klassenbreite b:	ist die Differenz zwischen exakter oberer und exakter unterer Klassengrenze.
Reduktionslage a:	kennzeichnet den unterschiedlichen Beginn der Klasseneinteilung bei konstanter Klassenbreite.

Für die Wahl der günstigsten Klassenbreite lassen sich folgende Empfehlungen geben:

a) Die Zahl l der Klassen sollte im allgemeinen zwischen 5 und 20 liegen.

b) Die Zahl der Klassen sollte nicht größer sein als der fünffache Logarithmus des Umfangs n der Stichprobe

$$l \leqq 5 \cdot \lg n \qquad . \qquad (3)$$

c) Die Klassenbreite soll so gewählt werden, daß im Kern der Tafel (in der Verteilungsmitte) alle Klassen besetzt sind.

d) Als am vorteilhaftesten erweisen sich die Klassenbreiten $b = 1, 2, 3, 5, 10$ oder 20.

Die Bezeichnung der Klassen kann auf folgende Weisen geschehen:

	diskrete Merkmale mit quantitativen Ausprägungen	stetige Merkmale, deren quantitative Ausprägungen durch ganze Zahlen repräsentiert werden	stetige Merkmale mit quantitativen Ausprägungen
● Angabe aller Merkmalswerte, die in die betr. Klasse fallen	58; 59; 60; 61; 62	4; 5; 6	–
● Angabe der Klassenmitte als Repräsentant der Klasse	60	5	50
● Angabe der Klassengrenzen	58 bis 62	4 bis 6	–
● Angabe der exakten Klassengrenzen	57,5 bis 62,5	3,5 bis unter 6,5	47,5 bis unter 52,5

▶ **104**

Kumulative Häufigkeitsverteilung

 Die Folge der Teilsummen irgendeiner, meist aus positiven Gliedern bestehenden Zahlenfolge (z. B. Häufigkeiten) heißt **kumulative Folge.**

Aus der Folge der Häufigkeiten f_k	ergibt sich durch jeweiliges Addieren des f_k die Folge der kumulierten Häufigkeiten cf_k
f_1	$cf_1 = f_1$
f_2	$cf_2 = f_1 + f_2$
f_3	$cf_3 = f_1 + f_2 + f_3$
$\vdots$	$\vdots$
f_l	$cf_l = f_1 + f_2 + f_3 + \cdots + f_l = n$

Definition

Unter **kumulativer Häufigkeitsverteilung** verstehen wir die eindeutige Zuordnung von (absoluten oder relativen) kumulierten Häufigkeiten zu allen Ausprägungen oder Klassen des Merkmals im Variationsbereich.
Liegt Klasseneinteilung vor, so erfolgt die Zuordnung stets zur exakten oberen Klassengrenze der betreffenden Klasse.

Kumulative Häufigkeitsverteilungen gestatten Aussagen darüber, wieviel Merkmalswerte unterhalb eines bestimmten gegebenen Wertes (bei »aufsteigender« Kumulation, s. oben) bzw. oberhalb (bei »absteigender« Kumulation) liegen.

Legen Sie eine längere Pause ein!

Ein Programmautor berichtet seinem Freund voller Stolz:
»Die Zahl der Leser meines Programms hat sich im letzten halben Jahr verdoppelt!«
Worauf dieser entgegnet:
»Ich wußte noch gar nicht, daß du geheiratet hast!«

Lösen Sie nun die Kontrollaufgaben **K 2** zum 2. Abschnitt!
Diese finden Sie auf den Seiten 243/245
(**nach** Lehrschritt 108)
———————➤ **Seite 243**

(Schritte 110 bis 112)

Tabellarische Darstellung

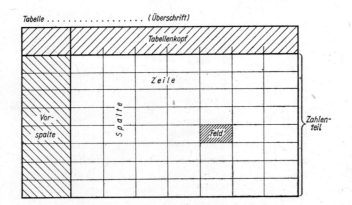

Überschrift muß enthalten:

    kurze Angabe des sachlichen Inhalts

    Zeitraum oder Zeitpunkt der Erfassung

    örtlichen Geltungsbereich.

Tabellenkopf und Vorspalte:

    kennzeichnen den Inhalt des Darzustellenden genauer.

Zahlenteil:

    bringt in den Feldern die Angaben (Daten).

Weiter mit ⟶ **113**

Seite 316

15

Graphische Darstellung monovariabler Häufigkeitsverteilungen

▶ Die **graphische Darstellung** ist eine Zeichnung, die Ergebnisse der untersuchten Erscheinung anschaulich widerspiegelt.

Häufigkeit f_k

Merkmalsausprägungen x_k

f_k *exakte Klassengr.* x_k
Histogramm

f_k *Klassenmitten* x_k
Häufigkeitspolygon

Datenart	Merkmal			
	stetig		nicht stetig	
	Ausprägung			
	quantitativ	qualitativ	quantitativ	qualitativ
Meßwerte	Histogramm Häufig- keitspolyg. Summen- polygon	–	Strecken- diagramm Treppen- polygon	–
Rangdaten	Streifen- diagramm Staffelbild Kreis- diagramm Treppen- polygon	–	Streifen- diagramm Staffelbild Kreis- diagramm Treppen- polygon	–
Kategorien	–	Streifen- diagramm Staffelbild Kreis- diagramm	–	Streifen- diagramm Staffelbild Kreis- diagramm

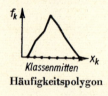

f_k *Merkmalsausspräg.* x_k
Streckendiagramm

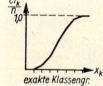

$\frac{cf_k}{n}$ $1{,}0$ *exakte Klassengr.* x_k
Summenpolygon (Summenkurve)

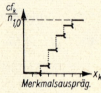

$\frac{cf_k}{n}$ $1{,}0$ *Merkmalsausspräg.* x_k
Treppenpolygon

Faustregel:

$$\text{Länge } f_{\max}\left(\text{bzw. } \frac{f_{\max}}{n}\right) \approx \text{Länge } w \qquad (5)$$

wobei Variationsweite w

$$w = x_{\max} - x_{\min} \qquad (4)$$

f_j *Merkmalsausspräg.* x_j
Streifendiagramm

Merkmalsausspräg.
Staffelbild

Kreisdiagramm

$$\varphi_j = \frac{f_j}{n}\cdot 360° \qquad (6)$$

16

Bei all den Zeichnungen auf der Vorseite handelt es sich um graphische Darstellungen von **empirischen Verteilungen**, also Verteilungen, deren Werte aus Versuchen stammen. Diesen liegen bestimmte **theoretische Verteilungen**, die die Mathematische Statistik bereithält, zugrunde.

Für $n \to \infty$ gehen die empirischen in die theoretischen Verteilungen über.

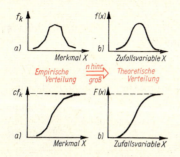

Jede theoretische Verteilung ist durch ihre Dichtefunktion $f(x)$ oder durch ihre Verteilungsfunktion $F(x)$ beschreibbar.

Die wichtigste theoretische Verteilung ist die **Normalverteilung.**

Bei Untersuchungen in der Praxis taucht oft die Frage auf, ob eine gefundene empirische Verteilung (annähernd) normal ist oder nicht.

Die Beantwortung dieser Frage kann zeichnerisch leicht mit dem sogenannten **Wahrscheinlichkeitspapier** vorgenommen werden.

Im Wahrscheinlichkeitsnetz erscheint der Summenpolygonzug als **Gerade**, wenn die vorliegende Verteilung einer Normalverteilung nahekommt.

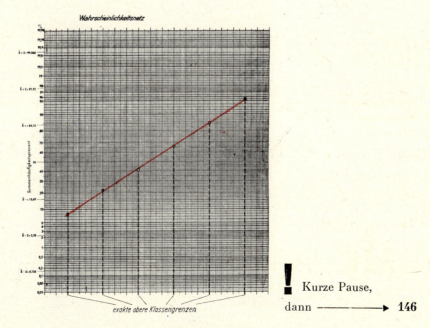

! Kurze Pause,

dann ——————➤ **146**

**Zusammenfassung
zu den Abschnitten 3.2.2. und 3.2.3.**

(Schritte 146 bis 160)

Z3.2.2. u. Z3.2.3.

Typische Formen und Ausgleichung monovariabler Häufigkeitsverteilungen

Bei der Charakterisierung der Verteilungsform spielen die **Anzahl der Gipfel** und die **Symmetrie** der Verteilung eine entscheidende Rolle.

Definitionen

▶ Eine Häufigkeitsverteilung heißt *n*-**gipflig,** wenn sie *n* Maxima aufweist.

▶ Eine Häufigkeitsverteilung heißt **symmetrisch,** wenn bezüglich der Verteilungsmitte c für die Merkmalsausprägungen $c - z_i$ und $c + z_i$ stets die gleichen Häufigkeiten auftreten.

▶ Eine Verteilung heißt **linksschief** (linkssteil, linksseitig asymmetrisch), wenn ihr Gipfel links von der Verteilungsmitte liegt; im entgegengesetzten Fall **rechtsschief** (rechtssteil, rechtsseitig asymmetrisch).

Eingipflige Verteilungen:

Symmetrisch

flachgipflig
Exzeß $E < 0$

normal
$E = 0$

hochgipflig
$E > 0$

Asymmetrisch

linksschief

linksschief
J-förmig

rechtsschief

rechtsschief
J-förmig

Mehrgipflige Verteilungen:

bimodal

U-förmig

dreigipflig

18

Gleich- oder Rechteckverteilung:

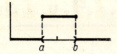

Die Ausgleichung monovariabler Häufigkeitsverteilungen wird vorgenommen, um die wirkliche Form der Verteilung deutlich hervortreten zu lassen. Neben der Klassenbildung (s. Z 2.4.) kann hierfür das **Verfahren der gleitenden Durchschnitte** angewandt werden.

Formel für dreigliedrige Ausgleichung

$$f_k{}'(3) = \frac{f_{k-1} + f_k + f_{k+1}}{3} \quad (k = 1, ..., l) \tag{8}$$

für fünfgliedrige Ausgleichung

$$f_k{}'(5) = \frac{f_{k-2} + f_{k-1} + f_k + f_{k+1} + f_{k+2}}{5} \tag{9}$$

Aus einer Anzahl aufeinanderfolgender Häufigkeiten wird das arithmetische Mittel gebildet und dieses der mittleren Merkmalsausprägung oder Klasse zugeordnet.

Durch die Ausgleichung entsteht eine Verzerrung des Polygonzuges (die Kurve erscheint »gedrückt« und damit verbreitert), die durch den Entzerrungsfaktor c rückgängig gemacht wird.

$$c = \sqrt{1 + \frac{1}{12}\left(\frac{d}{s}\right)^2} \tag{10}$$

mit d Anzahl der in die Ausgleichung einbezogenen Glieder

s Standardabweichung der Verteilung.

Bei höhergliedriger Ausgleichung $(d > 3)$ ist c stets zu berechnen.

Für die neu entstehenden Merkmalsausprägungen (oder Klassenmitten) und die zugehörigen Häufigkeiten gelten folgende Berechnungsanweisungen:

$$\bar{x} + \frac{x_k - \bar{x}}{c} \quad \text{und} \quad f_k{}'(d) \cdot c \,.$$

Kurze Pause!

Dann ⟶ 161

19

Graphische Darstellung bivariabler Häufigkeitsverteilungen

Zur graphischen Darstellung bivariabler Häufigkeitsverteilungen wird ein **dreidimensionales Koordinatensystem** verwendet. Dabei tragen **zwei Achsen** die beiden **Merkmale** und die **dritte Achse** die **Häufigkeiten**. Erfolgt die Darstellung in einem rechtwinkligen Koordinatensystem, so spricht man von einem axonometrischen Diagramm.

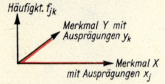

Zweckmäßigerweise zeichnet man die Y-Achse in einem Winkel von etwa 40° zur Achse.
Der Maßstab der Y-Achse wird gegenüber dem der X-Achse meist im Verhältnis 1 : 2 verkürzt dargestellt.
Die Darstellungsarten sind denen für monovariable Verteilungen analog.

Übersicht:

Datenart	Merkmal	Monovariable	bivariable
		\multicolumn{2}{}{Häufigkeitsverteilung}	
Meßwerte	stetig	Histogramm	Häufigkeitsgebirge (Relief)
		Häufigkeitspolygon	Häufigkeitsfläche
	diskret	Streckendiagramm	Streckendiagramm
Rangdaten	stetig	Streifendiagramm	Balkendiagramm
und Kategorien	oder diskret	(oder Balkendiagramm)	

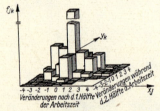

Häufigkeitsgebirge

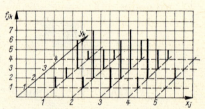

Streckendiagramm

Um den Schwierigkeiten bei der Darstellung bivariabler Häufigkeitsverteilungen im dreidimensionalen Koordinatensystem aus dem Wege zu gehen, beschränkt man sich auf zwei Dimensionen, die die Merkmale tragen, und repräsentiert die Häufigkeiten durch einfache geometrische Gebilde (Punkte, Striche, Flächen) in der X, Y-Ebene.

Balken-dia-gramm

 Unter der Punktwolke verstehen wir ein Punktdiagramm zur Darstellung bivariabler Verteilungen, das unabhängig von der vorliegenden Datenart eingesetzt werden kann.

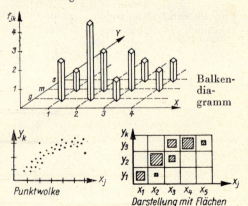

Punktwolke

Darstellung mit Flächen

Sind die Daten intervallskaliert, so verwendet man auch die Bezeichnungen Streuungs- oder Korrelationsdiagramm (Korrelogramm).

Spezielle Formen der graphischen Darstellung

Die Analyse von Erscheinungen bringt uns neben Häufigkeitsverteilungen auch Sachverhalte, bei denen zwei oder drei Merkmale miteinander in Beziehung stehen, ohne daß die Häufigkeit des gemeinsamen Auftretens von Ausprägungen der Merkmale untersucht würde.

Die Darstellung erfolgt wieder im kartesischen Koordinatensystem.

Zwei Haupttypen:

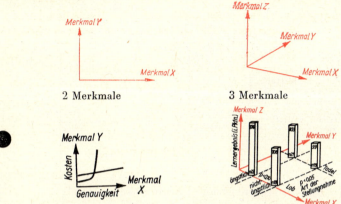

2 Merkmale   3 Merkmale

Ist ein Merkmal die Zeit, sprechen wir von **Entwicklungsreihen** oder **Zeitreihen**.

▶ Eine **Zeitreihe** ist eine Folge von Beobachtungswerten, die man zu bestimmten aufeinanderfolgenden (meist äquidistanten) Zeitpunkten für ein in der Zeit veränderliches Merkmal erhält.

Die Darstellung einer Zeitreihe erfolgt durch eine **Entwicklungskurve.**

Auf der Abszissenachse wird die Zeit abgetragen. Entwicklungskurven sind durch einen **Trend** gekennzeichnet.

▶ Der **Trend** ist die systematische Tendenz einer Zeitreihe bzw. eines stochastischen Prozesses.

Trendformen:

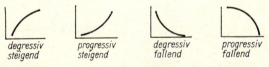

Das Kartogramm, eine besondere Art der graphischen Darstellung, ist eine geographische Karte, in die für bestimmte geographische Regionen ermittelte statistische Daten eingetragen sind.

Und nun legen Sie wieder eine Erholungspause ein!

Danach ⟶ 175

(Schritte 175 bis 208)

Z 3.3.

Mittelwerte

Mittelwerte sind statistische Maßzahlen, die die **Lage** einer Verteilung charakterisieren.

Je nach Art des Merkmals und der Daten sind die folgenden in der Übersicht aufgeführten Mittelwerte möglich:

Datenart	Merkmal			
	stetig		nicht stetig	
	Ausprägung			
	quantitativ	qualitativ	quantitativ	qualitativ
Meßwerte	Arithmetische Mittel Median Modalwert Geometrisches Mittel	–	Arithmetische Mittel Median Modalwert Geometrisches Mittel	–
Rangdaten	Median Modalwert		Median Modalwert	–
Kategorien	–	–	–	–

Betrachten wir die einzelnen Mittelwerte genauer: **Arithmetisches Mittel**

Definition

 Unter dem **arithmetischen Mittel** $\bar{x}$ von n Zahlen (Meßwerten einer Stichprobe) x_i ($i = 1, 2, ..., n$) verstehen wir die Summe der x_i, dividiert durch die Anzahl n der Zahlen (Meßwerte).

$$\bar{x} = \frac{1}{n} \cdot \sum_{i=1}^{n} x_i \qquad (11)$$

Weitere Berechnungsformeln für $\bar{x}$ (aus einer Verteilungstafel):

$$\bar{x} = \frac{1}{n} \cdot \sum_{k=1}^{l} x_k f_k \qquad (12)$$

wo x_k Klassenmitte

f_k Häufigkeit der k-ten Klasse

(über das Verfahren des angenommenen Mittelwertes):

$$\bar{x} = x_a + \frac{b}{n} \cdot \sum_{k=1}^{l} x_k' f_k \qquad (14)$$

mit x_a angenommener Mittelwert

b Klassenbreite

$$x_k' = \frac{x_k - x_a}{b} \qquad (13)$$

Das gewogene arithmetische Mittel aus Teilstichproben:

$$\bar{x}_g = \frac{\bar{x}_1 n_1 + \cdots + \bar{x}_l n_l}{n} = \frac{1}{n} \cdot \sum_{k=1}^{l} \bar{x}_k n_k \qquad (17)$$

mit $\bar{x}_k$ arithmetisches Mittel der Teilstichprobe

n_k Umfang der Teilstichprobe

und $n = \sum_{k=1}^{l} n_k$ Umfang der Gesamtstichprobe

Median oder Zentralwert

Definition

 Der **Median** oder **Zentralwert** Z ist derjenige Wert in der nach der Größe geordneten Folge der Meß- oder Rangwerte, der die Verteilung halbiert.

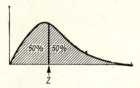

Berechnungsformel:

$$Z = x_{\text{ug}} + b \cdot \frac{\frac{n}{2} - cf_u}{f_Z} \tag{18}$$

mit

b Klassenbreite

n Umfang der Stichprobe

x_{ug} exakte untere Klassengrenze des Eingriffsspielraumes für Z
Der Eingriffsspielraum für Z ist die Klasse, in die der Median eingreift, d. h., in der der $\left(\frac{n}{2}\right)$-te Wert

(der 50%-Wert) der Verteilung liegt.

cf_u kumulierte Häufigkeit bis x_{ug}, d. h. Summe der Häufigkeiten unterhalb x_{ug}

f_Z Häufigkeit des Eingriffsspielraumes

Modalwert oder Dichtemittel

Definition

 Ein **Modalwert** oder **Dichtemittel** D in einer Verteilung ist derjenige Merkmalswert, der bezüglich seiner Nachbarwerte am häufigsten vorkommt.

Berechnungsformel:

$$D = x_{\text{ug}} + b \cdot \frac{f_D - f_{D-1}}{2f_D - f_{D-1} - f_{D+1}} \tag{20}$$

mit

x_{ug} exakte untere Grenze der Klasse mit der größten Häufigkeit

f_D größte vorkommende Häufigkeit (in der jeweiligen Umgebung)

f_{D-1} die Häufigkeiten der beiden Nach-
f_{D+1} barklassen, der unmittelbar voranstehenden wie der unmittelbar folgenden

Geometrisches Mittel

Definition

 Das **geometrische Mittel** G der n positiven Zahlen (Meßwerte einer Stichprobe) x_i $(i = 1, 2, ..., n)$ ist die n-te Wurzel aus dem Produkt dieser Zahlen.

$$G = \sqrt[n]{x_1 \cdot x_2 \cdot \cdots \cdot x_n} \tag{21}$$

Diese Formel kann auch in der Form

$$\lg G = \frac{1}{n} (\lg x_1 + \lg x_2 + \cdots + \lg x_n) = \frac{1}{n} \sum_{i=1}^{n} \lg x_i \tag{21a}$$

geschrieben werden.

Die praktische Bedeutung des geometrischen Mittels liegt vor allem in der Ermittlung des durchschnittlichen Wachstumstempos (oder der durchschnittlichen Zuwachsrate).

Zwischen dem arithmetischen Mittel $\bar{x}$, dem Median Z und dem Dichtemittel D gelten folgende Beziehungen:

Für **linksschiefe** Verteilungen

$$\bar{x} > Z > D \tag{22}$$

für **rechtsschiefe** Verteilungen

$$\bar{x} < Z < D \tag{23}$$

und für **symmetrische** Verteilungen

$$\bar{x} = Z = D \tag{24}$$

Zwischen arithmetischem und geometrischem Mittel gilt die Relation

$$\bar{x} > G \tag{25}$$

unter den Voraussetzungen:

nicht alle x_i sind gleich und $x_i > 0$.

Flußdiagramm zum Entscheid für den (die) richtigen Mittelwert(e):

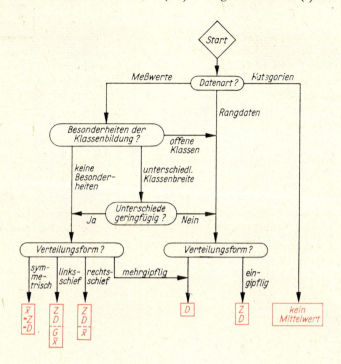

Anmerkungen:

Die jeweils untereinanderstehenden Mittelwerte können angewandt werden, wobei die unter der gestrichelten Linie stehenden weniger zu empfehlen sind. Unter den geeigneten Mittelwerten entscheidet letzten Endes der Sachverhalt für das beste.

Die Berechnung von *G* erfordert außer den aus dem Flußdiagramm hervorgehenden Bedingungen das Zugrundeliegen einer Ratioskala.

Legen Sie jetzt bitte eine Ruhepause ein!

! Entscheiden Sie dann:

Ich kam vom Schritt 179A auf diese Zusammenfassung und stelle jetzt fest, daß meine Kenntnisse über Mittelwerte lückenhaft sind.

──────→ **180**

Ich möchte im Programm weitergehen und mich jetzt mit den Quantilen beschäftigen.

──────→ **209**

Ich möchte mich den Streuungsmaßen zuwenden.

──────→ **212**

(Schritte 209 bis 211)

Quantile

Quantile sind weitere statistische Maßzahlen, die zur Charakterisierung von Häufigkeitsverteilungen dienen können. Quantile lassen sich auf jede beliebige Form von Verteilungen anwenden und sind insbesondere geeignet, stark von der Normalverteilung abweichende Verteilungen zu kennzeichnen.

Definition

 Als k-**Quantile** bezeichnen wir die $k - 1$ Zahlen, die die Beobachtungswerte einer geordneten Stichprobe so in k Teile zerlegen, daß jeder Teil $\frac{1}{k}$ der Werte enthält.

Aus den verschiedenen möglichen Quantilen sind einige besonders hervorzuheben:

k	Bezeichnung	Quantil $Q\,(i;k)$, wo $i = 1, \ldots, k-1$	Anzahl
2	Median oder Zentralwert	$Q(1;2) = Z$	1
4	Quartile	$Q(1;4) = q_1;\quad Q(2;4) = q_2;\quad Q(3;4) = q_3$	3
10	Dezentile	$Q(1;10) = d_1;\quad Q(2;10) = d_2;\quad \ldots;\quad Q(9;10) = d_9$	9
100	Prozentile	$Q(1;100) = p_1;\quad Q(2;100) = p_2;\quad \ldots;\quad Q(99;100) = p_{99}$	99

Die Berechnung der **Quartile** erfolgt nach

$$q_1 = x_{\mathrm{ug}} + b\,\frac{\frac{n}{4} - cf_{\mathrm{u}}}{f_{q1}}$$

$$q_2 = Z = x_{\mathrm{ug}} + b\,\frac{\frac{n}{2} - cf_{\mathrm{u}}}{f_{Z}}$$

$$q_3 = x_{\mathrm{ug}} + b\,\frac{\frac{3n}{4} - cf_{\mathrm{u}}}{f_{q3}}$$

$\qquad\qquad$ (26) $\qquad\qquad\qquad\qquad$ (18) $\qquad\qquad\qquad\qquad$ (27)

Dabei bedeuten: b — Klassenbreite, $\quad n$ Umfang der Stichprobe

$\qquad\qquad x_{\mathrm{ug}}$ — exakte untere Klassengrenze des *jeweiligen* Eingriffsspielraumes

$\qquad\qquad cf_{\mathrm{u}}$ — kumulierte Häufigkeit bis x_{ug}

$\qquad\qquad f_{q1}, f_{Z}, f_{q3}$ — Häufigkeit des jeweiligen Eingriffsspielraumes.

Für die Berechnung der **Dezentile** lautet die 1. (von neun) Formeln

$$d_1 = x_{\mathrm{ug}} + b\,\frac{\frac{1}{10} - \frac{cf_{\mathrm{u}}}{n}}{\frac{f_{d1}}{n}}$$

mit

$\dfrac{cf_{\mathrm{u}}}{n}$ relative kumulierte Häufigkeit bis x_{ug}

$\dfrac{f_{d1}}{n}$ relative Häufigkeit des Eingriffsspielraums für d_1

$\qquad\qquad$ (28)

Beim 2. Dezentil d_2 ist statt $\frac{1}{10}$ einfach $\frac{2}{10}$ zu setzen usw. Die Bestimmung der Quantile kann auch zeichnerisch erfolgen. Dabei ist von der Summenkurve auszugehen. Die Quantile $k \geqq 4$ (k gerade) können sowohl zur Angabe der zentralen Tendenz als auch gleichzeitig zur Kennzeichnung der Variabilität herangezogen werden.

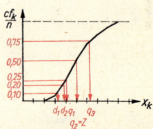

$\longrightarrow$ **212**

(Schritte 212 bis 239)

Streuungsmaße

Streuungsmaße sind statistische Maßzahlen, die die Variabilität
einer Verteilung charakterisieren.

Je nach Art des Merkmals und der Daten sind folgende in der Übersicht angeführten
Streuungsmaße möglich:

Datenart	Merkmal			
	stetig		nicht stetig	
	Ausprägung			
	quantitativ	qualitativ	quantitativ	qualitativ
Meßwerte	Standardabweichung Quartilabstand mittlere Abweichung Variationsweite	—	Standardabweichung Quartilabstand mittlere Abweichung Variationsweite	—
Rangdaten	Quartilabstand	—	Quartilabstand	—
Kategorien	—	—	—	—

Betrachten wir die einzelnen Streuungsmaße:

Variationsweite w

$$w = x_{\max} - x_{\min}$$

(4)

mit $x_{\max}$ größter vorkommender Merkmalswert
$x_{\min}$ kleinster vorkommender Merkmalswert

Mittlere Abweichung $\bar{d}$

$$\bar{d} = \frac{1}{n} \sum_{i=1}^{n} |x_i - \bar{x}|$$

(29)

mit n Umfang der Stichprobe
x_i i-ter Merkmalswert
$\bar{x}$ arithmetisches Mittel der x_i

Quartilabstand q

In die Berechnung des Quartilabstands gehen die mittleren 50% der Werte einer Verteilung ein.

$$q = \frac{q_3 - q_1}{2}$$

(37)

mit q_1 erstes Quartil
q_3 drittes Quartil

27

Die Standardabweichung oder mittlere quadratische Abweichung, oft auch einfach als Streuung bezeichnet, ist das wichtigste Streuungsmaß. Voraussetzung: intervallskalierte Daten.

Definition

Unter der **Standardabweichung** s einer Verteilung von n Meßwerten x_i ($i = 1, 2, \ldots, n$) verstehen wir die Quadratwurzel aus der durch $(n-1)$ dividierten Summe der Quadrate der Abweichungen der Einzelwerte vom arithmetischen Mittel $\bar{x}$.

$$s = \sqrt{\frac{1}{n-1} \sum_{i=1}^{n} (x_i - \bar{x})^2} = \sqrt{\frac{SQ}{n-1}} \tag{30}$$

Das Quadrat der Standardabweichung bezeichnet man als **Varianz**.

Berechnungsformeln:

durch Umwandlung der Formel (30):

$$s = \sqrt{\frac{1}{n-1} \left(\sum_{i=1}^{n} x_i^2 - n \cdot \bar{x}^2 \right)}$$

$$\tag{30b}$$

mit

n Umfang der Stichprobe

x_i i-ter Merkmalswert

$\bar{x}$ arithmetisches Mittel der x_i

aus der Verteilungstafel:

$$s = \sqrt{\frac{1}{n-1} \sum_{k=1}^{l} (x_k - \bar{x})^2 f_k} \quad \text{oder} \quad s = \sqrt{\frac{1}{n-1} \left(\sum_{k=1}^{l} x_k^2 f_k - n \cdot \bar{x}^2 \right)}$$

$$\tag{31} \qquad\qquad\qquad\qquad\qquad\qquad\qquad\qquad \tag{31a}$$

über das Verfahren des angenommenen Mittelwertes:

$$s = b \cdot \sqrt{\frac{1}{n-1} \left(\sum_{k=1}^{l} x_k'^2 f_k - \frac{\left(\sum_{k=1}^{l} x_k' f_k \right)^2}{n} \right)}$$

$$\tag{32}$$

mit

b Klassenbreite

$x_k' = \dfrac{x_k - x_a}{b}$

x_k k-ter Merkmalswert

x_a angenommener Mittelwert

Tabelle zur zweckmäßigen Berechnung nach (32):

Klasse	Klassen-mitte x_k	Häufigkeit f_k	Hilfswert $x_k' = \frac{x_k - x_a}{b}$	Produkt $x_k' f_k$	Produkt $x_k'^2 f_k$
Spalte (0)	(1)	(2)	(3)	(4) = (2) · (3)	(5) = (3) · (4)
⋮	⋮	⋮	⋮	⋮	⋮
		$\Sigma f_k = n$		$\Sigma x_k' f_k$	$\Sigma x_k'^2 f_k$

SHEPPARD-Korrektur

$$s_{\text{korr}} = \sqrt{s^2 - \frac{b^2}{12}} \tag{33}$$

Bei Vorliegen einer Normalverteilung liefert die Standardabweichung einen erwartungstreuen Schätzwert für die Streuung σ der Grundgesamtheit. In diesem Fall gilt:

Im Intervall $\mu - \sigma \cdots \mu + \sigma$ liegen 68,27%,⎱ aller
im Intervall $\mu - 2\sigma \cdots \mu + 2\sigma$ liegen 95,45%,⎰ Beobachtungswerte.
im Intervall $\mu - 3\sigma \cdots \mu + 3\sigma$ liegen 99,73%

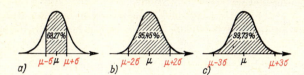

In der Praxis arbeitet man häufig mit der 3-s-Regel (auch 3-σ-Regel):

Alle Beobachtungswerte x_i, die innerhalb des Bereiches $\bar{x} - 3s \cdots \bar{x} + 3s$ liegen, werden als **zufällig** angesehen, die außerhalb liegenden als **ursachenbedingt**.

Zeichnerische Bestimmung der Standardabweichung s:

Wahrscheinlichkeitspapier verwenden.
Relative kumulierte Häufigkeiten über den exakten oberen Klassengrenzen eintragen.
Ausgleichsgerade ziehen.
Durch 15,87% und 84,13% Parallelen zur Merkmalsachse ziehen.

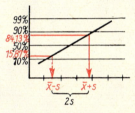

$$s = \frac{(\bar{x} + s) - (\bar{x} - s)}{2}$$

Gesamtstandardabweichung zweier Stichproben mit den Umfängen n_1; n_2 und den Mittelwerten $\bar{x}_1$; $\bar{x}_2$

$$s_g = \sqrt{\frac{1}{n-1}\left[(n_1 - 1)\,s_1{}^2 + (n_2 - 1)\,s_2{}^2 + n_1 d_1{}^2 + n_2 d_2{}^2\right]} \qquad (34)$$

wo $\quad d_1 = \bar{x}_1 - \bar{x}_g \quad d_2 = \bar{x}_2 - \bar{x}_g \quad n = n_1 + n_2 \quad$ und

$$\bar{x}_g = \frac{\bar{x}_1 n_1 + \bar{x}_2 n_2}{n}.$$

Variationskoeffizient v

Definition

 Der **Variationskoeffizient** (auch: Variabilitätskoeffizient) ist die auf das arithmetische Mittel bezogene Standardabweichung

$$v = \frac{s}{\bar{x}} \qquad (35), \qquad\qquad \text{auch} \qquad\qquad v = \frac{s}{\bar{x}} \cdot 100\,\% \qquad (35\,a)$$

Die Berechnung des Variationskoeffizienten ist nur dann sinnvoll, wenn folgende beiden Fragen bejaht werden:

1. Weichen die arithmetischen Mittel stark voneinander ab?

2. Hat die Größenordnung der Merkmalsausprägungen einen Einfluß auf die Variabilität des Merkmals?

Standardfehler des Mittelwertes

bei unendlicher Grundgesamtheit

$$s_{\bar{x}} = \frac{s}{\sqrt{n}} \qquad (36)$$

bei endlicher Grundgesamtheit

$$s_{\bar{x}} = \frac{s}{\sqrt{n}} \cdot \sqrt{\frac{N-n}{N-1}} \qquad (36a)$$

mit s Standardabweichung der untersuchten Stichprobe

n Umfang der Stichprobe, N Umfang der Grundgesamtheit

Mit wachsendem n nimmt der Standardfehler des Mittelwertes ab, d. h., der Mittelwert wird um so genauer, je größer n ist.

Flußdiagramm zum Entscheid für das (die) richtige(n) Streuungsmaß(e):

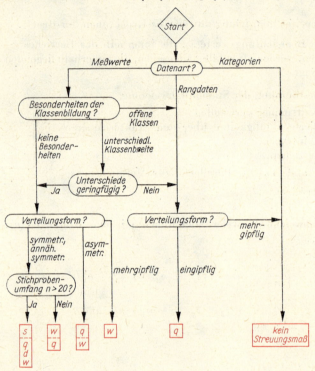

Anmerkungen:

Die jeweils untereinanderstehenden Streuungsmaße können angewandt werden. Dabei sind die unter der gestrichelten Linie stehenden weniger zu empfehlen.

Unter den geeigneten Streuungsmaßen entscheidet letzten Endes der Sachverhalt für das beste.

P a u s i e r e n S i e ! Entspannen Sie sich!

Lösen Sie jetzt die Kontrollaufgaben **K 3** zum 3. Abschnitt!

Sie finden diese auf den Seiten 62, 60, 58 und 56 (**nach** Lehrschritt 239)

————————➤ Seite **62**

Tafel I

Tafel mit vierstelligen Zufallszahlen (Auszug)

3393	6270	4228	6069	9407	1865	8549	3217	2351	8410
9108	2330	2157	7416	0398	6173	1703	8132	9065	6717
7891	3590	2502	5945	3402	0491	4328	2365	6175	7695
9085	6307	6910	9174	1753	1797	9229	3422	9861	8357
2638	2908	6368	0398	5495	3283	0031	5955	6544	3883
1313	8338	0623	8600	4950	5414	7131	0134	7241	0651
3897	4202	3814	3505	1599	1649	2784	1994	5775	1406
4380	9543	1646	2850	8415	9120	8062	2421	6161	4634
1618	6309	7909	0874	0401	4301	4517	9197	3350	0434
4858	4676	7363	9141	6133	0549	1972	3461	7116	1496
5354	9142	0847	5393	5416	6505	7156	5634	9703	6221
0905	6986	9396	3975	9255	0537	2479	4589	0562	5345
1420	0470	8679	2328	3939	1292	0406	5428	3789	2882
3218	9080	6604	1813	8209	7039	2086	3369	4437	3798
9697	8431	4387	0622	6893	8788	2320	9358	5904	9539
0912	4964	0502	9683	4636	2861	2876	1273	7870	2030
4636	7072	4868	0601	3894	7182	8417	2367	7032	1003
2515	4734	9878	6761	5636	2949	3979	8650	3430	0635
5964	0412	5012	2369	6461	0678	3693	2928	3740	8047
7848	1523	7904	1521	1455	7089	8094	9872	0898	7174
5192	2571	3643	0707	3434	6818	5729	8614	4298	4129
8438	8325	9886	1805	0226	2310	3675	5058	2515	2388
8166	6349	0319	5436	6838	2460	6433	0644	7428	8556
9158	8263	6504	8562	1160	1526	1816	9690	1215	9590
6061	3525	4048	0382	4224	7148	8259	6526	5340	4064

Tafel II

Stichprobenumfang in Abhängigkeit vom Stichprobenfehler e für verschiedene Prozentzahlen bei einer Irrtumswahrscheinlichkeit $\alpha = 0,05$

p / e	10 / 90	20 / 80	30 / 70	40 / 60	50 / 50
1,0%	3458	6147	8068	9220	9604
2,0%	865	1537	2017	2305	2401
2,5%	553	984	1291	1475	1537
5,0%	139	246	323	369	384
10,0%	35	62	81	92	96

Tafel III. Ordinaten der Normalkurve $\varphi(u) = \dfrac{1}{\sqrt{2\pi}}\, e^{-\frac{u^2}{2}}$ für $0 \leqq u \leqq 3,9$

u	0,00	0,01	0,02	0,03	0,04	0,05	0,06	0,07	0,08	0,09
0,0	.39894	.39892	.39886	.39876	.39862	.39844	.39822	.39797	.39767	.39733
0,1	.39695	.39654	.39608	.39559	.39505	.39448	.39387	.39322	.39253	.39181
0,2	.39104	.39024	.38940	.38853	.38762	.38667	.38568	.38466	.38361	.38251
0,3	.38139	.38023	.37903	.37780	.37654	.37524	.37391	.37255	.37115	.36973
0,4	.36827	.36678	.36526	.36371	.36213	.36053	.35889	.35723	.35553	.35381
0,5	.35207	.35029	.34849	.34667	.34482	.34294	.34105	.33912	.33718	.33521
0,6	.33322	.33121	.32918	.32713	.32506	.32297	.32086	.31874	.31659	.31443
0,7	.31225	.31006	.30785	.30563	.30339	.30114	.29887	.29659	.29431	.29200
0,8	.28969	.28737	.28504	.28269	.28034	.27798	.27562	.27324	.27086	.26848
0,9	.26609	.26369	.26129	.25888	.25647	.25406	.25164	.24923	.24681	.24439
1,0	.24197	.23955	.23713	.23471	.23230	.22988	.22747	.22506	.22265	.22025
1,1	.21785	.21546	.21307	.21069	.20831	.20594	.20357	.20121	.19886	.19652
1,2	.19419	.19186	.18954	.18724	.18494	.18265	.18037	.17810	.17585	.17360
1,3	.17137	.16915	.16694	.16474	.16256	.16038	.15822	.15608	.15395	.15183
1,4	.14973	.14764	.14556	.14350	.14146	.13943	.13742	.13542	.13344	.13147
1,5	.12952	.12758	.12566	.12376	.12188	.12001	.11816	.11632	.11450	.11270
1,6	.11092	.10915	.10741	.10567	.10396	.10226	.10059	.09893	.09728	.09566
1,7	.09405	.09246	.09089	.08933	.08780	.08628	.08478	.08329	.08183	.08038
1,8	.07895	.07754	.07614	.07477	.07341	.07206	.07074	.06943	.06814	.06687
1,9	.06562	.06438	.06316	.06195	.06077	.05959	.05844	.05730	.05618	.05508
2,0	.05399	.05292	.05186	.05082	.04980	.04879	.04780	.04682	.04586	.04491
2,1	.04398	.04307	.04217	.04128	.04041	.03955	.03871	.03788	.03706	.03626
2,2	.03547	.03470	.03394	.03319	.03246	.03174	.03103	.03034	.02965	.02898
2,3	.02833	.02768	.02705	.02643	.02582	.02522	.02463	.02406	.02349	.02294
2,4	.02239	.02186	.02134	.02083	.02033	.01984	.01936	.01889	.01842	.01797
2,5	.01753	.01709	.01667	.01625	.01585	.01545	.01506	.01468	.01431	.01394
2,6	.01358	.01323	.01289	.01256	.01223	.01191	.01160	.01130	.01100	.01071
2,7	.01042	.01014	.00987	.00961	.00935	.00909	.00885	.00861	.00837	.00814
2,8	.00792	.00770	.00748	.00727	.00707	.00687	.00668	.00649	.00631	.00613
2,9	.00595	.00578	.00562	.00545	.00530	.00514	.00499	.00485	.00471	.00457

	0,0	0,1	0,2	0,3	0,4	0,5	0,6	0,7	0,8	0,9
3,0	.00443	.00327	.00238	.00172	.00123	.00087	.00061	.00042	.00029	.00020

Tafel IVa. Flächen unter der Normalkurve $\Phi(u) = \dfrac{1}{\sqrt{2\pi}} \int\limits_{-\infty}^{u} e^{-\frac{u^2}{2}}\, du$ für $-3,9 \leq u \leq 0$

u	0,00	0,01	0,02	0,03	0,04	0,05	0,06	0,07	0,08	0,09
0,0	.500000	.496011	.492022	.488034	.484047	.480062	.476078	.472097	.468119	.464144
−0,1	.460172	.456205	.452242	.448283	.444330	.440382	.436440	.432505	.428576	.424655
−0,2	.420740	.416834	.412936	.409046	.405165	.401294	.397432	.393580	.389739	.385908
−0,3	.382089	.378280	.374384	.370700	.366928	.363169	.359424	.355691	.351973	.348268
−0,4	.344578	.340903	.337243	.333598	.329969	.326969	.322758	.319178	.315614	.312067
−0,5	.308538	.305026	.301532	.297056	.294598	.291160	.287740	.284339	.280957	.277595
−0,6	.274253	.270931	.267629	.264347	.261086	.257846	.254627	.251429	.248252	.245097
−0,7	.241964	.238852	.235762	.232695	.229650	.226627	.223627	.220650	.217695	.214764
−0,8	.211855	.208970	.206108	.203269	.200454	.197662	.194894	.192150	.189430	.186733
−0,9	.184060	.181411	.178786	.176186	.173609	.171056	.168528	.166023	.163543	.161087
−1,0	.158655	.156248	.153864	.151505	.149170	.146859	.144572	.142310	.140071	.137857
−1,1	.135666	.133500	.131357	.129238	.127143	.125072	.123024	.121000	.119000	.117023
−1,2	.115070	.113139	.111232	.109349	.107488	.105650	.103835	.102042	.100273	.098525
−1,3	.096800	.095098	.093418	.091759	.090123	.088508	.086915	.085344	.083793	.082264
−1,4	.080757	.079270	.077804	.076358	.074934	.073529	.072145	.070781	.069437	.068111
−1,5	.066807	.065522	.064256	.063008	.061780	.060571	.059380	.058208	.057053	.055917
−1,6	.054799	.053699	.052616	.051551	.050503	.049472	.048457	.047460	.046479	.045514
−1,7	.044566	.043633	.042716	.041815	.040930	.040059	.039204	.038364	.037538	.036727
−1,8	.035930	.035148	.034380	.033625	.032884	.032157	.031443	.030742	.030054	.029379
−1,9	.028717	.028067	.027429	.026803	.026190	.025588	.024998	.024419	.023852	.023296
−2,0	.022750	.022216	.021692	.021178	.020675	.020182	.019699	.019226	.018763	.018309
−2,1	.017864	.017429	.017003	.016586	.016177	.015778	.015386	.015003	.014629	.014262
−2,2	.013903	.013553	.013209	.012874	.012546	.012224	.011911	.011604	.011304	.011011
−2,3	.010724	.010444	.010170	.009903	.009642	.009387	.009138	.008894	.008656	.008424
−2,4	.008198	.007976	.007760	.007549	.007344	.007143	.006947	.006756	.006569	.006387
−2,5	.006210	.006037	.005868	.005703	.005543	.005386	.005234	.005085	.004940	.004799
−2,6	.004661	.004527	.004396	.004269	.004145	.004025	.003907	.003793	.003681	.003573
−2,7	.003467	.003364	.003264	.003167	.003078	.002980	.002890	.002803	.002718	.002635
−2,8	.002555	.002477	.002401	.002327	.002256	.002186	.002118	.002052	.001988	.001926
−2,9	.001866	.001807	.001750	.001695	.001641	.001589	.001538	.001489	.001441	.001395

	0,0	0,1	0,2	0,3	0,4	0,5	0,6	0,7	0,8	0,9
−3,0	.001350	.000968	.000687	.000483	.000337	.000243	.000159	.000108	.000072	.000048

33

Tafel IVb. Flächen unter der Normalkurve $\Phi(u) = \dfrac{1}{\sqrt{2\pi}} \displaystyle\int_{-\infty}^{u} e^{-\frac{u^2}{2}}\,du$ für $0 \leqq u \leqq 3{,}9$

u	0,00	0,01	0,02	0,03	0,04	0,05	0,06	0,07	0,08	0,09
0,0	.500000	.503989	.507978	.511966	.515953	.519938	.523922	.527903	.531881	.535856
0,1	.539828	.543795	.547758	.551717	.555670	.559618	.563560	.567495	.571424	.575345
0,2	.579260	.583166	.587064	.590954	.594835	.598706	.602568	.606420	.610261	.614092
0,3	.617911	.621720	.625516	.629300	.633072	.636831	.640576	.644309	.648027	.651732
0,4	.655422	.659097	.662757	.666402	.670031	.673645	.677242	.680822	.684386	.687933
0,5	.691462	.694974	.698468	.701944	.705402	.708840	.712260	.715661	.719043	.722405
0,6	.725747	.729069	.732371	.735653	.738914	.742154	.745373	.748571	.751748	.754903
0,7	.758036	.761148	.764238	.767305	.770350	.773373	.776373	.779350	.782305	.785236
0,8	.788145	.791030	.793892	.796731	.799546	.802338	.805106	.807850	.810570	.813267
0,9	.815940	.818589	.821214	.823814	.826391	.828944	.831472	.833977	.836457	.838913
1,0	.841345	.843752	.846136	.848495	.850830	.853141	.855428	.857690	.859929	.862143
1,1	.864334	.866500	.868643	.870762	.872857	.874928	.876976	.879000	.881000	.882977
1,2	.884930	.886861	.888768	.890651	.892512	.894350	.896165	.897958	.899727	.901475
1,3	.903200	.904902	.906582	.908241	.909877	.911492	.913085	.914656	.916207	.917736
1,4	.919243	.920730	.922196	.923642	.925066	.926471	.927855	.929219	.930563	.931889
1,5	.933193	.934478	.935744	.936992	.938220	.939429	.940620	.941792	.942947	.944083
1,6	.945201	.946301	.947384	.948449	.949497	.950528	.951543	.952540	.953521	.954486
1,7	.955434	.956367	.957284	.958185	.959070	.959941	.960796	.961636	.962462	.963273
1,8	.964070	.964852	.965620	.966375	.967116	.967843	.968557	.969258	.969946	.970621
1,9	.971283	.971933	.972571	.973197	.973810	.974412	.975002	.975581	.976138	.976704
2,0	.977250	.977784	.978308	.978822	.979325	.979818	.980301	.980774	.981237	.981691
2,1	.982136	.982571	.982997	.983414	.983823	.984222	.984614	.984997	.985371	.985738
2,2	.986097	.986447	.986791	.987126	.987454	.987776	.988089	.988396	.988696	.988989
2,3	.989276	.989556	.989830	.990097	.990358	.990613	.990862	.991106	.991344	.991576
2,4	.991802	.992024	.992240	.992451	.992656	.992857	.993053	.993244	.993431	.993613
2,5	.993790	.993963	.994132	.994297	.994457	.994614	.994766	.994915	.995060	.995201
2,6	.995339	.995473	.995604	.995731	.995855	.995975	.996093	.996207	.996319	.996427
2,7	.996533	.996636	.996736	.996833	.996928	.997020	.997110	.997197	.997282	.997365
2,8	.997445	.997523	.997599	.997673	.997744	.997814	.997882	.997948	.998012	.998074
2,9	.998134	.998193	.998250	.998305	.998359	.998411	.998462	.998511	.998559	.998605

u	0,0	0,1	0,2	0,3	0,4	0,5	0,6	0,7	0,8	0,9
3,0	.998650	.999032	.999313	.999517	.999663	.999767	.999841	.999892	.999928	.999952

Tafel V. *t*-Verteilung

ν	α (in %) für zweiseitige Fragestellung							
	50	25	10	5	2	1	0,2	0,1
1	1,00	2,41	6,31	12,71	31,82	63,7	318,3	636,6
2	.816	1,60	2,92	4,30	6,97	9,92	22,33	31,6
3	.765	1,42	2,35	3,18	4,54	5,84	10,21	12,9
4	.741	1,34	2,13	2,78	3,75	4,60	7,17	8,61
5	.727	1,30	2,01	2,57	3,37	4,03	5,89	6,87
6	.718	1,27	1,94	2,45	3,14	3,71	5,21	5,96
7	.711	1,25	1,89	2,36	3,00	3,50	4,79	5,41
8	.706	1,24	1,86	2,31	2,90	3,36	4,50	5,04
9	.703	1,23	1,83	2,26	2,82	3,25	4,30	4,78
10	.700	1,22	1,81	2,23	2,76	3,17	4,14	4,59
11	.697	1,21	1,80	2,20	2,72	3,11	4,03	4,44
12	.695	1,21	1,78	2,18	2,68	3,05	3,93	4,32
13	.694	1,20	1,77	2,16	2,65	3,01	3,85	4,22
14	.692	1,20	1,76	2,14	2,62	2,98	3,79	4,14
15	.691	1,20	1,75	2,13	2,60	2,95	3,73	4,07
16	.690	1,19	1,75	2,12	2,58	2,92	3,69	4,01
17	.689	1,19	1,74	2,11	2,57	2,90	3,65	3,96
18	.688	1,19	1,73	2,10	2,55	2,88	3,61	3,92
19	·688	1,19	1,73	2,09	2,54	2,86	3,58	3,88
20	.687	1,18	1,73	2,09	2,53	2,85	3,55	3,85
21	.686	1,18	1,72	2,08	2,52	2,83	3,53	3,82
22	.686	1,18	1,72	2,07	2,51	2,82	3,51	3,79
23	.685	1,18	1,71	2,07	2,50	2,81	3,49	3,77
24	.685	1,18	1,71	2,06	2,49	2,80	3,47	3,74
25	.684	1,18	1,71	2,06	2,49	2,79	3,45	3,72
26	.684	1,18	1,71	2,06	2,48	2,78	3,44	3,71
27	.684	1,18	1,70	2,05	2,47	2,77	3,42	3,69
28	.683	1,17	1,70	2,05	2,47	2,76	3,41	3,67
29	.683	1,17	1,70	2,05	2,46	2,76	3,40	3,66
30	.683	1,17	1,70	2,04	2,46	2,75	3,39	3,65
40	.681	1,17	1,68	2,02	2,42	2,70	3,31	3,55
60	.679	1,16	1,67	2,00	2,39	2,66	3,23	3,46
120	.677	1,16	1,66	1,98	2,36	2,62	3,17	3,37
∞	.674	1,15	1,64	1,96	2,33	2,58	3,09	3,29
	25	12,5	5	2,5	1	0,5	0,1	0,05
ν	α (in %) für einseitige Fragestellung							

Tafel VIa. F-Verteilung für α = 1% (v_1 Freiheitsgrad für die größere Varianz)

v_2 \ v_1	1	2	3	4	5	6	7	8	9	10	12	14	16	18	20	24	30	40	60	100	∞
1	4050	5000	5400	5630	5760	5860	5930	5980	6020	6060	6110	6140	6170	6190	6210	6230	6260	6290	6310	6330	6370
2	98,5	99,0	99,2	99,2	99,2	99,3	99,4	99,4	99,4	99,4	99,4	99,4	99,4	99,4	99,4	99,5	99,5	99,5	99,5	99,5	99,5
3	34,1	30,8	29,5	28,7	28,2	27,9	27,7	27,5	27,3	27,2	27,1	26,9	26,8	26,8	26,7	26,6	26,5	26,4	26,3	26,2	26,1
4	21,2	18,0	16,7	16,0	15,5	15,2	15,0	14,8	14,7	14,5	14,4	14,2	14,2	14,1	14,0	13,9	13,8	13,7	13,7	13,6	13,5
5	16,3	13,3	12,1	11,4	11,0	10,7	10,5	10,3	10,2	10,1	9,89	9,77	9,68	9,61	9,55	9,47	9,38	9,29	9,20	9,13	9,02
6	13,7	10,9	9,78	9,15	8,75	8,47	8,26	8,10	7,98	7,87	7,72	7,60	7,52	7,45	7,40	7,31	7,23	7,14	7,06	6,99	6,88
7	12,2	9,55	8,45	7,85	7,46	7,19	6,99	6,84	6,72	6,62	6,47	6,36	6,27	6,21	6,16	6,07	5,99	5,91	5,82	5,75	5,65
8	11,3	8,65	7,59	7,01	6,63	6,37	6,18	6,03	5,91	5,81	5,67	5,56	5,48	5,41	5,36	5,28	5,20	5,12	5,03	4,96	4,86
9	10,6	8,02	6,99	6,42	6,06	5,80	5,61	5,47	5,35	5,26	5,11	5,00	4,92	4,86	4,81	4,73	4,65	4,57	4,48	4,42	4,31
10	10,0	7,56	6,55	5,99	5,64	5,39	5,20	5,06	4,94	4,85	4,71	4,60	4,52	4,46	4,41	4,33	4,25	4,17	4,08	4,01	3,91
11	9,65	7,21	6,22	5,67	5,32	5,07	4,89	4,74	4,63	4,54	4,40	4,29	4,21	4,15	4,10	4,02	3,94	3,86	3,78	3,71	3,60
12	9,33	6,93	5,95	5,41	5,06	4,82	4,64	4,50	4,39	4,30	4,16	4,05	3,97	3,91	3,86	3,78	3,70	3,62	3,54	3,47	3,36
13	9,07	6,70	5,74	5,21	4,86	4,62	4,44	4,30	4,19	4,10	3,96	3,86	3,78	3,72	3,66	3,59	3,51	3,43	3,34	3,27	3,17
14	8,86	6,51	5,56	5,04	4,69	4,46	4,28	4,14	4,03	3,94	3,80	3,70	3,62	3,56	3,51	3,43	3,35	3,27	3,18	3,11	3,00
15	8,68	6,36	5,42	4,89	4,56	4,32	4,14	4,00	3,89	3,80	3,67	3,56	3,49	3,42	3,37	3,29	3,21	3,13	3,05	2,98	2,87
16	8,53	6,23	5,29	4,77	4,44	4,20	4,03	3,89	3,78	3,69	3,55	3,45	3,37	3,31	3,26	3,18	3,10	3,02	2,93	2,86	2,75
17	8,40	6,11	5,18	4,67	4,34	4,10	3,93	3,79	3,68	3,59	3,46	3,35	3,27	3,21	3,16	3,08	3,00	2,92	2,83	2,76	2,65
18	8,29	6,01	5,09	4,58	4,25	4,01	3,84	3,71	3,60	3,51	3,37	3,27	3,19	3,13	3,08	3,00	2,92	2,84	2,75	2,68	2,57
19	8,18	5,93	5,01	4,50	4,17	3,94	3,77	3,63	3,52	3,43	3,30	3,19	3,12	3,05	3,00	2,92	2,84	2,76	2,67	2,60	2,49
20	8,10	5,85	4,94	4,43	4,10	3,87	3,70	3,56	3,46	3,37	3,23	3,13	3,05	2,99	2,94	2,86	2,78	2,69	2,61	2,54	2,42
21	8,02	5,78	4,87	4,37	4,04	3,81	3,64	3,51	3,40	3,31	3,17	3,07	2,99	2,93	2,88	2,80	2,72	2,64	2,55	2,48	2,36
22	7,95	5,72	4,82	4,31	3,99	3,76	3,59	3,45	3,35	3,26	3,12	3,02	2,94	2,88	2,83	2,75	2,67	2,58	2,50	2,42	2,31
23	7,88	5,66	4,76	4,26	3,94	3,71	3,54	3,41	3,30	3,21	3,07	2,97	2,89	2,83	2,78	2,70	2,62	2,54	2,45	2,37	2,26
24	7,82	5,61	4,72	4,22	3,90	3,67	3,50	3,36	3,26	3,17	3,03	2,93	2,85	2,79	2,74	2,66	2,58	2,49	2,40	2,33	2,21
25	7,77	5,57	4,68	4,18	3,86	3,63	3,46	3,32	3,22	3,13	2,99	2,89	2,81	2,75	2,70	2,62	2,54	2,45	2,36	2,29	2,17
26	7,72	5,53	4,64	4,14	3,82	3,59	3,42	3,29	3,18	3,09	2,96	2,86	2,78	2,72	2,66	2,58	2,50	2,42	2,33	2,25	2,13
27	7,68	5,49	4,60	4,11	3,78	3,56	3,39	3,26	3,15	3,06	2,93	2,82	2,75	2,68	2,63	2,55	2,47	2,38	2,29	2,22	2,10
28	7,64	5,45	4,57	4,07	3,75	3,53	3,36	3,23	3,12	3,03	2,90	2,79	2,72	2,65	2,60	2,52	2,44	2,35	2,26	2,19	2,06
29	7,60	5,42	4,54	4,04	3,73	3,50	3,33	3,20	3,09	3,00	2,87	2,77	2,69	2,63	2,57	2,49	2,41	2,33	2,23	2,16	2,03
30	7,56	5,39	4,51	4,02	3,70	3,47	3,30	3,17	3,07	2,98	2,84	2,74	2,66	2,60	2,55	2,47	2,39	2,30	2,21	2,13	2,01
34	7,44	5,29	4,42	3,93	3,61	3,39	3,22	3,09	2,98	2,89	2,76	2,66	2,58	2,51	2,46	2,38	2,30	2,21	2,12	2,04	1,91
40	7,31	5,18	4,31	3,83	3,51	3,29	3,12	2,99	2,89	2,80	2,66	2,56	2,48	2,42	2,37	2,29	2,20	2,11	2,02	1,94	1,80
50	7,17	5,06	4,20	3,72	3,41	3,19	3,02	2,89	2,79	2,70	2,56	2,46	2,38	2,32	2,27	2,18	2,10	2,01	1,91	1,82	1,68
70	7,01	4,92	4,08	3,60	3,29	3,07	2,91	2,78	2,67	2,59	2,45	2,35	2,27	2,20	2,15	2,07	1,98	1,89	1,78	1,70	1,54
100	6,90	4,82	3,98	3,51	3,21	2,99	2,82	2,69	2,59	2,50	2,37	2,26	2,19	2,12	2,07	1,98	1,89	1,80	1,69	1,60	1,43
200	6,76	4,71	3,88	3,41	3,11	2,89	2,73	2,60	2,50	2,41	2,27	2,17	2,09	2,02	1,97	1,89	1,79	1,69	1,58	1,48	1,28
500	6,69	4,65	3,82	3,36	3,05	2,84	2,68	2,55	2,44	2,36	2,22	2,12	2,04	1,97	1,92	1,83	1,74	1,63	1,52	1,41	1,16
∞	6,63	4,61	3,78	3,32	3,02	2,80	2,64	2,51	2,41	2,32	2,18	2,08	2,00	1,93	1,88	1,79	1,70	1,59	1,47	1,36	1,00

Tafel VIb. *F*-Verteilung für α = 5% (ν₁ Freiheitsgrad für die größere Varianz)

ν₂ \ ν₁	1	2	3	4	5	6	7	8	9	10	12	14	16	18	20	24	30	40	60	100	∞
1	161	200	216	225	230	234	237	239	241	242	244	245	246	247	248	249	250	251	252	253	254
2	18,5	19,0	19,2	19,2	19,3	19,3	19,4	19,4	19,4	19,4	19,4	19,4	19,4	19,4	19,4	19,5	19,5	19,5	19,5	19,5	19,5
3	10,1	9,55	9,28	9,12	9,01	8,94	8,89	8,85	8,81	8,79	8,74	8,71	8,69	8,67	8,66	8,64	8,62	8,59	8,57	8,55	8,53
4	7,71	6,94	6,59	6,39	6,26	6,16	6,09	6,04	6,00	5,96	5,91	5,87	5,84	5,82	5,80	5,77	5,75	5,72	5,69	5,66	5,63
5	6,61	5,79	5,41	5,19	5,05	4,95	4,88	4,82	4,77	4,74	4,68	4,64	4,60	4,58	4,56	4,53	4,50	4,46	4,43	4,41	4,37
6	5,99	5,14	4,76	4,53	4,39	4,28	4,21	4,15	4,10	4,06	4,00	3,96	3,92	3,90	3,87	3,84	3,81	3,77	3,74	3,71	3,67
7	5,59	4,74	4,35	4,12	3,97	3,87	3,79	3,73	3,68	3,64	3,57	3,53	3,49	3,47	3,44	3,41	3,38	3,34	3,30	3,27	3,23
8	5,32	4,46	4,07	3,84	3,69	3,58	3,50	3,44	3,39	3,35	3,28	3,24	3,20	3,17	3,15	3,12	3,08	3,04	3,01	2,97	2,93
9	5,12	4,26	3,86	3,63	3,48	3,37	3,29	3,23	3,18	3,14	3,07	3,03	2,99	2,96	2,94	2,90	2,86	2,83	2,79	2,76	2,71
10	4,96	4,10	3,71	3,48	3,33	3,22	3,14	3,07	3,02	2,98	2,91	2,86	2,83	2,80	2,77	2,74	2,70	2,66	2,62	2,59	2,54
11	4,84	3,98	3,59	3,36	3,20	3,09	3,01	2,95	2,90	2,85	2,79	2,74	2,70	2,67	2,65	2,61	2,57	2,53	2,49	2,46	2,40
12	4,75	3,89	3,49	3,26	3,11	3,00	2,91	2,85	2,80	2,75	2,69	2,64	2,60	2,57	2,54	2,51	2,47	2,43	2,38	2,35	2,30
13	4,67	3,81	3,41	3,18	3,03	2,92	2,83	2,77	2,71	2,67	2,60	2,55	2,51	2,48	2,46	2,42	2,38	2,34	2,30	2,26	2,21
14	4,60	3,74	3,34	3,11	2,96	2,85	2,76	2,70	2,65	2,60	2,53	2,48	2,44	2,41	2,39	2,35	2,31	2,27	2,22	2,19	2,13
15	4,54	3,68	3,29	3,06	2,90	2,79	2,71	2,64	2,59	2,54	2,48	2,42	2,38	2,35	2,33	2,29	2,25	2,20	2,16	2,12	2,07
16	4,49	3,63	3,24	3,01	2,85	2,74	2,66	2,59	2,54	2,49	2,42	2,37	2,33	2,30	2,28	2,24	2,19	2,15	2,11	2,07	2,01
17	4,45	3,59	3,20	2,96	2,81	2,70	2,61	2,55	2,49	2,45	2,38	2,33	2,29	2,26	2,23	2,19	2,15	2,10	2,06	2,02	1,96
18	4,41	3,55	3,16	2,93	2,77	2,66	2,58	2,51	2,46	2,41	2,34	2,29	2,25	2,22	2,19	2,15	2,11	2,06	2,02	1,98	1,92
19	4,38	3,52	3,13	2,90	2,74	2,63	2,54	2,48	2,42	2,38	2,31	2,26	2,21	2,18	2,16	2,11	2,07	2,03	1,98	1,94	1,88
20	4,35	3,49	3,10	2,87	2,71	2,60	2,51	2,45	2,39	2,35	2,28	2,22	2,18	2,15	2,12	2,08	2,04	1,99	1,95	1,91	1,84
21	4,32	3,47	3,07	2,84	2,68	2,57	2,49	2,42	2,37	2,32	2,25	2,20	2,16	2,12	2,10	2,05	2,01	1,96	1,92	1,88	1,81
22	4,30	3,44	3,05	2,82	2,66	2,55	2,46	2,40	2,34	2,30	2,23	2,17	2,13	2,10	2,07	2,03	1,98	1,94	1,89	1,85	1,78
23	4,28	3,42	3,03	2,80	2,64	2,53	2,44	2,37	2,32	2,27	2,20	2,15	2,11	2,07	2,05	2,00	1,96	1,91	1,86	1,82	1,76
24	4,26	3,40	3,01	2,78	2,62	2,51	2,42	2,36	2,30	2,25	2,18	2,13	2,09	2,05	2,03	1,98	1,94	1,89	1,84	1,80	1,73
25	4,24	3,39	2,99	2,76	2,60	2,49	2,40	2,34	2,28	2,24	2,16	2,11	2,07	2,04	2,01	1,96	1,92	1,87	1,82	1,78	1,71
26	4,23	3,37	2,98	2,74	2,59	2,47	2,39	2,32	2,27	2,22	2,15	2,09	2,05	2,02	1,99	1,95	1,90	1,85	1,80	1,76	1,69
27	4,21	3,35	2,96	2,73	2,57	2,46	2,37	2,31	2,25	2,20	2,13	2,08	2,04	2,00	1,97	1,93	1,88	1,84	1,79	1,74	1,67
28	4,20	3,34	2,95	2,71	2,56	2,45	2,36	2,29	2,24	2,19	2,12	2,06	2,02	1,99	1,96	1,91	1,87	1,82	1,77	1,73	1,65
29	4,18	3,33	2,93	2,70	2,55	2,43	2,35	2,28	2,22	2,18	2,10	2,05	2,01	1,97	1,94	1,90	1,85	1,81	1,75	1,71	1,64
30	4,17	3,32	2,92	2,69	2,53	2,42	2,33	2,27	2,21	2,16	2,09	2,04	1,99	1,96	1,93	1,89	1,84	1,79	1,74	1,70	1,62
34	4,13	3,28	2,88	2,65	2,49	2,38	2,29	2,23	2,17	2,12	2,05	1,99	1,95	1,92	1,89	1,84	1,80	1,75	1,69	1,65	1,57
40	4,08	3,23	2,84	2,61	2,45	2,34	2,25	2,18	2,12	2,08	2,00	1,95	1,90	1,87	1,84	1,79	1,74	1,69	1,64	1,59	1,51
50	4,03	3,18	2,79	2,56	2,40	2,29	2,20	2,13	2,07	2,03	1,95	1,89	1,85	1,81	1,78	1,74	1,69	1,63	1,58	1,52	1,44
70	3,98	3,13	2,74	2,50	2,35	2,23	2,14	2,07	2,02	1,97	1,89	1,84	1,79	1,75	1,72	1,67	1,62	1,57	1,50	1,45	1,35
100	3,94	3,09	2,70	2,46	2,31	2,19	2,10	2,03	1,97	1,93	1,85	1,79	1,75	1,71	1,68	1,63	1,57	1,52	1,45	1,39	1,28
200	3,89	3,04	2,65	2,42	2,26	2,14	2,06	1,98	1,93	1,88	1,80	1,74	1,69	1,66	1,62	1,57	1,52	1,46	1,39	1,32	1,19
500	3,86	3,01	2,62	2,39	2,23	2,12	2,03	1,96	1,90	1,85	1,77	1,71	1,66	1,62	1,59	1,54	1,48	1,42	1,34	1,28	1,11
∞	3,84	3,00	2,60	2,37	2,21	2,10	2,01	1,94	1,88	1,83	1,75	1,69	1,64	1,60	1,57	1,52	1,46	1,39	1,32	1,24	1,00

Tafel VII. χ²-Verteilung

ν	α (in %)									
	99,0	95	90	70	50	30	10	5	1	0,1
1	,0³157	,0²393	,0158	,148	,455	1,07	2,71	3,84	6,64	10,8
2	,0201	,103	,211	,713	1,39	2,41	4,61	5,99	9,21	13,8
3	,115	,352	,584	1,42	2,37	3,67	6,25	7,81	11,3	16,3
4	,297	,711	1,06	2,19	3,36	4,88	7,78	9,49	13,3	18,5
5	,554	1,15	1,61	3,00	4,35	6,06	9,24	11,1	15,1	20,5
6	,872	1,64	2,20	3,83	5,35	7,23	10,6	12,6	16,8	22,5
7	1,24	2,17	2,83	4,67	6,35	8,38	12,0	14,1	18,5	24,3
8	1,65	2,73	3,49	5,53	7,34	9,52	13,4	15,5	20,1	26,1
9	2,09	3,33	4,17	6,39	8,34	10,7	14,7	16,9	21,7	27,9
10	2,56	3,94	4,87	7,27	9,34	11,8	16,0	18,3	23,2	29,6
11	3,05	4,57	5,58	8,15	10,3	12,9	17,3	19,7	24,7	31,3
12	3,57	5,23	6,30	9,03	11,3	14,0	18,5	21,0	26,2	32,9
13	4,11	5,89	7,04	9,93	12,3	15,1	19,8	22,4	27,7	34,5
14	4,66	6,57	7,79	10,8	13,3	16,2	21,1	23,7	29,1	36,1
15	5,23	7,26	8,55	11,7	14,3	17,3	22,3	25,0	30,6	37,7
16	5,81	7,96	9,31	12,6	15,3	18,4	23,5	26,3	32,0	39,3
17	6,41	8,67	10,1	13,5	16,3	19,5	24,8	27,6	33,4	40,8
18	7,01	9,39	10,9	14,4	17,3	20,6	26,0	28,9	34,8	42,3
19	7,63	10,1	11,7	15,4	18,3	21,7	27,2	30,1	36,2	43,8
20	8,26	10,9	12,4	16,3	19,3	22,8	28,4	31,4	37,6	45,3
21	8,90	11,6	13,2	17,2	20,3	23,9	29,6	32,7	38,9	46,8
22	9,54	12,3	14,0	18,1	21,3	24,9	30,8	33,9	40,3	48,3
23	10,2	13,1	14,8	19,0	22,3	26,0	32,0	35,2	41,6	49,7
24	10,9	13,8	15,7	19,9	23,3	27,1	33,2	36,4	43,0	51,2
25	11,5	14,6	16,5	20,9	24,3	28,2	34,4	37,7	44,3	52,6
26	12,2	15,4	17,3	21,8	25,3	29,2	35,6	38,9	45,6	54,1
27	12,9	16,2	18,1	22,7	26,3	30,3	36,7	40,1	47,0	55,5
28	13,6	16,9	18,9	23,6	27,3	31,4	37,9	41,3	48,3	56,9
29	14,3	17,7	19,8	24,6	28,3	32,5	39,1	42,6	49,6	58,3
30	15,0	18,5	20,6	25,5	29,3	33,5	40,3	43,8	50,9	59,7
40	22,2	26,5	29,1	34,9	39,3	44,2	51,8	55,8	63,7	73,4
50	29,7	34,8	37,7	44,3	49,3	54,7	63,2	67,5	76,2	86,7
60	37,5	43,2	46,5	53,8	59,3	65,2	74,4	79,1	88,4	99,6
70	45,4	51,7	55,3	63,3	69,3	75,1	85,5	90,5	100,4	112,3
80	53,5	60,4	64,3	72,9	79,3	86,1	96,6	101,9	112,3	124,8
90	61,8	69,1	73,3	82,5	89,3	96,5	107,6	113,1	124,1	137,2
100	70,1	77,9	82,4	92,1	99,3	106,9	118,5	124,3	135,8	149,4

Tafel VIII. Quadratzahlen n^2, $n = 1{,}00\cdots5{,}59$

n	0	1	2	3	4	5	6	7	8	9
1,0	1,000	1,020	1,040	1,061	1,082	1,102	1,124	1,14$\overline{5}$	1,166	1,188
1,1	1,210	1,232	1,254	1,277	1,300	1,322	1,346	1,369	1,392	1,416
1,2	1,440	1,464	1,488	1,513	1,538	1,562	1,588	1,613	1,638	1,664
1,3	1,690	1,716	1,742	1,769	1,796	1,822	1,850	1,877	1,904	1,932
1,4	1,960	1,988	2,016	2,04$\overline{5}$	2,074	2,102	2,132	2,161	2,190	2,220
1,5	2,250	2,280	2,310	2,341	2,372	2,402	2,434	2,46$\overline{5}$	2,496	2,528
1,6	2,560	2,592	2,624	2,657	2,690	2,722	2,756	2,789	2,822	2,856
1,7	2,890	2,924	2,958	2,993	3,028	3,062	3,098	3,133	3,168	3,204
1,8	3,240	3,276	3,312	3,349	3,386	3,422	3,460	3,497	3,534	3,572
1,9	3,610	3,648	3,686	3,72$\overline{5}$	3,764	3,802	3,842	3,881	3,920	3,960
2,0	4,000	4,040	4,080	4,121	4,162	4,202	4,244	4,28$\overline{5}$	4,326	4,368
2,1	4,410	4,452	4,494	4,537	4,580	4,622	4,666	4,709	4,752	4,796
2,2	4,840	4,884	4,928	4,973	5,018	5,062	5,108	5,153	5,198	5,244
2,3	5,290	5,336	5,382	5,429	5,476	5,522	5,570	5,617	5,664	5,712
2,4	5,760	5,808	5,856	5,90$\overline{5}$	5,954	6,002	6,052	6,101	6,150	6,200
2,5	6,250	6,300	6,350	6,401	6,452	6,502	6,554	6,60$\overline{5}$	6,656	6,708
2,6	6,760	6,812	6,864	6,917	6,970	7,022	7,076	7,129	7,182	7,236
2,7	7,290	7,344	7,398	7,453	7,508	7,562	7,618	7,673	7,728	7,784
2,8	7,840	7,896	7,952	8,009	8,066	8,122	8,180	8,237	8,294	8,352
2,9	8,410	8,468	8,526	8,58$\overline{5}$	8,644	8,702	8,762	8,821	8,880	8,940
3,0	9,000	9,060	9,120	9,181	9,242	9,302	9,364	9,42$\overline{5}$	9,486	9,548
3,1	9,610	9,672	9,734	9,797	9,860	9,922	9,986	10,05	10,11	10,18
3,2	10,24	10,30	10,37	10,43	10,$\overline{5}$0	10,56	10,63	10,69	10,76	10,82
3,3	10,89	10,96	11,02	11,09	11,16	11,22	11,29	11,36	11,42	11,49
3,4	11,56	11,63	11,70	11,76	11,83	11,90	11,97	12,04	12,11	12,18
3,5	12,25	12,32	12,39	12,46	12,53	12,60	12,67	12,74	12,82	12,89
3,6	12,96	13,03	13,10	13,18	13,2$\overline{5}$	13,32	13,40	13,47	13,54	13,62
3,7	13,69	13,76	13,84	13,91	13,99	14,06	14,14	14,21	14,29	14,36
3,8	14,44	14,52	14,59	14,67	14,7$\overline{5}$	14,82	14,90	14,98	15,05	15,13
3,9	15,21	15,29	15,37	15,44	15,52	15,60	15,68	15,76	15,84	15,92
4,0	16,00	16,08	16,16	16,24	16,32	16,40	16,48	16,56	16,6$\overline{5}$	16,73
4,1	16,81	16,89	16,97	17,06	17,14	17,22	17,31	17,39	17,47	17,56
4,2	17,64	17,72	17,81	17,89	17,98	18,06	18,1$\overline{5}$	18,23	18,32	18,40
4,3	18,49	18,58	18,66	18,7$\overline{5}$	18,84	18,92	19,01	19,10	19,18	19,27
4,4	19,36	19,4$\overline{5}$	19,54	19,62	19,71	19,80	19,89	19,98	20,07	20,16
4,5	20,25	20,34	20,43	20,52	20,61	20,70	20,79	20,88	20,98	21,07
4,6	21,16	21,25	21,34	21,44	21,53	21,62	21,72	21,81	21,90	22,00
4,7	22,09	22,18	22,28	22,37	22,47	22,56	22,66	22,75	22,8$\overline{5}$	22,94
4,8	23,04	23,14	23,23	23,33	23,43	23,52	23,62	23,72	23,81	23,91
4,9	24,01	24,11	24,21	24,30	24,40	24,50	24,60	24,70	24,80	24,90
5,0	25,00	25,10	25,20	25,30	25,40	25,50	25,60	25,70	25,81	25,91
5,1	26,01	26,11	26,21	26,32	26,42	26,52	26,63	26,73	26,83	26,94
5,2	27,04	27,14	27,2$\overline{5}$	27,35	27,46	27,56	27,67	27,77	27,88	27,98
5,3	28,09	28,20	28,30	28,41	28,52	28,62	28,73	28,84	28,94	29,05
5,4	29,16	29,27	29,38	29,48	29,59	29,70	29,81	29,92	30,03	30,14
5,5	30,25	30,36	30,47	30,58	30,69	30,80	30,91	31,02	31,14	31,2$\overline{5}$
n	0	1	2	3	4	5	6	7	8	9

Rückt das Komma in n eine Stelle nach rechts (links), so rückt es in n^2 zwei Stellen nach rechts (links). $\overline{5}$ bedeutet, daß diese 5 durch Aufrunden entstanden ist.

n	0	1	2	3	4	5	6	7	8	9
5,5	30,25	30,36	30,47	30,58	30,69	30,80	30,91	31,02	31,14	31,2̄5
5,6	31,36	31,47	31,58	31,70	31,81	31,92	32,04	32,1̄5	32,26	32,38
5,7	32,49	32,60	32,72	32,83	32,9̄5	33,06	33,18	33,29	33,41	33,52
5,8	33,64	33,76	33,87	33,99	34,11	34,22	34,34	34,46	34,57	34,69
5,9	34,81	34,93	35,0̄5	35,16	35,28	35,40	35,52	35,64	35,76	35,88
6,0	36,00	36,12	36,24	36,36	36,48	36,60	36,72	36,84	36,97	37,09
6,1	37,21	37,33	37,45	37,58	37,70	37,82	37,9̄5	38,07	38,19	38,32
6,2	38,44	38,56	38,69	38,81	38,94	39,06	39,19	39,31	39,44	39,56
6,3	39,69	39,82	39,94	40,07	40,20	40,32	40,4̄5	40,58	40,70	40,83
6,4	40,96	41,09	41,22	41,34	41,47	41,60	41,73	41,86	41,99	42,12
6,5	42,25	42,38	42,51	42,64	42,77	42,90	43,03	43,16	43,30	43,43
6,6	43,56	43,69	43,82	43,96	44,09	44,22	44,36	44,49	44,62	44,76
6,7	44,89	45,02	45,16	45,29	45,43	45,56	45,70	45,83	45,97	46,10
6,8	46,24	46,38	46,51	46,6̄5	46,79	46,92	47,06	47,20	47,33	47,47
6,9	47,61	47,7̄5	47,89	48,02	48,16	48,30	48,44	48,58	48,72	48,86
7,0	49,00	49,14	49,28	49,42	49,56	49,70	49,84	49,98	50,13	50,27
7,1	50,41	50,55	50,69	50,84	50,98	51,12	51,27	51,41	51,55	51,70
7,2	51,84	51,98	52,13	52,27	52,42	52,56	52,71	52,85	53,00	53,14
7,3	53,29	53,44	53,58	53,73	53,88	54,02	54,17	54,32	54,46	54,61
7,4	54,76	54,91	55,06	55,20	55,35	55,50	55,65	55,80	55,95	56,10
7,5	56,25	56,40	56,55	56,70	56,85	57,00	57,15	57,30	57,46	57,61
7,6	57,76	57,91	58,06	58,22	58,37	58,52	58,68	58,83	58,98	59,14
7,7	59,29	59,44	59,60	59,75	59,91	60,06	60,22	60,37	60,53	60,68
7,8	60,84	61,00	61,15	61,31	61,47	61,62	61,78	61,94	62,09	62,25
7,9	62,41	62,57	62,73	62,88	63,04	63,20	63,36	63,52	63,68	63,84
8,0	64,00	64,16	64,32	64,48	64,64	64,80	64,96	65,12	65,29	65,4̄5
8,1	65,61	65,77	65,93	66,10	66,26	66,42	66,59	66,7̄5	66,91	67,08
8,2	67,24	67,40	67,57	67,73	67,90	68,06	68,23	68,39	68,56	68,72
8,3	68,89	69,06	69,22	69,39	69,56	69,72	69,89	70,06	70,22	70,39
8,4	70,56	70,73	70,90	71,06	71,23	71,40	71,57	71,74	71,91	72,08
8,5	72,25	72,42	72,59	72,76	72,93	73,10	73,27	73,44	73,62	73,79
8,6	73,96	74,13	74,30	74,48	74,6̄5	74,82	7̄5,00	75,17	75,34	75,52
8,7	75,69	75,86	76,04	76,21	76,39	76,56	76,74	76,91	77,09	77,26
8,8	77,44	77,62	77,79	77,97	78,1̄5	78,32	78,̄50	78,68	78,85	79,03
8,9	79,21	79,39	79,57	79,74	79,92	80,10	80,28	80,46	80,64	80,82
9,0	81,00	81,18	81,36	81,54	81,72	81,90	82,08	82,26	82,4̄5	82,63
9,1	82,81	82,99	83,17	83,36	83,54	83,72	83,91	84,09	84,27	84,46
9,2	84,64	84,82	85,01	85,19	85,38	85,56	85,7̄5	85,93	86,12	86,30
9,3	86,49	86,68	86,86	87,0̄5	87,24	87,42	87,61	87,80	87,98	88,17
9,4	88,36	88,5̄5	88,74	88,92	89,11	89,30	89,49	89,68	89,87	90,06
9,5	90,25	90,44	90,63	90,82	91,01	91,20	91,39	91,58	91,78	91,97
9,6	92,16	92,35	92,54	92,74	92,93	93,12	93,32	93,51	93,70	93,90
9,7	94,09	94,28	94,48	94,67	94,87	95,06	95,26	95,45	95,6̄5	95,84
9,8	96,04	96,24	96,43	96,63	96,83	97,02	97,22	97,42	97,61	97,81
9,9	98,01	98,21	98,41	98,60	98,80	99,00	99,20	99,40	99,60	99,80
10,0	100,0	100,2	100,4	100,6	100,8	101,0	101,2	101,4	101,6	101,8
n	0	1	2	3	4	5	6	7	8	9

$$4{,}63^2 = 21{,}44$$
$$46{,}3^2 = 2144$$
$$46\,300^2 = 21{,}44 \cdot 10^8$$

$$0{,}261^2 = 0{,}06812$$
$$0{,}861^2 = 0{,}7413$$
$$0{,}0194^2 = 0{,}0003764$$

$$
\begin{aligned}
5{,}416^2 &= 29{,}27 \\
+\;\;\;\; &\; 0{,}07 \\
\hline
&= 29{,}34
\end{aligned}
$$

$$\frac{11 \cdot 6}{10} = 6{,}6$$

Lohse/Ludwig · Statistik für Forschung und Beruf

Statistik für Forschung und Beruf

Ein programmierter Lehrgang

Erfassung, Aufbereitung und Darstellung statistischer Daten

Von Dr. sc. phil. Heinz Lohse und Dr. rer. nat. Dr. phil. Rolf Ludwig

2. Auflage

292 Lehrschritte mit 185 Bildern, 3 Selbstleistungskontrollen
und ein Beiheft als Wissensspeicher

VERLAG HARRI DEUTSCH
THUN · FRANKFURT/MAIN

ISBN 3 87144 284 4
© VEB Fachbuchverlag Leipzig 1977
Lizenzausgabe für den Verlag Harri Deutsch · Thun
Printed in GDR
Gesamtherstellung: INTERDRUCK,
Graphischer Großbetrieb, Leipzig III/18/97
Redaktionsschluß: 15. 5. 1976

VORWORT

Statistische Auffassungen und Gesetzmäßigkeiten sind in unseren Tagen nicht nur für irgendwelche besonderen Spezialisten erforderlich — sondern buchstäblich für alle — den Arbeiter und den Arzt, den Ingenieur und den Lehrer, für den Ökonomen und den Offizier, den Biologen und Agronomen, den Baufachmann und den Produktionsorganisator. *B. V. GNEDENKO*

Über den Begriff »Statistik« bestehen unterschiedliche Vorstellungen. Verstehen die einen darunter lediglich das Festhalten und Veranschaulichen bestimmter Daten (z. B. in der Wirtschaft und im Sport), so sehen andere zwar deren umfassende und **tiefer**gehende Bedeutung für viele Wissenschaftsbereiche, meinen jedoch, daß die Ergebnisse der Statistik recht zweifelhaft seien.

Der Grund dafür liegt nicht in der Statistik als Wissenschaftsdisziplin, sondern darin, daß

 ein Teil ihrer Verfahren überhaupt nicht bekannt ist,

 die spezifischen Eigenheiten statistischen Vorgehens mißachtet werden,

 oft formal, zum Teil dilettantisch vorgegangen wird,

 die Resultate falsch interpretiert werden.

Jeder, der sich statistischer Verfahren bedient, sei es in der Landwirtschaft, in der Ökonomie oder in der Psychologie, trägt eine hohe Verantwortung. Diese zeigt sich besonders deutlich in den Bereichen Medizin und Pharmakologie, wo die Ergebnisse der statistischen Auswertung von Untersuchungen im Labor und in der Praxis darüber entscheiden, ob Heilverfahren oder Medikamente ohne Gefahr für unser wertvollstes Gut — den Menschen — eingesetzt werden können.

Die Statistik hat in den 50er Jahren mit dem Bekanntwerden immer neuer Arbeitsmethoden und der erfolgreichen Anwendung in vielen Zweigen von Wissenschaft und Technik einen großen Aufschwung erlebt, und dieser setzt sich mit dem Voranschreiten der wissenschaftlich-technischen Revolution noch fort.

Immer mehr Menschen müssen sich mit statistischen Verfahren vertraut machen; sie verfügen jedoch nicht immer über die notwendigen mathematischen Voraussetzungen, um die Fachschul- und Hochschulbücher, die es über Mathematische Statistik gibt, nutzen zu können.

Anliegen dieses Lehrgangs „Statistik für Forschung und Beruf" ist es, hier eine Lücke zu schließen. Die programmierte Form der Darbietung soll es ermöglichen, dem auf diesem Gebiet akademisch nicht Vorgebildeten, dem Meister, dem Ingenieur, dem Arzt, dem Forscher, dem Lehrer, dem Ökonomen, dem Oberschüler und überhaupt allen an der Statistik Interessierten, ein solides Grundwissen zu vermitteln und ihn mit der statistischen Denkweise vertraut zu machen.

Besonders auch den Direkt- und Fernstudenten, die Statistik als Nebenfach betreiben, wird das Buch eine wertvolle Hilfe sein.

Der vorliegende Band beinhaltet vorwiegend die deskriptive Statistik.

Wir danken all denen, die uns bei der Überarbeitung des Manuskripts wertvolle Hinweise gaben, insbesondere den Herren Prof. Dr. CLAUSS und Prof. Dr. LANGE. Dem Verlag gilt unser Dank für das Eingehen auf die zahlreichen Besonderheiten, die mit der Herausgabe eines solchen programmierten Lehrmaterials verbunden sind.

Lehrprogrammbücher bedürfen der Mithilfe der Lernenden. Obwohl dieses Buch vor seiner Drucklegung mit Studenten und Werktätigen aus vielen Bereichen mehrfach erprobt wurde, sind wir sehr an Ihrer persönlichen Meinung interessiert über den Schwierigkeitsgrad des Buches, über mögliche Veränderungen, Verbesserungen fachlicher und methodischer Art.

Wir wünschen Ihnen vollen Erfolg beim Eindringen in die Statistik!

HEINZ LOHSE   ROLF LUDWIG

INHALTSVERZEICHNIS

7

Anleitung zur Handhabung des Buches

Vor Ihnen liegt ein programmiertes Lehr- und Übungsmaterial. Lassen Sie sich durch die Anordnung des Textes (die linken Seiten stehen kopf) nicht abschrecken.

Die Gesamtanlage des Buches zielt darauf ab, Sie **aktiv** lernen und denken zu lassen, Sie zum Verstehen statistischer Begriffe und zum Erkennen statistischer Zusammenhänge zu führen.

Der Aneignungsprozeß ist gesteuert. Das bedeutet weder Gängelei noch einfaches Hinlenken zu selbstverständlichen Lösungen (»Ostereiersuchen an der Hand der Großmutter«), sondern bewußtes Entscheiden für diesen oder jenen Weg, für das eine oder das andere Resultat und bewußtes Entwickeln eigener Gedankengänge. Ein derartiges programmiertes Material eignet sich also nicht für oberflächliches Lesen, sondern muß Schritt für Schritt durchgearbeitet werden. Es verlangt Konzentrationsfähigkeit, intensives Studium und aktives Aneignen des Stoffes.

Der Lehrgang ist voll programmiert. Er bietet Ihnen alle Vorteile, die aus programmiertem Lernen resultieren können:

- Der Lehrstoff ist in Lehreinheiten aufgeteilt, die sich jeweils auf einen bestimmten Wissensgegenstand oder auf ein bestimmtes Teilproblem beziehen und als Einheit erfaßt und angeeignet werden.

- Sie sind als Lernender direkt angesprochen.

- Sie haben bei jedem Lehrschritt Stellung zu nehmen und sich schriftlich zu äußern.

- Sie erhalten nach Beantwortung der an Sie gerichteten Fragen und Aufgaben sofort Auskunft darüber, ob Sie richtig oder falsch reagiert haben. Das gibt Ihnen Sicherheit in der Lösung der weiteren Aufgaben.

- Sie sind also bei der Bewältigung des Aneignungsprozesses nicht sich selbst überlassen, sondern haben stets einen verständnisvollen »Privatlehrer« zur Seite, an den Sie sich jederzeit wenden können.

- Sie gehen so vor, wie es Ihrem individuellen Lerntempo entspricht.

- An Hand der Kontrollaufgaben am Ende jedes Programmabschnitts können Sie prüfen, ob Sie alles Wichtige wirklich verstanden haben.

Lesen Sie bitte weiter auf Seite 11.

Leith, G. O. M., und W. D. Clarke: Transfer of Learning as a Function of Task Variation. In: Research Reports on Programed Learning 22, National Centre for Programed Learning, Birmingham 1967

Lienert, G. A.: Testaufbau und Testanalyse. Beltz, Weinheim und Berlin 1961

Lohse, H.: Verlaufs- und Effektanalyse des programmierten Lernens, dargestellt am Lehr- und Übungsprogramm „Elementare Zahlenfolgen". Phil. Diss., Karl-Marx-Universität Leipzig 1968

Lohse, H.: Abhängigkeit des Lerneffekts von der Programmgestaltung. In: Bericht über den 2. Kongreß der Gesellschaft für Psychologie in der DDR. VEB Deutscher Verlag der Wissenschaften, Berlin 1969

Ludwig, R.: Einige parameterfreie Prüfverfahren und ihre Anwendung in den Sozialwissenschaften I. Schriftenreihe Jugendforschung, Heft 7, 1968

Ludwig, R.: Statistische Methoden zur Prüfung der Gütekriterien. In: Methodenbuch der marxistisch-leninistischen Sozialforschung (Hrsg. W. Friedrich). VEB Deutscher Verlag der Wissenschaften, Berlin 1970

Milholland, J. E.: Introductory Descriptive Statistics. A Programed Course, Encyclopaedia Britannica Press 1962

Pawlowski, Z.: Einführung in die mathematische Statistik, Verlag H. Deutsch, Thun und Frankfurt/M 1971

Pfanzagl, J.: Allgemeine Methodenlehre der Statistik. Bd. 1; 2: Höhere Methoden unter besonderer Berücksichtigung der Anwendung. Walter de Gruyter, Berlin 1960/1962

Rasch, D.: Elementare Einführung in die Mathematische Statistik. VEB Deutscher Verlag der Wissenschaften, Berlin 1968

Schmidt, H.-D.: Empirische Forschungsmethoden der Pädagogik. Volk und Wissen Volkseigener Verlag, Berlin 1961

Schramm, M.: Programmierter Unterricht heute und morgen. Cornelsen-Verlag, Berlin/ Bielefeld 1963

Schütz, H.: Zur Verschlüsselung von Nadellochkarten, speziell Kerblochkarten. Dok. Leipzig, 11, 1964

Siegel, S. S.: Nonparametric Statistics for the Behavioral Sciences. McGraw-Hill, New York 1956

Stoljarow, V. (Hrsg.): Zur Technik und Methodologie einiger quantifizierender Methoden der soziologischen Forschung. Dietz Verlag Berlin 1963

Storm, R.: Wahrscheinlichkeitsrechnung, Mathematische Statistik und statistische Qualitätskontrolle. VEB Fachbuchverlag Leipzig 1974

УРБАХ, Б. Ю.: Биометрические методы. Издательство »Наука«, Москва 1964

Waerden, B. L. van der: Mathematische Statistik. Springer-Verlag, Berlin/Göttingen/Heidelberg 1957

Weber, E.: Grundriß der biologischen Statistik. Anwendungen der Mathematischen Statistik in Naturwissenschaft und Technik. VEB Gustav Fischer Verlag, Jena 1967

Zielinski, J.: Aufbau und Wesen der Aachener Probiton-Methode. In: Praxis und Perspektiven des programmierten Unterrichts. Quickborn 1965

Allgemeine Statistik. Verlag Die Wirtschaft, Berlin 1965

Biometrisches Wörterbuch. VEB Deutscher Landwirtschaftsverlag, Berlin 1968

DDR-Standard Statistische Qualitätskontrolle; TGL 14 449, 1962/63

Kleine Enzyklopädie Mathematik. Verlag Harri Deutsch, Thun und Frankfurt/M 1972

Quantitative Methoden in der Soziologie. Übersetzung aus dem Russischen. Verlag Die Wirtschaft, Berlin 1970

Statistisches Jahrbuch der DDR. Staatsverlag der Deutschen Demokratischen Republik, Berlin 1969

Statistisches Jahrbuch des Bezirkes Leipzig 1967

Statistisches Jahrbuch für die BRD. Verlag W. Kohlhammer GmbH, Stuttgart u. Mainz 1969

Die Lehreinheiten sind hier durch Nummern gekennzeichnete Lehrschritte, die meist eine ganze Seite einnehmen. Jeder solche Lehrschritt (der i-te Lehrschritt) besteht im allgemeinen aus drei Teilen:

aus dem **Darbietungsteil** D_i (er bringt die neue Information, die gründlich zu erarbeiten ist)

aus dem **Aufgaben- oder Fragenteil** A_i (die Antworten tragen Sie meist ins Lehrprogrammbuch ein, zuweilen schreiben Sie diese auf ein Arbeitsblatt, das Sie stets neben sich liegen haben sollten)

und dem **Lösungsteil** L_i (dieser vermittelt die Lösungen und gibt Hinweise auf die hauptsächlichen Fehlerquellen).

Dabei befindet sich der Lösungsteil L_i des i-ten Schrittes fast immer auf der nächsten rechts stehenden Seite oben. Diesen schlagen Sie aber erst dann auf, wenn Sie Ihre Antworten formuliert haben.

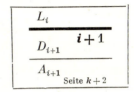

Farben und Symbole unterstützen die didaktische Funktion der einzelnen Teile:

Wesentliches im Darbietungsteil, so das Stichwort der Lehreinheit und alle Formeln, sind *rot* hervorgehoben,

Definitionen werden durch ein *grünes Dreieck* gekennzeichnet;

Aufgabenstellungen oder Fragen erscheinen mit *blauem Balken*; *blaue Linien* deuten an, daß Sie etwas auszufüllen haben;

alle Lösungen oder Antworten erscheinen *blau*;

Beispiele sind jeweils durch einen *schwarzen Vollkreis* gekennzeichnet, wichtige Aufträge an Sie (z. B. Entscheidungen) durch ein *fettes Ausrufezeichen*.

Für Ihren Lernerfolg ist ausschlaggebend, daß Sie diese Anweisungen wirklich befolgen.

Neben den bereits genannten Symbolen treten Pfeile auf, die für **Steueroperatoren** stehen. Es bedeuten z. B.

Gehen Sie zum Lehrschritt i!

Lesen Sie den Lehrschritt i, und kehren Sie dann zum vorliegenden Lehrschritt zurück!

Sind mehrere Pfeile angegeben, so haben Sie sich für **einen** Weg, den Ihnen angemessenen oder den Ihrem Ergebnis entsprechenden, zu entscheiden.

Ist kein Steueroperator angegeben, so gehen Sie zum folgenden Lehrschritt.

Die **Zusammenfassungen** am Ende eines Abschnitts sind in einem gesonderten Beiheft vereinigt. Sie geben einen Überblick über das jeweils Gelernte und bieten Ihnen die Möglichkeit, die notwendigen Verbindungen zwischen den Einzelfakten und Gesetzmäßigkeiten herzustellen. Nach Durcharbeiten des Buches dient Ihnen das Beiheft als Wissensspeicher, der neben den wichtigsten Definitionen, Formeln und Zusammenhängen auch die Tabellen enthält, die Sie für Ihre praktische Arbeit ständig benötigen. **Der T-Teil** vermittelt mathematische Elementarkenntnisse und theoretisch-statistische Grundlagen. Sie werden an geeigneter Stelle auf ihn verwiesen.

LITERATUR- UND QUELLENVERZEICHNIS

ADAM, J.: Einführung in die medizinische Statistik. VEB Verlag Volk und Gesundheit, Berlin 1971

ADKINS, D. C.: Statistics, an Introduction for Students in the Behavioral Sciences. Columbus, Ohio 1964

BAUMANN, H.: Mathematische Grundlagen der statistischen Analyse. Institut für Fachschulwesen der DDR 1963

BISCHOF, H.: Effektivitätsanalyse programmierter Instruktion in der kriminalistischen Fachausbildung, dargestellt am Beispiel „Fahndung nach Personen und Sachen". Diplomarbeit, Karl-Marx-Universität Leipzig 1968

BORSDORF, W., und A. KNESCHKE: Ausgleichsrechnung und mathematische Statistik. Bergakademie Freiberg (Fernstudium). VEB Deutscher Verlag der Wissenschaften, Berlin 1961

CANTOR, G.: Beiträge zur Begründung der transfiniten Mengenlehre. Halle 1895

CAVALLI-SFORZA, L.: Grundbegriffe der Biometrie. VEB Gustav Fischer Verlag, Jena 1965

CLAUS, F.: Möglichkeiten und Grenzen der Handlochkarten für das Speichern und Wiederauffinden von Informationen. Berlin 1968

CLAUSS, G.: Pädagogisch-psychologische Untersuchungen zur Effektivität des programmierten Unterrichts. In: Probleme und Ergebnisse der Psychologie, Heft 30. VEB Deutscher Verlag der Wissenschaften, Berlin 1969

CLAUSS, G., und H. EBNER: Grundlagen der Statistik für Psychologen, Pädagogen und Soziologen. Verlag Harri Deutsch, Thun und Frankfurt/M 1977

CORRELL, W., und H. SCHWARZE: Lernpsychologie programmiert. Programmiertes Lehrbuch der Lernpsychologie. Verlag Ludwig Auer, Donauwörth 1968

FERGUSON, G. A.: Statistical Analysis in Psychology and Education. McGraw-Hill, New York 1966

FISZ, M.: Wahrscheinlichkeitsrechnung und mathematische Statistik. VEB Deutscher Verlag der Wissenschaften, Berlin 1971

GNEDENKO, B. W.: Lehrbuch der Wahrscheinlichkeitsrechnung. Akademie-Verlag GmbH, Berlin 1971

GOTKIN, L. G., und L. S. GOLDSTEIN: Grundkurs in Statistik. Ein programmiertes Lehrbuch. R. Oldenbourg, München/Wien 1971/72

GUILFORD, J. P.: Fundamental Statistics in Psychology and Education. McGraw-Hill, New York, Toronto, London 1965

HENTSCHEL, G.: Ausarbeitung und Standardisierung eines Lehrprogramms. Phil. Diss., Karl-Marx-Universität Leipzig 1967

KELLERER, H.: Statistik im modernen Wirtschafts- und Sozialleben. Rowohlt, Reinbek bei Hamburg 1960

KNEFFEL, H.: Der Einfluß des Zeitpunktes der Erfolgsinformation auf Verlauf und Ergebnis von Lernleistungen. Diplomarbeit, Karl-Marx-Universität Leipzig 1968

LATTERNER, C. G., D. M. DRESDNER, J. A. SPIECH und G. M. USLAN: Programmierte Einführung in PERT. Verlag Die Wirtschaft, Berlin 1967

LEITH, G. O. M., L. A. BIRAN und J. A. OPOLLOT: The Place of Review in meaningful verbal Learning Sequences. In: Research Reports on Programed Learning 12, University of Birmingham 1967

! Und hier eine Zusammenstellung all dessen, was Sie besonders beachten sollten:

- Legen Sie sich Papier, Schreibgerät und ein Lineal zurecht! Zur Erleichterung bei Berechnungen ist ein Rechenstab angebracht.

- Lesen Sie aufmerksam jede Zeile, denken Sie über das Gelesene gründlich nach!

- Stellen Sie sich ganz auf aktives Lernen ein!

- Lösen Sie die Aufgaben so gut es geht! Schreiben Sie Ihre Ergebnisse an die im Buch vorgesehenen Stellen oder auf Ihr Arbeitspapier!

- Schauen Sie erst dann zur wirklichen Lösung, wenn Sie zu einem Resultat gelangt sind!

- Arbeiten Sie gewissenhaft! Befolgen Sie die durch fettes Ausrufezeichen gegebenen Anweisungen, auch wenn Sie Ihnen zuweilen unbequem erscheinen!

- Sie dürfen im Lehrprogramm jederzeit zurückblättern und zurückliegenden Stoff nachlesen. Merken Sie sich aber genau den Lehrschritt, bis zu dem Sie gekommen waren!

- Mathematische Symbole sind auf der 2. Seite des Beihefts kurz erläutert.

- Und noch eins: Sie arbeiten stets nur auf der **rechten** Seite! Den auf dem Kopf stehenden Text der linken Seite beachten Sie vorerst nicht!

Genug der Vorrede! Nun: Frisch ans Werk!
Wir wünschen Ihnen viel Freude beim Lernen!

Wir stellen Sie jetzt vor die erste Entscheidung.

! Entscheiden Sie! Folgen Sie dem Pfeil, der Ihrer Stellungnahme entspricht!

Ich weiß, was Indizes, Summenzeichen und Binomialkoeffizienten sind, und kann damit umgehen. ⟶ **1**, Seite 15

Ich weiß damit nicht viel anzufangen. ⟶ **T 1**, Seite 251

Ich habe den Umgang mit diesen Begriffen einmal beherrscht, bin mir darin aber heute nicht mehr sicher. ⟶ **T 1**, Seite 251

Die angegebenen Nummern (**1**, **T 1**) sind Lehrschrittnummern, die im Programm durch Fettdruck hervorgehoben sind.

! Haben Sie die »Anleitung zur Handhabung des Buches« gründlich gelesen? Sollte das nicht der Fall sein, so holen Sie das bitte nach (Seite 9)!

Einführung:
Deterministische und stochastische Erscheinungen

Wissenschaftliches Vorgehen besteht darin, Erscheinungen der realen Welt zu untersuchen und Gesetzmäßigkeiten aufzudecken, die das Wesen und die Entwicklung der Untersuchungsgegenstände bestimmen. Dazu stellt man Beobachtungen an und bedient sich wissenschaftlicher Experimente.

Ein wissenschaftliches Experiment besteht in der Realisierung einer Versuchsvorschrift, in der die Beobachtungs- und Versuchsbedingungen möglichst genau festgelegt sind. Es zielt auf ein Versuchsergebnis hin, das die Antwort auf die mit dem Experiment an das objektive Geschehen gerichtete Frage darstellt.

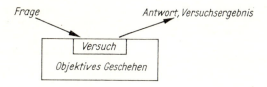

Bild 1

Durchdenken Sie den in Bild 1 dargestellten Zusammenhang an einem Versuch in der Humanmedizin, mit dem man die Wirksamkeit eines neuen Medikaments gegenüber einem bisher verabreichten erproben will!

Bedienen Sie sich dabei folgender Gliederung:

Frage:

Untersuchungsgegenstand:

Versuchsvorschrift:

Versuchsergebnis:

Dann bitte umblättern!

15

Lösung zu 1:

Frage: Ist das neue Medikament bei gleicher Verträglichkeit wirksamer als das bisher verwendete?

Untersuchungsgegenstand: Auswahl von Menschen, die an einem bestimmten Leiden erkrankt sind.

Versuchsvorschrift: (Beispielsweise wäre möglich) Bildung von zwei Gruppen, die sich in möglichst vielen Faktoren (Alter, Krankheitsbild usw. der Patienten) ähneln.

Der einen Gruppe (Versuchsgruppe) wird regelmäßig und in bestimmter Dosierung das neue Medikament verabreicht, der anderen Gruppe (Kontrollgruppe) das bisher verwendete, ebenfalls nach genauer Vorschrift.

Versuchsergebnis: Das neue Medikament ist wirksamer als das bisher verabreichte.

Oder: Das neue Medikament ist nicht wirksamer.

! Wenn Sie Schwierigkeiten bei der Lösung dieser Aufgabe hatten, so verzagen Sie nicht, wir werden später ausführlicher auf die Anlage von Versuchsplänen zurückkommen.

In zahlreichen Gebieten der Wissenschaft und Technik kennen wir Vorgänge, bei denen das Versuchsergebnis unter genau bekannten Versuchsbedingungen mit Sicherheit vorausgesagt werden kann.

2

Wir sprechen dann von deterministischen Erscheinungen.

● Exakt im voraus angebbarer Ort eines Raumschiffs im Weltall auf Grund der Kenntnis der Anfangsbedingungen und der Gesetze der Mechanik.

In anderen Bereichen ist die exakte Fixierung aller Versuchsbedingungen prinzipiell nicht oder gegenwärtig noch nicht möglich. Infolge einer Vielzahl praktisch unkontrollierbarer Einflüsse können bei Wiederholung des Versuchs voneinander abweichende Ergebnisse auftreten.

Wir haben es dann mit stochastischen oder Zufallserscheinungen zu tun.

● Prüfung eines neuen Medikaments mit den möglichen Versuchsausgängen »wirksamer«/»nicht wirksamer«. Paarung mit den möglichen Ergebnissen »Befruchtung«/»Nichtbefruchtung«.

Geben Sie an, welche der nachfolgend aufgeführten Versuche

A. den deterministischen Erscheinungen,

B. den stochastischen Erscheinungen zuzuordnen sind!

Abkühlung von Wasser auf 0 °C unter Normalbedingungen   *A*

Werfen eines Würfels   *B*

Schießen auf eine Zehnerscheibe   *B*

Automatische Fertigung von Rohren mit bestimmtem Innendurchmesser.   *B*

Lösung:

A (deterministische Erscheinung)	B (stochastische Erscheinung)

Abkühlung von Wasser auf 0°C unter Normalbedingungen	Werfen eines Würfels
	Schießen auf eine Zehnerscheibe
	Automatische Fertigung
	   von Rohren mit bestimmtem
	   Innendurchmesser

Anmerkung:
Vielleicht haben Sie »Automatische Fertigung von Rohren« mit unter A angeordnet. Bedenken Sie aber bitte, daß einige der gefertigten Rohre bezüglich des Innendurchmessers nicht maßhaltig sein können. Das Ergebnis ist also nicht mit Sicherheit im voraus angebbar.

3

Deterministische Erscheinungen, mit anderen Worten: funktional beschreibbare, also streng kausale Zusammenhänge, liegen vor, wenn die Versuchsvorschrift alle den Versuchsausgang bestimmenden Faktoren umfaßt. Das Versuchsergebnis liegt schon im voraus eindeutig fest, es ist das sichere Ereignis.

Versuch	Ergebnis: **Sicheres** Ereignis
Abkühlung von Wasser auf 0°C unter Normalbedingungen	Eisbildung
Gabe einer letalen Dosis	Tod

Bei stochastischen Erscheinungen widerspiegelt die Versuchsvorschrift nicht mehr die Gesamtheit aller Ursachen, die für das Eintreten eines bestimmten Ereignisses hinreichend sind. Infolgedessen sind mehrere voneinander verschiedene Versuchsergebnisse möglich, bei jedem Versuch tritt eines davon ein. Das ist vom Zufall abhängig, man spricht deshalb von zufälligen Ereignissen.

Definition

▶ Ein Versuchsergebnis, das eintreten kann, aber nicht unbedingt einzutreten braucht, dessen Eintreten also mit einer gewissen Wahrscheinlichkeit erfolgt, nennt man ein **zufälliges Ereignis**.

Versuch	Ergebnis: **Zufällige** Ereignisse
Paarung	Befruchtung Nichtbefruchtung
Automatische Fertigung von Rohren	maßhaltig nicht maßhaltig

Ergänzen Sie!

Werfen eines Würfels

_____

_____

_____

20

Lösung:

Versuch	Ergebnis: Zufällige Ereignisse	
Werfen eines Würfels		Augenzahl 1
	oder	Augenzahl 2
		⋮
	oder	Augenzahl 6
	oder	gerade Augenzahl
	oder	ungerade Augenzahl

Beachten Sie bitte:

In einzelnen Fällen ist es möglich, daß mit zunehmendem Erkenntnisstand der Ursachen-komplex für ein ehedem zufälliges Ereignis so genau erfaßt werden kann, daß es deterministisch und damit als sicheres Ereignis angebbar wird.

Die meisten Erscheinungen in Natur und Gesellschaft sind aber so komplexer Art, daß eine vollständige Beschreibung aller Ursachen und Bedingungen in absehbarer Zeit nicht möglich ist. Deshalb ist der Zufall eine wesentliche Komponente bei der Erfassung des Geschehens in Natur und Gesellschaft.

Die Untersuchung der Gesetzmäßigkeiten von zufälligen Ereignissen (Zufallsgesetz-mäßigkeiten, stochastische Gesetzmäßigkeiten) ist Gegenstand der Statistik. Die Zufalls-gesetzmäßigkeiten sind durch Wahrscheinlichkeitsverteilungen erfaßbar. Deshalb ist die Wahrscheinlichkeitsrechnung die Grundlage der Statistik.

4

Definition

▶ Die **Statistik** ist die Wissenschaft, die die Methoden zur Gewinnung, Aufbereitung, Analyse und Interpretation statistischer Daten zum Gegen-stand hat.

Statistische Daten sind beobachtete und zahlenmäßig erfaßte Massen-erscheinungen, bei denen Zufallseinflüsse auftreten.

Im Gegensatz zur *Kasuistik*, in der Einzelfälle untersucht werden, beschäftigt sich die *Statistik* also mit Massenerscheinungen, bei denen unkontrollierte Einflüsse auftreten (das sind Einflüsse, die nicht erfaßbar sind, und solche, die als unwesentlich vernach-lässigt werden).

Erst bei größerer Zahl von Realisierungen der Versuchsvorschrift gelingt es, den Er-scheinungen innewohnende Gesetzmäßigkeiten aufzudecken. Unser Interesse gilt nicht dem einzelnen Individuum oder Objekt, sondern dem Verhalten einer Gesamtheit von Individuen oder Objekten.

Lesen Sie obige Definition noch einmal langsam!

Schätzen Sie dann ehrlich ein:

Ich bin mit den Grundelementen der Wahrscheinlichkeitsrechnung vertraut.

——————▶ Bitte umblättern!

Ich weiß wenig oder nichts über Wahrscheinlichkeitsrechnung.

Gehen Sie nach ——————▶ **T 10**, S. 269

SACHWORTVERZEICHNIS
Zahlen bedeuten Lehrschrittnummern

Ziele

Gesamtziel

Nach Durcharbeiten dieses Abschnitts hat der Lernende Kenntnis über die wichtigsten Begriffe und Zusammenhänge aus den Problemkreisen

1.1. Merkmale, Merkmalsausprägungen
1.2. Messen und Maßeinheiten
1.3. Datenarten und ihr Informationswert
1.4. Grundgesamtheit und Stichprobe
1.5. Datenerfassung und Datenträger

Er erwirbt die Fähigkeit, statistische Methoden zu verstehen und anzuwenden.

Einzelziele

Der Lernende wird in der Lage sein,

a) stetige von diskreten Merkmalen zu unterscheiden,
b) Merkmalsausprägungen quantitativer und qualitativer Art anzugeben,
c) Merkmale der möglichen Klassen und Ausprägungen zu nennen,
d) den Zusammenhang zwischen Merkmal und Zufallsvariable zu erfassen,
e) einiges über Wahrscheinlichkeitsverteilung, Dichtefunktion und Normalverteilung aussagen zu können,
f) die grundlegende Bedeutung des Messens zu erfassen,
g) die Begriffe »Messen« und »Kategorisieren« zu definieren,
h) die Anforderungen, die an die Meßinstrumente gestellt werden müssen, zu erkennen,
i) die Bedeutung des grundlegenden Begriffs »Daten« zu erkennen,
k) die Datenarten »Meßwerte«, »Rangdaten« und »Kategorien« und die entsprechenden Skalen »Intervallskala«, »Ordinalskala«, »Nominalskala« voneinander zu unterscheiden und richtig anzuwenden,
l) die Begriffe »Grundgesamtheit« und »Stichprobe« zu definieren und deren Bedeutung einzuschätzen,
m) repräsentative Stichproben anlegen zu können,
n) Kenntnis über verschiedene Auswahltechniken zu haben,
o) mehrere Stichprobenverfahren anzugeben und sich für das geeignete zu entscheiden,
p) Möglichkeiten der Datenerfassung zu beherrschen,
q) die wichtigsten Datenträger zu kennen,
r) Primärdatenträger sinnvoll zu gestalten.

Darüber hinaus kann sich der Lernende ausreichende Kenntnisse und Fertigkeiten über Wahrscheinlichkeit und Wahrscheinlichkeitsverteilungen aneignen.

————————➤ 5

Lösung (ausführliche Darstellung):

Gegeben: Normalverteilte Grundgesamtheit für stetige Zufallsvariablen X mit $\mu = 50$; $\sigma = 10$

Stichprobe: $n = 1000$

Gesucht: $P\,(X > 65)$

Der Wert $x = 65$ wird normiert: $u = \dfrac{x - \mu}{\sigma} = \dfrac{65 - 50}{10} = \dfrac{15}{10} = 1{,}5$

Wahrscheinlichkeit dafür, daß X Werte ≤ 65 annimmt:

$P\,(X \leq 65) = F(65) = \Phi(1{,}5) = 0{,}933193$

Um die Wahrscheinlichkeit für $X > 65$ zu erhalten, muß der gefundene Tafelwert von 1 (Gesamtfläche unter Normalkurve) subtrahiert werden (s. Bild 185).

$$P\,(X > 65) = \Phi(\infty) - \Phi(1{,}5)$$
$$= 1 - 0{,}933193$$
$$= 0{,}066807$$

Das sind bei 1000 Werten rund 67.

Rund 67 der 1000 Werte werden größer als 65 sein.

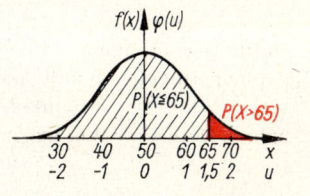

Bild 185

T 52

Sie haben sich jetzt einige Grundlagen der Mathematischen Statistik mit Erfolg angeeignet. Manche von Ihnen werden gewisse Gedankengänge als schwierig empfunden haben, andere werden viel Vertrautem begegnet sein. Letzteren empfehlen wir das Studium mathematisch-statistischer Spezialliteratur, ersteren können wir bestätigen, daß sie mehr gelernt haben, als sie sich eingestehen.

Allen Lernenden sei angeraten, jetzt eine Ruhepause einzulegen und sich zu entspannen.

! Entscheiden Sie dann:

Ich habe mich vom Schritt 16 her zunächst dem theoretischen Teil zugewandt und möchte jetzt mit dem dort folgenden Teilabschnitt weiterarbeiten.
———————▶ **17**, Seite 49

Ich kam vom Schritt 142 oder 143 (Wahrscheinlichkeitsnetz) und möchte den Teil »Graphische Darstellung« zu Ende bearbeiten.
———————▶ **142** bzw. **143**

Mir wurde in 3.5.1. über »Streuungsmaße« das Bearbeiten der Normalverteilung empfohlen.
———————▶ **230**, Seite 82

1. Daten und ihre Erfassung

5

1.1. Merkmale, Merkmalsausprägungen

In der Statistik haben wir es stets mit einer Gesamtheit gleichartiger Individuen oder Objekte zu tun, das heißt also mit einer Menge. Die einzelnen Individuen oder Objekte sind die Elemente der Menge.

●

Menge	Element
Bevölkerung eines Staates	Bürger des Staates
produzierte Fernsehbildröhren im Quartal	Bildröhre

An jedem Element der Menge untersuchen wir ein oder mehrere Merkmale. Unter Merkmalen wollen wir die von uns betrachteten Charakteristika des Untersuchungsobjekts verstehen.

▶ **Merkmale** sind bestimmte Charakteristika des Untersuchungsobjekts.

●

Element	mögliche Merkmale
Bürger des Staates	Geschlecht
	Alter
	Familienstand
	politisches Interesse
Fernsehbildröhre	Güte der Bildröhre
	Größe der Bildröhre

Ergänzen Sie folgende Tabelle, indem Sie die Lücken ausfüllen!

Menge	Element	mögliche Merkmale
Handelsflotte	*Schiff*	Antriebsart
		Tiefgang
		Wasserverdrängung
Lehrer Körper	Lehrer einer Schule	Alter
		Qualifikationsgrad
		Schülerbeliebtheit
Maschinenpark	Maschine	

Lösungen:

Zu 1.   Anwendung der 6. Eigenschaft der Verteilungsfunktion (vgl. Schritt T 27)

$$P(-0,5 < U \leq +1,8) = \Phi(+1,8) - \Phi(-0,5)$$
$$= 0,964070 - 0,308538$$
$$= 0,655532$$

Zu 2.   Sollen $0,27\% = 0,0027$ der Gesamtfläche unter der Normalkurve *außerhalb* des gesuchten Intervalls $-u_1 \cdots +u_1$ liegen, so entfallen je $0,00135$ (die Hälfte von $0,0027$) auf die beiden Enden der Verteilung. Aus Tafel IVa (letzte Zeile) entnimmt man für $\Phi(u) = 0,00135$ den Wert $u = -3,00$. Das gesuchte Intervall ist $-3,00 \cdots +3,00$.

Die Tafeln für die »Flächen unter der Normalkurve«, die sich ja auf die normierte GAUSS-Verteilung beziehen, lassen sich unter Verwendung der Transformationsformel (t 32) $u = \dfrac{x - \mu}{\sigma}$ auch zur Berechnung von Wahrscheinlichkeiten für eine **beliebige** Normalverteilung $N(\mu; \sigma^2)$ verwenden.

T 51

Eine stetige Zufallsvariable X sei nach $N(10; 6,25)$ verteilt. Wie groß ist die Wahrscheinlichkeit dafür, daß sich ein Wert zwischen $x_1 = 5$ und $x_2 = 8$ einstellt?

Wir normieren die Werte x_1 und x_2.

Aus der Angabe $N(10; 6,25)$ entnehmen wir: $\mu = 10$; $\sigma = 2,5$

$$u_1 = \frac{x_1 - \mu}{\sigma} = \frac{5 - 10}{2,5} = -2,0$$

$$u_2 = \frac{x_2 - \mu}{\sigma} = \frac{8 - 10}{2,5} = -0,8$$

$$\Phi(-0,8) - \Phi(-2,0) = 0,211855$$
$$- 0,022750$$
$$= 0,189105,$$

folglich $P(5 < X \leq 8) = 0,189105 \cong 18,91\%$

Das Ergebnis kann auch so interpretiert werden: Untersucht man diese Variable in einer Stichprobe vom Umfang $n = 100$, so sind rund 19 Werte zwischen 5 und 8 zu erwarten.

Eine stetige Zufallsvariable X sei mit dem Erwartungswert $\mu = 50$ und der Streuung $\sigma = 10$ normalverteilt. Man entnimmt dieser Grundgesamtheit eine Stichprobe vom Umfang $n = 1000$.

Wieviel von den 1000 Werten werden größer als 65 sein?

! Versuchen Sie die Aufgabe zu lösen, bevor Sie weitergehen!
Sie ist durchaus nicht so schwierig, wie es für einige von Ihnen den Anschein hat. Orientieren Sie sich am obigen Beispiel!

Lösung:

Menge	Element	mögliche Merkmale	
Lehrerkollegium	Schiff (oder) Handelsschiff	Antriebsart Ausstoß Belastung Drehzahl Energieverbrauch Masse o. ä.	(Angabe von drei Merkmalen ausreichend)

Jedes Merkmal läßt sich einer der beiden Klassen stetig/nicht stetig zuordnen.

6

Definition

▶ Ein Merkmal ist **stetig** oder **kontinuierlich**, wenn es jeden beliebigen Wert im betrachteten Intervall auf einem Kontinuum*) annehmen kann.

Ein Merkmal ist dagegen **nicht stetig** oder **diskret**, wenn es nur in n Kategorien ($n \geq 2$) angebbar ist. Dabei können die n Kategorien durch n ganze Zahlen repräsentiert werden.

stetige Merkmale	nicht stetige Merkmale
Einstellung des Bürgers zum Staat	Geschlecht
Güte der Fernsehbildröhre	Beruf
Innendurchmesser eines Rohres	Anzahl der Ferkel je Wurf
	Augenzahl beim Würfeln

*) etwas lückenlos Zusammenhängendes, z.B. Zahlengerade (reelle Zahlen)

Ordnen Sie die folgenden Merkmale den beiden Klassen »stetig« und »nicht stetig« zu!
Alter, Anzahl der Elektronen in der Atomhülle, Weite beim Diskuswurf, Geschwindigkeit eines Fahrzeugs, Familienstand, Farbe.

stetig	nicht stetig
Alter	Anzahl
Weite	
	Familienstand
Farbe	Farbe

27

Die Lösungen lauten:

Zu a) $\Phi(u_2) - \Phi(u_1) = \Phi(+2) - \Phi(-2)$ $= 0{,}954\,500$

Damit bestätigen wir, daß im Bereich $-2 \cdots +2$ 95,45% aller Fälle liegen.

Zu b) $\Phi(u_2) - \Phi(u_1) = \Phi(-1{,}3) - \Phi(-1{,}5)$ $= 0{,}029\,993$

Zu c) $\Phi(u_2) - \Phi(u_1) = \Phi(1{,}96) - \Phi(-1{,}96)$ $= 0{,}975\,002$
$$- 0{,}024\,998$$
$$= 0{,}950\,004$$

Das zuletzt gewonnene Resultat wollen wir uns ein wenig näher betrachten. Es besagt, daß 95% aller Beobachtungswerte im Intervall $-1{,}96 \cdots +1{,}96$ liegen (Bild 183).

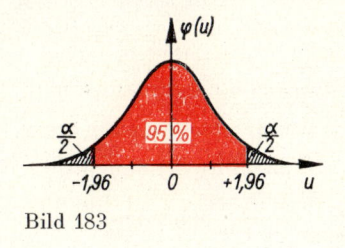

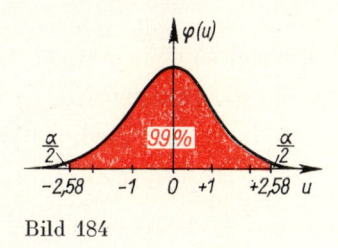

Bild 183   Bild 184

Auf analogem Wege erhalten wir, daß 99% aller Fälle zwischen $-2{,}58$ und $+2{,}58$ liegen (Bild 184).

Das sind wichtige Werte, denen wir sehr oft begegnen, geben sie doch die **statistische Sicherheit** an, mit der eine Hypothese anzunehmen oder abzulehnen ist.

Die außerhalb der roten Flächen gelegenen Stücke stellen die sogenannte Irrtumswahrscheinlichkeit α (5% bzw. 1%) dar.

---

1. Wie groß ist die Wahrscheinlichkeit dafür, daß die normierte Zufallsvariable U Werte im Intervall $-0{,}5 < U \leqq +1{,}8$ annimmt?

2. Berechnen Sie das Intervall $-u_1 \cdots +u_1$ so, daß außerhalb dieses Intervalls 0,27% der Gesamtfläche unter der Normalkurve liegen!

Lösung:

stetig	nicht stetig
Alter	Anzahl der Elektronen
Weite beim Diskuswurf	in der Atomhülle
Geschwindigkeit eines Fahrzeugs	Familienstand
Farbe	

Hinweis:

Sollten Sie das Merkmal »Farbe« in die Klasse »nicht stetig« eingeordnet haben, so bedenken Sie, daß die Farbe als physikalische Größe jeden Wert des elektromagnetischen Spektrums zwischen 0,39 μm und 0,69 μm annehmen kann.

Die umgangssprachliche Einteilung der Farbe in Kategorien (blau, grün, rot usw.) ändert nichts an der Tatsache, daß ein Farbkontinuum zugrunde liegt. Es kommt also nicht darauf an, wie das Merkmal ausgedrückt wird, in welchen Ausprägungen wir es verwenden, sondern auf das Wesen des Merkmals selbst.

Die Merkmale treten an den Untersuchungsobjekten in verschiedenen Ausprägungen auf. Das sind mögliche Versuchsergebnisse (zufällige Ereignisse) quantitativer oder qualitativer Art, mit denen wir das Merkmal — unabhängig von seiner Zugehörigkeit zu einer der Klassen »stetig«/»nicht stetig« — erfassen.

7

Merkmal	mögliche Ausprägungen	Art der Ausprägung
Familienstand	ledig verheiratet verwitwet geschieden	qualitativ
Güte der Bildröhre	standardgerecht nicht standardgerecht	qualitativ
Farbe	violett blau grün gelb orange rot	qualitativ
Farbe	alle Werte zwischen 0,39 μm und 0,69 μm	quantitativ
Ernteertrag von Weizen	alle Werte zwischen 0,0 und 70 dt/ha	quantitativ

Anmerkung:

An dem Merkmal »Farbe« wird deutlich, daß wir ein Merkmal sowohl qualitativ als auch quantitativ erfassen können. Für welche Art der Ausprägung wir uns entscheiden, hängt von den Belangen der Praxis oder den Erfordernissen der Untersuchung ab. So wird man sich bei der Angabe der Augenfarbe im Personalausweis mit der qualitativen Art der Ausprägung begnügen, während man in der Physik die quantitative Art verwenden muß.

Geben Sie zu den Merkmalen Geschlecht, Tiefgang eines Schiffes, Alter eines Menschen, Beruf, Anzahl der Ferkel je Wurf mögliche Ausprägungen an, und charakterisieren Sie die gewählte Art der Ausprägung! Erst gut überlegen, Antwort auf Ihrem Arbeitsblatt festhalten, dann weitergehen!

Lösungen:

$u = -1{,}0$ $\qquad$ $\Phi\,(u) = 0{,}158655$
$u = +1{,}0$ $\qquad$ $\Phi\,(u) = 0{,}841345$
$\Phi\,(u) = 0{,}022750$ $\qquad$ $u = -2{,}0$
$\Phi\,(u) = 0{,}977250$ $\qquad$ $u = +2{,}0$
$\Phi\,(u) = 0{,}95$ $\qquad$ $u = +1{,}65$
$\varphi\,(u) = 0{,}31$ $\qquad$ $u = 0{,}71$

! Wenn Sie für den letzten Wert $u = -0{,}5$ fanden, so beachteten Sie nicht, daß hier nicht Φ, sondern $\varphi(u)$ gegeben war, infolgedessen Tafel III (»Ordinaten der Normalverteilung«) herangezogen werden mußte.

Also: Schenken Sie auch dem Tafelaufschlagen volle Aufmerksamkeit!

T 49

Im Lehrschritt T 44 bestimmten wir aus Bild 176 (Bild der Verteilungsfunktion der Normalverteilung) die Wahrscheinlichkeit dafür, daß die Zufallsvariable X Werte im Intervall $(\mu - \sigma;\ \mu + \sigma]$ annimmt.
Es ergab sich $F\,(\mu + \sigma) - F\,(\mu - \sigma) = 0{,}68$.

Was wir dort der Zeichnung entnahmen, können wir jetzt an Hand der Tafelwerte für die standardisierte Normalverteilung $N\,(0; 1)$ durch Rechnung bestätigen.

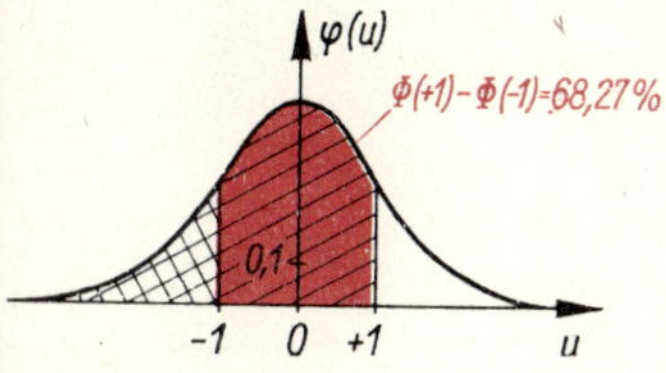

$$\begin{aligned} \Phi(+1) - \Phi(-1) &= 0{,}841345 \\ &-\ 0{,}158655 \\ \hline &= 0{,}682690 \end{aligned}$$ Wir verwenden die Werte aus obigem Lösungsteil.

Dieser Wert für die Fläche besagt:

68,27% aller Beobachtungswerte (Fälle) liegen im Intervall $-1 \cdots +1$ (Bild 182).

Bild 182

Jetzt gelingt es uns leicht, beliebige Flächen unter der Normalkurve zu bestimmen.

● Gesucht ist die Fläche unter der Normalkurve zwischen $u_1 = 0$ und $u_2 = 2{,}58$.

Es ist $\quad \Phi(u_2) = \Phi(2{,}58) = 0{,}995060 \quad | \ +$
$\qquad\qquad \Phi(u_1) = \Phi(0) \quad\ = 0{,}500000 \quad | \ -$

$\Phi(u_2) - \Phi(u_1) = \Phi\,(2{,}58) - \Phi\,(0) = 0{,}495060$

Berechnen Sie die Fläche unter der Kurve der Normalverteilung zwischen den Werten

a) $u_1 = -2 \quad$ und $\quad u_2 = +2$ $\qquad$ _____

b) $u_1 = -1{,}5 \quad$ und $\quad u_2 = -1{,}3$ $\qquad$ _____

c) $u_1 = -1{,}96 \quad$ und $\quad u_2 = +1{,}96$ $\qquad$ _____

Arbeiten Sie auf dem Übungsblatt, und geben Sie hier nur die Lösungen an!

30

Lösung der Aufgabe:

Merkmal	mögliche Ausprägungen	Art der Ausprägung
Geschlecht	männlich weiblich	qualitativ
Tiefgang eines Schiffes	alle Werte zwischen 0,0 m und 40,0 m	quantitativ
Alter eines Menschen	Kind Jugendlicher Erwachsener Greis	qualitativ
oder	alle Werte zwischen 0 und 150 Jahre	quantitativ
Beruf	Arzt Bäcker Dreher Lehrer Tischler o. ä.	qualitativ
Anzahl der Ferkel je Wurf	1, 2, 3, 4, ...	quantitativ

Die aufgeführten Beispiele machen den Unterschied zwischen den Ausprägungen qualitativer und quantitativer Art sichtbar.

8

Wir definieren:

 Die Ausprägungen eines Merkmals sind **quantitativ**, wenn sie durch Zahlen dargestellt werden, die die Beziehungen zwischen den Objekten eindeutig widerspiegeln.

Die Ausprägungen eines Merkmals sind **qualitativ**, wenn sie in bestimmten (voneinander verschiedenen) Kategorien angegeben werden.

Gewisse nicht stetige Merkmale (z. B. Beruf) lassen sich nur qualitativ erfassen, bei stetigen Merkmalen (z. B. Alter, Farbe) stehen uns beide Möglichkeiten offen.

Merkmale, die nur in zwei qualitativen Ausprägungen vorliegen (z. B. Geschlecht), heißen alternative Merkmale.

Frage: Gibt es Merkmale, deren Ausprägungen quantitativ sind, aber nicht alle Werte eines Intervalls annehmen können?

Antwort: Ja/Nein

Wenn ja, geben Sie ein Beispiel:

Dann umblättern!

31

! Überprüfen Sie einige Punkte der von Ihnen gezeichneten Kurve an Hand folgender Wertetabelle, die sich aus der Berechnung der Richtwerte und zweier zusätzlicher Werte ergibt:

u	0	$\pm 0{,}5$	$\pm 1{,}0$	$\pm 1{,}5$	$\pm 2{,}0$	$\pm 3{,}0$	$\pm 0{,}2$	$\pm 2{,}5$	
$\varphi(u)$	8	7	5	2,5	1	0,1	7,82	0,35	(in cm)

Liegen die Punkte nicht auf der von Ihnen gezeichneten Kurve, so ändern Sie bitte Ihre Zeichnung, und denken Sie über Ihren Fehler nach!

T 48

Für alle stetigen Zufallsvariablen gilt — wie wir in Lehrschritt T 26 erfuhren — $F(x) = \int\limits_{-\infty}^{x} f(x)\,\mathrm{d}x$. Infolgedessen entsteht durch Integration von $\varphi(u) = \dfrac{1}{\sqrt{2\pi}} \cdot e^{-\frac{u^2}{2}}$ (Dichtefunktion der standardisierten Normalverteilung) die **Verteilungsfunktion $\varPhi(u)$** (lies: »groß-phi von u«) **der standardisierten Normalverteilung**

$$\varPhi(u) = \int\limits_{-\infty}^{u} \varphi(u)\,\mathrm{d}u = \frac{1}{\sqrt{2\pi}} \cdot \int\limits_{-\infty}^{u} e^{-\frac{u^2}{2}}\,\mathrm{d}u \qquad\qquad (t\ 34)$$

Das ist die Fläche unter der Normalkurve zwischen $-\infty$ und u. $\varPhi(u)$ ist gemäß Definition der Verteilungsfunktion die *Wahrscheinlichkeit dafür, daß die normierte Zufallsvariable U Werte annimmt, die $\leq u$ sind.*

Auch die $\varPhi(u)$ sind für alle u im Intervall $-3{,}9 \leq u \leq +3{,}9$ tabelliert und in den Tafeln IVa und IVb des Beihefts zu finden.

● Gesucht ist die Wahrscheinlichkeit dafür, daß U Werte annimmt, die $\leq 1{,}56$ sind. Aus Tafel IVb entnehmen wir: $\varPhi(1{,}56) = 0{,}940620$.
Anschaulich ist das

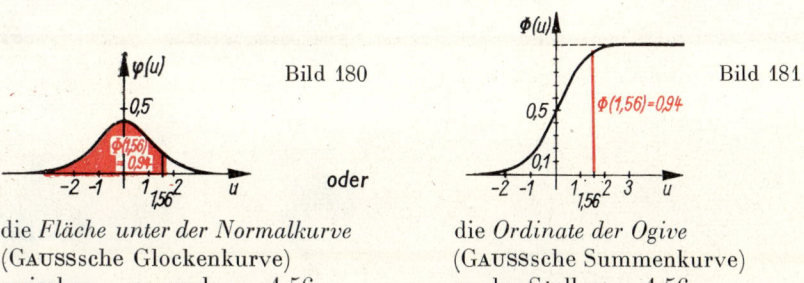

| Bild 180 | oder | Bild 181 |

die *Fläche unter der Normalkurve* (GAUSSsche Glockenkurve) zwischen $-\infty$ und $u = 1{,}56$ die *Ordinate der Ogive* (GAUSSsche Summenkurve) an der Stelle $u = 1{,}56$

Wir können die Tafeln auch in umgekehrter Richtung verwenden, das heißt zu gegebenem $\varPhi(u)$ das entsprechende Argument u aufsuchen.

● Zu $\varPhi(u) = 0{,}142310$ gehört $u = -1{,}07$.

! Schlagen Sie Tafel IVa wirklich auf, und überprüfen Sie die Angaben der beiden Beispiele.

Üben Sie das Arbeiten mit den Tafeln!

$u = -1{,}0$ Gesucht: $\varPhi(u) = $ ____ $\varPhi(u) = 0{,}022750$ Gesucht: $u = $ ____
$u = +1{,}0$ $\varPhi(u) = $ ____ $\varPhi(u) = 0{,}977250$ $u = $ ____
                                  $\varPhi(u) = 0{,}95$ $u = $ ____
                                  $\varphi(u) = 0{,}31$ $u = $ ____

Ihre Antwort:

Ja	Nein

Ja

Ihre Antwort ist richtig!
Mögliche Beispiele wären:

Anzahl der Ferkel je Wurf
Augenzahl beim Würfeln
Lochungen pro Lochkarte

Nein

Ihre Antwort ist nicht richtig!
Vielleicht erkannten Sie nicht,
daß wir *nicht stetige* Merkmale
mit quantitativen Ausprägungen
suchen.

! Wiederholen Sie bitte ab
Lehrschritt **6**.

Wir stellen die bis jetzt behandelten Begriffe in einer **Übersicht** zusammen.

9

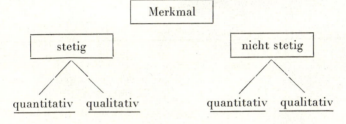

```
                    Merkmal

        stetig                      nicht stetig

Ausprägung   quantitativ  qualitativ    quantitativ  qualitativ
```

Ordnen Sie die in den Beispielen und den Aufgaben des Lehrschritts 7 vorkommenden Merkmale entsprechend den dort angegebenen Ausprägungen
in die untenstehenden vier Spalten ein. Gehen Sie sorgfältig vor!

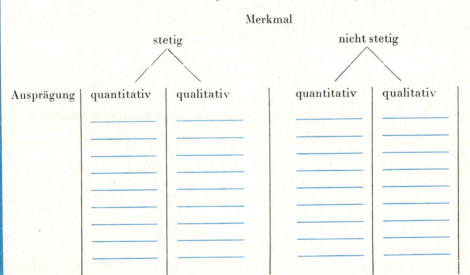

```
                         Merkmal

          stetig                      nicht stetig

Ausprägung | quantitativ | qualitativ |  quantitativ | qualitativ
```

Lösungen:

Zu 1. $u = -0{,}90$ $\varphi(u) = 0{,}26609$
       $u = 1{,}95$ $\varphi(u) = 0{,}05959$
       $u = -2{,}50$ $\varphi(u) = 0{,}01753$

Zu 2. $\varphi_{\max}(u) = 0{,}39894,$ gerundet $0{,}40$;
       zugehöriger u-Wert: $u = 0{,}00$.

Das Zeichnen der Dichtefunktion der Normalverteilung kann auf Grund der in Tafel III dargestellten Funktionswerte mit hoher Genauigkeit erfolgen.

T 47

Für die Anfertigung einer Skizze genügen oft folgende Richtwerte:

Abszisse u	Ordinate $\varphi(u)$
0	$y_{\max}$
$\pm 0{,}5$	$\dfrac{7}{8} \cdot y_{\max}$
$\pm 1{,}0$	$\dfrac{5}{8} \cdot y_{\max}$
$\pm 1{,}5$	$\dfrac{2{,}5}{8} \cdot y_{\max}$
$\pm 2{,}0$	$\dfrac{1}{8} \cdot y_{\max}$
$\pm 3{,}0$	$\dfrac{1}{80} \cdot y_{\max}$

$y_{\max}$ ist dabei der größte Ordinatenwert.

Zeichnen Sie in Bild 179 die Normalkurve mit $y_{\max} = 8$ cm

a) mittels obenstehender Richtwerte;

b) für einige zusätzliche Werte unter Zuhilfenahme der Tafel.

Beachten Sie dabei, daß alle Tafelwerte wegen

$$0{,}40 \triangleq 8$$

mit dem Faktor 20 zu multiplizieren sind.

Verwenden Sie beim Zeichnen Ihre Kenntnisse über die Eigenschaften der Normalkurve!

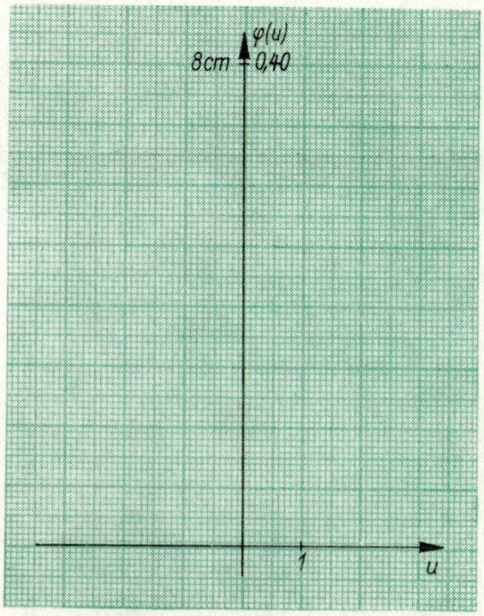

Bild 179

34

Richtige Lösung:

Farbe	Güte der Bild-	Anzahl	Familien-
Ernteertrag	röhre	der Ferkel	stand
von Weizen	Farbe	pro Wurf	Geschlecht
Tiefgang eines	Alter eines		Beruf
Schiffes	Menschen		
Alter eines			
Menschen			

! Vergleichen Sie Ihre Lösung mit der hier angegebenen und korrigieren Sie, falls nötig!

In der Mathematischen Statistik werden die Merkmale eines Untersuchungsobjekts als Zufallsvariablen (stochastische Variablen) gedeutet.

10

Definition

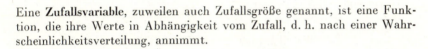 Eine **Zufallsvariable**, zuweilen auch Zufallsgröße genannt, ist eine Funktion, die ihre Werte in Abhängigkeit vom Zufall, d. h. nach einer Wahrscheinlichkeitsverteilung, annimmt.

»Zufallsvariable« und »Wahrscheinlichkeitsverteilung« sind Begriffe, die für die Theorie der Mathematischen Statistik eine fundamentale Rolle spielen.

Für uns steht die Praxis im Vordergrund. Trotzdem müssen wir diese Begriffe verstehen und mit ihnen umzugehen lernen.

Im folgenden Lehrschritt geben wir eine an Beispielen dargestellte einfache Erläuterung obiger Definition.

 Lesen Sie die Definition über die Zufallsvariable noch einmal, und versuchen Sie, diese wiederzugeben, indem Sie oben abdecken!

35

Lösung:

x	40	50	60	70
u	−1	0	1	2

Ausführliche Rechnung für $x = 60$:

$$u = \frac{x - \mu}{\sigma} = \frac{60 - 50}{10} = 1$$

Beachten Sie bitte, daß mit Anwendung der Transformationsgleichung

$$u = \frac{x - \mu}{\sigma}$$

an Stelle der ursprünglichen x-Werte auf der Merkmalsachse jetzt u-Werte getreten sind. Bild 178 zeigt beide Bezeichnungen untereinander.

a) Allgemein   b) Zu obiger Aufgabe

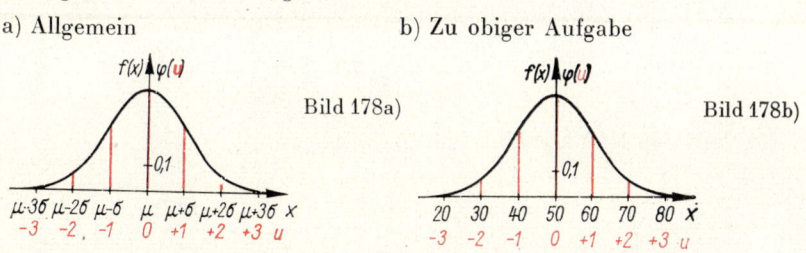

Bild 178a)   Bild 178b)

Für die standardisierte Normalverteilung sind die Ordinaten der Dichtefunktion

$$\varphi(u) = \frac{1}{\sqrt{2\pi}} \cdot e^{-\frac{u^2}{2}}$$ in Tafel III (»Ordinaten der Normalverteilung«)

des Beihefts zu finden.

In dieser Tafel ist für jedes u der zugehörige Funktionswert $\varphi(u)$ ablesbar. Dabei gilt wegen der Symmetrie: $\varphi(u) = \varphi(-u)$.

Die Vorspalte enthält die u-Werte mit einer Stelle nach dem Komma. Die zweite Kommastelle steht in der Kopfzeile. Im zugeordneten Feld liest man $\varphi(u)$ ab.

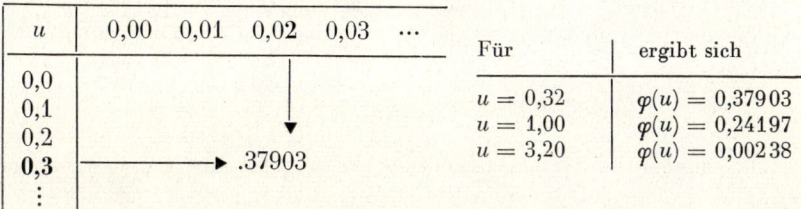

u	0,00	0,01	0,02	0,03	⋯
0,0					
0,1					
0,2					
0,3				.37903	
⋮					

Für	ergibt sich
$u = 0,32$	$\varphi(u) = 0,37903$
$u = 1,00$	$\varphi(u) = 0,24197$
$u = 3,20$	$\varphi(u) = 0,00238$

Anmerkung: Der Tafelwert .37903 bedeutet 0,37903.

1. Geben Sie aus der Tafel die Funktionswerte für folgende u an:

$u = -0,90$ $\varphi(u) =$ _____

$u = 1,95$ _____

$u = -2,50$ _____

2. Welchen Funktionswert hat das Maximum der Verteilung, und zu welchem u gehört es? _____

Die Definition lautet:

Eine Zufallsvariable ist eine Funktion, die ihre Werte in Abhängigkeit vom Zufall, d. h. nach einer Wahrscheinlichkeitsverteilung, annimmt.

Was bedeutet das?

Führt man einen Versuch (Schuß auf Zielscheibe; Fertigung eines Rohres; Feststellen des Geschlechts bei Neugeborenen) unter gleichen Bedingungen mehrmals aus, so entsteht als Ergebnis eine Reihe zufälliger Ereignisse (bestimmte Trefferzahlen; bestimmte Rohrinnendurchmesser; bestimmtes Geschlecht).

Die Zufallsvariable (Trefferzahl; Rohrinnendurchmesser; Geschlecht) **ordnet den zufälligen Ereignissen reelle Zahlen zu,** sie bildet die Menge der verschiedenen zufälligen Ereignisse auf die Menge der reellen Zahlen ab.

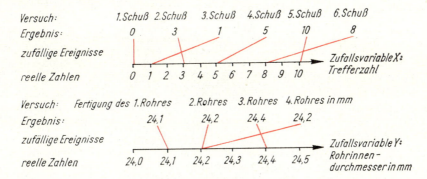

Anmerkung:

Zufallsvariablen werden im allgemeinen mit großen lateinischen Buchstaben X, Y, Z, ... bezeichnet, die Werte, die sie annehmen — man nennt das ihre Realisationen — mit den entsprechenden kleinen lateinischen Buchstaben, an die Indizes anzuhängen sind. So stellen $y_1 = 24,1$; $y_2 = 24,2$; $y_3 = 24,4$; $y_4 = 24,2$ Realisationen der Zufallsvariablen Y dar.

Ordnen Sie – wie in den Beispielen oben – den zufälligen Ereignissen beim Versuch »Feststellen des Geschlechts bei Neugeborenen« reelle Zahlen zu!

Arbeiten Sie auf Ihrem Arbeitsblatt!

Beginnen Sie so:

Versuch: 1. Feststellung 2. Festst. 3. Festst. 4. Festst. 5. Festst.

Ihre Antwort:

A	B	C
Ihre Berechnung stimmt! Gehen Sie weiter!	Der von Ihnen berechnete Wert ist falsch!	Ihr Wert ist falsch!

A — Ihre Berechnung stimmt! Gehen Sie weiter!

B — Der von Ihnen berechnete Wert ist falsch!

Sie haben die Wahrscheinlichkeit für das Intervall $(\mu - 2\sigma; \mu + 2\sigma]$ bestimmt; verlangt war die für das Intervall $(-\infty; \mu + 2\sigma]$

Richtige Berechnung:

Für das Intervall $(\mu - 2\sigma; \mu + 2\sigma]$ ergibt sich: $\qquad\qquad$ 0,9545 | +
also liegt außerhalb dieses Intervalls: $\qquad$ 0,0455
die Hälfte davon ist: $\qquad\qquad\qquad$ 0,0228 | +

Dies zum obigen Wert addiert, liefert: $\qquad$ 0,9773

C — Ihr Wert ist falsch!

T 54

Für alle möglichen Werte der Parameterkombination $(\mu; \sigma^2)$ hat die Normalkurve ein anderes Aussehen (vgl. Bild 174 in Schritt T 42). μ gibt die Lage der Symmetrieachse an, σ^2 kennzeichnet die Form der Verteilung. σ^2 gibt der Kurve eine gewisse Schmiegsamkeit, die ihre Anpassung an sehr viele empirische Verteilungen ermöglicht.

Für jedes Wertepaar $(\mu; \sigma^2)$ müßte nun die Normalverteilung neu berechnet werden.

Um diesen hohen Aufwand zu vermeiden, hat man sich für die Normalverteilung mit dem Erwartungswert 0 und der Varianz 1 entschieden und die Werte der Ordinaten und Flächenteile unter dieser Kurve tabelliert.

Die spezielle Normalverteilung $N(0; 1)$ bezeichnet man als standardisierte Normalverteilung (oder normierte GAUSS-Verteilung).

Jede Normalverteilung mit *anderen* Parameterwerten kann durch die Transformation

$$u = \frac{x - \mu}{\sigma} \qquad\qquad\qquad\qquad (\text{t } 32)$$

auf diese spezielle Form gebracht werden.

Durch Einsetzen dieser Transformationsgleichung in Beziehung (t 31), Schritt T 41, ergibt sich als Dichtefunktion der standardisierten Normalverteilung $N(0; 1)$

$$\varphi(u) = \frac{1}{\sqrt{2\pi}} \cdot e^{-\frac{u^2}{2}} \qquad\qquad\qquad (\text{t } 33)$$

So gelingt die Darstellung *aller* normalen Verteilungen durch eine einzige.

Eine Zufallsvariable X sei mit dem Mittelwert $\mu = 50$ und der Streuung $\sigma = 10$ normalverteilt. Berechnen Sie u für die angegebenen x-Werte

x	40	50	60	70
u	—	—	—	—

So etwa **müßte** Ihre Lösung aussehen:

Anmerkung:
Die Reihenfolge der zufälligen Ereignisse (männl./weibl.) sowie die Anzahl von »männl.« bzw. »weibl.« kann bei Ihnen durchaus anders sein.
Wichtig ist, daß hier als *zufällige Ereignisse* keine Zahlen entstehen, sondern *kategoriale Begriffe*, und daß eine eindeutige Zuordnung zu den reellen Zahlen 0 und 1 (oder auch 1 und 2 oder auch umgekehrt) vorgenommen wird.

Wie bei den Merkmalen unterscheiden wir auch hier zwischen stetigen und nicht stetigen oder diskreten Zufallsvariablen.

! Wiederholen Sie Lehrschritt **6**, und kehren Sie dann nach hier zurück!

● Der Rohrinnendurchmesser kann als stetige Zufallsvariable alle Werte z.B. im Intervall [23,8···24,7] mm annehmen, das Geschlecht als diskrete Zufallsvariable dagegen nur die Werte 0 und 1.

Wir wenden uns jetzt kurz dem wichtigen Begriff der Wahrscheinlichkeitsverteilung zu, der in der Definition der Zufallsvariablen auftrat. Die Wahrscheinlichkeitsverteilung gibt an, nach welcher Gesetzmäßigkeit die möglichen Werte einer Zufallsvariablen angenommen werden.

Für diskrete Zufallsvariablen X ist das die Wahrscheinlichkeitsfunktion $P(x)$, für stetige Zufallsvariablen die Dichtefunktion $f(x)$.

● Hier sei als Beispiel die Wahrscheinlichkeitsfunktion graphisch dargestellt, die sich als Geschlechterverteilung bei Neugeborenen ergibt.

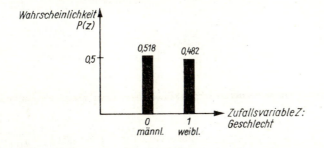

Bild 2

| Definieren Sie die Begriffe »stetige Zufallsvariable« und »diskrete Zufallsvariable«!

Lösungen:

Zu 1.   In nebenstehendem Bild 175 sind die Eigenschaften der Normalkurve kenntlich gemacht

Zu 2.   Flächeninhalt in allen drei Fällen: 1

Die Fläche unter der Dichtefunktion ist *stets* gleich 1.

Bild 175

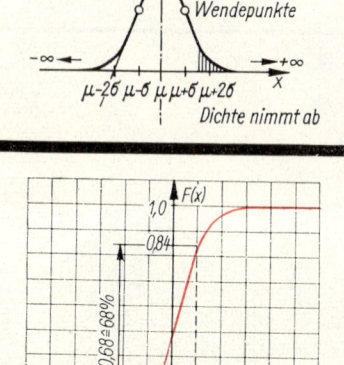

Diese Tatsache wird an der Verteilungsfunktion

$$F(x) = \int\limits_{-\infty}^{x} f(x)\, dx$$

besonders deutlich; denn $F(\infty) = 1$.

Bild 176 zeigt den Verlauf der Verteilungsfunktion der Normalverteilung $N(\mu; \sigma^2)$.

Diese Summenkurve heißt **Ogive**.

Bild 176

T 44

! Wiederholen Sie die 6 Eigenschaften der Verteilungsfunktion $F(x)$ aus Schritt T 27

——— T 27 ———

Aus Bild 176 ist nach der 6. Eigenschaft die Wahrscheinlichkeit dafür ablesbar, daß die Zufallsvariable X Werte im Intervall $(\mu - \sigma : \mu + \sigma]$ annimmt.
(Anm.: Infolge der Stetigkeit ist auch $[\mu - \sigma; \mu + \sigma]$ **richtig**.)
Es ist $F(\mu + \sigma) - F(\mu - \sigma) = 0{,}84 - 0{,}16 = 0{,}68$.
Der genaue Wert hierfür beträgt   0,6827.
Analoge Berechnungen kann man für andere Intervalle anstellen.
Es ergibt sich:

Im Intervall $\mu - \sigma \cdots \mu + \sigma$ liegen 68,27%
im Intervall $\mu - 2\sigma \cdots \mu + 2\sigma$ liegen 95,45% } aller Beobachtungswerte.
im Intervall $\mu - 3\sigma \cdots \mu + 3\sigma$ liegen 99,73%

Bezogen auf die Dichtefunktion, ergeben sich folgende Bilder:

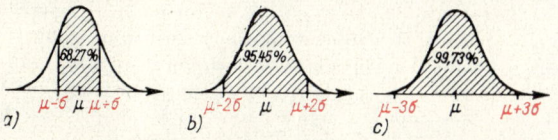

Bild 177

Geben Sie auf Grund obiger Prozentangaben die Wahrscheinlichkeit dafür an, daß x *kleiner oder gleich* $\mu + 2\sigma$ ist.

Ist das Ergebnis
A. 0,9773   B. 0,9545   C. ein anderer Wert?

Antwort: _____
(A, B oder C)

Lösung:

Eine Zufallsvariable ist stetig, wenn sie jeden beliebigen Wert im betrachteten Intervall auf einem Kontinuum annehmen kann.
Eine Zufallsvariable ist diskret, wenn sie nur in n Kategorien ($n \geqq 2$) angebbar ist.

Für die Darstellung einer Wahrscheinlichkeitsverteilung verwendet man ein kartesisches (rechtwinkliges) Koordinatensystem.

13

Auf der Abszissenachse werden die Realisationen der Zufallsvariablen X und auf der Ordinatenachse

für diskrete Zufallsvariablen die Wahrscheinlichkeiten $P(x)$

für stetige Zufallsvariablen die Dichte $f(x)$

abgetragen.

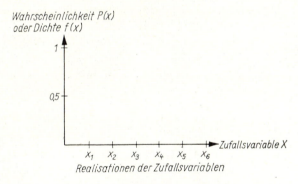

Bild 3

Skizzieren Sie auf Ihrem Arbeitsblatt ein ungefähres Bild der Wahrscheinlichkeitsfunktion der Zufallsvariablen U: »Familienstand« aller weiblichen Personen einer europäischen Großstadt!

Verwenden Sie bei Ihrer Darstellung folgende Zuordnungen:

        ledig   1
        verheiratet 2
        verwitwet 3
        geschieden 4,

und vergessen Sie nicht, die Zufallsvariable an der Abszissenachse anzugeben.

41

Lösungen:

Zu 1. $N(3;4)$

Zu 2.   (Sinngemäß:) Je größer dieser Wert ist, desto größer ist die Verteilungsbreite (Variationsweite).

Oder: Mit wachsenden σ^2 wächst die Verteilungsbreite und nehmen die Ordinaten der Maxima ab.

Das Bild der Dichtefunktion der Normalverteilung heißt Normalkurve, Glockenkurve, GAUSS-Kurve oder GAUSSsche Fehlerverteilungskurve.

T 43

Eigenschaften der Normalkurve:

Die Kurve verläuft von $-\infty$ bis $+\infty$.

Die Kurve ist eingipflig. Sie hat ihr Maximum an der Stelle $x = \mu$, also über dem Erwartungswert (arithmetisches Mittel).

Die Kurve ist symmetrisch zur Ordinate an der Stelle μ.

Die Dichte nimmt ab, je stärker die x-Werte von μ abweichen.

Die Wendepunkte der Kurve liegen bei $x = \mu \pm \sigma$.

Die Wendetangenten schneiden die Abszissenachse an den Stellen $x = \mu \pm 2\sigma$.

Der Name »Fehlerverteilungskurve« liegt darin begründet, daß sich für die Fehlerverteilung vieler Meßfolgen (z.B. Messung des Innendurchmessers von Rohren) Charakteristika ergeben, die mit den oben angeführten Eigenschaften übereinstimmen:

Gleich große positive und negative Fehler kommen etwa gleich häufig vor (sind gleich wahrscheinlich).

Das arithmetische Mittel der Meßwerte ist der wahrscheinlichste Wert.

Große Fehler sind weit seltener als kleine Fehler.

---

1. Überprüfen Sie die angeführten Eigenschaften der Normalkurve an Hand des Bildes 173 (Vorseite).

2. Wie groß ist die Fläche zwischen Kurve und Abszissenachse bei $N(0;1)$, $N(-3;0,36)$ und $N(3;4)$?

Flächeninhalt: _____   _____

42

Im Prinzip müßte Ihre Skizze der Wahrscheinlichkeitsfunktion folgendes Aussehen haben:

Bild 4

Anmerkung:

Sie haben die Aufgabe auch dann richtig gelöst, wenn Ihre Darstellung von dieser hier in der Länge der Streifen abweicht.

Mit dieser Aufgabe lernten Sie die Wahrscheinlichkeitsfunktion für eine weitere **diskrete Zufallsvariable** kennen.

In Wissenschaft und Technik treffen wir jedoch häufiger auf **stetige Zufallsvariablen**. Für diesen Fall wird die Wahrscheinlichkeitsverteilung als Dichtefunktion dargestellt.

14

Der normale Blutdruck (systolisch) einer 30jährigen gesunden Person beträgt im Mittel 130 (Torr). Natürlich wird es davon immer Abweichungen nach oben und nach unten geben. Die Werte der meisten Personen liegen um 130, während die Zahl der Personen um so kleiner wird, je stärker ihr Blutdruck von dem Normwert (Mittelwert) abweicht.

Die Dichtefunktion, die diesen Sachverhalt widerspiegelt, hat folgende Gestalt:

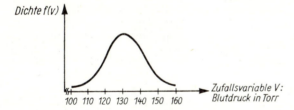

Bild 5

Welchen charakteristischen Unterschied stellen Sie zwischen der Wahrscheinlichkeitsfunktion in Bild 4 und der Dichtefunktion in Bild 5 fest?

Wählen Sie unter folgenden Antworten die beste aus!

A. Die Abszissenachse trägt in Bild 4 die diskreten Zahlenwerte 1, 2, 3, 4; in Bild 5 alle Werte im Intervall $[100 \cdots 160]$.

B. Die Dichtefunktion ist als geschlossener Kurvenzug darstellbar, während die Wahrscheinlichkeitsfunktion nur für die diskreten Werte definiert ist.

C. Das Maximum der Dichtefunktion in Bild 5 liegt zentral, das der Wahrscheinlichkeitsfunktion in Bild 4 aber nicht.

Lösung:

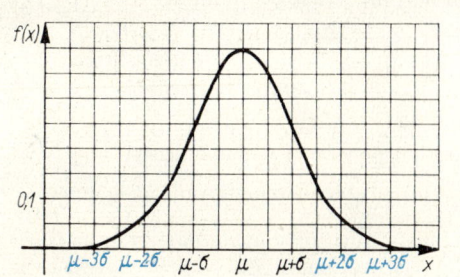

Bild 173

═══════════════════════════════════════

Als Kurzbezeichnung für die Normalverteilung – auch GAUSS-Verteilung genannt – wird $N(\mu; \sigma^2)$ verwendet, weil Lage und Form der jeweiligen Normalverteilung im Koordinatensystem durch die beiden Parameter μ und σ eindeutig bestimmt werden.

T 42

Bild 174 zeigt die Darstellung der Dichtefunktion von $N(-3; 0,36)$, $N(0; 1)$ und einer weiteren GAUSS-Verteilung.

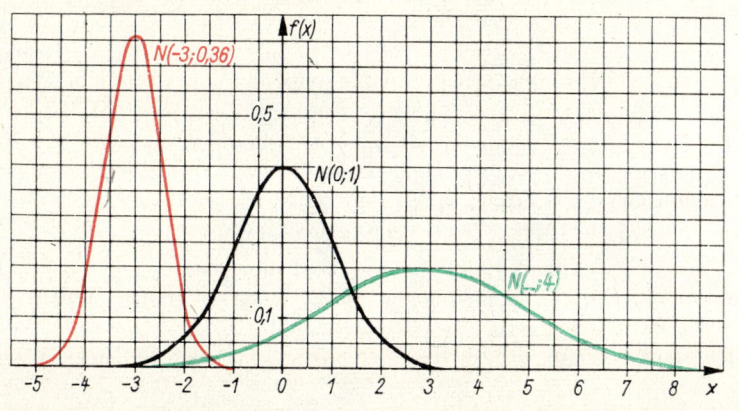

Bild 174

───────────────────────────────────────

1. Ergänzen Sie die Kurzbezeichnung der dritten Normalverteilung in Bild 174.

   Hinweis: Vergleichen Sie die anderen Kurvenbilder mit den angegebenen Kurzbezeichnungen.

2. Welchen Zusammenhang entdecken Sie zwischen σ^2 (dem zweiten Wert in der Klammer der Kurzbezeichnung) und der Verteilungsbreite?

Ihre Antwort:

A	B	C
Ihre Antwort ist nicht falsch; nur bleiben Sie bei der Charakterisierung der Unterschiedlichkeit der beiden **Zufallsvariablen** stehen und übertragen sie nicht auf die Form der **Verteilung**.	Ihre Antwort ist vollständig richtig, Sie haben das Wesentliche erfaßt.	Ihre Antwort trifft einen völlig nebensächlichen Aspekt. Die Lage des Maximums ist nicht das Charakteristische im Unterschied der beiden Verteilungen.

15

Wir merken uns: Während die Wahrscheinlichkeitsfunktion (für diskrete Zufallsvariablen) nur mittels *Strecken* oder *Streifen* dargestellt wird, ist das Bild der Dichtefunktion (für stetige Zufallsvariablen) stets ein *geschlossener Kurvenzug* (Bild 6).

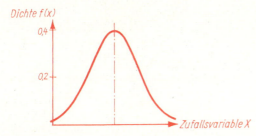

Bild 6

Die in Bild 6 dargestellte Dichtefunktion charakterisiert eine der wichtigsten theoretischen Verteilungen. Es handelt sich um die Normalverteilung, auch GAUSSsche Verteilung genannt. Sie ist hauptsächlich gekennzeichnet durch folgende **Eigenschaften:**

Eingipfligkeit

Symmetrie

Glockenform.

Welche der unten aufgeführten Zufallsvariablen folgt Ihrer Meinung nach – dem Beispiel des Blutdrucks entsprechend – einer Normalverteilung?

a) Körpergröße aller 30jährigen männlichen Personen der BRD,

b) Alter der männlichen Bevölkerung der BRD im Jahre 1967,

c) jährliche Niederschlagsmenge an einem Ort während der letzten 100 Jahre.

Richtige Antwort: Nein

Begründung: Bedingungen 3 und 4 sind nicht erfüllt.

So ist das Heiratsalter nach unten begrenzt, und die Absicht, zu heiraten, ist in jüngeren Jahren wesentlich ausgeprägter als im Alter.

Die Normalverteilung wird durch ihre Dichtefunktion

T 41

$$f(x) = \frac{1}{\sigma \cdot \sqrt{2\pi}} \cdot e^{-\frac{(x-\mu)^2}{2\sigma^2}}$$ (t 31)

beschrieben.

Das ist eine spezielle Exponentialfunktion des Typs $y = k \cdot e^{-x^2}$; sie ist also Funktion *einer* unabhängigen Veränderlichen x.

Die anderen Werte bedeuten:

$\left.\begin{array}{l} \pi = 3{,}14159 \ldots \text{ (die bekannte Kreiszahl)} \\ e = 2{,}71828 \ldots \text{ (Basis der natürlichen Logarithmen)} \end{array}\right\}$ Konstanten

μ Erwartungswert (arithmetisches Mittel) der Zufallsvariablen

σ Streuung der Werte der Zufallsvariablen um den Mittelwert

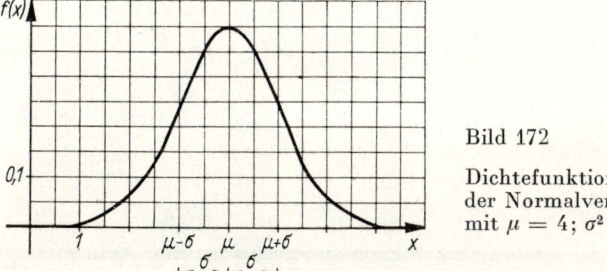

Bild 172

Dichtefunktion
der Normalverteilung
mit $\mu = 4$; $\sigma^2 = 1$

Erwartungswert μ und Streuung σ (oder Varianz σ^2) sind die beiden **Parameter**, durch die die jeweilige Normalverteilung eindeutig festgelegt ist.

Dabei ist μ für die **Lage** der Verteilung im kartesischen Koordinatensystem maßgebend (s. Bild 172; $\mu = 4$ bedeutet Parallelverschiebung der Verteilung um vier Einheiten in Richtung positiver x-Achse).

Tragen Sie an der Abszissenachse des Bildes 172

die Stellen $x = \mu - 2\sigma$; $\mu + 2\sigma$; $\mu - 3\sigma$ und $\mu + 3\sigma$ ein!

Lösung:

a) Körpergröße...

und c) jährliche Niederschlagsmenge...

Erklärung: Bei diesen beiden Merkmalen ist es zutreffend, daß die Mehrzahl der Fälle im Mittelbereich anzutreffen ist und daß die Häufigkeit der Fälle nach beiden Seiten hin gleichmäßig ausklingt.

Dagegen hat das Merkmal »Alter der männlichen Bevölkerung der BRD im Jahre 1967« folgende Verteilung:

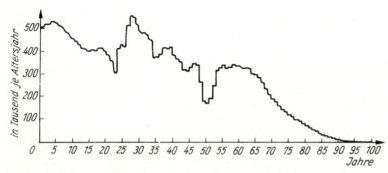

Bild 7   Altersaufbau der männlichen Bevölkerung der BRD 1967

Das ist alles andere als eine Normalverteilung!

Wir werden später auf mögliche Verteilungsformen und deren Darstellung zurückkommen.

16

Den Begriffen »Wahrscheinlichkeitsverteilung« und »Normalverteilung«, die hier nur angedeutet, aber nicht exakt definiert wurden, widmen wir besondere Abschnitte.

! Vielleicht sind Sie schon jetzt daran interessiert, tiefer in die theoretischen Zusammenhänge einzudringen. Dazu werden wir Ihnen Gelegenheit geben; arbeiten Sie aber zunächst die Zusammenfassung des Abschnitts 1.1. durch.

Schlagen Sie bitte **Seite 3**
des **Beiheftes** auf!

4.4.   Die Normalverteilung

Die Normalverteilung ist die wichtigste theoretische Verteilung für stetige Zufallsvariablen.

Viele der empirisch ermittelten Häufigkeitsverteilungen entsprechen annähernd einer Normalverteilung. Der Grund dafür ist darin zu suchen, daß die meisten statistischen Erscheinungen durch Zusammenwirken sehr vieler voneinander unabhängiger, im einzelnen regelloser Einflußfaktoren bestimmt werden, von denen keiner dominiert.

Eine Normalverteilung ist immer dann zu erwarten, wenn folgende vier Bedingungen erfüllt sind:

1. Es liegt eine sehr *große Zahl* von Beobachtungswerten vor.
2. Die Auswahl der Untersuchungsobjekte unterliegt ausschließlich dem *Zufall*, sie sind nicht vorausgelesen.
3. Die zu untersuchende Zufallsvariable beruht auf dem *Zusammenspiel einer großen Zahl voneinander unabhängiger und etwa gleich stark wirksamer Faktoren.*
4. Die *Wahrscheinlichkeit* für das *Auftreten gegensinniger Faktoren* ist *annähernd gleich groß.*

Bei allen Untersuchungen muß man sich fragen, ob diese Voraussetzungen erfüllt sind. Schon das Fehlen einer Bedingung genügt, keine Normalverteilung im exakten Sinne entstehen zu lassen.

● Normalverteilung ist nicht zu erwarten, wenn man zur Bestimmung der mittleren Körpergröße von Knaben nur Basketballspieler heranzieht. Bedingungen 1 bis 4 sind nicht erfüllt.

Frage: Ist bei der Untersuchung des Heiratsalters von 10000 zufallsmäßig ausgewählten Frauen Normalverteilung zu erwarten?

Antwort: Ja / Nein

Begründung: _____

17

1.2. Messen und Maßeinheiten

Das Messen spielt in der Statistik eine entscheidende Rolle. Erst wenn wir Gegenstände und Prozesse messen, können wir von der bloßen Betrachtung und Beschreibung von Naturerscheinungen und gesellschaftlichen Vorgängen zu einer Analyse ihrer Gesetze übergehen.

Das Messen ist uns bereits in vielfältigen Formen bekannt.

● Bestimmung des Blutdrucks beim Menschen

Bestimmung des Alters einer Person

Bestimmung der Weite beim Diskuswurf

In all diesen Beispielen bedeutet Messen das Ausdrücken der am Untersuchungsobjekt festgestellten Merkmalsausprägungen in Zahlen.

Wir können vorläufig sagen:

Messen besteht im Zuordnen von Zahlen zu Objekten.

Wie ist Ihre Meinung?

Messen wir, wenn wir bestimmen

A. den Tiefgang eines Schiffes Ja / Nein

B. das Geschlecht eines Menschen Ja / Nein

C. den Ernteertrag von Weizen? Ja / Nein

Sie sind am Ende des Lehrprogramms »Statistik für Forschung und Beruf: Erfassung, Aufbereitung und Darstellung statistischer Daten« angelangt.

Wir möchten uns für Ihr aufmerksames Mitarbeiten bedanken.

Sicher haben Ihnen manche Seiten viel Mühe bereitet. Bestimmt haben Sie aber auch Freude bei der Arbeit empfunden.

Wir hoffen, Ihnen durch diese programmierte Darstellung geholfen zu haben, in die statistische Denkweise einzudringen.

! Sollten Sie den Wunsch haben, die erworbenen Kenntnisse oder Fertigkeiten zu diesem oder jenem Begriff aufzufrischen, so bedienen Sie sich des auf S. 22 beginnenden **Sachwortverzeichnisses**, um schnell an die betreffende Stelle im Programm zu gelangen!

Wir würden uns sehr freuen, wenn es uns gelungen ist, Ihren Blick für statistische Zusammenhänge zu schärfen und Sie zur Anwendung statistischer Erfassungs-, Aufbereitungs- und Darstellungsmethoden befähigt zu haben.

Das Eindringen in die Prüfstatistik wird Ihnen dann sicher nicht schwerfallen.

ENDE des Programmteils

»Erfassung, Aufbereitung und Darstellung statistischer Daten«

Richtige Antworten:

A. Ja

B. Nein

C. Ja

Anmerkung:

Wenn sie bei B. mit »Ja« geantwortet haben, so wahrscheinlich deshalb, weil Sie meinen, man könne der Merkmalsausprägung ‚männlich‘ die Zahl 1 zuordnen, der Merkmalsausprägung ‚weiblich‘ die Zahl 2. Das ist zwar richtig, doch können wir diese Zuordnung allein noch nicht als Messen bezeichnen.

Die Aussage »Messen besteht im Zuordnen von Zahlen zu Objekten« reicht für eine Definition des »Messens« nicht aus. Bei einer Messung wird mehr vorausgesetzt. Es geht darum, die jeweils möglichen Merkmalsausprägungen *relationstreu* auf die Menge der reellen Zahlen abzubilden.

Definition

▶ **Messen** besteht im Zuordnen von Zahlen zu Objekten, so daß bestimmte Relationen zwischen den Zahlen analoge Relationen zwischen den Objekten widerspiegeln.

Damit haben wir den Begriff »Messen« für unseren Bereich festgelegt. Er ist also weiter gefaßt als im physikalischen Sinn allgemein darunter verstanden wird (nämlich das Vergleichen mit einem Einheitsmaßstab), er beinhaltet aber mehr als das bloße Zuordnen von Zahlen zu Objekten. Wir sprechen auch dann noch von Messen, wenn wir die 30 Schüler einer Schulklasse nach ihrer Körpergröße antreten lassen und ihnen entsprechend ihrer Stellung die Zahlen 1 bis 30 zuordnen.

Messen ist also sowohl

a) Messen im engeren (physikalischen) Sinn als auch

b) Festlegen einer Rangordnung (entsprechend einem bestimmten Merkmal).

Das zufällige Ausgeben von Startnummern (etwa bei einer Radfernfahrt) dagegen ist zwar eine Zuordnung von Zahlen zu Objekten, aber keine Festlegung einer Rangordnung, kann also nicht als Messen bezeichnet werden.

18

In der Aufgabe zu Lehrschritt 13 haben wir den vier Ausprägungen des Merkmals »Familienstand« die Zahlen 1, 2, 3 und 4 zugeordnet.

Liegt bei der Ermittlung des Familienstandes ein Messen im Sinne unserer Definition (s. o.) vor?

Ihre Antwort: NEIN

Bewertung:

Unter 18 Punkte . . . . Ungenügend!

      Wiederholen Sie den gesamten Abschnitt 3.

!   Legen Sie zunächst eine Ruhepause ein,
und beginnen Sie dann mit Lehrschritt   ——————▸ **109**

18 bis 34 Punkte . . . . Ausreichend!

!   Wiederholen Sie die Stoffgebiete, bei denen
Ihnen Fehler unterlaufen sind.

      Wir geben die Lehrschritte an, auf die sich die
einzelnen Aufgaben der Kontrollarbeit beziehen.

      Kehren Sie jeweils nach hier zurück!

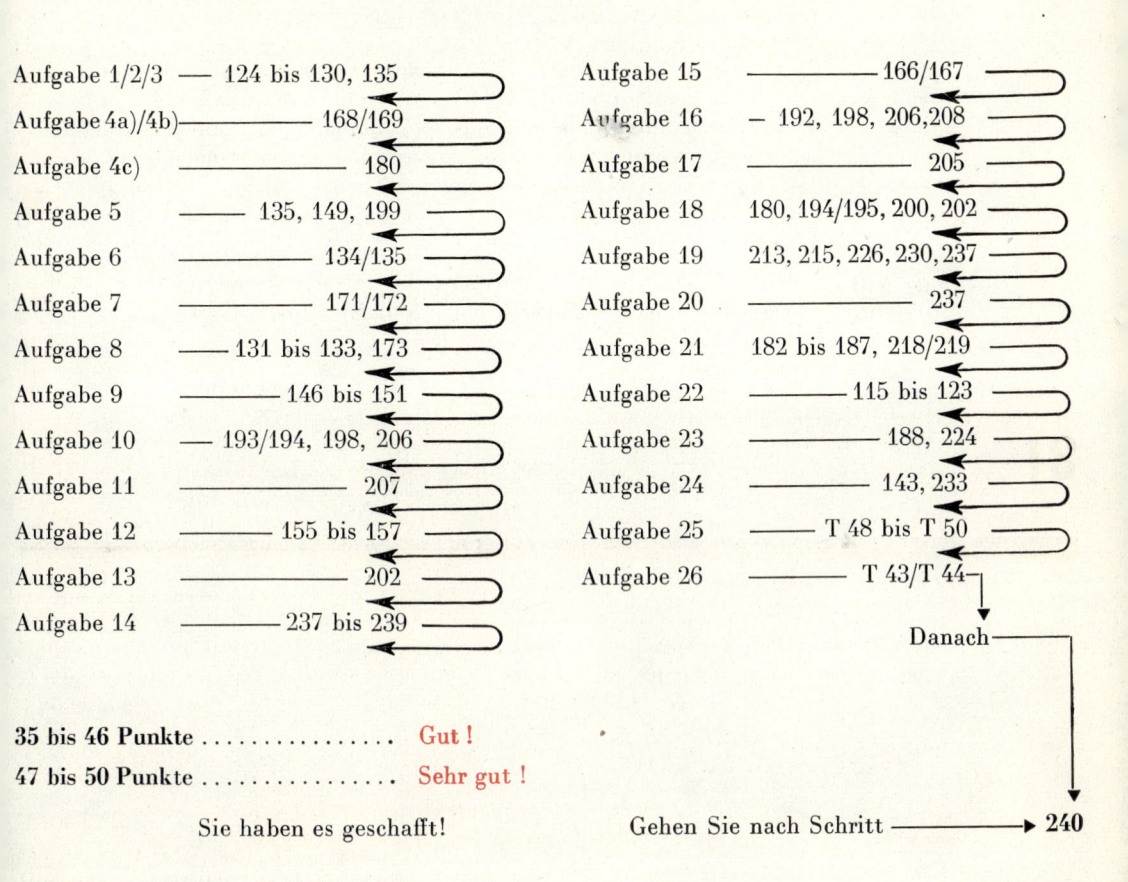

Aufgabe 1/2/3 — 124 bis 130, 135	Aufgabe 15 — 166/167
Aufgabe 4a)/4b) — 168/169	Aufgabe 16 — 192, 198, 206, 208
Aufgabe 4c) — 180	Aufgabe 17 — 205
Aufgabe 5 — 135, 149, 199	Aufgabe 18 — 180, 194/195, 200, 202
Aufgabe 6 — 134/135	Aufgabe 19 — 213, 215, 226, 230, 237
Aufgabe 7 — 171/172	Aufgabe 20 — 237
Aufgabe 8 — 131 bis 133, 173	Aufgabe 21 — 182 bis 187, 218/219
Aufgabe 9 — 146 bis 151	Aufgabe 22 — 115 bis 123
Aufgabe 10 — 193/194, 198, 206	Aufgabe 23 — 188, 224
Aufgabe 11 — 207	Aufgabe 24 — 143, 233
Aufgabe 12 — 155 bis 157	Aufgabe 25 — T 48 bis T 50
Aufgabe 13 — 202	Aufgabe 26 — T 43/T 44
Aufgabe 14 — 237 bis 239	Danach

35 bis 46 Punkte . . . . Gut!

47 bis 50 Punkte . . . . Sehr gut!

      Sie haben es geschafft!   Gehen Sie nach Schritt ——————▸ **240**

Lösung:

> Nein. Denn trotz Vorliegens einer Zuordnung von Zahlen zu Objekten spiegeln die Relationen zwischen diesen keine analogen Relationen zwischen den Objekten wider.

In den Naturwissenschaften und in der Technik wird mittels geeigneter Meßinstrumente gemessen.

19

In den Gesellschafts- und Sozialwissenschaften fehlen vielfach solche Meßinstrumente. Hier versucht man durch Skalierungsverfahren, geeignete Methoden zur Messung bereitzustellen.

Betrachten wir einige Beispiele von zu messenden Merkmalen und die dazu geschaffenen Meßinstrumente.

Merkmal	Meßinstrument
Länge	Metermaß
Masse	Waage
Luftdruck	Barometer
Informationsgehalt	Shannongraph
Einstellung zum Beruf	Einstellungsfragebogen
Leistung in Mathematik	Leistungskontrolle mit Punktskala

Vervollständigen Sie die Tabelle!

Merkmal	Meßinstrument
Gewicht	*Waage*
Zeit	Uhr
Stromstärke	*Ampermeter*
Temperatur	Thermometer

53

! Nun geht es an die Auswertung!

Zu 7. progressiv steigend (1)

Zu 20.

Zu 1.

| B | (1) |

Strecken-   Streifen- (oder   Summenpolygon(zug)
diagramm   Balken-)diagramm   oder Summenkurve
(1)   (1)   (1)

Vergleichen Sie Ihre mit den hier angegebenen Lösungen sorgfältig! Liegt Übereinstimmung vor, so geben Sie sich die hinter oder unter der jeweiligen Lösung in Klammern stehende Punktzahl!

Addieren Sie die erzielten Punkte!

Zu 21.

x_k'	$x_k'f_k$	$x_k'^2 f_k$
-2	-4	8
-1	-5	5
0	0	0
1	4	4
2	2	4
(2)	-3	21	(2)

Arithm. M.   **56,55g** (2)
Standardabweichung   **3,12g** (2)

Zu 22./23.

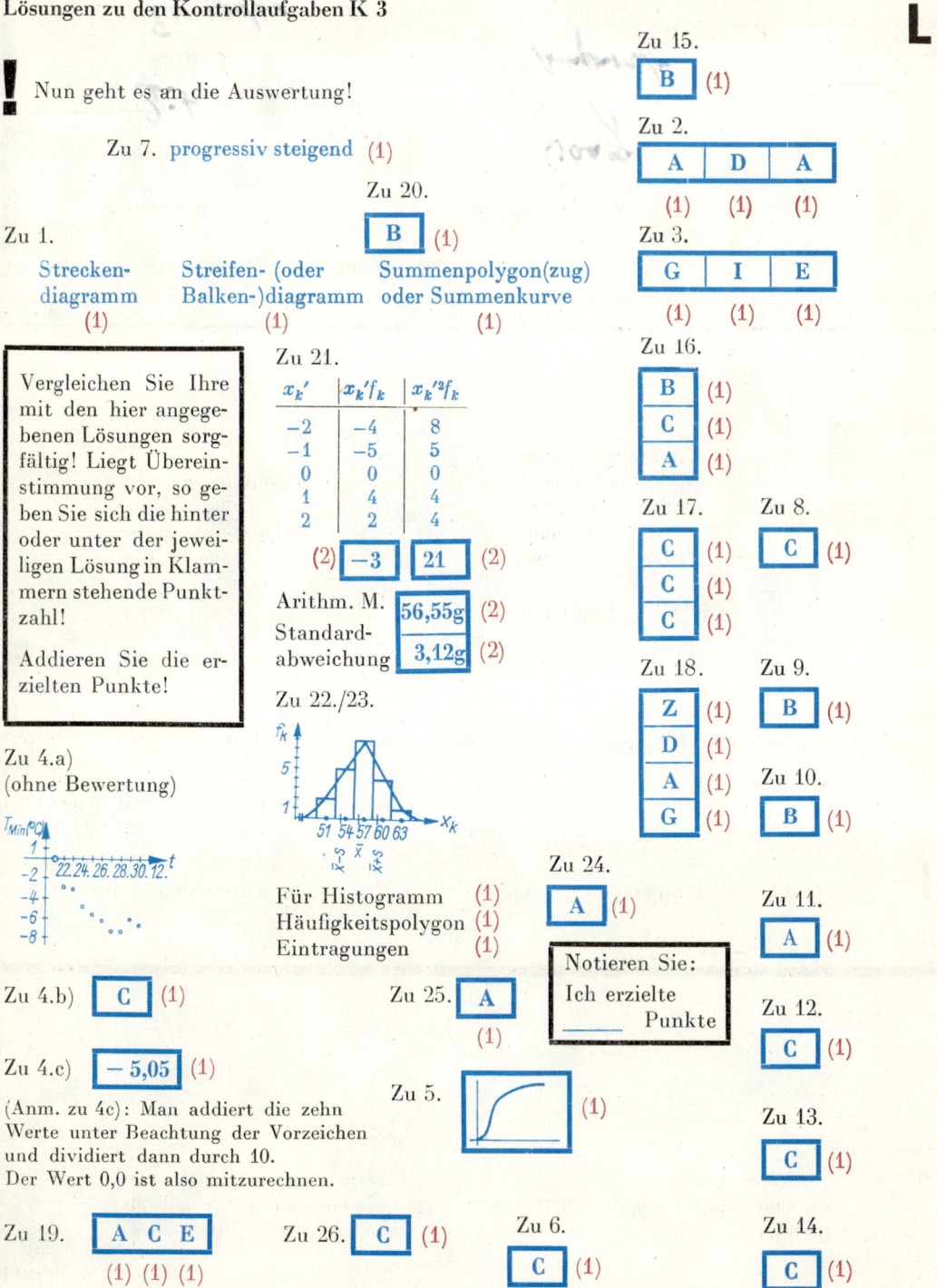

Für Histogramm (1)
Häufigkeitspolygon (1)
Eintragungen (1)

Zu 4.a)
(ohne Bewertung)

Zu 4.b) | C | (1)

Zu 4.c) | $-5{,}05$ | (1)

(Anm. zu 4c): Man addiert die zehn Werte unter Beachtung der Vorzeichen und dividiert dann durch 10. Der Wert 0,0 ist also mitzurechnen.

Zu 19. | A | C | E |
     (1) (1) (1)

Zu 15.

| B | (1)

Zu 2.

| A | D | A |
 (1) (1) (1)

Zu 3.

| G | I | E |
 (1) (1) (1)

Zu 16.

| B | (1)
| C | (1)
| A | (1)

Zu 17.   Zu 8.

| C | (1) | C | (1)
| C | (1)
| C | (1)

Zu 18.   Zu 9.

| Z | (1) | B | (1)
| D | (1)
| A | (1)   Zu 10.
| G | (1) | B | (1)

Zu 24.

| A | (1)

Zu 25. | A |
      (1)

Zu 5.   (1)

Zu 26. | C | (1)

Zu 6.
| C | (1)

Notieren Sie:
Ich erzielte
_____ Punkte

Zu 11.
| A | (1)

Zu 12.
| C | (1)

Zu 13.
| C | (1)

Zu 14.
| C | (1)

Lösung:

Merkmal	Meßinstrument
Zeit	Federwaage
Temperatur	Amperemeter

Zur Messung physikalischer Größen sind durch Übereinkunft Vergleichsgrößen, die Maßeinheiten, festgelegt worden. Diese Maßeinheiten müssen den zu messenden physikalischen Größen art- und dimensionsgleich sein. Ferner verlangt man, daß sie eindeutig definiert und meßtechnisch einwandfrei darstellbar sind. Die Maßeinheiten werden entweder durch eine Meßvorschrift festgelegt oder an eine als unveränderlich erkannte Naturgröße angeschlossen.

20

Merkmal	Maßeinheit	Bezeichn.
Länge	Meter	m
Masse	Kilogramm	kg
Zeit	Sekunde	s
Temperatur	Grad Celsius	°C
Informationsgehalt	binary digit	bit
Leistung in Mathematik	Punkt	Pkt.

Ist Disziplin am Arbeitsplatz meßbar?

Ja

Lassen Sie sich nicht entmutigen!
Lösen Sie bitte noch die restlichen Aufgaben,
ehe Sie Ihre Ergebnisse mit den richtigen vergleichen.

20. Wieviel Prozent aller Beobachtungswerte liegen bei einer Verteilung zwischen dem 1. und 3. Quartil?
    A. 25%
    B. 50%
    C. 75%

21. Aus den Aufgaben 14 und 15 der Kontrollaufgaben K 2 ging folgende beste Klasseneinteilung hervor:

Klasse (g)	Klassenmitte x_k	Häufigkeit f_k		
49,5 bis unter 52,5	51	2		
52,5 bis unter 55,5	54	5		
55,5 bis unter 58,5	57 = x_a	8		
58,5 bis unter 61,5	60	4		
61,5 bis unter 64,5	63	1		

Berechnen Sie arithmetisches Mittel und Standardabweichung nach dem Verfahren des angenommenen Mittelwerts! Nutzen Sie nebenstehende Tabelle!

Benötigte Zwischenwerte:

Ergebnis: Arithmetisches Mittel:

Standardabweichung:

Rechnen Sie auf einem Arbeitsblatt, und tragen Sie dann hier die Resultate ein!

22. Stellen Sie die Häufigkeitsverteilung (der Aufgabe 21) durch Histogramm und Häufigkeitspolygon auf einem Blatt kariertem Papiers graphisch dar!

23. Tragen Sie die unter 21. berechneten statistischen Maßzahlen in die graphische Darstellung der Aufgabe 22 ein!

24. Die zeichnerische Bestimmung von $\bar{x}$ und s mit Hilfe des Wahrscheinlichkeitspapiers ist möglich
    A. für die Normalverteilung
    B. für jede symmetrische Verteilungsform
    C. für jede Verteilungsform.

25. Wie groß ist die Fläche unter der standardisierten Normalkurve zwischen $u_1 = -1$ und $u_2 = +2$?
    A. 0,818595
    B. 0,977250
    C. 0,18798

26. Welche der folgend aufgeführten Eigenschaften trifft auf die Normalverteilung *nicht* zu:
    A. Fläche unter der Verteilungskurve ist gleich n (bzw. 1).
    B. Kurve erstreckt sich (bezüglich der Abszissenachse) von $-\infty$ bis $+\infty$.
    C. Zwischen $\mu - 2\sigma$ und $\mu + 2\sigma$ liegen 68% aller Werte.
    D. Bei Berechnung der drei Mittelwerte $\bar{x}$, Z, D gilt $\bar{x} = Z = D$.

Wenn Sie alles ausgefüllt haben, bitte umblättern!

➤ L 3

Antwort:

Im Prinzip ja, nur fehlen hier zur Zeit noch geeignete Meßinstrumente.

An jedes Meßinstrument werden bestimmte Anforderungen gestellt. Man verlangt, daß ein **Meßinstrument** objektiv, zuverlässig und gültig ist. Objektivität, Zuverlässigkeit (Reliabilität) und Gültigkeit (Validität) sind die Hauptkriterien. In den Naturwissenschaften und in der Technik hat man weitaus weniger Schwierigkeiten bei der Bestätigung dieser Kriterien als in den Gesellschafts- und Sozialwissenschaften.

21

! Leser, die die Methoden der Statistik nur im Bereich der Naturwissenschaften und der Technik anwenden, können die folgenden Lehrschritte überspringen und setzen mit der Wiederholungsfrage im Lehrschritt 24 fort.

Was beinhalten diese drei Kriterien? Wir beginnen mit der **Objektivität**.

Definition

Ein Meßinstrument ist **objektiv**, wenn es das Merkmal, das es mißt, **eindeutig** mißt, das heißt z. B., wenn verschiedene Auswerter zum gleichen Ergebnis gelangen.

Die Objektivität ist vollkommen, wenn die Messung nach einem Algorithmus abläuft, also schematisch oder automatisch erfolgt. Dies ist bei den in den Naturwissenschaften und in der Technik verwendeten Meßinstrumenten fast ausschließlich der Fall. Die Objektivität ist mehr oder weniger unvollkommen, wenn der Auswerter freie Entscheidungen treffen muß.

Beantworten Sie die Frage:

Ist der Beurteilungsmaßstab, den drei Lehrer an den Inhalt eines Aufsatzes anlegen, objektiv?

~~Ja~~ / Nein

Geben Sie eine kurze Begründung Ihrer Antwort!

5. Ist die Punktwolke die graphische Darstellung
    A. einer monovariablen Häufigkeitsverteilung
    B. einer bivariablen Häufigkeitsverteilung oder ist sie
    C. eine spezielle Form der graphischen Darstellung?

16. Folgende drei Verteilungen sollen durch den jeweils geeigneten Mittelwert charakterisiert werden.

Verteilung 1		Verteilung 2		Verteilung 3	
Klasse (cm)	f_k	x_k (Punkte)	f_k	x_k(g)	f_k
25 bis unter 30	50	8	2	32	2
30 bis unter 35	70	9	7	33	4
35 bis unter 40	40	10	30	34	9
40 bis unter 45	25	11	18	35	17
45 bis unter 50	20	12	10	36	10
50 bis unter 55	10	13	25	37	5
55 und darüber	5	14	8	38	1

Entscheiden Sie sich für
    A. das arithmetische Mittel   Verteilung 1
    B. den Median
    C. das Dichtemittel   Verteilung 2
    D. das geometrische Mittel?   Verteilung 3

17. Welche Klasse von Merkmalen muß vorausgesetzt werden für
    A. stetig
    B. nicht stetig   das arithm. Mittel
    C. A oder B   den Median
                    das Dichtemittel?

18. Für die Merkmalswerte 2, 5, 1, 3, 5 werden die Mittelwerte berechnet:
    Schreiben Sie in die Rubrik rechts hinter die betreffende Zahl, ob es sich handelt um   3,0

    A. das arithmetische Mittel   5,0
    G. das geometrische Mittel
    Z. den Median (oder Zentralwert)   3,2
    D. das Dichtemittel.   2,7

19. Prüfen Sie, welche der folgenden sich auf Streuungsmaße beziehende(n) Aussage(n) *falsch* ist (sind)!
    A. Die Variationsweite ist stets ein geeignetes Streuungsmaß.
    B. Die Standardabweichung liefert bei Vorliegen einer Normalverteilung einen erwartungstreuen Schätzwert für die Streuung in der Grundgesamtheit.
    C. Die Standardabweichung ist das Quadrat der Varianz.
    D. Bei ordinalskalierten Daten berechnet man den Quartilabstand.
    E. Für mehrere Stichproben gleichen Umfangs ist die Gesamtstandardabweichung gleich dem arithmetischen Mittel aus den einzelnen Standardabweichungen.
    Tragen Sie die Buchstaben der falschen Aussage(n) hier ein:

Antwort:

Nein; denn bei der Beurteilung des Aufsatzes läßt sich eine subjektive bedingte Komponente von seiten der Auswerter nicht ausschließen.

Wenn die Objektivität eines Meßinstrumentes gewährleistet ist, geht man daran, seine **Zuverlässigkeit** (Reliabilität) zu prüfen.

22

Definition

 Ein Meßinstrument ist **zuverlässig**, wenn es das Merkmal, das es mißt, **exakt** mißt, das heißt, wenn die Messung bei wiederholter Anwendung unter gleichen Bedingungen zum gleichen Ergebnis führt.

Lesen Sie diese Definition noch einmal langsam, und vergleichen Sie ihren Inhalt mit dem der Definition über »Objektivität« (Schritt 21)!

Ein nicht zuverlässiges Meßinstrument wäre z. B. ein Bandmaß aus Gummi. Hier ist eine exakte Längenangabe überhaupt nicht möglich. Für genaue Messungen, etwa die Feststellung einer Weltrekordweite im Diskuswurf, darf nur ein Bandmaß aus Stahl verwendet werden, da es im Vergleich mit einem Bandmaß aus Gewebe weitaus unempfindlicher gegen äußere Einflüsse (Verzerrungen, Nässe usw.) ist.

Im Bereich der Naturwissenschaften und der Technik ist die Zuverlässigkeit eines Meßinstrumentes durch genaue Meßvorschriften fast immer gegeben.

Wir geben Ihnen drei Aussagen, eine davon ist wahr. Finden Sie diese heraus!

 Wenn ein Meßinstrument zuverlässig ist, so ist es auch objektiv.

 Wenn ein Meßinstrument objektiv ist, so ist es auch zuverlässig.

Objektivität und Zuverlässigkeit eines Meßinstrumentes sind unabhängig voneinander.

7. Die sowjetische Energieerzeugung entwickelt sich mit einem hohen Tempo, das der allgemeinen Industrialisierung des Landes entspricht. Nebenstehende Zahlenangaben machen das deutlich. (Erzeugte Energie in Mrd. kWh)

Bezeichnen Sie den Trend dieser Zeitreihe!

Jahr	Erzeugte Energie
1945	43,3
1950	91,2
1955	170,2
1960	292,3
1965	507,0
1970	740,0

8. Auf die Frage »Wie schlafen Sie meist ein: leicht, ziemlich gut oder schwer?« antworteten ältere Frauen und Männer (60 Jahre und darüber). Es ergaben sich folgende Prozentzahlen:

	Frauen (%)	Männer (%)
leicht	21	50
ziemlich gut	26	23
schwer	53	27

Wie würden Sie diesen Sachverhalt graphisch veranschaulichen?
   A. Mit zwei Häufigkeitspolygonen
   B. Mit einem Kartogramm
   C. Mit zwei Kreisdiagrammen?

9. An 1000 Wohnungen aus acht Gemeinden wurden folgende Angaben über die Zahl der Personen pro Wohnraum gewonnen:

1	2	3	4	5	Person(en)/Wohnraum
640	278	70	10	2	Wohnungen

Welche Verteilungsform liegt hier vor?
   A. U-förmig
   B. J-förmig
   C. Hochgipflig

10. Der Mittelwert, der die Menge der Merkmalswerte einer Stichprobe halbiert, ist
   A. das arithmetische Mittel
   B. der Median
   C. das Dichtemittel.

11. Bei einer Häufigkeitsverteilung ist der Zentralwert Z erheblich größer als das arithmetische Mittel $\bar{x}$. Bedeutet das das Vorliegen einer
   A. rechtsschiefen
   B. linksschiefen
   C. symmetrischen Verteilung?

12. Eine Ausgleichung monovariabler Häufigkeitsverteilungen kann erfolgen
   A. nur durch Klassenbildung
   B. nur durch das Verfahren der gleitenden Durchschnitte
   C. durch Klassenbildung u. das Verfahr. d. gleitenden Durchschn.

13. Das geometrische Mittel der Werte 1, 2 und 3 ist
   A. 6   B. $\sqrt{6}$ oder   C. $\sqrt[3]{6}$?

14. Welches Streuungsmaß ist zu berechnen, wenn der Median als Mittelwert vorliegt?
   A. Die mittlere Abweichung
   B. Die durchschnittliche Abweichung
   C. Der Quartilabstand?

Wahr ist die Aussage A.

B. ist falsch, da Objektivität nicht Folge der Zuverlässigkeit ist.

C. ist falsch, da Objektivität Voraussetzung für Zuverlässigkeit ist. Die beiden Kriterien sind somit abhängig voneinander.

Wir wenden uns jetzt dem 3. Kriterium, dem der **Gültigkeit** (Validität), zu.

23

Definition

▶ Ein Meßinstrument ist **gültig**, wenn es das Merkmal, das es messen soll, **wirklich** mißt, das heißt, wenn die Ergebnisse mit den durch andere Methoden am gleichen Objekt gewonnenen Befunden (Kriterien) gut übereinstimmen.

Wenn wir z. B. allein mit der Frage »Sind Sie an aktuellen Tagesfragen interessiert?« den Grad des politischen Engagements von Jugendlichen messen wollen, so wäre das ein nicht gültiges Meßinstrument, denn auch der weniger politisch engagierte Jugendliche kann durchaus großes Interesse an aktuellen Tagesfragen zeigen.

Von besonderer Bedeutung sind diese Kriterien bei der Konstruktion von Meßinstrumenten im Bereich der Gesellschafts- und Sozialwissenschaften. Hier ist für jedes Meßinstrument, das für einen bestimmten Zweck erstellt wird, eine Überprüfung der drei Hauptkriterien notwendig. So erweisen sich manche Intelligenztests als objektiv und reliabel, jedoch nicht als valid.

Auf die Möglichkeit, festzustellen, in welchem Grade ein Meßinstrument den angeführten Kriterien genügt, können wir hier nicht näher eingehen, sondern verweisen auf die entsprechende Literatur (LIENERT, G. A. 1961; LUDWIG, R. 1970).

Bei welcher Klasse von Merkmalen ist eine Messung prinzipiell nicht möglich?

Ihre Antwort:

_____

_____

_____

Kontrollaufgaben zu Abschnitt 3.   (Schritte 109 bis 239)

1. Betrachten Sie folgende graphischen Darstellungen monovariabler Häufigkeitsverteilungen!

Zu 2.

1. Bild	2. Bild	3. Bild

Zu 3.

Welche Art der graphischen Darstellung liegt jeweils vor?

! Schreiben Sie den richtigen Begriff für jedes Diagramm unter das betreffende Bild!

---

2. Zu jedem dieser drei Diagramme ist anzugeben, für welche Datenart das jeweils die richtig gewählte graphische Darstellung ist.

Für A. Meßwerte   Schreiben Sie den jeweils richtigen
     B. Rangdaten   Buchstaben in die hinter den Bildern
     C. Kategorien   angegebene 1. Kästchenzeile!
oder D. Rangdaten und Kategorien?

---

3. Welche Merkmalsklasse und welche Art der Merkmalsausprägung ist für das jeweilige Diagramm zulässig?

     E. Stetiges Merkmal mit quantitativen Ausprägungen
     F. Stetiges Merkmal mit qualitativen Ausprägungen
     G. Diskretes Merkmal mit quantitativen Ausprägungen
     H. Diskretes Merkmal mit qualitativen Ausprägungen
     I. Sowohl E als auch F und G und H

! Verwenden Sie zur Beantwortung dieser Frage die hinter den Bildern stehende 2. Kästchenzeile!

---

4. Für das Minimum der Lufttemperatur in Leipzig ergaben sich in der Zeit vom 21. bis 30. 12. 1970 diese Werte:

     0,0   −2,8   −3,1   −4,7   −5,8   −6,2   −7,7   −7,7
     −6,0   −6,5   (jeweils °C).

a) Stellen Sie den Temperaturverlauf auf einem Blatt Kästchenpapier graphisch dar!

b) Liegt hier   A. eine monovariable Häufigkeitsverteilung
                   B. eine bivariable Häufigkeitsverteilung
                   C. keine Häufigkeitsverteilung vor?

c) Berechnen Sie das arithmetische Mittel der zehn Beobachtungswerte auf einfache Weise!
     Ergebnis: °C.

---

5. Skizzieren Sie den Verlauf des Summenpolygons einer stark linksschiefen Häufigkeitsverteilung!

---

6. Trägt man die kumulierten Häufigkeiten beim Summenpolygon auf über A. den Klassenmitten
          B. den Klassengrenzen
          C. den exakten Klassengrenzen?

Antwort:

Bei Merkmalen, denen Zahlen nicht relationstreu zugeordnet werden können.

oder: Bei nicht stetigen Merkmalen mit nur qualitativen Ausprägungen.

In Fällen, in denen eine Messung prinzipiell nicht möglich ist, also bei nicht stetigen Merkmalen mit nur qualitativen Ausprägungen, bleibt uns nur das Kategorisieren.

24

Definition

Kategorisieren ist das Einordnen qualitativer Ausprägungen eines Merkmals in bestimmte Gruppen oder Klassen (Kategorien).

Merkmal	Merkmalsausprägung	Kategorie
soziale Herkunft	Dreher, Fräser, Former, Kraftfahrer u. a.	Arbeiter
	Bäcker, Elektriker, Maler, Schneider u. a.	Handwerker
	Ingenieur, Pädagoge, Arzt u. a.	Intelligenz
	. . .	

Wir haben es hier mit einer **Zuordnung ohne Relationstreue** zu tun, die Kategorien stehen gleichberechtigt nebeneinander.
Die Kategorisierung kann – im Gegensatz zu obigem Beispiel – bereits vorgegeben sein, dann fallen die Merkmalsausprägungen mit den Kategorien zusammen.

Merkmal	Merkmalsausprägung Kategorie
Geschlecht	männlich
	weiblich
Familienstand	ledig
	verheiratet
	verwitwet
	geschieden

Gehen Sie nach **Seite 5** des **Beiheftes**, und wiederholen Sie das Wichtigste des Abschnitts 1.2.

Flußdiagramm zum Entscheid für das (die) richtige(n) Streuungsmaß(e):

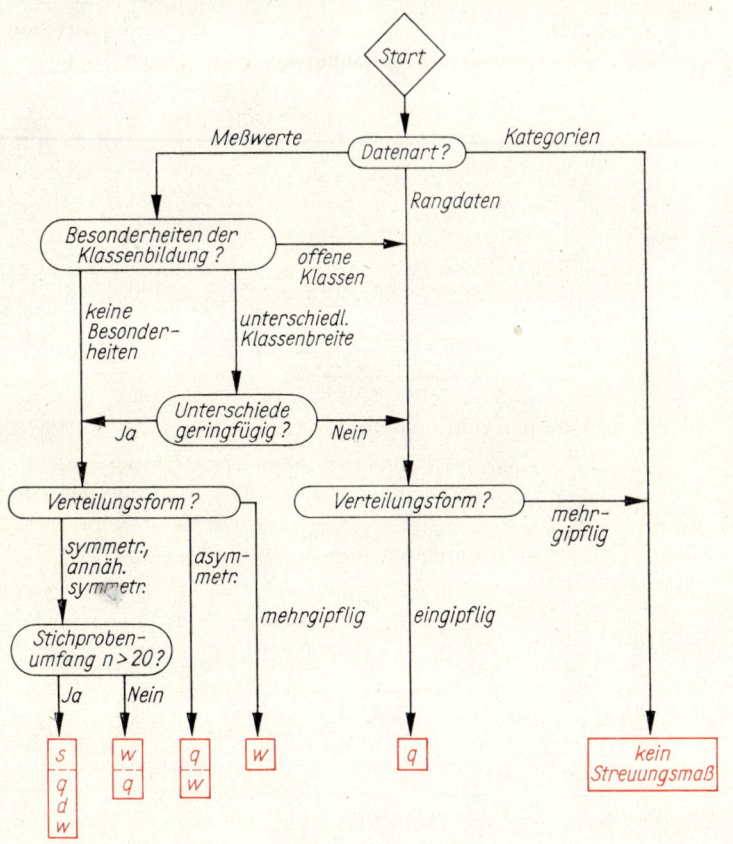

Anmerkungen:

Die jeweils untereinanderstehenden Streuungsmaße können angewandt werden. Dabei sind die unter der gestrichelten Linie stehenden weniger zu empfehlen.

Unter den geeigneten Streuungsmaßen entscheidet letzten Endes der Sachverhalt für das beste.

! Gehen Sie nach **Seite 27** des **Beiheftes,** und arbeiten Sie die Zusammen-fassung von 3.5. durch!

25

1.3.   Datenarten und ihr Informationswert

In den vorangegangenen Lehrschritten haben wir uns mit der Bestimmung von Merkmalsausprägungen, also mit dem Messen und Kategorisieren beschäftigt.
Die Zahlen-Informationen, die wir durch diese Bestimmung über die Untersuchungsobjekte erhalten, bezeichnen wir als Daten.
Im allgemeinen wird der Begriff Daten umfassender angewandt:

▶ Daten sind durch Zeichen (Buchstaben, Ziffern, Sonderzeichen) eindeutig dargestellte Informationen über reale Gegenstände und Erscheinungen.

Für unseren Bereich formulieren wir:

Definition

▶ **Daten** sind eindeutig durch Zahlen (numerische Zeichen) festgehaltene Informationen, die durch Messen oder Kategorisieren der interessierenden Merkmale am Untersuchungsobjekt entstanden sind.

● Beispiele für Daten in der Statistik:

Meßwerte, die durch Untersuchung des Merkmals »Gewicht« an 1000 Studentinnen gewonnen werden.

Rangplätze, die durch Einschätzung der Aufsätze von 10 Schülern durch einen Lehrer entstehen.

Häufigkeitszahlen, die beim Auszählen der auf die Kategorien »standardgerecht« und »nicht standardgerecht« entfallenden Fernsehbildröhren ermittelt werden.

Aus den Definitionen über Daten geht hervor: Daten sind Informationen.
Welche der folgend aufgeführten Aussagen treffen auf *unseren* Datenbegriff zu?

a) Daten sind eindeutige Informationen.
b) Daten sind objektbezogen.
c) Daten sind abstrakte Zeichen.
d) Daten sind Buchstaben.
e) Daten sind durch Zahlen dargestellte Informationen.
f) Daten sind durch Messen oder Kategorisieren entstanden.

Es treffen zu: *a, b, e, f*

(Geben Sie die Buchstaben an!)

Richtige Antwort: Variationsweite
                    mittlere Abweichung
                    Standardabweichung   }   (Reihenfolge ohne Belang)
                    Quartilabstand

Wir betrachten die uns bereits aus anderen Zusammenhängen her bekannte Übersicht, deren Inhalt sich jetzt auf Streuungsmaße bezieht.

238

Datenart	Merkmal			
	stetig		nicht stetig	
	Ausprägung			
	quantitativ	qualitativ	quantitativ	qualitativ
Meßwerte	Standard- abweichung Quartilabstand mittlere Abweichung Variationsweite	–	Standard- abweichung Quartilabstand mittlere Abweichung Variationsweite	–
Rangdaten	Quartilabstand	–	Quartilabstand	–
Kategorien	–	–	–	–

Da Sie die meisten Aufgaben dieses Programms mit viel Fleiß und Ausdauer gelöst haben, sei Ihnen diese letzte im Lehrschritteil geschenkt!*)

—————————▶ 239

---

*) Sollten Sie der Meinung sein, uns sei hier keine Aufgabe mehr eingefallen, so lösen Sie bitte diese.

Entwerfen Sie auf Ihrem Arbeitsblatt entsprechend der Darstellung im Schritt 208 ein Flußdiagramm zum Entscheid für das richtige Streuungsmaß!

Dann   —————————▶ 239

Lösung:

Es treffen zu   a), b), e), f).

Die im Ergebnis einer exakten Messung (im physikalischen Sinne) entstandenen Daten bezeichnen wir als Meßwerte. Charakteristisch für diese ist, daß sie durch einen Vergleich der Merkmalsausprägung am Untersuchungsobjekt mit einem Maßstab gewonnen werden, der äquidistante (gleichabständige) Marken trägt. Bei einem Maßstab solcher Art ist gewährleistet, daß die *Differenz zwischen zwei Marken an jeder Stelle des Maßstabes gleich* ist. Die Intervallgröße ist konstant, man spricht von einer   ntervallskala oder metrischen Skala.

26

● Beispiel für eine Intervallskala:

Bild 8

In den Gesellschaftswissenschaften sprechen wir auch dann noch von einer Intervallskala, wenn die Marken auf dem Maßstab der Forderung nach Äquidistanz nicht voll genügen. So führen die meisten Skalierungsverfahren nur näherungsweise zu einer metrischen Skala.
In ähnlichem Sinne können **Punkte** nur dann als Meßwerte angesehen werden, wenn *jedem* Punkt die gleiche Wertigkeit zukommt.

Prüfen Sie, ob die im folgenden aufgeführten Meßinstrumente Intervallskalen tragen!

A. Metermaß   Ja / Nein

B. Waage   Ja / Nein

C. Thermometer   Ja / Nein

D. Leistungskontrolle mit Punktskala   Ja / Nein

Lösung:

$\bar{x}$	$s_{\bar{x}}$	Richtige Angabe von $\bar{x}$
2,073	0,02	2,07
2	0,01	2,00
30,75	0,3	30,8
18,7	0,4	18,7

3.5.3. Quartilabstand

Liegen ordinalskalierte Daten vor, also Rangwerte, so ist der Quartilabstand q als Streuungsmaß zu berechnen. Er sollte auch dann verwendet werden, wenn bei intervallskalierten Daten die empirische Verteilung stark von einer Normalverteilung abweicht.

Es gilt

$$q = \frac{q_3 - q_1}{2} \qquad (37)$$

Dabei sind q_1 erstes Quartil, unteres Quartil
  q_3 drittes Quartil, oberes Quartil.

Bis zum unteren Quartil liegen bekanntlich 25% und bis zum oberen Quartil 75% aller Werte. Bei der Bildung des Quartilabstandes erfassen wir also die *mittleren* **50%** *der Werte.*

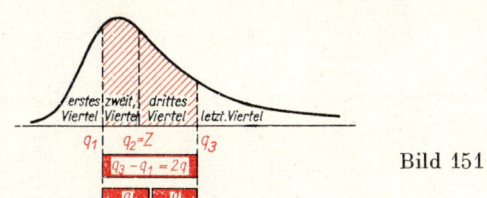

Bild 151

! Sollten Sie in der Bestimmung der Quartile nicht sicher sein, dann arbeiten Sie die Lehrschritte 209 und 210 durch, und kehren Sie dann nach hier zurück! ——— 209/210 ———

● Merkmal »Leistungsstand in Physik«
Wir erhielten $q_1 = 9,5$ Punkte und $q_3 = 15,5$ Punkte (Schritt 210). Setzen wir diese Werte in (37) ein, so erhalten wir

$$q = \frac{15,5 - 9,5}{2} \text{ Punkte} = 3,0 \text{ Punkte.}$$

Frage: Welche Streuungsmaße behandelten wir?

Ihre Antwort: _____

Richtige Antworten:

    A. Ja

    B. Ja

    C. Ja

    D. Nein (wenn die Punkte unterschiedliche Wertigkeit tragen).

       Ja (wenn *jeder* Punkt die gleiche Wertigkeit besitzt).

27

Man übersehe jedoch nicht den Unterschied zwischen einer Temperaturskale in Grad Celsius (°C) und den anderen Intervallskalen. Während bei der Längenskale gilt, daß 4,0 m doppelt so lang sind wie 2,0 m, kann man bei der Temperaturskale (in Grad Celsius) nicht sagen, 20 °C seien doppelt so warm wie 10 °C. Der Grund hierfür liegt im Fehlen des absoluten Nullpunkts bei der Temperaturskale in Grad Celsius.

Würde man die Temperaturskale in Kelvin (K) angeben, die bekanntlich einen absoluten Nullpunkt hat, dann ließe sich formulieren: 20 K sind doppelt so warm wie 10 K. (In Grad Celsius entspräche das etwa − 253 °C bzw. −263 °C.)

Eine Intervallskala mit einem eindeutig bestimmten absoluten Nullpunkt bezeichnet man als Verhältnisskala oder Ratioskala.

Die meisten der gebräuchlichen Intervallskalen sind Ratioskalen. Mit ihrer Hilfe können nicht nur Unterschiede absolut vergleichbar gemacht werden, sondern auch Verhältnisse zwischen verschiedenen Maßzahlen.

Auf die mit einer Ratioskala gewonnenen Daten, Meßwerte also, für die ein Nullpunkt definiert ist, können die vier Grundrechenarten der Mathematik (Addition, Subtraktion, Multiplikation und Division mit Ausnahme der Division durch Null) uneingeschränkt angewandt werden. Fehlt der absolute Nullpunkt, so sind nur Addition und Subtraktion erlaubt.

Man ist fast immer bestrebt, Daten mit einem Informationswert von **Meßwerten** zu erhalten, da dann die Möglichkeiten des Einsatzes statistischer Verfahren am größten sind.

---

1. Für welche der folgend angegebenen Merkmale existiert ein Meßinstrument mit einer Intervallskala? Unterstreichen Sie das (oder die) Merkmal(e)!

    Zeit, Bewußtsein, Lautstärke, Leistung im Fach Zeichnen.

2. Ist die Angabe »um 30% geringer« für jede Intervallskala sinnvoll?

3. Führt Messen stets zu Meßwerten?

Lösung:

Zu 1.

Stichprobe	n	$\bar{x}$	s	$s_{\bar{x}}$	nach Formel
3	900	150 mm	0,6 mm	0,01	(36a)

Hinweis: Hier war es notwendig, mit Formel (36a) zu rechnen, da 900 > 100 ist.

Zu 2.

$$s_{\bar{x}} = \frac{s}{\sqrt{N}} \cdot \sqrt{\frac{N-N}{N-1}} = \frac{s}{\sqrt{N}} \cdot 0 = 0$$

Anmerkung:

Dieses Ergebnis bedeutet, daß der Mittelwert der Grundgesamtheit keine Streuung aufweist. Das ist leicht einzusehen, da ja der Parameter der Grundgesamtheit einen festen Wert hat.

Der Standardfehler des Mittelwertes sollte herangezogen werden, wenn es um die Festlegung einer vernünftigen Stellenzahl beim Angeben des arithmetischen Mittels geht. Im allgemeinen ist das arithmetische Mittel nur bis zu der Stelle anzugeben, auf die sich der Standardfehler des Mittelwertes noch auswirkt.

236

$\bar{x}$	$s_{\bar{x}}$	Richtige Angabe von $\bar{x}$
30,53	0,2	30,5
21,7	0,03	21,70

Die oft anzutreffende übertriebene Genauigkeit bei der Angabe von Mittelwerten ist nicht gerechtfertigt. Man täuscht damit eine Genauigkeit vor, die überhaupt nicht vorhanden ist. Das gilt nicht nur für das arithmetische Mittel, sondern auch für andere statistische Maßzahlen, wie Standardabweichung, Korrelationskoeffizienten, Regressionskoeffizienten.

Wird jedoch in einer Formel mit den ermittelten Maßzahlen weiter gerechnet, wie etwa in Formel (30b), wo $\bar{x}$ in die Berechnung von s eingeht, dann sollte man eher eine Stelle mehr verwenden. Damit geht man Rundungsfehlern aus dem Wege.

Geben Sie den Mittelwert in folgender Tabelle mit der richtigen Stellenzahl an!

$\bar{x}$	$s_{\bar{x}}$	Richtige Angabe von $\bar{x}$
2,073	0,02	_____
2	0,01	_____
30,75	0,3	_____
18,7	0,4	_____

Richtige Antworten:

Zu 1.　　　Zeit (Meßinstr.: Uhr); Lautstärke (Phonmesser); für die anderen beiden Merkmale existiert kein Meßinstrument mit einer Intervallskala.

Hinweis: Sollten Sie meinen, auch für die Leistung im Fach Zeichnen bestehe eine Intervallskala, nämlich die Notenskala, so sind Sie im Irrtum. Zensuren sind *nicht* intervallskaliert!

Wir lesen gleich Näheres darüber.

Zu 2.　　　Nein, nur in einer Ratioskala.

Zu 3.　　　Nein. Im Sinne unserer Definition kann Messen auch zu Rangdaten führen.

In zahlreichen Fällen, besonders für Merkmale in den Gesellschafts- und Sozialwissenschaften, gelingt es uns zur Zeit noch nicht, eine metrische Skala zu erstellen.
Man verwendet hier oft Skalen, auf denen die Abstände zwischen zwei Marken der Skala verschieden und unbekannt sind.

28

● 　　　Ein Beispiel dafür sind die Schulnoten. Sie sind nicht gleichabständig, was an folgender Zuordnung deutlich wird:

Note 1 für das Erreichen von 100% bis 96% der geforderten Leistung,
Note 2 für das Erreichen von　95% bis 80% der geforderten Leistung,
Note 3 für das Erreichen von　79% bis 60% der geforderten Leistung,
Note 4 für das Erreichen von　59% bis 36% der geforderten Leistung,
Note 5 für das Erreichen von weniger als 36% der geforderten Leistung.

Die Gleichabständigkeit ist hier also nicht gewährleistet; dennoch gilt, daß eine »2« besser ist als eine »3« oder »4«.

Wir haben es bei einer derartigen Skala mit einer *Ordnung* zu tun, *der die Größer-kleiner-Relation zugrunde liegt.*
Sind zwei Objekte *A, B* hinsichtlich einer bestimmten Ausprägung des untersuchten Merkmals gleich, so erhalten sie den gleichen Wert; ist die Ausprägung des Merkmals an *A* größer als an *B*, so wird *A* der größere Wert (zuweilen auch kleinere; die Noten sind ein Beispiel dafür) zugeordnet.
Eine Skala mit diesen Eigenschaften heißt Ordinalskala , auch Rangskala , die mit ihr gewonnenen Daten wollen wir Rangdaten nennen. Das können Zahlen sein, aber auch verbale Stufungen.

● 　　　Die Angabe der Körpergröße erfolgt im Personalausweis nach einer Ordinalskala.

Die Rangwerte sind: sehr groß, groß, mittelgroß, klein.

Welcher grundsätzliche Unterschied besteht zwischen einer Intervallskala und einer Ordinalskala?

Antwort:

Erkennen Sie für falsch

A	B	C ?
Sie sind im Irrtum!	Sie sind im Irrtum!	Sie haben recht!
Die Aussage stimmt!	Die Aussage ist richtig!	Die Stichprobenverteilung
❗ Betrachten Sie Bild 150 aufmerksam!	❗ Lesen Sie die Folgerung aus dem Grenzwertsatz noch einmal!	ist **immer** eine Normalverteilung.

235

Neben der Streuung der Einzelwerte um den Mittelwert $\bar{x}$ der Stichprobe gilt es also auch, die Streuung der Mittelwerte $\bar{x}$ um den Erwartungswert der Grundgesamtheit zu beachten.

Sie wird als Standardfehler des Mittelwertes bezeichnet und berechnet sich bei einer **unendlichen Grundgesamtheit** nach

$$s_{\bar{x}} = \frac{s}{\sqrt{n}} \qquad (36)$$

bei einer **endlichen Grundgesamtheit** nach

$$s_{\bar{x}} = \frac{s}{\sqrt{n}} \cdot \sqrt{\frac{N-n}{N-1}} \qquad (36a)$$

Dabei bedeuten s Standardabweichung der untersuchten Stichprobe,
  n Umfang der Stichprobe,
  N Umfang der Grundgesamtheit.

Der Korrekturfaktor $\sqrt{\frac{N-n}{N-1}}$ in (36a) kann vernachlässigt werden, wenn $n < 0{,}05 \cdot N$, d. h., wenn die Stichprobe weniger als 5% der Grundgesamtheit ausmacht.

Aus beiden Formeln können wir erkennen, daß *mit wachsendem n der Standardfehler des Mittelwertes abnimmt.* Das bedeutet, daß mit größer werdendem n der berechnete Mittelwert genauer wird, also dem Erwartungswert der Grundgesamtheit näher kommt (Gesetz der großen Zahlen).

● Berechnung des Standardfehlers des Mittelwertes bei zwei Stichproben, die aus zwei Grundgesamtheiten mit den Umfängen $N_1 = N_2 = 2000$ gezogen werden.

Stichprobe	Umfang n	Mittelwert $\bar{x}$	Standardabweichung s	Standardfehler $s_{\bar{x}}$	nach Formel
1	400	150 mm	0,6 mm	0,03 mm	(36a)
2	25	20 mm	0,2 mm	0,04 mm	(36)

Hinweis: Bei Stichprobe 2 genügte Anwendung der Formel (36), weil $n < 0{,}05 \cdot N$ ist.

1. Berechnen Sie den Standardfehler des Mittelwertes für folgende Stichprobe ($N_3 = 2000$)

Stichprobe	n	$\bar{x}$	s	$s_{\bar{x}}$	nach Formel
3	900	150 mm	0,6 mm		

2. Wie groß ist der Standardfehler des Mittelwertes bei endlicher Grundgesamtheit, wenn $n = N$ ist?

Richtige Antwort (sinngemäß):

Intervallskala trägt gleichabständige (= äquidistante) Marken, Ordinal-skala nicht.

Die mit einer Ordinalskala gewonnenen Informationen nennen wir Rangdaten. Diese treten in zwei Formen auf, als

29

Rangwerte und **Rangplätze**

Rangwerte sind Merkmalsausprägungen, die mit einem Meßinstrument gewonnen werden, das *keinen* metrischen Maßstab trägt.

● Noten 1, 2, 3, 4, 5

Körpergröße im Personalausweis:

sehr groß, groß, mittelgroß, klein.

Rangplätze sind Ordnungsnummern, die auf Grund von Vergleichen der Objekte bezüglich eines Merkmals entstehen.

● Ordnungsnummern der Schüler auf Grund ihrer Leistung in einem Fach.

Ordnungsnummern der Studenten einer Gruppe bezüglich ihrer Körpergröße.

Der Informationswert von Rangwerten ist dabei höher einzuschätzen als der von Rang-plätzen, da

Rangwerte die Größenverhältnisse zwischen den Objekten realer wider-spiegeln als Rangplätze

Rangwerte in Rangplätze überführt werden können, nicht aber Rangplätze in Rangwerte.

Die vier Grundrechenarten sind auf Rangdaten (d. h. sowohl auf Rangwerte als auch auf Rangplätze) *nicht* anwendbar.

Auf den Jerseys der Volleyballspieler befinden sich unterschiedliche Nummern.

Handelt es sich dabei A. um Rangwerte,
 B. um Rangplätze
 oder C. keines von beiden?

Ihre Antwort: _____
 (A, B oder C)

Begründung: _____

Richtige Ablesung:

$$\bar{x} \approx 12{,}7 \text{ Punkte} \qquad s \approx 4{,}6 \text{ Punkte}$$

Anmerkung:

Zwischen den rechnerisch und den zeichnerisch ermittelten Werten besteht nur dann völlige Übereinstimmung, wenn die vorliegende Verteilung eine Normalverteilung ist. Je größer die Abweichung von der Normalverteilung ist, desto ungenauer sind die zeichnerisch ermittelten Werte.

234

Wir wissen, daß wir zwischen dem Mittelwert $\bar{x}$ der Stichprobe und dem Mittelwert μ der Grundgesamtheit zu unterscheiden haben. Da wir meist Stichproben untersuchen, wird der berechnete Mittelwert nicht in jedem Fall mit dem theoretischen der Grundgesamtheit übereinstimmen.

Die Frage ‚Wie verteilen sich die Mittelwerte $\bar{x}$ der Stichproben um den Parameter μ der Grundgesamtheit?' führt uns auf einen neuen Begriff, den der Stichprobenverteilung des Mittelwerts. Wir wollen an dieser Stelle nur andeuten, was darunter zu verstehen ist: Entnehmen wir einer unendlichen Grundgesamtheit mit dem Mittelwert μ eine größere Zahl von Stichproben des gleichen Umfangs ($n > 100$) mit den Mittelwerten $\bar{x}_1, \bar{x}_2, \ldots, \bar{x}_l$, so bilden diese ihrerseits eine (Häufigkeits-)Verteilung.

> Die Verteilung der Mittelwerte $\bar{x}_1, \bar{x}_2, \ldots, \bar{x}_l$ wird **Stichprobenverteilung des Mittelwerts** $\bar{x}$ genannt.

Dabei ist zu beachten, daß $\bar{x}$ als Zufallsvariable angesehen wird. Für diese Stichprobenverteilung des Mittelwerts gilt nun folgender wichtiger Satz:

Die Verteilung der Mittelwerte $\bar{x}_1, \bar{x}_2, \ldots, \bar{x}_l$ folgt bei Voraussetzung eines genügend großen l stets einer **Normalverteilung**

mit dem Mittelwert $\bar{x}_{\bar{x}} = \mu$

und der Streuung $\quad s_{\bar{x}} = \dfrac{s}{\sqrt{n}}$,

und zwar auch dann, wenn die Grundgesamtheit nicht normalverteilt ist.

(Folgerung aus dem zentralen Grenzwertsatz der Wahrscheinlichkeitsrechnung.)

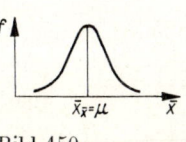

Bild 150

Eine der folgenden drei Aussagen, in denen jeweils hinreichend großes l vorausgesetzt wird, ist falsch!

A. Der Mittelwert der Mittelwerte aller l Stichproben ist gleich dem Mittelwert der Grundgesamtheit.

B. Die Verteilung der Mittelwerte $\bar{x}_1, \bar{x}_2, \ldots, \bar{x}_l$ ist immer normal.

C. Die Stichprobenverteilung des Mittelwerts ist fast immer eine Normalverteilung.

Falsch ist _____

(A, B oder C)

Ihre Antwort:

A	B	C
Falsch!	**Falsch!**	**Richtig!**
Hier liegen keine Rangdaten vor!	Hier liegen keine Rangdaten vor!	

▼

Begründung (sinngemäß): Es handelt sich bei diesen Nummern keinesfalls um Daten, die einer Größer-kleiner-Relation entsprechen.
(Nr. 1 ist nicht unbedingt der beste oder der älteste Spieler!)

Zur Ermittlung von Rangwerten ist ein Meßinstrument notwendig. Bei der Vergabe von Rangplätzen müssen die Objekte bezüglich des untersuchten Merkmals in eine Rangordnung gebracht werden.

Da wir vielfach – insbesondere bei parameterfreien Prüfverfahren – mit Rangplätzen arbeiten, gehen wir hier etwas ausführlicher auf diese ein.

● Aufstellen der n Studenten einer Seminargruppe nach ihrer Körpergröße; jeder Student erhält entsprechend seiner Stellung in der Ordnung eine der Zahlen 1 bis n.

Student	A	B	C	D	E	F	G	H
Rangplatz	8	2	5	1	3	7	6	4

Hier haben wir dem Objekt mit dem *größten* Wert (der vorliegenden Merkmalsausprägungen) den *Rangplatz 1* zugeordnet, in anderen Fällen wird es günstiger sein, dem Objekt mit dem kleinsten Wert den Rangplatz 1 zu geben. So kommt z.B. im Sport dem Läufer oder Geher mit der *kürzesten* Zeit der Rangplatz 1 zu.

Bei der Olympiade 1968 in Mexico-City erreichten die ersten 50-km-Geher folgende Zeiten:

Sportler	Zeit (in h : min : s)	Rangplatz
Höhne (DDR)	4 : 20 : 13,6	1
Kiss (Ungarn)	4 : 30 : 17,0	2
Lindberg (Schweden)	4 : 34 : 0,50	5
Selzer (DDR)	4 : 33 : 0,98	4
Young (USA)	4 : 31 : 55,4	3

Geben Sie für jeden Geher den erzielten Rangplatz an!

Lösung:

	Intervall	Zahl der Werte	in %
$\bar{x} \pm 1\,s$	8,11···12,55 Ferkel/Wurf	47	62,7%
$\bar{x} \pm 2\,s$	5,89···14,77 Ferkel/Wurf	72	96,0%
$\bar{x} \pm 3\,s$	3,67···16,99 Ferkel/Wurf	75	100,0%

Die Tatsache, daß bei Vorleigen einer Normalverteilung im Bereich $\bar{x} - s \cdots \bar{x} + s$ 68,27% aller Beobachtungswerte liegen, macht man sich bei der zeichnerischen Bestimmung der Standardabweichung zunutze.

Im Lehrschritt 143 hatten wir uns mit dem Wahrscheinlichkeitspapier vertraut gemacht (Bild 82). In diesem Papier sind auf der Ordinatenachse einige Stellen besonders gekennzeichnet, z.B. $15{,}87\% \triangleq \bar{x} - s$ und $84{,}13\% \triangleq \bar{x} + s$. Um s bei einer empirischen Häufigkeitsverteilung zeichnerisch zu ermitteln, geht man so vor:

1. Auf der Merkmalsachse des Wahrscheinlichkeitspapiers werden die Merkmalsausprägungen, Klassen oder Klassenmitten angegeben.
2. Über den jeweils exakten oberen Klassengrenzen sind die relativen Häufigkeiten der kumulativen Häufigkeitsverteilung als Punkte einzutragen.

} Vergleichen Sie mit Schritt 145!

3. Die Ausgleichsgerade wird gezogen.

! Beachten Sie: Läßt sich eine »vermittelnde Gerade« nicht zeichnen, so darf das hier behandelte Verfahren zur Bestimmung von s *nicht* angewandt werden, denn dann liegt keine Normalverteilung zugrunde.

4. Durch die beiden Marken 15,87% und 84,13% auf der Ordinatenachse wird je eine Parallele zur Abszissenachse gezogen und vom Schnittpunkt der Parallelen mit der Ausgleichsgeraden das Lot auf die Merkmalsachse gefällt.

5. Dort werden die Werte für $\bar{x} - s$ und $\bar{x} + s$ abgelesen.

Die Standardabweichung ergibt sich dann leicht aus

$$s = \frac{(\bar{x} + s) - (\bar{x} - s)}{2}$$

Auf ganz ähnliche Weise kann auch das arithmetische Mittel bestimmt werden. Nur legt man hier die Parallele durch die 50%-Marke und fällt vom Schnittpunkt dieser mit der Ausgleichsgeraden das Lot auf die Merkmalsachse.

Bild 149

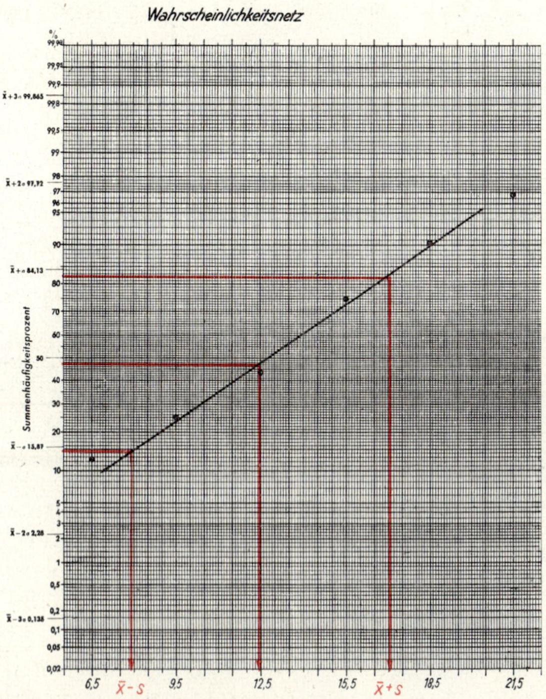

Wahrscheinlichkeitsnetz

Bestimmen Sie mit Hilfe des Bildes 149 $\bar{x}$ und s für unser Beispiel »Leistungsstand in Physik« (Klasseneinteilung mit $a = 2$; $b = 3$), und vergleichen Sie die gefundenen Werte mit den berechneten! — Lesen Sie erst die Werte ab, bevor Sie die berechneten nachschlagen (in Lehrschritt 224)!

Ablesung:

Lösung:

Sportler	Zeit (in h : min : s)	Rangplatz
Höhne (DDR)	4 : 20 : 13,6	1
Kiss (Ungarn)	4 : 30 : 17,0	2
Lindberg (Schweden)	4 : 34 : 0,50	5
Selzer (DDR)	4 : 33 : 0,98	4
Young (USA)	4 : 31 : 55,4	3

Verweilen wir noch kurz bei dieser Aufgabe. Obwohl hier als Ergebnis der sportlichen Leistung **Meßwerte** vorliegen, sind für die Siegerehrung nur die **Rangplätze** von Bedeutung.

Dabei ist völlig gleichgültig, wie groß die Zeitdifferenzen zwischen zwei aufeinanderfolgenden Gehern sind. So beträgt bei unserem Beispiel die Zeitdifferenz zwischen »Gold« und »Silber« $\approx$ 10 min, die zwischen »Silber« und »Bronze« jedoch nur $\approx 1\frac{1}{2}$ min.

Wir sehen:

Mit dem Übergang von Meßwerten zu Rangdaten ist stets ein Informationsverlust verbunden. Dieser kommt hauptsächlich darin zum Ausdruck, daß die objektiv vorhandenen unterschiedlichen Differenzen zwischen den Merkmalsausprägungen vernachlässigt werden.

Erlaubt der Untersuchungsgegenstand die Gewinnung von Meßwerten, so sollte man diese bestimmen und deren Informationswert nicht durch Transformation in Rangdaten verringern. Oft jedoch muß man sich mit einer Ordinalskala begnügen, weil keine Intervallskala vorhanden ist.

Wir stellen Ihnen vier Schriftgattungen vor. Welche Schriftgattung erachten Sie für programmierte Materialien vorliegender Art für am geeignetsten, welcher ordnen Sie den 2., 3. und 4. Rangplatz zu?

Statistik für Forschung und Beruf — 1

𝔖𝔱𝔞𝔱𝔦𝔰𝔱𝔦𝔨 𝔣ü𝔯 𝔉𝔬𝔯𝔰𝔠𝔥𝔲𝔫𝔤 𝔲𝔫𝔡 𝔅𝔢𝔯𝔲𝔣 — 4

Statistik für Forschung und Beruf — 3

Statistik für Forschung und Beruf — 2

Lösung: (12,69 − 3 · 4,62) ⋯ (12,69 + 3 · 4,62) Punkte

− 1,17   ⋯   26,55 Punkte

Anmerkung:

Die untere Grenze des Intervalls kann durchaus einen negativen Wert annehmen, auch wenn nur positive Beobachtungswerte möglich sind.

Betrachten wir unser Beispiel »Leistungsstand in Physik« etwas ausführlicher:

Klassenmitte x_k	Häufigkeit f_k
5	4
8	4
11	6
14	10
17	5
20	2
23	1
	32 = n

$\bar{x} = 12,69$ Punkte

$s = 4,62$ Punkte

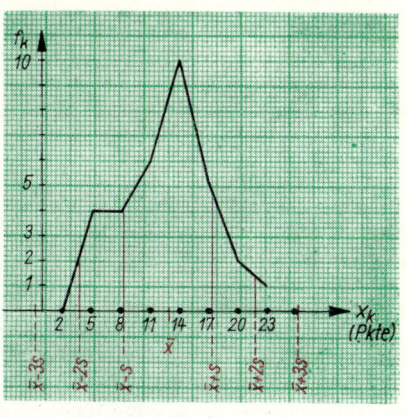

Bild 148

Für die s-Bereiche erhalten wir folgende Intervalle:

$\bar{x} \pm 1\,s$ 8,07 ⋯ 17,31 Punkte

$\bar{x} \pm 2\,s$ 3,45 ⋯ 21,93 Punkte

$\bar{x} \pm 3\,s$ −1,17 ⋯ 26,55 Punkte.

Diese Intervallgrenzen sind in Bild 148 eingezeichnet.

Im Bereich $\bar{x} \pm 3\,s$ liegen *alle* Beobachtungswerte, d. h., die Abweichungen vom arithmetischen Mittel sind hier rein zufällig. An Hand der Urliste oder besser der primären Verteilungstafel können wir auszählen, wieviel der Beobachtungswerte in die einzelnen Intervalle fallen. Es liegen im Bereich

$\bar{x} \pm 1\,s$ 8,07 ⋯ 17,31 Punkte   21 Werte, also   65,6%

$\bar{x} \pm 2\,s$ 3,45 ⋯ 21,93 Punkte   31 Werte, also   96,9%

$\bar{x} \pm 3\,s$ −1,17 ⋯ 26,55 Punkte   32 Werte, also 100,0%.

Vergleichen wir die hier gefundenen Prozentzahlen mit den theoretischen (Lehrschritt 230), so können wir trotz der geringen Zahl von Merkmalswerten eine relativ gute Übereinstimmung feststellen. Diese Tatsache ist ein weiterer Hinweis darauf, daß die vorliegende Verteilung einer Normalverteilung nahe kommt.

Berechnen Sie für das untersuchte Merkmal »Zahl der Ferkel je Wurf« die Intervalle $\bar{x} \pm 1\,s$; $\bar{x} \pm 2\,s$ und $\bar{x} \pm 3\,s$, und geben Sie die Zahl der Werte an, die in den einzelnen Intervallen liegen. Verwenden Sie dazu die Verteilungstafel aus Lehrschritt 228 und die berechneten statistischen Maßzahlen $\bar{x} = 10,33$ Ferkel/Wurf $s = 2,22$ Ferkel/Wurf.

Ihre Lösungen:	Intervall	Zahl der Werte	in %
$\bar{x} \pm 1\,s$			
$\bar{x} \pm 2\,s$			
$\bar{x} \pm 3\,s$			

Unsere Lösung:

	Rangplatz
Statistik für Forschung und Beruf	1
Statiſtik für Forſchung und Beruf	3
Statistik für Forschung und Beruf	4
Statistik für Forschung und Beruf	2

! Ganz gleich, ob Sie zu diesem oder zu einem anderen Ergebnis gekommen sind, gehen Sie weiter zum nächsten Lehrschritt **32**.

32

Mit der eben gestellten Aufgabe haben wir ein typisches Beispiel für eine subjektive Rangordnung vor uns. Bei der Beurteilung der Schriftgattungen gehen die Betrachter *von verschiedenen Gesichtspunkten* aus, so daß den Schriften zum Teil unterschiedliche Rangplätze zugeordnet werden.

● Beispiele für eine subjektive Rangordnung:

Anordnung von Aufsätzen nach der Güte ihres Inhaltes.

Anordnung der Fußballspieler eines Clubs nach ihrer Form (im Urteil des Trainers).

In den Beispielen des Lehrschritts **30** handelt es sich in beiden Fällen um eine objektive Rangordnung. Hier hat der Auswerter keine Möglichkeit, die Rangfolge zu beeinflussen.

Zu einer objektiven Rangordnung gelangt man stets, wenn *Meßwerte* zugrunde liegen.

● Beispiele für eine objektive Rangordnung:

Rangfolge der Schüler einer Klasse entsprechend ihrer Fehlerzahl im Diktat.

Rangfolge der Staaten der Welt entsprechend ihrer Braunkohlenförderung.

---

a) Bringen Sie die drei dargestellten mathematischen Körper ihrem Rauminhalt nach in eine Rangordnung! (Der Körper mit dem größten Volumen soll Rangplatz 1 erhalten.)

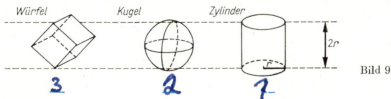

Würfel   Kugel   Zylinder

Bild 9

b) Handelt es sich dabei um eine objektive oder um eine subjektive Rangordnung?

79

Lösung:

Maschine	Mittelwert $\bar{x}$	Standardabweichung s	Intervall (99,73%)
A	150 mm	0,6 mm	148,2 ... 151,8 mm
B	20 mm	0,2 mm	19,4 ... 20,6 mm

Anmerkung: Haben Sie auch die Angabe der Maßeinheit nicht vergessen?

In der Praxis arbeitet man häufig mit der sogenannten 3-s-Regel (auch: 3-σ-Regel).

231

Sie besagt:

> Alle Beobachtungswerte x_i, die innerhalb des Bereiches $\bar{x} - 3s \cdots \bar{x} + 3s$ liegen, werden als **zufällig** angesehen, die außerhalb liegenden als **ursachenbedingt.**

Was heißt das?

Wir können der Tabelle im voranstehenden Lehrschritt entnehmen, daß bei einer Normalverteilung der weitaus größte Teil aller Werte, nämlich 99,73%, innerhalb des Intervalls $\bar{x} - 3s \cdots \bar{x} + 3s$ liegt. Diese Werte gelten als *zufällige Abweichungen* vom Mittelwert.

Die restlichen 0,27% gehören zwar theoretisch zur Normalverteilung, werden aber – wegen ihrer großen Abweichung von $\bar{x}$ – praktisch nicht als zufällige Abweichungen, sondern als *ursachenbedingt* betrachtet.

> Fertigung von Werkstücken.
>
> Alle Werkstücke, die hinsichtlich eines bestimmten Merkmals (z.B. des Durchmessers) die mit $\bar{x} \pm 3s$ angesetzten Toleranzgrenzen überschreiten, gelten als Ausschuß.

In der Statistik ist man auf die Festlegung solcher Grenzen angewiesen. Aussagen werden nicht mit 100%iger Sicherheit getroffen, sondern man läßt einen gewissen Spielraum für eine Fehlentscheidung zu. Im Fall der 3-s-Regel beträgt der Fehler 0,27%. Die Prüfstatistik behandelt diese Schlußweise ausführlich. Sie arbeitet mit Fehlern von 0,27%, 0,1%, 1% und 5% (Irrtumswahrscheinlichkeiten).

Geben Sie das 3-s-Intervall für unser Beispiel »Leistungsstand in Physik« an!

Wir fanden (aus der sekundären Verteilungstafel)
$\bar{x} = 12,69$ Punkte $s = 4,62$ Punkte.

Lösung:
a)

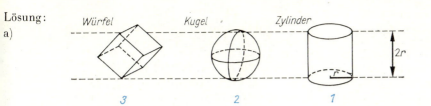

Würfel   Kugel   Zylinder

$2r$

Bild 10

3   2   1

b)   Es handelt sich um eine *subjektive* Rangordnung, wenn Sie nur vom äußeren Eindruck ausgegangen sind.

Es entsteht die *objektive* Rangordnung, wenn Sie den Rauminhalt der Körper — wenn auch nur überschlagsmäßig — berechneten und danach die Rangplätze verteilten.

Die genauen Volumina sind:

$$V_{\text{Würfel}} = 2{,}828\, r^3; \qquad V_{\text{Kugel}} = 4{,}139\, r^3; \qquad V_{\text{Zylinder}} = 6{,}284\, r^3.$$

Wenn Sie nicht auf die oben angegebene objektive Rangordnung gekommen sind, so ist Ihnen jetzt bewußt, welche Fehlurteile aus der subjektiven Einschätzung der Rangordnung von Objekten oder Individuen erwachsen können.

In vielen Fällen treten weniger Merkmalsausprägungen auf als Objekte (oder Individuen), so daß *mehrere Objekte bzw. Individuen* die *gleiche Ausprägung tragen*. Das tritt z.B. auf, wenn acht Studenten auf Grund der Noten 1 bis 5 Rangplätze zugeordnet werden sollen.

33

Wie geht man in einem solchen Fall vor? Da wir keinen der Studenten mit der gleichen Merkmalsausprägung benachteiligen können, bekommen sie alle den mittleren Rangplatz zugeordnet. Diesen erhält man als arithmetisches Mittel der Rangplätze, die die Studenten bei Verschiedenheit ihrer Merkmalsausprägungen einnehmen würden.

Student	A	B	C	D	E	F	G	H
Note (Rangwert)	3	1	2	3	2	4	3	5
Rangplatz	5	1	2,5	5	2,5	7	5	8

Erläuterung: Die Studenten C und E haben beide die gleiche Note 2, ihnen kommen eigentlich die Rangplätze 2 und 3 zu. Sie erhalten beide das arithmetische Mittel der Rangplätze 2 und 3, also $\frac{2+3}{2} = 2{,}5$. Die Studenten A, D und G haben die gleiche Note 3 aufzuweisen; für sie stehen die Rangplätze 4, 5 und 6 zur Verfügung. Der mittlere Rangplatz, der allen dreien zugeordnet wird, ergibt sich aus $\frac{4+5+6}{3} = 5$.

Der nächste bekommt dann den Rangplatz 7, weil 6 ja schon vergeben ist.

Beachten Sie, daß hier also anders verfahren wird als im Sport oder bei Wettbewerben!

Legen Sie in folgender Tabelle die Rangplätze fest!

Schüler	A	B	C	D	E	F	G	H	I	K
Fehlerzahl im Diktat	3	3	2	2	1	7	3	4	6	4
Rangplatz	5	5	5/2	5/2	1	10	5	7,5	9	7,5

3.5.2.   Bedeutung der Standardabweichung

Wir haben gelernt, daß die Standardabweichung das am häufigsten verwendete Streuungsmaß ist. Es kann für Merkmale berechnet werden, deren Ausprägungen mit einer Intervallskala bestimmt worden sind.

Bei einer empirischen Häufigkeitsverteilung, die (wenigstens annähernd) normal verteilt ist, liefert die Standardabweichung einen erwartungstreuen Schätzwert für die Streuung der Verteilung. Weicht die Form der empirischen Verteilung von der Normalverteilung ab, dann ist s ein **un**zuverlässiger Wert für die Streuung.

Die Bedeutung der Standardabweichung kann aus den Eigenschaften der Normalverteilung erklärt werden.

Wir erinnern uns der Lehrschritte T 40 bis T 52 über die Normalverteilung. Aus Lehrschritt T 44 kennen wir folgende Übersicht:

Im Intervall $\mu - \sigma \cdots \mu + \sigma$ liegen 68,27%
im Intervall $\mu - 2\sigma \cdots \mu + 2\sigma$ liegen 95,45% $\Big\}$ aller Beobachtungswerte
im Intervall $\mu - 3\sigma \cdots \mu + 3\sigma$ liegen 99,73%

und die graphische Darstellung dieses Sachverhaltes:

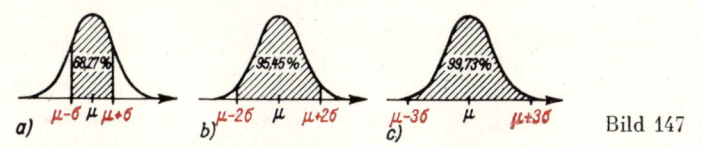

a) $\mu-\sigma$ $\mu+\sigma$ b) $\mu-2\sigma$ μ $\mu+2\sigma$ c) $\mu-3\sigma$ μ $\mu+3\sigma$ Bild 147

Auf Grund der Kenntnis von σ, das für empirische Verteilungen durch den Schätzwert s ersetzt wird, können wir diese Prozentzahlen zur Interpretation des Sachverhaltes heranziehen.

● Beispiel für eine Interpretation:

Eine Maschine fertigt Zylinderbuchsen an, die im Mittel einen Durchmesser von $\bar{x} = 150$ mm und eine Streuung $s = 0,6$ mm aufweisen.

Wir können hier sagen: Bei der Fertigung dieser Zylinderbuchsen ist unter der Annahme einer Normalverteilung bei 95,45% aller Stücke zu erwarten, daß deren Durchmesser in den Grenzen

$(150 - 2 \cdot 0,6) \cdots (150 + 2 \cdot 0,6)$ mm liegen,

also zwischen 148,8 mm und 151,2 mm.

Geben Sie das Intervall an, in dem 99,73% aller Werkstücke liegen!

Maschine	Mittelwert $\bar{x}$	Standardabweichung s	Intervall (99,73%)
A	150 mm	0,6 mm	···
B	20 mm	0,2 mm	···

Lösung:

Schüler	A	B	C	D	E	F	G	H	I	K
Ausprägung	3	3	2	2	1	7	3	4	6	4
Rangplatz	5	5	2,5	2,5	1	10	5	7,5	9	7,5

! Sollten Sie nicht zu diesem Ergebnis gelangt sein, dann arbeiten Sie den Lehrschritt **33** nochmals durch!

34

Läßt sich für die Merkmalsausprägungen keine Größer-kleiner-Relation aufstellen, so nehmen wir eine Kategorisierung vor.

Wir wiederholen: Kategorisieren ist das Einordnen qualitativer Ausprägungen eines Merkmals in bestimmte Gruppen oder Klassen (Kategorien). Die Merkmalsausprägungen werden durch die Kategorien ausgedrückt. Diese kann man dann willkürlich mit den Zahlen 1, 2, ..., n belegen.

Die so entstehende Skala nennen wir Nominalskala.

Merkmal	Kategorie	
Mitgliedschaft in einer Partei	ja	1
	nein	2
Familienstand	ledig	1
	verheiratet	2
	verwitwet	3
	geschieden	4

Treten nur zwei Kategorien auf – wie im 1. Beispiel –, spricht man von **Alternativdaten**.

Bei einer Nominalskala haben die Daten den niedrigsten Informationswert. Es läßt sich hier lediglich die Zahl der Elemente ermitteln, die auf die einzelnen Kategorien entfallen, die jeweilige **Häufigkeitszahl**. Hier sind die Möglichkeiten der Anwendung statistischer Methoden gering.

Bringen Sie die behandelten Datenarten (Kategorien, Meßwerte, Rangdaten) hinsichtlich ihres Informationswertes in eine Reihenfolge!

MW, RD, KG

Lösung der Wiederholungsaufgabe:

Zu a) $\bar{x} = 10{,}33$ Ferkel/Wurf; $s = 2{,}22$ Ferkel/Wurf

Zu b) Nein. Begründung: Schon Frage 1 (Schritt 227) muß verneint werden.

! Sollten Sie bei a) nicht zu den angeführten Werten gekommen sein, so nehmen Sie ein neues Arbeitsblatt, und wiederholen Sie die Berechnung. Nehmen Sie nötigenfalls folgende Schritte zu Hilfe:
für $\bar{x}$: 181 bis 183 und für s: 216 bis 219.

229

Damit haben wir die Berechnung des arithmetischen Mittels und der Standardabweichung abgeschlossen. Das sind die beiden in der Praxis am häufigsten auftretenden statistischen Maßzahlen.
Zum rationelleren Auswerten der Untersuchungsbefunde kann als Druckvorlage eine Strichliste zur statistischen Auswertung von Meßergebnissen dienen. Bild 146 zeigt einen Ausschnitt.

Strichliste zur statistischen Auswertung von Meßergebnissen

Nr.: Datum:
Bemerkungen:
Material: Prüfbedingungen:

Klassen-grenzen (mm)	absolute Häufigkeit: Strichliste	Anzahl h_m	Klassen-nummer m	$m \cdot h_m$	$m^2 \cdot h_m$	Häufigkeit in %	Σ %
(1)	(2)	(3)	(4)	(5) = (3)×(4)	(6) = (4)×(5)	(7)	(8)
28,5 b.u. 29,5	|	1	−3	−3	9	1,1	1,1
29,5 ... 30,5	𝍸 |||	8	−2	−16	32	8,8	9,9
30,5 ... 31,5	𝍸 𝍸 ||	12	−1	−12	12	13,2	23,1
31,5 ... 32,5	𝍸 𝍸 𝍸 𝍸 𝍸 𝍸	30	0	0	0	33,0	56,1
32,5 ... 33,5	𝍸 𝍸 𝍸 𝍸 |||	23	1	23	23	25,3	81,4
33,5 ... 34,5	𝍸 ||||	9	2	18	36	9,9	91,3
34,5 ... 35,5	𝍸 |	6	3	18	54	6,6	97,9
35,5 ... 36,5	||	2	4	8	32	2,2	100,1
b.u. bis unter							

Bild 146

Anmerkung:
Die hierin verwendeten Bezeichnungen sind nicht sehr vorteilhaft. Es entspricht z.B.
m unseren Hilfswerten x_k' ($k = 1, \ldots, l$)
h_m der Häufigkeit des betreffenden Meßwertes (der Klasse).
Stoßen Sie sich nicht an dieser veränderten Terminologie, für die praktische Anwendung ist das ohne Belang.

Jetzt haben Sie eine **Pause** redlich verdient!

! Entscheiden Sie dann:

Ich habe die Schritte T 40 bis T 52 (»Normalverteilung«) bereits durchgearbeitet. → **230**

Ich habe die Schritte T 40 bis T 52 bereits durchgearbeitet, möchte diese aber wiederholen. → **T 40**

Ich habe die Schritte T 40 bis T 52 noch nicht bearbeitet. → **T 40**

Lösung:

Meßwerte   Rangdaten   Kategorien

oder Kategorien   Rangdaten   Meßwerte

Hinweis: Jede andere Reihenfolge ist falsch.

Der statistisch relevante Informationswert nimmt von den Meßwerten über die Rang- **35** daten zu den Kategorien ab.

Anschaulich kann man das in dieser Weise darstellen:

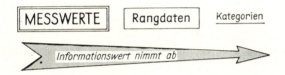

Man wird also – wo immer möglich – *Meßwerte anstreben*, die Überführung einer in eine andere Datenart ist aber stets nur in Pfeilrichtung möglich.

! Entscheiden Sie:

Ich habe den Unterschied zwischen den wichtigsten Skalen- und den entsprechenden Datenarten sowie zwischen deren Informationswert verstanden.

Schlagen Sie bitte **Seite 6** des **Beiheftes** auf, und arbeiten Sie die Zusammenfassung des Abschnitts 1.3. durch!

Ich bin mir in der Unterscheidung der einzelnen Skalen- und Datenarten noch nicht sicher und möchte meine Kenntnisse dazu festigen.

Gehen Sie bitte zum folgenden Schritt **36**, verdecken Sie dort die Randspalte rechts, und füllen Sie die im Text auftretenden Lücken aus!

Vergleichen Sie jeweils mit der Lösung auf der Randspalte!

→ **36**

Lösung:

Maschine	Mittelwert $\bar{x}$	Standardabweichung s	Variationskoeffizient v
A	150 mm	0,6 mm	0,4%
B	20 mm	0,2 mm	1,0%

Aus dieser Tabelle entnehmen wir, daß $v_A < v_B$ ist. Wir erhalten hier also ein dem Ergebnis beim Vergleich der Standardabweichungen entgegengesetztes. Maschine A streut – bezogen auf den Mittelwert – weniger als Maschine B.

228

Die Verwendung des Variationskoeffizienten darf nicht ohne gründliche Überlegung erfolgen. Es muß stets geprüft werden, ob der Bezug der Standardabweichung auf das arithmetische Mittel sinnvoll ist.

● Vergleich der Standardabweichungen für das Merkmal »Fehlerzahl im Diktat« von zwei Gruppen.

Gruppe	$\bar{x}$	s
1	9,6 Fehler	3,32 Fehler
2	4,8 Fehler	2,80 Fehler

Wir legen uns die beiden Fragen vor, die wir nach Schritt 227 zu beantworten haben.

Frage 1 ist zu bejahen,

Frage 2 ist zu verneinen.

Daraus resultiert, daß hier die Berechnung von v nicht sinnvoll ist.

Wiederholungsaufgabe:

Merkmals- ausprägung x_k	Häufigkeit f_k
0 bis 4	0
5	1
6	2
7	5
8	7
9	11
10	15
11	12
12	9
13	6
14	5
15	2
	75 = n

a) Berechnen Sie aus der nebenstehenden Verteilungstafel das arithmetische Mittel $\bar{x}_1$ und die Standardabweichung s_1 für die untersuchte Stichprobe zum Merkmal »Zahl der Ferkel je Wurf«!

b) Bei Untersuchung von $n_2 = 100$ Würfen in einem anderen landwirtschaftlichen Betrieb ergaben sich folgende Werte $\bar{x}_2 = 11,2$ Ferkel/Wurf; $s_2 = 2,5$ Ferkel je Wurf. Ist zum Zwecke des Vergleichs der beiden Standardabweichungen die Bestimmung des Variationskoeffizienten v sinnvoll? Rechnen Sie auf einem Arbeitsblatt, und tragen Sie hier Ihre Ergebnisse ein:

Zu a) $\bar{x} = $ _____ ; $s = $ _____

Zu b) Ja / Nein. Begründung: _____

Wir wollen den Unterschied zwischen den drei für die Statistik wichtigsten Skalen und den entsprechenden Datenarten an einfachen Beispielen üben.

Wir lernten die Intervallskala, die *OROINAL* skala und die *NOMINAL* skala kennen.

| | Ordinal oder Rang |
| | Nominal |

Die Intervallskala ist dabei hinsichtlich der Anwendung statistischer Methoden die _____
(günstigste/ungünstigste)

günstigste

Sie führt zu eigentlichen *Meßwert* , während eine Ordinalskala nur *Rangwerte* anzugeben gestattet.

Meßwerten

Rangdaten (Rangwerte od. -plätze)

Die Skala, deren Daten den niedrigsten Informationswert haben, ist die *Nominal* . Hierbei können die Merkmalsausprägungen nur in *Kategor* angegeben werden.

Nominalskala

Kategorien

Versetzen wir uns in ein Sportstadion und schauen einem Wettbewerb im Stabhochsprung zu. Die Startnummern, die die Aktiven auf dem Rücken tragen, sind Daten einer *NOMINAL* skala, denn es sind weder Meßwerte noch *RANGPLÄTZE*

Nominal

Rangdaten

Die Sprunghöhen, die die Sportler erreichen, sind *Meßwerte* die zugrunde liegende Skala ist eine *Ratioskala*

Meßwerte

Intervallskala oder: metrische Skala

Vergibt man am Ende des Wettkampfs einen 1., 2., 3., ..., *n*-ten Platz, so bedient man sich einer *ORDINAL* .

(Daß bei der Angabe der Rangplätze für *gleiche* Meßwerte in der Statistik etwas anders verfahren wird als im Sport, hatten wir im Schritt 33 bereits erwähnt.)

Ordinal- oder Rangskala

!

Bitte zur folgenden Seite!

───────→ 37

Richtige Antwort: Für $\bar{x}_1 = \bar{x}_2$ wird $d_1 = d_2 = 0$, die beiden letzten Glieder unter der Wurzel entfallen also.

Lösung der Wahlaufgabe: Ansatz: $n = n_1 + n_2 = 80$; $x_g = 7{,}0$; $d_1 = 1{,}5$; $d_2 = -2{,}5$

$$\text{Ergebnis: } s_g = \sqrt{\frac{1}{79}(49 \cdot 4 + 29 \cdot 1 + 50 \cdot 2{,}25 + 30 \cdot 6{,}25)}$$

$$s_g = \sqrt{6{,}65} = 2{,}58 \approx 2{,}6$$

Wird uns die Aufgabe gestellt, die Standardabweichungen s_1 und s_2 aus zwei Stichproben miteinander zu vergleichen, so haben wir uns folgende Fragen vorzulegen:

1. Weichen die arithmetischen Mittel stark voneinander ab?
2. Hat die Größenordnung der Merkmalsausprägungen einen Einfluß auf die Variabilität des Merkmals?

Werden *beide* Fragen bejaht, so geben die Variationskoeffizienten v_1 und v_2 bessere Aufschlüsse über die Streuungsverhältnisse in den beiden Stichproben.

!

Lesen Sie die Passage bitte noch einmal, und wenden Sie sich dann den folgenden Beispielen mit besonderer Aufmerksamkeit zu.

An zwei Maschinen wurden Zylinderbuchsen gedreht:

Maschine	Mittelwert des Durchmessers der gefertigten Zylinderbuchsen	Standardabweichung des Durchmessers
A	150 mm	0,6 mm
B	20 mm	0,2 mm

Vergleichen wir die beiden Standardabweichungen, so kommen wir wegen $s_B < s_A$ zu dem Schluß, daß Maschine B besser arbeitet als Maschine A. Wenn nun bei der Fertigung von Zylinderbuchsen mit einem größeren Durchmesser auch eine größere Toleranz zugelassen ist, sollte man den Mittelwert des Durchmessers in die Betrachtung mit einbeziehen. Das führt auf den Variationskoeffizienten.

Definition

▶ Der **Variationskoeffizient** (auch: Variabilitätskoeffizient) ist die auf das arithmetische Mittel bezogene Standardabweichung

$$v = \frac{s}{\bar{x}} \qquad (35)$$

v wird vielfach in Prozenten angegeben

$$v = \frac{s}{\bar{x}} \cdot 100\,\% \qquad (35a)$$

Berechnen Sie v für das obige Beispiel!

Maschine	Mittelwert $\bar{x}$	Standardabweichung s	Variationskoeffizient v
A	150 mm	0,6 mm	_____ %
B	20 mm	0,2 mm	_____ %

Mit einer Ordinalskala können wir _mehr_ anfangen
(mehr/weniger)
als mit einer Nominalskala.

mehr

Die Eigenschaft, die der Ordinalskala zukommt, der Nominalskala aber nicht, ist, daß die ___> <___ -Relation und
damit die *Anordnung* der Daten eine Bedeutung hat.

Größer-kleiner

Frage: Kommt den Differenzen zwischen den Daten einer
Ordinalskala eine Bedeutung zu?

Antwort: ~~Ja~~ / ~~Nein~~.

Nein

Den Differenzen zwischen den _Rangdaten_ kommt

Rangdaten

keinerlei Bedeutung zu. Nur in einer _Intervall_ skala

Intervall

entsprechen den Differenzen zwischen den Daten analoge
Differenzen in den Merkmalsausprägungen.

Die Zeit eines Monats, gemessen in Tagen, liefert ein Beispiel
für eine _Intervall_ skala. Denn das Zeitintervall

Intervall

z. B. zwischen dem Beginn des 3. und des 7. Tages ist ebenso
groß wie das zwischen dem Beginn des 14. und dem
des ___18.___ Tages.

18.

Die Nummern zur Bezeichnung von Straßenbahnlinien sind
_____

(Meßwerte/Rangdaten/Kategorien)

Kategorien

Meßwerte sind es keinesfalls, und die Größer-kleiner-Relation
ist bezüglich der Straßenbahnlinien (die Nummern sind lediglich deren Repräsentanten) auch nicht gegeben.

Spreche ich von dem besten, zweitbesten, ... Schüler einer
Klasse, so verteile ich _____
(Meßwerte/Rangdaten/Kategorien)

Rangdaten

Der Abstand zwischen den Daten _ist nicht_ von Bedeu-
(ist/ist nicht)

ist nicht

tung. Von den drei Datenarten streben wir — wo immer möglich — _die Meßwerte_ an.

Meßwerte

! Urteilen Sie selbst:

Ich habe fast alle Lücken richtig ausgefüllt!

Schlagen Sie **Seite 6**
des **Beiheftes** auf, und arbeiten Sie
die Zusammenfassung von 1.3. durch!

Mir sind an mehreren Stellen Fehler unterlaufen!

Wiederholen Sie die letzten Schritte!
Gehen Sie zum **Schritt 26**.

Lösung:

Standardabweichung ist Wurzel aus der Varianz, oder

Varianz ist Quadrat der Standardabweichung.

Will man die **Gesamt-Standardabweichung zweier Stichproben** mit den Umfängen n_1; n_2 und den Mittelwerten $\bar{x}_1$ bzw. $\bar{x}_2$ bestimmen, so ist das keinesfalls dadurch möglich, daß man einfach das arithmetische Mittel der Standardabweichungen s_1 und s_2 der Einzelstichproben bildet.

226

Man muß vielmehr von den Varianzen der Stichproben ausgehen, wobei man sich folgender Formel (nach FERGUSON, 1959) zu bedienen hat:

$$s_g = \sqrt{\frac{1}{n-1}\left[(n_1 - 1)\,s_1{}^2 + (n_2 - 1)\,s_2{}^2 + n_1 d_1{}^2 + n_2 d_2{}^2\right]} \qquad (34)$$

Hierin bedeuten

s_g die Gesamt-Standardabweichung der vereinigten Stichprobe,

$d_1 = \bar{x}_1 - \bar{x}_g$

$d_2 = \bar{x}_2 - \bar{x}_g$

mit $\bar{x}_g = \dfrac{\bar{x}_1 n_1 + \bar{x}_2 n_2}{n}$ als gewogenem arithmetischem Mittel der beiden Teilstichproben und

$n = n_1 + n_2$ den Gesamtumfang der vereinigten Stichprobe.

Formel (34) kann auf l Stichproben mit den Umfängen $n_1, \ldots, n_l$ und Mittelwerten $\bar{x}_1, \ldots, \bar{x}_l$ erweitert werden. Wir verzichten hier auf die Angabe dieser allgemeinen Formel.

Natürlich besteht in jedem Falle die Möglichkeit, die Gesamt-Standardabweichung aus allen Einzelwerten der vereinigten Stichprobe zu bestimmen.

In welcher Weise vereinfacht sich Formel (34) für $\bar{x}_1 = \bar{x}_2$?

Ihre Antwort: _____

Wahlaufgabe:

Wenn Sie die Anwendung obiger Formel (34) üben wollen, so berechnen Sie s_g aus folgenden Werten:

Stichprobe 1: $n_1 = 50$; $\bar{x}_1 = 8,5$; $s_1 = 2,0$

Stichprobe 2: $n_2 = 30$; $\bar{x}_2 = 4,5$; $s_2 = 1,0$.

Ihr Ergebnis: _____

90

In der Statistik geht es um Mengen, das heißt um Gesamtheiten von Individuen oder Objekten. Für uns reicht zur Erklärung des Begriffs »Menge« die naive Mengendefinition CANTORS (1895) aus:

▶ Eine **Menge** ist eine Zusammenfassung von bestimmten wohlunterschiedenen Objekten unserer Anschauung oder unseres Denkens – welche die Elemente der Menge genannt werden – zu einem Ganzen.

Untersuchungsobjekte sind für den Statistiker Versuchspersonen (Abkürzung: Vpn), Versuchstiere, Werkstücke usw.

An den einzelnen Objekten – den Elementen der betreffenden Menge – untersuchen wir ein oder mehrere Merkmale (theoretisch: Zufallsvariablen).

	Untersuchungs-objekt	Untersucht werden:	wobei als Versuchs-ergebnisse auftreten:
Menge G	Element a Element b Element c $\vdots$ Element z	Merkmal X Merkmal Y	Merkmals-ausprägung $\begin{cases} x_a \\ x_b \\ \vdots \\ x_z \end{cases}$ Merkmals-ausprägung $\begin{cases} y_a \\ y_b \\ \vdots \\ y_z \end{cases}$

Ergänzen Sie folgende Übersicht, mit der die allgemeine Darstellung, die wir eben gaben, auf zwei Beispiele übertragen werden soll!

	Untersuchungs-objekt	Untersucht werden:	wobei als Versuchs-ergebnisse auftreten:
Menge der weiblichen Studenten der BRD	a b c $\vdots$ z	Gewicht X	$x_a = 58$ kg $x_b = 42$ kg $x_c = 55$ kg $\vdots$ $x_z = 67$ kg
Ausstoß eines Werkes an Fernsehbild-röhren	a b c $\vdots$ z	Güte der Bildröhre Y	y_a standardgerecht y_b ... y_c ... y_z ...

Lösungen:

Zu 1. In die Berechnung der Variationsweite w geht nur der größte und der kleinste Merkmalswert ein, bei der Standardabweichung s dagegen werden alle Merkmalswerte berücksichtigt.

Zu 2. $$s = \sqrt{\frac{1}{n-1} \sum_{i=1}^{n} (x_i - \bar{x})^2}$$

In der Definition der Standardabweichung haben wir im Nenner den Ausdruck $(n-1)$ stehen, d. h., wir dividieren die Summe der Abweichungsquadrate SQ nicht durch den Stichprobenumfang n selbst, sondern durch den um 1 verminderten Stichprobenumfang. Dies führt uns zum Begriff des Freiheitsgrades v.

Hierunter ist folgendes zu verstehen:

Liegt für n Merkmalswerte deren Mittelwert bereits vor, dann sind nur $(n-1)$ Werte frei wählbar.

● Zeigen wir dies an einem schlichten Beispiel:

For fünf Zahlen sei der Mittelwert 10 berechnet, d. h., die Summe der fünf Zahlen ergibt 50. Wir können jetzt über vier Zahlen beliebig verfügen (z. B. 20; 5; 2; 10 ansetzen); die 5. Zahl ist *dann nicht mehr frei wählbar*, da die Summe 50 fest vorliegt. Die 5. Zahl beträgt $50 - (20 + 5 + 2 + 10) = 13$.

Nach der Berechnung des arithmetischen Mittels ist demnach *ein* Freiheitsgrad verlorengegangen. Da der Mittelwert in die Berechnung der Standardabweichung (oder der Varianz) eingeht, beträgt der Freiheitsgrad hier $v = n - 1$.

In der Prüfstatistik werden wir dem Begriff Freiheitsgrad oft wiederbegegnen. Dort gilt dann durchaus nicht immer $v = n - 1$.

225

Frage: In welchem Zusammenhang stehen Standardabweichung und Varianz?

Ihre Antwort: _____

_____

Lösung:	Untersuchungs-objekt		Untersucht werden:	wobei als Versuchs-ergebnisse auftreten:
Menge der weiblichen Studenten der BRD	Studentin a Studentin b Studentin c ⋮ Studentin z		Gewicht X	$x_a = 58$ kg $x_b = 42$ kg $x_c = 55$ kg ⋮ $x_z = 67$ kg
Ausstoß eines Werkes an Fernseh-bildröhren	Bildröhre a Bildröhre b Bildröhre c ⋮ Bildröhre z		Güte der Bildröhre Y	y_a standardgerecht y_b nicht standardgerecht y_c standardgerecht ⋮ y_z standardgerecht (z.B.)

Ein Hauptanliegen der Forschungsstatistik besteht nun darin, aus der Untersuchung einer *begrenzten Zahl* von Elementen verläßliche Schlüsse auf *alle* Elemente der betreffenden Gesamtheit zu ziehen, vom **Teil** verläßlich auf das **Ganze** zu schließen. Das »Ganze« ist die Grundgesamtheit, der »Teil« heißt Stichprobe.

39

Definition Die Menge *aller* gleichartigen Individuen oder Objekte bildet die **Grundgesamtheit** G.

Die Anzahl N der Elemente der Grundgesamtheit wird Umfang der Grundgesamtheit genannt. N kann sowohl *endlich* als auch *unendlich* sein. Entnimmt man dieser Menge G zufallsmäßig n Elemente, so erhält man eine Stichprobe als Teilmenge von G.

Definition Die für eine bestimmte Untersuchung zufallsmäßig aus G ausgewählte Menge von Individuen oder Objekten heißt eine **Stichprobe** S aus der Grundgesamtheit G.

Die Anzahl n der Elemente in der Stichprobe wird Umfang der Stichprobe genannt.

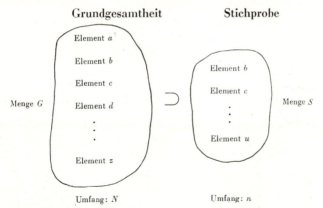

G ist echte Obermenge von S, in Zeichen: $G \supset S$.
S ist echte Teilmenge von G, S ist echt enthalten in G; $S \subset G$.

! Halten Sie auf der nächsten Seite die Randspalte rechts zunächst zu, und füllen Sie die im Text auftretenden Lücken aus! Vergleichen Sie gleich danach mit der Lösung auf der Randspalte!

Lösungen:

Zu 1. $s_{korr} = \sqrt{4{,}62^2 - \dfrac{9}{12}}$ Punkte $= \sqrt{21{,}34 - 0{,}75}$ Punkte $= 4{,}54$ Punkte.

Zu 2.   Ihre Antwort:

Ja	**zum Teil**	**Nein**
Richtig!	Richtig!	

Begründung (sinngemäß): Die ersten beiden Voraussetzungen sind erfüllt, die dritte nicht.

Sie haben nicht alle Voraussetzungen berücksichtigt.

Anmerkung:
Auch die Tatsache, daß s_{korr} hier genau auf das aus den Originaldaten berechnete s führt, sollte nicht dazu verleiten, Formel (33) sorglos anzuwenden.

! Lesen Sie die Begründung unter »Ja«!

Die Standardabweichung wird als ein wesentliches Kennzeichen für die Häufigkeitsverteilung – ähnlich wie das arithmetische Mittel $\bar{x}$ – in die graphische Darstellung eingetragen (je nach Merkmalstyp in Histogramm oder Polygonzug bzw. Streckendiagramm). Neben $\bar{x}$ werden $\bar{x} - s$ und $\bar{x} + s$ auf der Merkmalsachse eingezeichnet. Dadurch wird das Diagramm informativer, die Lage des Mittelwertes und die Größe der Streuung fallen sofort ins Auge.

Für unser Beispiel »Leistungsstand in Physik« erhielten wir (aus der sekundären Tafel) $\bar{x} = 12{,}69$ Punkte und $s = 4{,}62$ Punkte.

Damit ist $\bar{x} - s = 8{,}07$ Punkte und $\bar{x} + s = 17{,}31$ Punkte.

Das Eintragen der Werte ergibt folgendes Bild (Bild 145):

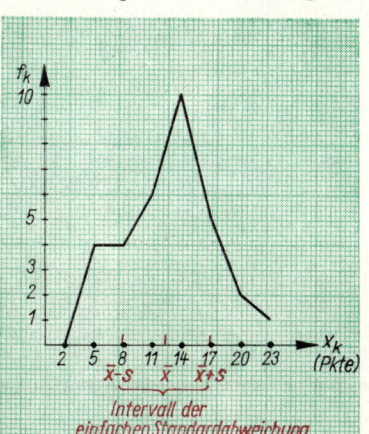

Bild 145

---

1. Worin besteht der Unterschied zwischen Variationsweite w und Standardabweichung s einer Verteilung?

2. Sind Sie in der Lage, die Definitionsformel für die Standardabweichung aufzuschreiben?

Ja! ⟶ Bitte tun Sie das.

Nein! ⟶ Wiederholen Sie Schritt 215, und tragen Sie die Formel hier ein!

Zur Erprobung der Wirksamkeit eines neuen Medikaments ist es nicht möglich und nicht nötig, *alle* Menschen in den Versuch einzubeziehen.
Man wählt eine _Stichprob_ aus, um von dieser auf die Grundgesamtheit zu schließen.

Stichprobe

Ist das Durchschnittsgewicht aller Studentinnen der BRD zu ermitteln, so wäre es unökonomisch, *alle* Studentinnen auf die Waage zu stellen.
Wir untersuchen nicht die _Grundgesamt_, sondern beschränken uns auf die Auswahl von Studentinnen verschiedener Hochschulen, ziehen also eine _Stichprob_

Grundgesamtheit

Stichprobe

Manche bezweifeln, daß man mit einem hohen Grad an Verläßlichkeit vom Teil aufs _Ganze_ schließen kann. Aber sagen Sie selbst: Muß ein Koch den ganzen Suppenkessel auslöffeln, um festzustellen, wie die Suppe schmeckt?
Antwort: Ja/Nein

Ganze

Nein

Er nimmt einen Löffel, begnügt sich mit einer Kostprobe und schließt damit aufs Ganze. Bei diesem Beispiel ist der Löffelinhalt die _Stichpr_, der Inhalt des Topfes aber die _G_

Stichprobe
Grundgesamtheit

Allerdings müssen bestimmte Voraussetzungen erfüllt sein, wenn man keinen Irrtümern unterliegen will. Was muß der Koch tun, bevor er die Stichprobe entnimmt?
Antwort: _umrühren_

Er muß die Suppe umrühren.

Nur so kommt er zu einem unverfälschten Urteil, er darf nicht irgendeine Kostprobe entnehmen, sondern eine, die repräsentativ für die ganze Suppe ist.
Wir sind in der Statistik interessiert an repräsentativen
Stp.

Stichproben

─────────▶ 41

Wir stellten im Schritt 218 fest, daß sich ein geringer Unterschied des aus der sekundären Verteilungstafel berechneten s gegenüber dem aus der primären Tafel berechneten ergibt.

»Leistungsstand in Physik« der Kl. 11 B.

Standardabweichung aus der primären Tafel: $s = 4,54$ Punkte

Standardabweichung aus der sekundären Tafel ($b = 3$): $s = 4,62$ Punkte

Dabei zeigt sich, daß sich der aus der sekundären Tafel berechnete Wert mit zunehmender Klassenbreite b immer stärker von dem aus den Originaldaten bestimmten entfernt und dabei — wie sich theoretisch zeigen läßt — immer größer wird.

Diese Differenz kann man beseitigen durch die sogen. SHEPPARD-Korrektur, die jedoch nur unter folgenden Voraussetzungen angewandt werden darf:

stetiges Merkmal
annähernd normale Verteilung
Stichprobenumfang $n \geqq 1000$ (letzteres nach YULE und KENDALL, 1950).

Sind diese Bedingungen erfüllt, so bewirkt die Formel

$$s_{korr} = \sqrt{s^2 - \frac{b^2}{12}} \qquad\qquad (33)$$

wobei s die nach einer Klasseneinteilung berechnete Standardabweichung
und b die Klassenbreite ist,

die gewünschte Korrektur.

Sind die Bedingungen nicht oder nur zum Teil erfüllt, so ist die Anwendung der SHEPPARD-Korrektur nicht sinnvoll.

Wir zeigen am Diktatbeispiel, daß die Verwendung der Korrekturformel bei Nichterfülltsein der Voraussetzungen zu einem noch schlechteren s-Wert führen kann.

»Fehlerzahl in Rechtschreibung«:
Aus der primären Tafel ergab sich $s = 3,38$ Fehler (Aufgabe zu 217),
aus der sekundären Tafel ergab sich $s = 3,32$ Fehler (Aufgabe zu 218).
Einsetzen in (33) führt auf

$$s_{korr} = \sqrt{(3,32)^2 - \frac{9}{12}} \text{ Fehler} = \sqrt{11,02 - 0,75} \text{ Fehler} = 3,20 \text{ Fehler.}$$

SHEPPARD-Korrektur versagt, da *keine* der angegebenen Bedingungen erfüllt ist.

---

1. Berechnen Sie s_{korr} für das Beispiel »Leistungsstand in Physik« bei $b = 3$ (s-Wert siehe oben)!

   $s_{korr} = $ _____

2. Hätten Sie Bedenken bei der Anwendung der SHEPPARD-Korrektur in diesem Beispiel?

   Ihre Antwort: _____
   (Ja/zum Teil/Nein)

   Begründung: _____

Dieses Beispiel könnte falsch verstanden werden, wenn man sich über die Elemente der Grundgesamtheit nicht im klaren ist.
Frage: Ist hier der Löffelinhalt Element der Grundgesamtheit?
Antwort: ~~Ja~~/~~Nein~~

Nein

Vielleicht überrascht Sie die richtige Antwort, aber bedenken Sie: Hier ist nicht der Löffelinhalt Element der Grundgesamtheit, sondern der »Suppentropfen«. Mit der Entnahme eines Löffels voll umgerührter Suppe erhalte ich eine _Sp._ vom Umfang _n_ (Tropfen).

Stichprobe

Und nur weil ich mit dem einen Löffelinhalt ganz verschiedene _Suppentropfen_ der Suppe erfasse, kann ich von einer zufällig entnommenen Stichprobe sprechen.
Bei jeder Untersuchung muß ich also die Elemente, an denen ich etwas untersuche, genau definieren.

Elemente oder Tropfen

Obwohl mit dem Löffel eine relativ kleine Stichprobe gezogen wird, kann sich der Koch ein treffendes Urteil über die _GG_ _____ bilden, weil der Kesselinhalt eine weitgehend homogene Grundgesamtheit darstellt.

Grundgesamtheit

Bei heterogener Zusammensetzung der Grundgesamtheit muß der Stichprobenumfang _n_ entsprechend _____ gewählt werden, um eine repräsentative Stichprobe zu erhalten.
(größer/~~kleiner~~)

größer

Nur unter der Voraussetzung, daß eine _repr._ Stichprobe entnommen wird, ist es möglich, von den besonderen Verhältnissen einer Stichprobe auf allgemeine Eigenschaften bezüglich der _GG_ _____ zu schließen.

repräsentative

Grundgesamtheit

Überlegen Sie, was man unter einer »repräsentativen Stichprobe« zu verstehen hat.

Dann ⟶ 42

Ihr Ergebnis $s = 5{,}01$ Punkte ist **A** falsch.

Sie addierten die beiden Ausdrücke in der großen Klammer unter der Wurzel, statt diese zu subtrahieren. Bedenken Sie, daß $-(-14)^2 = -196$ ist!

! Korrigieren Sie Ihre Rechnung, und gehen Sie dann nach $\longrightarrow$ **221 A**

Ihr Ergebnis $s = 4{,}80$ Punkte ist **B** nicht richtig.

Ihr Fehler liegt sicher darin, daß Sie den Subtrahenden unter der Wurzel als Ganzes quadriert haben und nicht nur dessen Zähler.

Richtig ist $\dfrac{(-14)^2}{32} = \dfrac{196}{32}$ für diesen Teilausdruck.

! Rechnen Sie erneut auf Ihrem Arbeitsblatt, und gehen Sie danach zum Schritt $\longrightarrow$ **221 A**

Ihr Ergebnis ist richtig! **C** Sie haben sorgfältig gearbeitet!

! Weiter nach $\longrightarrow$ **223**

Sie erhielten $s = 1{,}54$ Punkte. **D** Das ist falsch. Zwar haben Sie die Wurzel in Formel (32) richtig berechnet, jedoch vergessen, diese mit dem Faktor $b = 3$ zu multiplizieren.

! Holen Sie das nach!

$s = $ _____

Vergleichen Sie mit $\longrightarrow$ **221 A**

Sie haben sich verrechnet, **E** vielleicht schon in der Tabelle.

! Vergleichen Sie Ihre Tabellenwerte mit den richtigen in Schritt $\longrightarrow$ **221 B**

Sie haben sich verrechnet, vermut- **F** lich haben Sie die Summe der Spalten (4) und (5) der Tabelle beim Einsetzen in Formel (32) miteinander verwechselt

! Vergleichen Sie Ihre Tabelle mit der richtigen in Schritt $\longrightarrow$ **221 B**

Ausgangsformel:

$$s = \sqrt{\frac{1}{n-1}\left(\sum_{k=1}^{l} x_k{}^2 f_k - n \cdot \bar{x}^2\right)} \qquad (31a)$$

Wir ersetzen darin

$$x_k = x_{\mathrm{a}} + b \cdot x_k{}' \;(13)\; (\text{Schritt } 182) \quad \text{und} \quad \bar{x} = x_{\mathrm{a}} + b \cdot \frac{\sum x_k{}' f_k}{n} \;(14)\; (\text{Schritt } 183)$$

Betrachten wir zunächst nur den Klammerausdruck

$$\sum x_k{}^2 f_k - n \cdot \bar{x}^2 = \sum (x_{\mathrm{a}} + b \cdot x_k{}')^2 f_k - n \cdot \left(x_{\mathrm{a}} + b \cdot \frac{\sum x_k{}' f_k}{n}\right)^2$$

$$= \sum x_{\mathrm{a}}{}^2 f_k + 2 \cdot \sum x_{\mathrm{a}} b x_k{}' f_k + \sum b^2 x_k{}'^2 f_k$$

$$- n \cdot x_{\mathrm{a}}{}^2 - 2 \cdot n b x_{\mathrm{a}} \frac{\sum x_k{}' f_k}{n} - n b^2 \left(\frac{\sum x_k{}' f_k}{n}\right)^2$$

Der 1. der sechs Summanden hebt sich gegen den 4. auf, der 2. gegen den 5., so daß bleibt

$$= b^2 \cdot \sum x_k{}'^2 f_k - b^2 \cdot \frac{(\sum x_k{}' f_k)^2}{n}$$

Damit folgt $s = b \cdot \sqrt{\dfrac{1}{n-1}\left(\sum x_k{}'^2 f_k - \dfrac{(\sum x_k{}' f_k)^2}{n}\right)}.$ \qquad (32)

$\longrightarrow$ Aufgabe in **218**

Lösung:

Wir sind uns darüber einig, daß eine repräsentative Stichprobe die Verhältnisse in der Grundgesamtheit weitgehend widerspiegeln muß.

Etwas ausführlicher kann der Begriff repräsentative Stichprobe so erklärt werden:

 Unter einer **repräsentativen Stichprobe** der Grundgesamtheit G verstehen wir eine solche, die ein getreues Modell der Grundgesamtheit ist.

Wie gelangen wir zu repräsentativen Stichproben?

Folgende Bedingungen gilt es zu berücksichtigen:

1. Gute Durchmischung der Elemente der Grundgesamtheit.
2. Zufallsmäßige Entnahme der Elemente für die Stichprobe nach einem festgelegten Auswahlplan.

Definition

Eine **Zufallsauswahl** liegt vor, wenn für jedes Element aus G eine berechenbare Wahrscheinlichkeit angebbar ist, in die Stichprobe aufgenommen zu werden.

Aus einer Urne mit N weißen und schwarzen Kugeln, die gut durchmischt sind, werden n Kugeln gezogen; diese bilden die Stichprobe. Hier liegt das **Lotterieprinzip** vor.

Bei der Überprüfung der Güte von Fernsehbildröhren wird jede n-te (z.B. jede 10.) Bildröhre herausgegriffen; diese stellen die Stichprobe dar.

Das Vorgehen im 2. Beispiel bezeichnet man als **systematische Auswahl**.

Um in einer Stadt mit $N = 730\,000$ Einwohnern eine Stichprobe von etwa 2000 Personen zu bilden, geht man folgenden einfachen Weg:

Man nimmt alle Bürger der Stadt, die am 15. Juni Geburtstag haben, in die Stichprobe auf.

Erhalten wir damit eine gute Annäherung an eine Zufallsauswahl?

Ihre Antwort: _____

Begründung: _____

Erhielten Sie für die Standardabweichung

$s = 5{,}01$ Punkte $\longrightarrow$ 222 A

$s = 4{,}80$ Punkte $\longrightarrow$ 222 B

$s = 4{,}62$ Punkte $\longrightarrow$ 222 C

$s = 1{,}54$ Punkte $\longrightarrow$ 222 D

einen anderen Wert für s $\longrightarrow$ 222 E

oder einen negativen Wert im Radikanden? $\longrightarrow$ 222 F

221 A

---

221 B

Es empfiehlt sich, zuerst den Tabellenkopf aufzuschreiben.
Das ist an Hand des Beispiels im Schritt 218 leicht möglich. Der Tabellenkopf gibt Ihnen die Anweisung zum Handeln. Die Spalten-Nummern (0), (1), ..., (5) stellen eine zusätzliche Hilfe dar.
Der Zahlenteil der Tabelle wird dann *spalten*weise (nicht etwa zeilenweise) ausgefüllt.
Die fertige Tabelle sieht so aus:

Klasse (Punkte)	Klassenmitte x_k (Punkte)	Häufigkeit f_k	Hilfswert $x_k' = \dfrac{x_k - x_a}{b}$	Produkt $x_k' f_k$	Produkt $x_k'^2 f_k$
(0)	(1)	(2)	(3)	(4) = (2)·(3)	(5) = (3)·(4)
4 bis 6	5	4	−3	−12	36
7 bis 9	8	4	−2	− 8	16
10 bis 12	11	6	−1	− 6	6
13 bis 15	14 = x_a	10	0	0	0
16 bis 18	17	5	1	5	5
19 bis 21	20	2	2	4	8
22 bis 24	23	1	3	3	9
Summe		32 = n		−14	80

! Vergleichen Sie Ihre Ansätze mit dieser Tabelle!

Hatten Sie Schwierigkeiten mit Spalte (3), so sei noch einmal mit einfachen Worten erläutert:
Hier wird in der Zeile, für die Sie x_a gewählt haben, Null eingesetzt. Sodann wird nach den niederen x_k-Werten zu (meist nach oben) −1; −2; −3; usw. (falls noch weitere Zeilen vorhanden sind) und nach den höheren x_k-Werten zu 1; 2; 3; usw. eingesetzt.
Spalte (4) ergibt sich dann als Produkt von (2) und (3),
Spalte (5) als Produkt aus (3) und (4). $\longrightarrow$ 221 C

---

221 C

Das Einsetzen der ermittelten Spaltensummen in Formel (32), Schritt 218, ergibt:

$$s = 3 \cdot \sqrt{\frac{1}{31}\left(80 - \frac{(-14)^2}{32}\right)} = \underline{\hspace{4cm}}$$
$$= \underline{\hspace{6cm}}$$

! Rechnen Sie aus, und vergleichen Sie mit den oben angebotenen Werten!
$\longrightarrow$ 221 A

Richtige Antwort: Ja!

Begründung:

Wir können mit Recht annehmen, daß kein Zusammenhang zwischen dem Geburtstag der Personen einerseits und den an ihnen zu untersuchenden statistischen Merkmalen andererseits (z. B. dem Einkommen) besteht.

Die in der letzten Aufgabe angewandte Technik heißt **Geburtstagsauswahl**. Solche Auswahltechniken werden in der Bevölkerungsstatistik recht häufig angewandt. Neben den bereits genannten,

43

- Auswahl durch Lotterieprinzip,
- systematische Auswahl und
- Geburtstagsauswahl gibt es die
- Buchstabenauswahl.

Bei der **Buchstabenauswahl** werden alle Personen, deren Namen mit einem bestimmten Buchstaben (z. B. »L«) beginnt, in die Stichprobe aufgenommen.

Es muß allerdings davor gewarnt werden, diese Auswahltechniken mechanisch anzuwenden. Nimmt man z. B. für die Untersuchung des Lebensstandards der Einwohner einer Stadt alle im Telefonbuch stehenden Personen, die mit »L« beginnen, so kann das zu einer groben Verfälschung der tatsächlichen Verhältnisse führen, denn Einwohner mit Telefonanschluß repräsentieren nicht die gesamte Bevölkerung einer Stadt.

Die vorteilhafteste Technik zur Erreichung einer Zufallsauswahl bietet die Anwendung einer

- **Tafel mit Zufallszahlen.**

! Entscheiden Sie:

Ich möchte die Anwendung einer Zufallszahlentafel kennenlernen.

⟶ 44

Ich kann darauf verzichten.

⟶ 45

Entscheiden Sie:

Ich denke, die Aufgabe richtig gelöst zu haben.

——————————————▶ 221 A

Ich hatte schon Schwierigkeiten mit dem Ausfüllen der Tabelle.

——————————————▶ 221 B

Ich meine, die Tabelle richtig ausgefüllt zu haben, kam aber mit dem Einsetzen in die richtige Formel nicht zurecht.

——————————————▶ 221 C

Ich möchte den laufenden Teilabschnitt wiederholen.

——————————————▶ 215

Ich weiß gar nicht, was es mit der Standardabweichung auf sich hat.

——————————————▶ 220

Die Standardabweichung ist ein Streuungsmaß für intervallskalierte Daten. Der Mittelwert $\bar{x}$ und die Standardabweichung s sind numerische Größen, mit denen es möglich ist, empirische Häufigkeitsverteilungen kurz und treffend zu charakterisieren. Dabei gibt die Streuung an, in welchem Bereich um den Mittelwert die Mehrzahl aller Fälle liegt.

220

Für die Körpergröße bei Männern im Alter von 20 bis 25 Jahren wurden berechnet ($n = 648$):

$\bar{x} = 169,9$ cm; $s = 6,0$ cm.

Das bedeutet:

Für die Mehrzahl der Männer in diesem Alter liegt die Körpergröße zwischen $\bar{x} - s = 163,9$ cm

und $\bar{x} + s = 175,9$ cm.

Dieses Intervall 163,9 cm ⋯ 175,9 cm ($\bar{x} - 1s$ ⋯ $\bar{x} + 1s$) stellt den Bereich der *ein*fachen Standardabweichung dar.

Mehr über die Bedeutung der Standardabweichung lesen Sie in 3.5.2.

Entscheiden Sie sich zunächst für eine der vier anderen oben angegebenen Möglichkeiten!

Sie wollen den Gebrauch einer Tafel von Zufallszahlen kennenlernen.

Derartige Tafeln werden zuweilen als »Urne auf Vorrat« bezeichnet; tatsächlich entsprechen sie dem Urnenmodell, nur werden sie meist auf maschinellem Wege hergestellt. Es gibt Tafeln mit zwei-, drei- oder auch vierstelligen Zahlen. Ihre Anwendung setzt voraus, daß die Elemente der Grundgesamtheit durchnumeriert werden können.

! Schlagen Sie **Seite 31** des Beiheftes auf. Dort finden Sie einen Auszug aus einer Tafel mit vierstelligen Zufallszahlen.

Wie gebrauchen wir diese Zufallszahlentafel?

Diese Tafel ist anwendbar für Grundgesamtheiten mit $N \leq 10000$. Man ordnet jedem der Elemente der Grundgesamtheit eine natürliche Zahl z zu ($0 \leq z \leq 9999$). Danach wählt man in Tafel I die Kreuzungsstelle einer beliebigen Zeile mit einer beliebigen Spalte aus und geht dann vertikal oder horizontal vor. Dabei entnimmt man je nach Umfang der Grundgesamtheit einstellige, zweistellige, drei- oder vierstellige Zahlen (von der letzten Stelle der Zahl ausgehend).

● $N = 80$ Fernsehbildröhren bilden die Grundgesamtheit. Sie kommen aus dem Fließband in die Endkontrolle. Eine Stichprobe vom Umfang $n = 8$ soll zufallsmäßig gezogen werden. Wir beginnen z. B. in Zeile 6 bei Spalte 4 und gehen in vertikaler Richtung vor. Da $N = 80$, nehmen wir die letzten beiden Ziffern der vierstelligen Zahlen. Es sind dies

00 05 50 74 41   75 28 13.

Die »93« fällt heraus, da die Grundgesamtheit ja nur aus 80 Elementen besteht.

Folglich bilden die 0., 5., 13., 28., 41., 50., 74. und 75. Bildröhre die gesuchte Zufallsstichprobe.

Beachten Sie bei Anwendung solcher Tafeln:

1. Das erste Element der Grundgesamtheit trägt nicht die Nr. 1, sondern die Nr. 0.

2. Zufallszahlen $\geq N$ werden weggelassen.

3. Zufallszahlen, die innerhalb des gewählten Bereiches doppelt auftreten, werden ebenfalls weggelassen.

————————————▶ 45

Lösung:

Zu 1. $s = 3 \cdot \sqrt{\dfrac{1}{19}\left(24 - \dfrac{(4)^2}{20}\right)} \,\text{F.} = 3 \cdot \sqrt{\dfrac{1}{19} \cdot 23{,}2}\,\text{F.} = 3{,}32 \text{ Fehler}$

! Sollten Sie nicht auf diese Lösung gekommen sein, so decken Sie Ihre Fehlerquelle auf und korrigieren Sie!

Zu 2. Es zeigt sich eine geringe Differenz.

Diese eben festgestellte Differenz zwischen dem s-Wert, der aus der primären, und dem, der aus der sekundären Verteilungstafel hervorgeht, ist wieder darauf zurückzuführen, daß durch den Übergang von der primären zur sekundären Tafel ein Informationsverlust eintritt. Diese Differenz bleibt i. allg. klein. Vor allem darf man nicht schlußfolgern, das Verfahren des angenommenen Mittelwertes führe stets nur auf Näherungswerte. *Formel (32) ist universell anwendbar, also auch auf Originaldaten* (prim. Verteilungstafel, ganz gleich, ob $b = 1$ oder $b \neq 1$), *und bringt in diesem Falle exakte Resultate.*

● Es seien die Originalwerte 2,5; 2,6; 2,6; 2,8; 3,0 (cm) gegeben. Berechnung von s aus der primären Verteilungstafel

nach dem direkten Verfahren [Formel (30), Schritt 215]:

x_i	$x_i - \bar{x}$	$(x_i - \bar{x})^2$
2,5	−0,2	0,04
2,6	−0,1	0,01
2,6	−0,1	0,01
2,8	0,1	0,01
3,0	0,3	0,09
$\bar{x} = \dfrac{13{,}5}{5} = 2{,}7$		0,16 = SQ

$s = \sqrt{\dfrac{0{,}16}{4}}\,\text{cm} = 0{,}2 \text{ cm}$

nach dem Verfahren des angenommenen Mittelwertes [Formel (32), Schritt 218]:

x_k	f_k	x_k'	$x_k' f_k$	$x_k'^2 f_k$
2,5	1	−1	−1	1
2,6 = x_a	2	0	0	0
2,7	0	1	0	0
2,8	1	2	2	4
2,9	0	3	0	0
3,0	1	4	4	16
			5	21

$s = 0{,}1 \cdot \sqrt{\dfrac{1}{4}\left(21 - \dfrac{25}{5}\right)}\,\text{cm} = 0{,}1 \cdot 2\,\text{cm} = 0{,}2 \text{ cm}$

Anmerkung: Das direkte Verfahren führt *nur für kleine* Stichprobenumfänge und für *glatte* Mittelwerte schneller zum Ziel. Vor der Formel (32) schreckt manch einer wegen deren Länge etwas zurück; sie ist jedoch – wie wir gesehen haben – relativ leicht zu handhaben und eben allgemein nutzbar.

! Achten Sie beim Einsetzen der Spaltensummen in die Formel streng darauf, dieselben nicht zu verwechseln ($\sum x_k'^2 f_k$ ergibt sich aus der *letzten* Spalte und ist an *erster* Stelle in der Klammer der Formel einzusetzen).

Berechnen Sie die Standardabweichung s für unser Beispiel »Leistungsstand in Physik«, ausgehend von der sekundären Verteilungstafel! Verwenden Sie das Verfahren des angenommenen Mittelwertes! Wir empfehlen $x_a = 14$. (Prinzipiell wäre wieder jede andere Klassenmitte möglich.)

Klasse (Punkte)	Kl.mitte x_k (Punkte)	Häufig- keit f_k	
(0)	(1)	(2)	
4 bis 6		4	
7 bis 9		4	
10 bis 12		6	
13 bis 15		10	
16 bis 18		5	
19 bis 21		2	
22 bis 24		1	

Beginnen Sie mit dem Aufschreiben des Tabellenkopfes (Schritt 218)! Halten Sie sich bei Schwierigkeiten an die sieben Punkte (Schritt 218).

$s =$ _____

Wir wiederholen die Namen der behandelten **Techniken für eine Zufallsauswahl:**

Auswahl durch Lotterieprinzip

systematische Auswahl

Geburtstagsauswahl

Buchstabenauswahl

Zufallszahl

Füllen Sie die Lücken aus!

Zur Gewinnung einer repräsentativen Stichprobe bedienen wir uns einer (oder auch mehrerer) dieser Techniken auf der Grundlage folgender Stichprobenverfahren nach Zufallsauswahl:

) **reine Zufallsauswahl,**

) **geschichtetes Auswahlverfahren,**

) **mehrstufiges Auswahlverfahren,**

) **Klumpenauswahlverfahren.**

Die Vorgehensweise, auf die wir uns festlegen (Stichprobenverfahren unter Anwendung einer bestimmten Technik), bezeichnet man als Auswahlplan. Wir besprechen jetzt die einzelnen Stichprobenverfahren.

Eine reine Zufallsauswahl liegt bei den in Lehreinheit **42** behandelten Beispielen vor.

Bei der reinen Zufallsauswahl besteht für *jedes* Element aus G die *gleiche* **Wahrscheinlichkeit,** in die Stichprobe zu gelangen.

Der Vorteil einer reinen Zufallsauswahl liegt in der relativ einfachen Berechnung des Stichprobenfehlers. Ein Nachteil macht sich z.B. bei einem sehr großen räumlichen Auseinanderliegen der Elemente der Grundgesamtheit bemerkbar. Wollte man eine reine Zufallsauswahl aus der Menge aller Bürger eines Landes ziehen, würde das sehr kostenaufwendig sein.

Frage: Führt folgender Weg zu einer Zufallsauswahl?

Um die Meinung der Bevölkerung einer Stadt über Einkaufsmöglichkeiten zu erfahren, stellt sich der Interviewer am Dienstag zwischen 9.00 und 11.00 Uhr an der Eingangstür des größten Kaufhauses auf und befragt jeden 20., der die Eingangstür passiert.

Antwort: Ja / Nein

Begründen Sie Ihre Antwort: _____

_____

Merkmals-wert x_k	Häufig-keit f_k	Produkt $x_k f_k$	Produkt $x_k^2 f_k$
Spalte (1)	(2)	(3) = (1) · (2)	(4) = (1) · (3)
3	1	3	9
⋮	⋮	⋮	⋮
10	1	10	100
11	2	22	242
12	4	48	576
13	3	39	507
14	1	14	196
Summe	$20 = n$	190	$2022 = \sum\limits_{k=1}^{12} x_k^2 f_k$

$$s = \sqrt{\frac{1}{19}\left(2022 - 20 \cdot 9{,}5^2\right)}\ \text{F.}$$

$$= \sqrt{\frac{1}{19}\left(2022 - 1805\right)}\ \text{F.}$$

$$= \sqrt{\frac{1}{19} \cdot 217}\ \text{F.} = \sqrt{11{,}42}\ \text{F.}$$

$$s = 3{,}38\ \text{Fehler.}$$

n jedem Fall, besonders aber beim Vorliegen großer Meßwerte, lohnt die Berechnung von s mit Hilfe des Verfahrens des angenommenen Mittelwertes, das wir im Lehrschritt 182 kennenlernten. Durch die Transformation der x_k-Werte in die Hilfswerte x_k' erhalten wir kleinere Zahlen und damit eine wesentliche Vereinfachung der Rechnung. Wir wiederholen die ersten vier Teilschritte, die bei diesem Verfahren zu gehen sind.

. Festlegen eines häufig vorkommenden x_k-Wertes nahe der Verteilungsmitte als angenommenen Mittelwert x_a.

. Berechnen der Hilfswerte $x_k' = \dfrac{x_k - x_a}{b}$ (13). Das sind stets ganze Zahlen.

. Multiplikation der x_k' mit den entsprechenden f_k.

. Summierung der Produkte $x_k' f_k$. (Vorzeichen beachten!)

Wir zeigen diese und die weiteren Schritte an der sekundären Verteilungstafel des Diktatbeispiels:

Klasse (Fehler)	Klassenmitte x_k (Fehler)	Häufig-keit f_k	Hilfswert $x_k' = \dfrac{x_k - x_a}{b}$	Produkt $x_k' f_k$	Produkt $x_k'^2 f_k$
Spalte (0)	(1)	(2)	(3)	(4) = (2) · (3)	(5) = (3) · (4)
2 bis 4	3	2	−2	−4	8
5 bis 7	6	3	−1	−3	3
8 bis 10	$9 = x_a$	5	0	0	0
11 bis 13	12	9	1	9	9
14 bis 16	15	1	2	2	4
Summe		$20 = n$		$4 = \Sigma x_k' f_k$	$24 = \Sigma x_k'^2 f_k$

aus Lehrschritt 182 übernommen

. Anfügen einer weiteren Spalte (5), deren Werte sich als Produkt aus den Spalten (3) u. (4) ergeben.

. Summieren dieser Produkte $x_k'^2 f_k$.

. Einsetzen in Formel

$$s = b \cdot \sqrt{\frac{1}{n-1}\left(\sum_{k=1}^{l} x_k'^2 f_k - \frac{\left(\sum\limits_{k=1}^{l} x_k' f_k\right)}{n}\right)} \tag{32}$$

Diese Formel ergibt sich, wenn wir (13), s. oben, und (14), Schritt 183, in Formel (31a), Schritt 217, einsetzen.

Sind Sie an der Herleitung interessiert, so führen Sie die Umformung auf einem Arbeitsblatt aus, und vergleichen Sie diese dann mit 222 G.

1. Berechnen Sie s, indem Sie die Werte in (32) einsetzen!

$s =$ _____

2. Vergl. Sie Ihr Resultat mit dem auf dieser Seite oben berechneten Wert!

Die richtigen Ergänzungen für die Lücken heißen: Buchstabenauswahl

Tafel mit Zufallszahlen.

Antwort auf die Frage über die Zufallsauswahl am Kaufhaus: Nein.

Begründung der Antwort:

Die meisten der das Kaufhaus am Dienstag zwischen 9.00 und 11.00 Uhr aufsuchenden Personen sind nicht berufstätig. Sie bilden also keinesfalls einen repräsentativen Querschnitt für die Bevölkerung der Stadt.

46

Hat das zu untersuchende Merkmal eine große Variabilität (starke Abweichungen von einem Durchschnittswert), so ist die reine Zufallsauswahl nicht das geeignetste Verfahren, zu einer Stichprobe mit möglichst hohem Aussagewert zu gelangen.
In solchen Fällen liefert ein geschichtetes Auswahlverfahren eine günstigere Zusammensetzung der Stichprobe und damit bessere Ergebnisse. Bei diesem Auswahlverfahren geht man folgendermaßen vor:
Man unterteilt die Grundgesamtheit G derart in eine Anzahl einander nebengeordneter Teilgesamtheiten $T_1, ..., T_m$, daß jede Teilgesamtheit weitgehend homogene Elemente enthält. So entstehen disjunkte (elementfremde) Teilmengen von G. jedes Element aus G gehört also genau einer der Teilmengen $T_1, ..., T_m$ an.
Diese Teilgesamtheiten heißen **Schichten**.
Die Schichten können gleichen wie auch verschiedenen Umfangs sein.

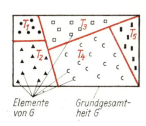

Elemente von G   Grundgesamt-heit G

Bild 11

Schicht	Umfang der Schicht	Umfang der Teilstichproben
T_1	N_1	n_1
T_2	N_2	n_2
$\vdots$	$\vdots$	$\vdots$
T_5	N_5	n_5
	$\sum_{j=1}^{5} N_j = N$	$\sum_{j=1}^{5} n_j = n$

N Umfang der Grundgesamtheit
n Umfang der Gesamtstichprobe

Beantworten Sie folgende Fragen!

1. In welchen Fällen wendet man das geschichtete Auswahlverfahren an?

große Variabilität d. Merkm.

2. Was hat man bei der Aufteilung der Grundgesamtheit in die Teilgesamtheiten zu beachten?

TG → homogene Elemente, jedes G. in 1 TG

107

Richtige Lösung: Nach (30) oder besser nach (30b)

Vp i	Meßwert x_i (Fehler)	Abweichung $x_i - \bar{x}$	Quadrat $(x_i - \bar{x})^2$	Vp i	Meßwert x_i (Fehler)	Quadrat x_i^2
1	3	−6,5	42,25	1	3	9
2	6	−3,5	12,25	2	6	36
3	13	3,5	12,25	3	13	169
⋮	⋮	⋮	⋮	⋮	⋮	⋮
18	14	4,5	20,25	18	14	196
19	13	3,5	12,25	19	13	169
20	12	2,5	6,25	20	12	144
Summe			$217{,}00 = SQ$	Summe		$2022 = \sum x_i^2$

$$s = \sqrt{\frac{1}{19} \cdot 217} \text{ F.} = \sqrt{11{,}42} \text{ F.} = 3{,}38 \text{ Fehler} \qquad s = \sqrt{\frac{1}{19}(2022 - 20 \cdot 9{,}5^2)} \text{ F.} = 3{,}38 \text{ Fehler}$$

Vorteilhafter als dieses Vorgehen ist es, die Standardabweichung aus der Verteilungstafel zu berechnen. Die entsprechende Formel lautet hier

$$s = \sqrt{\frac{1}{n-1} \cdot \sum_{k=1}^{l} (x_k - \bar{x})^2 f_k} \qquad (31)$$

oder — nach Umwandlung —

$$s = \sqrt{\frac{1}{n-1} \left(\sum_{k=1}^{l} x_k^2 f_k - n \cdot \bar{x}^2 \right)} \qquad (31a)$$

Anmerkung:

Auch hier geben wir die Formeln für die primäre und sekundäre Verteilungstafel einheitlich mit dem Index $k = 1, ..., l$ an. Welche der beiden Formeln man verwendet, ist im Prinzip gleich, man entscheidet sich meist für die günstigere (31a).

Wir zeigen in der folgenden Beispielaufgabe (Diktatbeispiel) die Anlage der Tabelle zur Berechnung von s nach (31a). Wir erweitern dazu einfach die Tabelle, die wir im Lehrschritt 181 zur Berechnung von $\bar{x}$ angaben, um eine weitere Spalte für $x_k^2 f_k$.

Beachten Sie: Man sollte bei manuellen Berechnungen stets bestrebt sein, so ökonomisch wie möglich vorzugehen, das heißt hier, arithmetisches Mittel und Standardabweichung mit *einer* Tabelle zu bestimmen.

Beispielaufgabe: Merkmal »Fehlerzahl in Rechtschreibung«

Merkmalswert x_k	Häufigkeit f_k	Produkt $x_k f_k$	Produkt $x_k^2 f_k$
Spalte (1)	(2)	(3) = (1) · (2)	(4) = (1) · (3)
3	1	3	9
4	1	4	16
5	2	10	50
6	1	6	36
7	—	0	0
8	2	16	128
9	2	18	162
10	1	10	___
11	2	22	___
12	4	48	___
13	3	39	___
14	1	14	___
Summe	20 = n	190	___ $= \sum_{k=1}^{12} x_k^2 f_k$

Primäre Verteilungstafel — Zur Berechnung von $\bar{x}$ — Zur Berechnung von s

Das arithmetische Mittel hatte sich (im Schritt 181) ergeben zu:

$$\bar{x} = 9{,}5 \text{ Fehler.}$$

Berechnung der Standardabweichung s nach (31a):

$$s = \sqrt{\frac{1}{19}(\underline{\quad} - 20 \cdot \underline{\quad})} \text{ F.}$$

$$s = \sqrt{\frac{1}{19}(\underline{\quad} - \underline{\quad})} \text{ F.}$$

$$s = \sqrt{\frac{1}{19} \underline{\quad}} \text{ F.} = \sqrt{\underline{\quad}} \text{ F.}$$

$$s = \underline{\quad} \text{ Fehler}$$

Ergänzen Sie die Lücken!

Antworten (sinngemäß)

1. Bei großer Variabilität des zu untersuchenden Merkmals.

2. Jedes Element von G gehört nur einer Teilgesamtheit an. In diesen Teilgesamtheiten sind jeweils möglichst homogene Elemente zusammengefaßt.

47

Aus jeder Schicht (Teilgesamtheit) werden unabhängig von der anderen die Elemente für die Stichprobe ermittelt; dabei bedient man sich einer der Auswahltechniken.

Die Zahl der Elemente, die je Schicht erhoben werden, wird vielfach proportional dem Umfang N_j der Schichten T_j angesetzt, so daß sich der **Stichprobenumfang der j-ten Schicht** berechnen läßt aus

$$n_j = \frac{n}{N} \cdot N_j \qquad (j = 1, \ldots, m). \tag{1}$$

Die Schichtung wird auf Grund eines für die Untersuchung wesentlichen Merkmals – des Schichtungsmerkmals – vorgenommen.

Beispiele für Schichtungsmerkmale in der Sozialforschung:

Geschlecht
Alter
Beruf
soziale Herkunft
Schulbildung.

In besonderen Fällen kann es angebracht sein, mehr als ein Schichtungsmerkmal zu berücksichtigen.

In einer zwölfklassigen Oberschule von A-Stadt sollen alle Jungen hinsichtlich ihrer sportlichen Leistung im 100-m-Lauf untersucht werden.

Nach welchem Schichtungsmerkmal würden Sie die Schichtung vornehmen?

Lösung: Wir beginnen zweckmäßigerweise mit der Summe

$$\sum (x_i - \bar{x})^2 = \sum x_i^2 - 2\bar{x}\sum x_i + \sum \bar{x}^2.$$

Es gelten:

$$\sum x_i = n \cdot \bar{x} \quad \text{nach (11), Schritt 180}$$
$$\sum \bar{x}^2 = n \cdot \bar{x}^2 \quad \text{nach (t 1), Schritt T 4.}$$

Eingesetzt ergibt sich

$$\sum (x_i - \bar{x})^2 = \sum x_i^2 - 2n\bar{x}^2 + n \cdot \bar{x}^2 = \sum x_i^2 - n\bar{x}^2;$$

also $\quad s = \sqrt{\dfrac{1}{n-1}\left(\sum x_i^2 - n\bar{x}^2\right)}$ (30b)

Anmerkung:
Sollten Sie nicht zu diesem Ergebnis gelangt sein, so durchdenken Sie bitte die richtige Lösung Zeile für Zeile!

Mit der Beziehung (30b) haben wir eine Berechnungsformel für s gewonnen, die günstig angewandt werden kann

$$s = \sqrt{\frac{1}{n-1}\left(\sum x_i^2 - n\bar{x}^2\right)} \tag{30b}$$

Wir zeigen die Berechnung an dem gleichen Beispiel, das wir schon im vorangehenden Lehrschritt benutzten. Dazu erweitern wir die im Beispiel des Schritts 180 gegebene Urliste um nur eine Spalte.

Vp i	Meßwert x_i (Punkte)	Quadrat x_i^2
1	4	16
2	5	25
3	2	4
4	5	25
5	0	0
6	5	25
7	7	49
8	4	16
9	3	9
Summe	35	169

$\bar{x} = 3{,}89$ Punkte.

Nach (30b) ergibt sich

$$s = \sqrt{\frac{1}{8}\left(169 - 9 \cdot 3{,}89^2\right)} \text{ Pkt.}$$
$$= \sqrt{\frac{1}{8}\left(169 - 136{,}19\right)} \text{ Pkt.}$$
$$= \sqrt{\frac{1}{8} \cdot 32{,}81} \text{ Pkt.} = \sqrt{4{,}10} \text{ Pkt.}$$

$s = 2{,}03$ Punkte

Formel (30b) führt uns also gegenüber (30) mit geringerem Aufwand zum Ziel. Das liegt vor allem daran, daß hier das Bilden der Differenzen »Meßwert minus Mittelwert« entfällt und damit weniger mit Dezimalzahlen gerechnet werden muß.

Berechnen Sie auf einem Arbeitsblatt die Standardabweichung zum Diktatbeispiel. Wir wiederholen die benötigten Daten:

Bei Untersuchungen an Erwachsenen über das Merkmal »Fehlerzahl in Rechtschreibung« ergab sich folgende Urliste: 3, 6, 13, 10, 9, 12, 4, 11, 8, 5, 13, 12, 8, 12, 5, 11, 9, 14, 13, 12 (orthographische Fehler).

Als arithmetisches Mittel ergab sich (im Schritt 181) 9,5 Fehler. Legen Sie ein Berechnungsschema an!

n der Praxis stößt man mitunter auf Schwierigkeiten, wenn die Stichprobe auf direktem Wege aus der Grundgesamtheit gezogen werden soll. Das kann bedingt sein durch das Fehlen von Listen oder Karteien für die Elemente der Grundgesamtheit, zum anderen aber auch dadurch, daß die Grundgesamtheit über ein räumlich sehr großes Gebiet verteilt ist. Dies wäre z. B. bei einer mündlichen Befragung der Bevölkerung eines Staates der Fall.

Hierfür hat man **mehrstufige Auswahlverfahren** entwickelt.

Für eine solche Befragung der Bevölkerung könnte ein Auswahlplan nach einem mehrstufigen Auswahlverfahren folgendermaßen aussehen:

Die Grundgesamtheit wird nach Verwaltungsbezirken (im weiteren kurz Bezirke genannt) aufgeteilt; aus den Bezirken wird eine bestimmte Anzahl zufällig (etwa durch Los) ausgewählt (**1. Stufe**).

Von diesen ausgelosten Bezirken wird je eine bestimmte Zahl von Kreisen zufallsmäßig ermittelt (**2. Stufe**).

Aus diesen Kreisen wiederum wird durch Zufallsauswahl eine bestimmte Anzahl von Gemeinden gezogen (**3. Stufe**). Schließlich wählen wir aus diesen Gemeinden eine bestimmte Anzahl von Personen zufallsmäßig aus (**4. Stufe**).

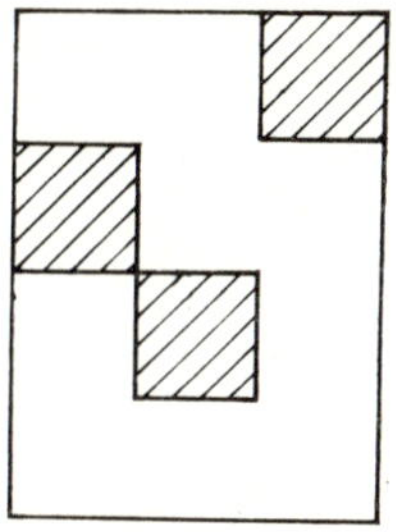

Bild 12

Es liegt ein **vierstufiger Auswahlplan** vor:

1. Stufe: Bezirk	3. Stufe: Gemeinde
2. Stufe: Kreis	4. Stufe: Einzelperson.

Bei der Aufteilung der Auswahlgesamtheiten ist die Forderung zu beachten, daß jede Auswahleinheit nur in *einer* Auswahlgesamtheit vertreten sein darf. Da wir hier auf mehreren Stufen auswählen, ist nur auf der letzten Stufe die Erhebungseinheit gleich der Untersuchungseinheit. Da auf jeder Stufe eine Zufallsauswahl vorgenommen wird, ist der Auswahlfehler berechenbar.

Charakterisieren Sie den Unterschied zwischen der geschichteten und der mehrstufigen Auswahl!

ösung: Die Daten müssen intervallskaliert sein, es muß sich um Meßwerte handeln.

infachste Begründung dafür: Nur für diese kann das arithmetische Mittel berechnet werden, das ja in (29) enthalten ist.

5.1. Standardabweichung

ie Standardabweichung oder mittlere quadratische Abweichung, oft auch einfach s Streuung bezeichnet, ist das in der statistischen Praxis am häufigsten verwendete reuungsmaß. Es wurde 1893 von K. PEARSON eingeführt und setzt intervallskalierte aten, also Meßwerte, voraus.

efinition Unter der **Standardabweichung** s einer Verteilung von n Meßwerten x_i $(i = 1, ..., n)$ verstehen wir die Quadratwurzel aus der durch $(n-1)$ dividierten Summe der Quadrate der Abweichungen der Einzelwerte vom arithmetischen Mittel $\bar{x}$.

$$s = \sqrt{\frac{1}{n-1} \cdot \sum_{i=1}^{n} (x_i - \bar{x})^2} = \sqrt{\frac{SQ}{n-1}} \qquad (30)$$

iese Definition nutzt die Beziehung (16) aus Lehrschritt 189.
ie Standardabweichung ist sehr eng mit der Varianz verknüpft.

efinition

Unter der **Varianz** verstehen wir das Quadrat der Standardabweichung

$$s^2 = \frac{1}{n-1} \cdot \sum_{i=1}^{n} (x_i - \bar{x})^2 = \frac{SQ}{n-1} \qquad (30a)$$

emonstrieren wir eine Möglichkeit der Berechnung der Standardabweichung s an m im Lehrschritt 180 angegebenen Beispiel, indem wir die dort gegebene Urliste n zwei Spalten erweitern.

Beobachtungswerte x_i aus einem psychologischen Test mit 9 Versuchspersonen (Vpn); $\bar{x} = 3,89$ (Punkte).

p	Meßwert x_i (Punkte)	Abweichung $x_i - \bar{x}$	Quadrat $(x_i - \bar{x})^2$
1	4	0,11	0,0121
2	5	1,11	1,2321
3	2	−1,89	3,5721
4	5	1,11	1,2321
5	0	−3,89	15,1321
6	5	1,11	1,2321
7	7	3,11	9,6721
8	4	0,11	0,0121
9	3	−0,89	0,7921
umme	35	0 Kontrolle!	32,8889 ≈ 32,89 = SQ

Wir berechnen die Standardabweichung, indem wir den berechneten Wert für SQ in (30) einsetzen:

$$s = \sqrt{\frac{1}{8} \cdot 32,89} \text{ Pkt.} = \sqrt{4,11} \text{ Pkt.}$$
$$= 2,03 \text{ Punkte.}$$

Versuchen Sie auf Ihrem Arbeitsblatt, Beziehung (30) durch Anwenden der binomischen Formel und einiger Gleichungen umzuformen!

Die richtige Lösung kann etwa so aussehen:

geschichtete Auswahl	mehrstufige Auswahl
einander nebengeordnete Teilgesamtheiten	ineinander geschachtelte Teilgesamtheiten
Teilgesamtheiten in sich weitgehend homogen	Teilgesamtheiten jeder Stufe heterogen (ungleichartig). Sie enthalten die gesamte Palette der Merkmalswerte.

Diese Aufgabe war nicht leicht.

Verzagen Sie nicht, wenn Sie die Antwort nicht so oder nicht vollständig gefunden haben! Wir geben Ihnen noch eine Zusatzinformation.

Bild 11 im Lehrschritt **46** veranschaulichte die Aufteilung der Grundgesamtheit G beim geschichteten Auswahlverfahren.
Bild 13 soll die Aufteilung der Grundgesamtheit G beim mehrstufigen Auswahlverfahren verdeutlichen.

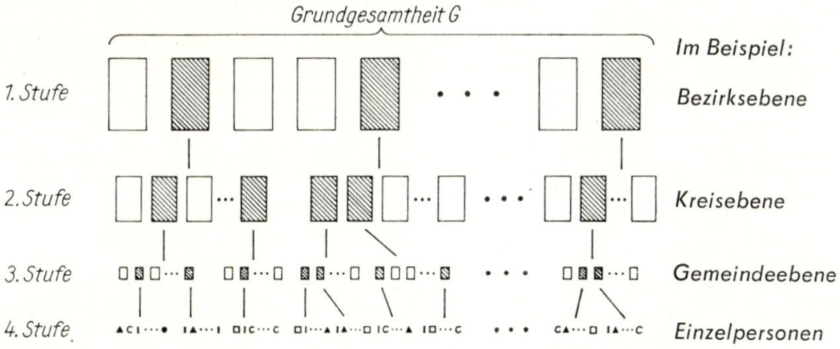

Bild 13

stellen wir wesentliche Unterschiede in der Zusammensetzung der Teilgesamtheiten beim geschichteten und beim mehrstufigen Auswahlverfahren noch einmal gegenüber:

geschichtete Auswahl	mehrstufige Auswahl
Schicht in sich homogen	Alle Teilgesamtheiten auf jeder Stufe in sich inhomogen (Sie repräsentieren jeweils die gesamte Variabilität)
Schichten untereinander inhomogen	Teilgesamtheiten auf den Stufen untereinander homogen

Ein Filialleiter erhält 200 Sack Kartoffeln. Wie wird er sich davon überzeugen, ob die Ware in Ordnung ist?

Richtiges Ergebnis: $x_{max} = 36$ mm; $x_{min} = 29$ mm

Variationsweite $w = (36 - 29)$ mm $= 7$ mm.

Anmerkung: Haben Sie auch nicht vergessen, die Maßeinheit anzugeben?

Im Gegensatz zur Variationsweite erweisen sich die Streuungsmaße als geeigneter, zu deren Berechnung Bezug auf den Mittelwert der Verteilung genommen wird.

So könnte man bei intervallskalierten Daten daran denken, die Streuung als Summe der Abstände der Einzelwerte vom arithmetischen Mittel der Verteilung auszudrücken, also durch $\sum\limits_{i=1}^{n} (x_i - \bar{x})$.

Wie Sie sich erinnern werden (1. Eigenschaft des arithmetischen Mittels, Lehrschritt 189), ist diese Summe der Abweichungen der Meßwerte von ihrem arithmetischen Mittel

stets Null $\sum\limits_{i=1}^{n} (x_i - \bar{x}) = 0.$ \hfill (15)

Folglich ist diese Summe als Streuungsmaß überhaupt nicht zu verwenden. Sucht man nach Auswegen aus dieser Klemme, so bieten sich zwei Möglichkeiten an:

1. Möglichkeit: **Wir nehmen die Absolutbeträge der Abweichungen $(x_i - \overline{x})$,** lassen also die Vorzeichen der Differenzen außer Betracht.

Da $\sum\limits_{i=1}^{n} |x_i - \bar{x}|$ vom Umfang n der Stichprobe stark beeinflußt wird, dividieren wir diesen Ausdruck durch n und erhalten mit

$$\bar{d} = \frac{1}{n} \cdot \sum\limits_{i=1}^{n} |x_i - \bar{x}|$$ \hfill (29)

die mittlere Abweichung (auch: durchschnittliche Abweichung). In der statistischen Praxis hat dieses Streuungsmaß nur geringe Bedeutung.

2. Möglichkeit: **Wir quadrieren die Abweichungen $(x_i - \overline{x})$.**

$\sum\limits_{i=1}^{n} (x_i - \bar{x})^2$ führt ebenfalls zur Beseitigung der negativen Vorzeichen und bringt außerdem folgenden Vorteil: Das Quadrieren macht kleine Werte noch kleiner, große Werte dagegen noch größer.

Das heißt: Geringe Abweichungen der Meßwerte x_i vom arithmetischen Mittel $\bar{x}$ werden durch das Quadrieren noch kleiner [aus $x_i - \bar{x} = 0{,}1$ wird z. B. $(x_i - \bar{x})^2 = 0{,}01$] und beeinflussen das Streuungsmaß minimal. Andererseits werden größere Abweichungen (> 1) durch das Quadrieren größer und beeinflussen das Streuungsmaß demzufolge in stärkerem Grade.

Gerade das verlangen wir von einem guten Streuungsmaß.

Die 2. Möglichkeit führt auf die Standardabweichung. Sie ist das geeignetste Streuungsmaß, über das wir verfügen. Im folgenden Lehrschritt gehen wir näher darauf ein.

Welche Voraussetzung muß an Daten gestellt werden, für die $\bar{d}$ berechnet werden soll?

Lösung:

Er wird das zweistufige Auswahlverfahren anwenden.

Er wird eine Anzahl Säcke herausgreifen (1. Stufe) und dann aus diesen Säcken jeweils eine Anzahl Kartoffeln (2. Stufe).

Als letztes Stichprobenverfahren erwähnen wir das Klumpenauswahlverfahren.

50

Es ist ein spezielles mehrstufiges Auswahlverfahren, bei dem auf der letzten Stufe eine **Vollerhebung** (Einbeziehung *aller* Elemente) vorgenommen wird.

▶ Die auf der vorletzten Stufe entstandenen Auswahlgesamtheiten werden **Klumpen** genannt.

● In unserem in den Schritten **48** und **49** aufgeführten Beispiel bilden die Gemeinden die Klumpen. Von den *ausgewählten* Gemeinden sind *alle* Personen in die Untersuchung einzubeziehen.

Das Klumpenauswahlverfahren bietet sich immer dann an, wenn die Klumpen sachlich bereits gegeben sind, etwa mit Arbeitskollektiven, Seminargruppen, Schulklassen usw.

Um den allgemeinen Gesundheitszustand des Rinderbestandes eines Landes zu untersuchen, hat man sich für das Klumpenauswahlverfahren entschieden.
Man wählt zufallsmäßig eine Reihe von Gemeinden und in diesen wiederum zufallsmäßig einige landwirtschaftliche Betriebe aus und untersucht dann deren Rinder.

Frage: Hat man bei der Klumpenauswahl *alle* Rinder der ausgewählten Betriebe zu untersuchen?

Antwort: Ja / Nein.

Bei den Streuungsmaßen geht es darum, die Positionen der Einzelwerte in der Verteilung durch eine Zahl zu kennzeichnen.

Als einfachstes Streuungsmaß lernten wir bereits im Schritt 122 die Variationsweite w (auch Variationsbreite oder Spannweite genannt) kennen. Sie stellt die Differenz dar zwischen größtem und kleinstem Einzelwert der primären Verteilungstafel und gibt die Verteilungsbreite an.

$$w = x_{max} - x_{min}$$ (4)

● Beispiel »Vergleichsarbeit Physik«: Hier sind die entsprechenden Werte:
$x_{max} = 22$ Punkte; $x_{min} = 4$ Punkte
Infolgedessen: $w = (22 - 4)$ Punkte $= 18$ Punkte

Beachten Sie, daß w als Streuungsmaß im allgemeinen ungeeignet ist. Besonders bei größerem Umfang der Stichprobe sind die Aufschlüsse, die w über die Streuungsverhältnisse gibt, gering.

Ausnahme: In bestimmten Fällen können allerdings gerade die extremen Werte interessieren. Das Institut für Warenkunde der Karl-Marx-Universität Leipzig führt seit 1959 Untersuchungen über die Beanspruchungen durch, denen Industrieerzeugnisse bei Transport und Lagerung in anderen (insbesondere tropischen) Ländern ausgesetzt sind. Wichtig ist hier, die Variationsweite z.B. für die Temperatur während Transport und Lagerung zu ermitteln.

Ermitteln Sie die Variationsweite der Verteilung, die im Beispiel des Lehrschritts 123 angegeben ist (Stichprobe aus einer Fertigung mit 91 Meßwerten)!

Ihre Lösung: _____

_____

Richtige Antwort: Ja.

Bei der Klumpenauswahl hat man auf der letzten Stufe *alle Elemente* der ausgewählten Teilgesamtheiten zu untersuchen.

Neben den Auswahlverfahren, die auf der Zufallsauswahl basieren, gibt es Auswahlverfahren nach Gutdünken.

51

Wir nennen ● das **gezielte Auswahlverfahren**

und ● das **Quotenauswahlverfahren.**

Beim **gezielten Auswahlverfahren** versucht man auf Grund einer (wirklich oder angeblich vorhandenen) Kenntnis über die Grundgesamtheit für diese »typische Elemente« auszuwählen, um so ein verkleinertes Modell der Grundgesamtheit zu erhalten. Es bleibt also dem Untersucher überlassen, welche Elemente er in die Stichprobe aufnimmt.

Beim **Quotenauswahlverfahren** werden an Hand der bekannten Zusammensetzung der Grundgesamtheit hinsichtlich bestimmter wesentlicher Merkmale Anteile (Quoten) berechnet, ähnlich wie bei der Berechnung der Stichprobenumfänge in den Schichten beim geschichteten Auswahlverfahren. Welche Elemente der Untersucher auswählt, bleibt auch hier ihm überlassen, er richtet sich *nicht* nach einem Auswahlplan.

In beiden Fällen hat der Untersucher weitgehende Freizügigkeit in der Auswahl der Elemente, so daß keine Gewähr dafür gegeben ist, daß man eine repräsentative Stichprobe erhält. Eine Berechnung des Stichprobenfehlers ist nicht möglich.

Bei wissenschaftlichen Untersuchungen sollte man auf ein Auswahlverfahren nach Gutdünken verzichten und sich möglichst einer Zufallsauswahl bedienen.

Für Oberbekleidung soll eine Bedarfsanalyse gemacht werden. Dazu führt man eine Befragung durch.
Jedem der 20 Interviewer wird mitgeteilt, er habe 50 Personen zu befragen, 26 männliche und 24 weibliche.

Frage: Liegt hier vor

A. das geschichtete Auswahlverfahren
B. das Klumpenauswahlverfahren
C. das Quotenauswahlverfahren?

Antwort: _____

(A, B oder C)

117

3.5. Streuungsmaße

Mit den Mittelwerten lernten wir eine erste Möglichkeit der Charakterisierung von Verteilungen durch eine Maßzahl kennen. Sie gestattet eine Aussage über die *Lage der zentralen Tendenz* der Verteilung.

Dies reicht aber bei weitem nicht aus. So können Verteilungen den gleichen Mittelwert aufweisen, in ihrer **Form** jedoch stark voneinander abweichen.

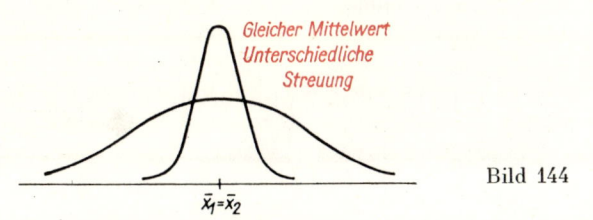

Bild 144

Bild 144 zeigt dies für zwei Verteilungen in deutlicher Weise.

●   Bezüglich der Vergleichsarbeit Physik kann eine andere Klasse die gleiche Durchschnittspunktzahl aufweisen wie die Klasse 11 B, wobei jedoch die erzielten Punktwerte viel stärker (oder viel weniger stark) um den Mittelwert konzentriert sein können als in unserer Klasse.

Als weiteres wesentliches Charakteristikum einer Verteilung tritt also ihre Variabilität auf, das heißt die Streuung ihrer Einzelwerte um den Mittelwert.

Um diese Variabilität zu kennzeichnen, werden Streuungsmaße verwendet.

Wir unterscheiden:

       die Variationsweite

       die mittlere Abweichung

       die mittlere quadratische Abweichung oder Standardabweichung

       den Quartilabstand.

Dabei erweist sich die Standardabweichung als wichtigstes Streuungsmaß.

❗ Entscheiden Sie:

     Ich will das Lehrprogramm Schritt für Schritt weiter bearbeiten.

                                                ⟶ **213**

     Ich kenne bereits die Standardabweichung und Möglichkeiten ihrer Berechnung und möchte mich dem Quartilabstand zuwenden.

                                                ⟶ **237**

Ihre Antwort:

A	B	C
Ihre Antwort ist falsch.	Falsch!	Richtig!
Das geschichtete Auswahlverfahren setzt voraus, daß die Elemente aus den Schichten nach einer bestimmten Technik *zufallsmäßig* ausgewählt werden. Es muß also ein *Auswahlplan* vorliegen, der auf ganz bestimmte Personen führt. Es darf beim geschichteten Auswahlverfahren nicht dem Belieben des Interviewers überlassen sein, welche Personen er auswählt.	Es liegen hier keine Klumpen vor. Es liegt das Quotenauswahlverfahren vor! **!** Lesen Sie unter C.	Weil ihm gesagt wird, er habe 50 Personen zu befragen, ohne daß ihm ein *Auswahlplan* gegeben wird, kann hier nur eine Auswahl nach Gutdünken vorliegen. Innerhalb der Quoten (Anteile von Männern und Frauen) bleibt es dem Belieben des Untersuchers überlassen, wen er in die Stichprobe aufnimmt.

Wir haben oft vom Umfang einer Stichprobe gesprochen. Sie werden sich schon gefragt haben, wie groß denn der Umfang einer Stichprobe zu wählen ist, damit noch verläßliche Schlüsse auf die Grundgesamtheit gezogen werden können. In die Berechnung des Umfanges n einer Stichprobe gehen Größen ein, die wir erst später behandeln werden. Es sind: Mittelwert, Streuung, Irrtumswahrscheinlichkeit α, Genauigkeitsgrad (Stichprobenfehler) e. Neben diesen Größen ist der Umfang N der Grundgesamtheit von Bedeutung.

Auf **Seite 31** des Beiheftes geben wir die Tafel II an, aus der Sie die Stichprobenumfänge entnehmen können. Sie ist berechnet für den homograden Fall (Merkmal wird durch Prozentangaben ausgewiesen) bei $\alpha = 0{,}05$.

● Für $N = \infty$ (unendliche Grundgesamtheit), $e = \pm\,2{,}5\%$ und $p = q = 50\%$ ergibt sich aus Tafel II ein zu wählender Stichprobenumfang von $n = 1537$.

Auf die Bedeutung der Größen α (Irrtumswahrscheinlichkeit) und e (Stichprobenfehler) werden wir später zurückkommen. Die Tafel II können Sie aber für viele Fälle unbeschadet anwenden.

In der statistischen Qualitätskontrolle verwendet man spezielle **Prüfpläne**, auf die hier nicht näher eingegangen werden soll. Wir verweisen in diesem Zusammenhang auf Spezialliteratur.

52

! Schlagen Sie **Seite 8** des **Beiheftes** auf, und arbeiten Sie die Zusammenfassung von 1.4. durch!

Lösung:

Klasse (cm)	Häufigkeit	
	f_k	cf_k
140 b. u. 150	1	1
150 b. u. 160	4	5
160 b. u. 170	13	18
170 b. u. 180	16	34
180 b. u. 190	5	39
190 u. darüber	2	41

Berechnung von q_1: $\frac{n}{4} = 10{,}25 \rightarrow x_{\text{ug}} = 160$

$$cf_{\text{u}} = 5$$
$$f_{q1} = 13$$

Eingriffsp. für q_1

Eingriffsp. für q_3

$$q_1 = 160 + 10 \cdot \frac{10{,}25 - 5}{13} = 160 + \frac{52{,}5}{13}$$

$$q_1 = 164{,}04 \text{ cm}$$

Berechnung von q_3: $\frac{3n}{4} = 30{,}75 \rightarrow x_{\text{ug}} = 170$

$$cf_{\text{u}} = 18$$
$$f_{q3} = 16$$

! Vergleichen Sie diese Lösungswege und Resultate sorgfältig mit den Ihren!

$$q_3 = 170 + 10 \cdot \frac{30{,}75 - 18}{16} = 170 + \frac{127{,}5}{16}$$

$$q_3 = 177{,}96 \text{ cm}$$

Statt von den absoluten Häufigkeiten f_k und cf_k können wir bei der Berechnung der Quantile natürlich auch von den *relativen* $\frac{f_k}{n}$ und $\frac{cf_k}{n}$ ausgehen. Dem ist für $k > 4$ sogar der Vorzug zu geben, weil der Eingriffsspielraum der einzelnen Quantile dann schneller erkannt werden kann.

In die betreffende Berechnungsformel sind dann die entsprechenden relativen Werte einzusetzen.

● Für den Fall $k = 10$ z. B. würde an Stelle von $\frac{n}{10}$ dann $10\% = 0{,}10$ einzusetzen sein, und die Formel für das **1.** (von neun) **Dezentilen** würde lauten:

$$d_1 = x_{\text{ug}} + b \cdot \frac{\dfrac{1}{10} - \dfrac{cf_{\text{u}}}{n}}{\dfrac{f_{d1}}{n}} \tag{28}$$

Beim **2.** Dezentil d_2 ist statt $\frac{1}{10}$ einfach $\frac{2}{10}$ zu setzen usw.

Die Berechnung der Quantile ist besonders bei stark asymmetrischen Verteilungen zu empfehlen.

Die Quantile $k \geqq 4$ (k gerade) können sowohl zur Angabe der zentralen Tendenz als auch gleichzeitig zur Kennzeichnung der Variabilität herangezogen werden.

Die Dezentile lassen z. B. eine Aussage darüber zu, in welchem Bereich um den Median 20%, 40%, 60%, 80% oder 100% aller Werte liegen.

Diese Möglichkeit wird zuweilen in der Praxis weit unterschätzt.

! Arbeiten Sie die Zusammenfassung zu 3.4. durch!

————————→ **Beiheft, Seite 26**

53

1.5.   Datenerfassung und **Datenträger**

Die Datenerfassung ist Voraussetzung für jede wissenschaftlich empirische Forschung. Durch sie werden die zur Auswertung benötigten Informationen bereitgestellt. Im allgemeinen kann es sich sowohl um numerische Daten (Zahlen) als auch um Alpha-Daten (Buchstaben, Sonderzeichen) handeln.

▶   Die **Datenerfassung** dient der Gewinnung von Informationen in Form von Zeichen (Zahlen, Buchstaben, Sonderzeichen) zur späteren Auswertung.

Die Datenerfassung kann von Menschen vorgenommen werden, aber auch automatisch durch geeignete Instrumente erfolgen.

● a) manuell: tägliches Ablesen und Notieren der Luftfeuchtigkeit

b) automatisch: Hydrograph

Welche Art der Zeichen (Buchstaben, Sonderzeichen oder Zahlen) ist für die Statistik am wichtigsten?

Zahl

Richtige Ablesung: $q_3 = $ 15,5 Punkte.

Das 2. Quartil ist also nichts anderes als der Median Z. Daraus wird verständlich, daß die Formeln zur Berechnung der Quartile von ganz ähnlicher Struktur sind wie die Medianformel (18), die wir im Lehrschritt 196 angaben.

Nur gilt es jetzt zu beachten, daß der

Eingriffsspielraum für q_1 die Klasse ist, in die der **25%-Wert**, der $\left(\dfrac{n}{4}\right)$-te Wert, der Verteilung fällt,

Eingriffsspielraum für q_3 diejenige Klasse ist, die den **75%-Wert** enthält.

Infolgedessen ist in (18) $\dfrac{n}{2}$ durch $\dfrac{n}{4}$ bzw. $\dfrac{3n}{4}$ zu ersetzen und f_Z durch f_{q1} bzw. f_{q3}.

Die Formeln lauten

für das 1. Quartil:

$$q_1 = x_{ug} + b\, \frac{\dfrac{n}{4} - cf_u}{f_{q1}} \qquad (26)$$

für das 3. Quartil:

$$q_3 = x_{ug} + b\, \frac{\dfrac{3n}{4} - cf_u}{f_{q3}} \qquad (27)$$

Dabei ist x_{ug} die exakte untere Klassengrenze des *jeweiligen* Eingriffsspielraums.

Berechnung des 1. und 3. Quartils für das Merkmal »Leistungsstand in Physik« aus der sekundären Verteilungstafel ($b = 3$).

Klasse (Punkte)	Häufigkeit f_k	cf_k
4 bis 6	4	$4 = cf_u$ für q_1
7 bis 9	$4 = f_{q1}$	8
10 bis 12	6	$14 = cf_u$ für q_3
13 bis 15	$10 = f_{q3}$	24
16 bis 18	5	29
19 bis 21	2	31
22 bis 24	1	32
	$32 = n$	

für q_1 →   Eingriffsspielraum   für q_3 →

Für q_1 gilt:

$$\frac{n}{4} = 8 \rightarrow x_{ug} = 6,5$$
$$cf_u = 4$$
$$f_{q1} = 4.$$

Für q_3 gilt:

$$\frac{3n}{4} = 24 \rightarrow x_{ug} = 12,5$$
$$cf_u = 14$$
$$f_{q3} = 10.$$

Berechnung von q_1:

$$q_1 = 6,5 + 3 \cdot \frac{8-4}{4} = 6,5 + 3$$
$$= 9,5 \text{ Punkte}$$

Berechnung von q_3:

$$q_3 = 12,5 + 3 \cdot \frac{24-14}{10} = 12,5 + 3$$
$$= 15,5 \text{ Punkte}$$

Wir finden die aus Bild 143 abgelesenen Werte für q_1 und q_3 bestätigt. Ein Vergleich des zeichnerisch gefundenen Medians $q_2 = Z = 13,1$ Punkte mit dem im Lehrschritt 196 berechneten Wert zeigt ebenfalls volle Übereinstimmung.

Berechnen Sie q_1 und q_3 für folgende Verteilung:

Klasse (cm)	Häufigkeit f_k	cf_k
140 b. u. 150	1	
150 b. u. 160	4	
160 b. u. 170	13	
170 b. u. 180	16	
180 b. u. 190	5	
190 u. darüber	2	

Antwort: Zahlen

Anmerkung: Wenn wir im folgenden von Daten sprechen, dann denken wir — wie in unserer Definition (Schritt 25) vereinbart — an Zahlen, denn Buchstaben spielen in der statistischen Auswertung eine untergeordnete Rolle.

Im Ergebnis der Datenerfassung entsteht ein Datenträger, der die gewonnenen Informationen in irgendeiner Form speichert.

54

Datenträger sind Mittel zum Festhalten von Daten für eine spätere Auswertung. Als Symbol verwendet man ⟋⟋

Wir unterscheiden Primärdatenträger ⟋ P ⟋

von Sekundärdatenträgern ⟋ S ⟋

Primärdatenträger sind im allgemeinen *nicht-maschinenlesbare* Datenträger, die im Verlauf und als Ergebnis eines Versuches (im weitesten Sinne) anfallen.

Handschriftlicher Beleg

Versuchsprotokoll

Arbeitsleistungsnachweis

Diese Daten werden Urdaten oder Originaldaten genannt, der Datenträger als **Urbeleg** bezeichnet.
Form und Material können beim Primärdatenträger beliebig sein; seine Weiterverarbeitung erfolgt gewöhnlich manuell.

Frage: Sind a) ein Kassenzettel, b) eine Zahlkarte und c) eine Zusammenstellung von Zeichen auf einer Wandtafel Primärdatenträger?

Ihre Antwort:

a) j, b) j, c) j.   ┐/tui

Begründung:

123

.4.   Quantile

ls weitere statistische Maßzahlen, die zur Charakterisierung von Häufigkeitsvertei-
ungen dienen können, lernen wir die Quantile kennen.

Definition

Als k-Quantile bezeichnen wir die $k-1$ Zahlen, die die Beobachtungswerte einer geordneten Stichprobe so in k Teile zerlegen, daß jeder Teil
$1/k$ der Werte enthält.

us den verschiedenen möglichen Quantilen sind einige besonders hervorzuheben:

$k = 2$ **Median oder Zentralwert**
Dieser teilt den Variationsbereich in $k = 2$ Abschnitte; jeder enthält 50% aller Werte.

$k = 4$ **Quartile**
Es gibt $k - 1 = 3$ Quartile; diese teilen den Variationsbereich
in $k = 4$ Abschnitte, jeder davon enthält 25% aller Werte.

$k = 10$ **Dezentile**
Es gibt $k - 1 = 9$ Dezentile; diese teilen den Variationsbereich
in $k = 10$ Abschnitte mit jeweils 10% der Werte.

$k = 100$ **Prozentile** (auch: Perzentile)
Es gibt $k - 1 = 99$ Prozentile, die den Variationsbereich in
$k = 100$ Abschnitte unterteilen. Jeder davon enthält 1% aller
Werte.

Die Bestimmung der Quantile erfolgt ganz analog dem Vorgehen beim Median, das
vir aus den Lehrschritten 196 und 199 kennen.

Vir greifen die **Quartile** heraus und ermitteln deren Wert zunächst *zeichnerisch*. Dabei
st stets von der Summenkurve auszugehen.

Merkmal »Leistungsstand in Physik«, Kl. 11 B, Pestalozzi-OS Dresden

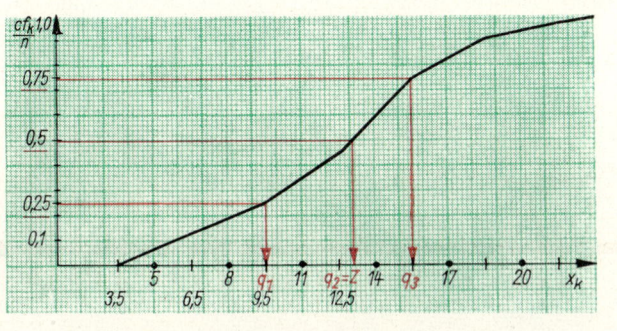

Bild 143

Vie gehen wir dabei vor? Auf der Ordinatenachse teilen wir das Intervall 0 bis 1
bei relativen kumulierten Häufigkeiten) bzw. 0 bis n (bei absoluten kumulierten
Häufigkeiten) in $k = 4$ gleiche Teile. Durch die erhaltenen Marken (für 25%, 50%
nd 75%) ziehen wir Parallelen zur Merkmalsachse bis zum Schnitt mit der Summen-
urve. Von diesem Schnittpunkt aus fällen wir Lote auf die Merkmalsachse, an deren
'ußpunkten wir die drei Quartile ablesen können. Wir entnehmen dem Bild 143 die
Verte: $q_1 = 9,5$ Punkte; $q_2 = Z = 13,1$ Punkte; $q_3 = $ _____ .

Lesen Sie das 3. Quartil ab, und tragen Sie den Wert ein!

ntwort: a), b) und c) Ja.

Begründung: Dies alles sind Mittel zum Festhalten von Daten; ihre Weiterverarbeitung erfolgt nicht maschinell, sondern bedarf der Hilfe des Menschen.

Ein spezieller Primärdatenträger ist die Kerbkarte (auch: Kerblochkarte). Sie ist ein standardisiertes Stück Karton unterschiedlicher Größe (K 4, K 5 oder K 6) und trägt an den vier Rändern je zwei Lochreihen (s. Bild 14).

55

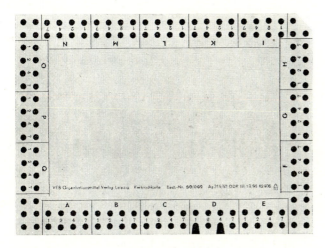

Bild 14   Kerbkarte des Formats K 6

Die Daten werden im Klartext auf die Karte gegeben, dabei können Vorder- und Rückseite Verwendung finden. In gewissen Fällen ist es vorteilhaft, Kerbkarten mit einem der Untersuchung entsprechenden Aufdruck herstellen zu lassen.
Allgemein werden auf der Kerbkarte den zu untersuchenden Merkmalen ganz bestimmte Lochfelder zugeordnet; den Merkmalsausprägungen entsprechen nach einem anzufertigenden »Schlüssel« bestimmte Lochkombinationen.
Die vorliegenden Informationen werden auf der Karte gespeichert, indem man die zutreffende Lochkombination mit einer Kerbzange nach dem Rande hin öffnet. Der hauptsächliche Vorteil der Kerbkarte gegenüber den anderen Primärdatenträgern liegt darin, daß sie unmittelbar als Urbeleg verwendet werden kann und zugleich eine rationelle Aufbereitung gestattet.
Für ein eingehendes Studium des Arbeitens mit der Kerbkarte ist zu empfehlen: CLAUSS, F. 1968; SCHÜTZ, H. 1964.

Wieviel einander ausschließende Lochkombinationen lassen sich auf der Kerbkarte in einem Lochfeld mit 8 Löchern (z. B. in D, E oder M) unterbringen:

A. 4   oder   B. 8   oder   C. mehr als 8?

Ja, denn z. B. bei bimodalen Verteilungen darf nur D berechnet werden.

Sie haben gelernt, daß die Wahl des richtigen Mittelwerts für eine empirische Häufig-keitsverteilung insbesondere von der Datenart und von den Besonderheiten der Ver-eilungsform abhängt.

208

Um Ihnen den Entscheid für den (die) richtigen Mittelwert(e) zu erleichtern, geben wir Ihnen folgendes Flußdiagramm:

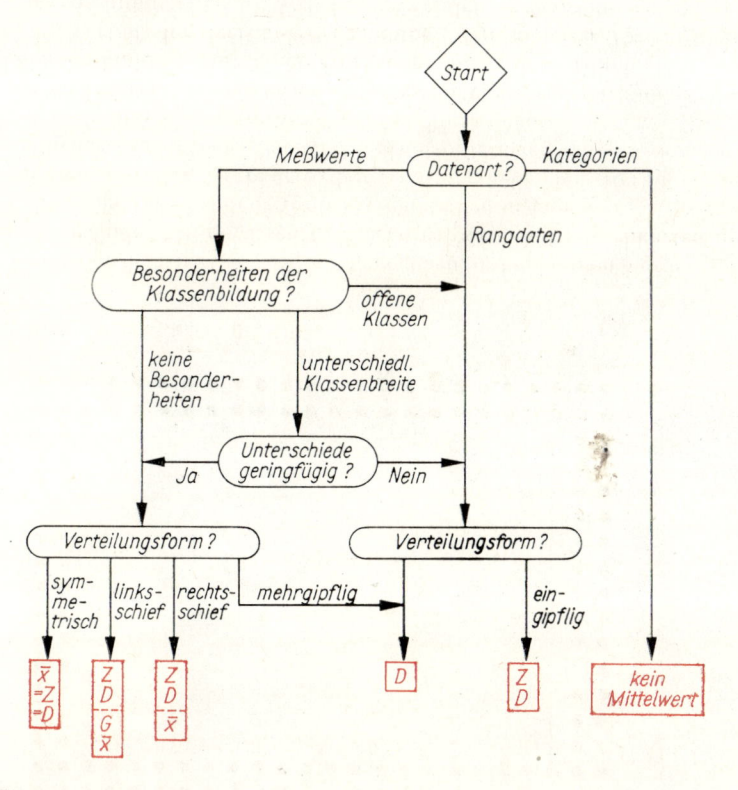

Anmerkung:

Die jeweils untereinanderstehenden Mittelwerte können angewandt werden, wobei die unter der gestrichelten Linie stehenden weniger zu empfehlen sind. Unter den geeigneten Mittel-werten entscheidet letzten Endes der Sachverhalt für den besten.

Die Berechnung von G erfordert außer den aus dem Flußdiagramm hervorgehenden Bedin-gungen das Zugrundeliegen einer Ratioskala.

Schlagen Sie **Seite 22** des **Beihefts** auf, und bearbeiten Sie die Zusammen-fassung von 3.3.

Lösung: Richtig ist C.

Zusatzinformation: Beim additiven Schlüssel sind genau 10 einander ausschließende Kombinationen möglich, und zwar 4 Tiefkerbungen für die Ziffern 1, 2, 4 und 7 und $\binom{4}{2} = 6$ Zweierkombinationen von Flachkerbungen für 3 (1 + 2), 5 (1 + 4), 6 (2 + 4). 8 (1 + 7), 9 (2 + 7) und 0 (4 + 7).
In Bild 14 ist als Beispiel im Feld D die Ziffer 5 gekerbt.

Die andere Art von Datenträgern sind die Sekundärdatenträger. Hierbei handelt es sich um Datenträger, die maschinell verarbeitet werden können. Man spricht deshalb auch von *maschinenlesbaren* Datenträgern.

56

● Lochkarte
  Lochband (oder Lochstreifen)
  Magnetband
  Magnetplatte.

Da die Datenverarbeitung für die statistische Auswertung von entscheidender Bedeutung ist, wollen wir uns einzelne Datenträger etwas genauer ansehen, können aber dabei nur auf einige wesentliche Punkte Bezug nehmen.
Der am weitesten verbreitete Sekundärdatenträger ist die Lochkarte. Meist wird die 80spaltige Hollerithlochkarte verwendet. Auf dieser kann pro Spalte ein Zeichen gespeichert werden. Die Zeichen werden dabei mittels genau festgelegter Lochkombination codiert (verschlüsselt).
Schauen wir uns den Lochcode an, wie er allgemein üblich ist (z. B. ESER, IBM, CDC)!

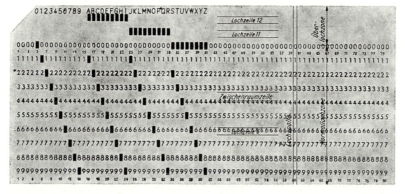

Bild 15   Dicke der Lochkarte 0,178 mm

Die Zeilen 0 bis 9 stellen die Normallochzone dar; die beiden unbeschrifteten Zeilen – Zeile 11 und 12 – bezeichnet man als Überlochzone.

1. Überlegen Sie! Welcher Unterschied besteht zwischen der Darstellung von Zahlen und Buchstaben im obigen Code?

2. Geben Sie auf dem rechten Teil der Lochkarte (Bild 15 ab Spalte 72) das Wort »Statistik« in codierter Form an!

127

Ihre Antwort:

Ja	**Nein**
Ihre Antwort ist falsch!	Ihre Antwort ist richtig!

Richtige Begründung: $\bar{x} > Z$ gilt nur für linksschiefe Verteilungen.

Die vorstehende Aufgabe führt uns zum Problem der Ordnungsrelationen zwischen den Mittelwerten. Es gelten folgende Beziehungen zwischen arithmetischem Mittel $\bar{x}$, Median Z und Dichtemittel D:

207

Für *linksschiefe* Verteilungen

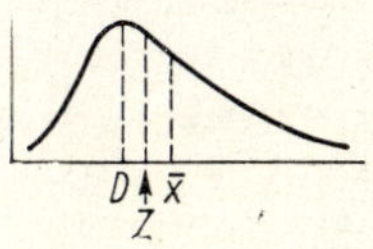

Bild 140

$$\boxed{\bar{x} > Z > D} \qquad (22)$$

für *rechtsschiefe* Verteilungen

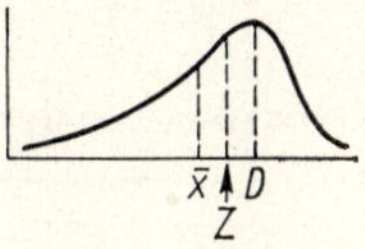

Bild 141

$$\boxed{\bar{x} < Z < D} \qquad (23)$$

und für *symmetrische* Verteilungen

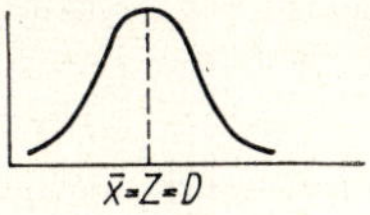

Bild 142

$$\boxed{\bar{x} = Z = D} \qquad (24)$$

Diese Relationen lassen sich allgemein beweisen. Wir beschränken uns hier auf die Bestätigung einer Beziehung an einem Beispiel.

Merkmal »Leistungsstand in Physik« der 11B.
Wir erhielten – ausgehend von der sekundären Verteilungstafel –

$\bar{x} = 12{,}69$ Punkte (aus Schritt 186)
$Z = 13{,}1$ Punkte (Schritt 196)
$D = 13{,}83$ Punkte (Schritt 201).

Wegen $\bar{x} < Z < D$ liegt hier eine leicht rechtsschiefe Verteilung vor.

Das kann als unbedeutend angesehen werden, weil wir bereits im Schritt 145 nachgewiesen hatten, daß bei dieser Stichprobe annähernd eine Normalverteilung vorliegt.

Beim Vergleich des arithmetischen mit dem geometrischen Mittel ergibt sich

$$\boxed{\bar{x} > G} \qquad (25)$$

unter den Voraussetzungen: nicht alle x_i sind gleich und $x_i > 0$.

Frage: Hat neben der Datenart auch die Verteilungsform einen Einfluß auf die Wahl des geeigneten Mittelwerts?

Ihre Antwort: _____

Lösungen: Zu 1. (Sinngemäß):

Ziffern werden durch eine einzige Lochung
in der entsprechenden Zeile dargestellt;

Buchstaben durch eine Kombination zweier
Lochungen.

Zu 2.

Bild 16

57

ür spezielle Verwendungszwecke wird die Einteilung der Lochkarte in **Lochfelder**
orgedruckt. Solche Lochkarten werden als Vordruck- oder Normallochkarten im Ge-
ensatz zu den Ziffernlochkarten (Bild 15) bezeichnet.

Beispiel für Normallochkarte:

Bild 17

Die Verwendung von Lochkarten lohnt immer dann, wenn große Datenmengen auftreten, die maschinell ausgewertet werden sollen. Die Lochungen werden mit einer
speziellen Maschine – dem Locher– in die Lochkarte gestanzt und anschließend mit
einem anderen Gerät – dem **Prüfer** – hinsichtlich ihrer Richtigkeit kontrolliert.

Bild 18
Magnetlocher

ieser einfache Locher ist für das Lochen der Ziffern 0 bis 9 und der Steuerlöcher 11
nd 12 (auch in Kombination mit 0 bis 9) verwendbar. Für das Lochen von Alpha-
aten (Buchstaben, Sonderzeichen) benutzt man zweckmäßigerweise Motorlocher.

Beantworten Sie folgende Fragen:
1. Wieviel Zeilen und wieviel Spalten gibt es auf der Lochkarte?
Antwort: _____
2. Lassen sich die Informationen auf einer Lochkarte verändern?
Antwort: Ja/Nein

sung : **Einen Mittelwert hierfür zu berechnen ist sinnlos, denn es liegen Kategorien vor, für die sich prinzipiell kein Mittelwert angeben läßt.**

---

er wichtigste und für zahlreiche Aufgaben geeignete Mittelwert ist das arithmetische
ittel $\bar{x}$.

m kommen insbesondere folgende Vorzüge zu:

> Er ist der beste Mittelwert für normale und annähernd normale Vertei-
> lungen.
>
> $\bar{x}$ ist – bei ausreichend großem n – ein zuverlässiger Schätzwert für den
> Parameter μ der Grundgesamtheit.
>
> Die Berechnung ist nicht kompliziert.
>
> In diesen Kennwert gehen alle Einzelwerte ein.
>
> Die Summe der Abweichungen aller Einzelwerte vom arithmetischen
> Mittel ist stets gleich Null.

iese letztgenannte Eigenschaft des **arithmetischen Mittels** wird im physikalischen
nne als Schwerpunkteigenschaft gedeutet.

us Bild 139 geht augenscheinlich hervor, daß sich die Einzelwerte im »Gleichgewicht«
efinden, wenn man den Unterstützungspunkt der »Waage« am arithmetischen Mittel
bringt.

$$\bar{x} = \frac{39}{6} = 6{,}5$$

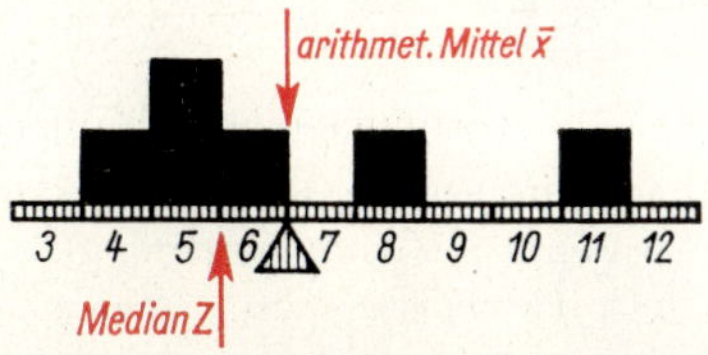

$$Z = 5{,}5$$

Bild 139

emgegenüber ist für den **Median** die Halbierungseigenschaft gegeben, 50% der Fälle
gen unterhalb, 50% oberhalb von Z.

Bild 139 und die danebenstehende Rechnung zeigen $\bar{x} > Z$.
Frage: Gilt das für jede Häufigkeitsverteilung?

Ihre Antwort: Ja / Nein

Gründe für Ihre Antwort: _____

Richtige Antworten:

Zu 1.   10 Zeilen in der Normallochzone, 2 in der Überlochzone; 80 Spalten (meist) oder: 12 Zeilen; 80 Spalten.

Hinweis: Es gibt allerdings auch 45- und 90spaltige Lochkarten.

Zu 2.   Nein

Die Lochkarte gehört zu den sogenannten Festspeichern, bei denen eine Änderung oder ein Löschen der gespeicherten Informationen nicht möglich ist.

Das trifft auch für das Lochband — einen weiteren wichtigen Sekundärdatenträger - zu. Das Lochband (oder der Lochstreifen) ist ein pergamentisierter oder geölter Papierstreifen von 300 m Länge, der eine Führungsspur mit Transportlöchern (Taktspur) und parallel dazu eine Reihe von Informationsspuren (Kanälen) trägt. Je nach der Zahl der Informationsspuren unterscheidet man zwischen 5-, 6-, 7- und 8-Kanal-Bändern. Bei IBM wird z. B. das 8-Kanal-Lochband verwendet (Bild 19).

Die Zeichen werden als Lochkombinationen quer zu den Spuren dargestellt. Man spricht von Lochreihen; diese haben je Kanal eine Lochstelle (Bit). Beim 8-Kanal-Band z. B. werden die Dezimalziffern auf den Informationsspuren 1, 2, 3 und 4 in rein dualer Verschlüsselung angegeben. Einem Loch entspricht dabei die Dualziffer L, dem »Nichtloch« die Dualziffer O.

58

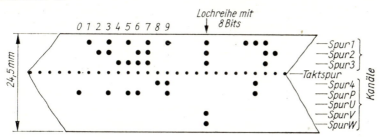

Bild 19   8-Kanal-Lochband

Vergleicht man das Lochband mit der Lochkarte, so entsprechen die Kanäle des Bandes den Zeilen der Karte, die Lochreihen den Spalten. Die Daten werden jedoch — wie aus dem Bild zu ersehen ist — völlig anders dargestellt.

Zu den 4 Kanälen für die numerischen Bits treten vier weitere Kanäle P, U, V und W. Dabei ist z. B. P der Prüfbitkanal. Das Prüfbit wird so »gesetzt« (gemeint ist: mit L besetzt, die Stelle also gelocht), daß die Anzahl der Lochungen in jeder Lochreihe ungerade ist. Es dient der Informationssicherung.

---

1. Ergänzen Sie folgende Lücken:
   Die parallel zur Taktspur verlaufenden Linien auf dem Lochband heißen _____ oder _____, die quer zur Taktspur stehenden Lochkombinationen werden _____ genannt.

2. Prüfen Sie in Bild 19 nach, ob in jeder Lochreihe das Prüfbit richtig gesetzt wurde, also so, daß die Zahl der Lochungen je Reihe ungerade ist!

3. Entschlüsseln Sie die Zahl, die auf der rechten Hälfte des Lochbandausschnitts (Bild 19) gelocht ist! _____

131

ie Mittelwerte stellen eine wichtige Gruppe statistischer Maßzahlen dar. Sie dienen
ı wesentlichen dazu, die mittlere Tendenz einer Verteilung zu charakterisieren. Vom
weils vorliegenden Datenmaterial hängt es ab, welche der verschiedenen Mittelwerte
ır Kennzeichnung der Verteilung am besten geeignet ist.

ı diesem Buch sind   das arithmetische Mittel,

der Median (oder Zentralwert),

der Modalwert (oder das Dichtemittel)

und das geometrische Mittel behandelt.

m für das gegebene Zahlenmaterial den richtigen Mittelwert auszuwählen, sollte man
ch zunächst die Frage stellen, welche Datenart (Meßwerte, Rangdaten, Kategorien)
orliegt.

Betrachten wir die uns schon von anderen Zusammenhängen her bekannte
Übersicht, deren Inhalt sich jetzt aber auf Mittelwerte bezieht.

Datenart	Merkmal			
	stetig		nicht stetig	
	Ausprägung			
	quantitativ	qualitativ	quantitativ	qualitativ
Meßwerte	Arithmetisches Mittel Median Modalwert Geometrisches Mittel	–	Arithmetisches Mittel Median Modalwert Geometrisches Mittel	–
Rangdaten	Median Modalwert	–	Median Modalwert	–
Kategorien	–	–	–	–

Folgende Verteilung sei gegeben:

Berechnen Sie einen geeigneten Mittelwert für
diese Verteilung!

Berufsart	Häufigkeit
Anreißer	3
Dreher	10
Fräser	13
Schlosser	17
Zerspaner	5
Summe	48

Richtige Lösung:

Bei 1. heißen die Ergänzungswörter

        Kanäle   Informationsspuren   Lochreihen

Zu 2.   Ja, es stimmt.

Zu 3.   1972

Neben Lochkarte und Lochband ist das Magnetband ein bedeutender maschinenlesbarer Datenträger. Das Magnetband besteht aus Kunststoff, ist $\frac{1}{2}$ Zoll (12,7 mm) breit, 0,049 mm dick und einseitig mit einer magnetisierbaren Schicht versehen.

Die meisten Magnetbänder sind für 8 Kanäle eingerichtet, wobei sieben zur Darstellung der Zeichen dienen und der achte als Taktspur genutzt wird. Die Zeichen werden durch Kombinationen von magnetisierten und nicht-magnetisierten Stellen (analog den gelochten und nicht-gelochten auf dem Lochband) repräsentiert.

Das Beschreiben und Lesen des Bandes erfolgt über Schreib-/Leseköpfe, von denen für jede Spur je einer vorgesehen ist.

Das Magnetband hat **gegenüber dem Lochband** eine Reihe wesentlicher **Vorteile:**

. Löschbarkeit und damit wiederholte Verwendbarkeit

. größere Lesegeschwindigkeit

. größere Speicherkapazität.

Einige Zahlen zur Speicherkapazität: Je nach Speicherdichte – sie beträgt 200, 556 oder 800 Zeichen pro Zoll – können auf einem Magnetband von 730 m Länge zwischen 4,9 Mill. und 14,4 Mill. Zeichen (in Blöcken zu je 1000 Zeichen) gespeichert werden.

59

Berechnen Sie, wieviel Lochkarten benötigt werden, um die Informationen zu speichern, die auf *einem* Magnetband unterzubringen sind! Legen Sie die oben angegebenen Intervallgrenzen (also 4,9 Mill. und 14,4 Mill. Zeichen) zugrunde!

Lösung: Es werden zwischen _____ und _____ Lochkarten benötigt.

204

ei der Berechnung solch zeitlicher Entwicklungen ist zu beachten, daß – unabhängig avon, ob nach dem Wachstumstempo oder nach der Zuwachsrate gefragt ist – die rozentzahlen in jedem Fall in der Form »Steigerung auf« als x_i in Formel (21) eingehen müssen.

Beispiel für die Berechnung der durchschnittlichen jährlichen Zuwachsrate

Der Preisindex für die Lebenshaltung in Argentinien erfuhr im Zeitraum von 1962 bis 1968 jährlich folgende Steigerung:

Von	zu	Steigerung um	
1962	1963	24%	
1963	1964	27%	jährliche
1964	1965	44%	Zuwachsrate
1965	1966	62%	
1966	1967	75%	
1967	1968	54%	

Hier ist also $x_1 = 124\%$; $x_2 = 127\%$; ...; $x_6 = 154\%$.

Damit folgt aus (21a)

$$\lg G = \frac{1}{6} (\lg 124 + \lg 127 + \lg 144 + \lg 162 + \lg 175 + \lg 154)$$

$$G = 146{,}5\%.$$

Das durchschnittliche Wachstumstempo beträgt somit 146,5%, daraus folgt für die gesuchte durchschnittliche jährliche Zuwachsrate **46,5%**.

Überprüfen Sie diese Rechnung!

Die Rechnung stimmt!

Wenn Sie jetzt gern eine Pause einlegen möchten, so tun Sie das!

Entscheiden Sie dann:

Ich habe den Abschnitt über den Median noch nicht bearbeitet und möchte das jetzt nachholen. ⟶ 193

Ich möchte zum nächsten Abschnitt übergehen. ⟶ 205

Berechnung:

    1 Lochkarte trägt 80 Zeichen,

    1 Magnetband $4,9 \cdot 10^6 \cdots 14,4 \cdot 10^6$ Zeichen.

    $4,9 \cdot 10^6 : 80 =$ 61 250

    $14,4 \cdot 10^6 : 80 =$ 180 000.

Lösung: ... zwischen etwa 60 000 und 180 000 Lochkarten ...

Stellen wir einige Angaben zu wichtigen Vergleichsmerkmalen der drei behandelten Sekundärdatenträger Lochkarte, Lochband und Magnetband einander gegenüber:

60

Vergleichsmerkmal	Lochkarte	Lochband	Magnetband
maximale Speicherkapazität	80 Zeichen je Karte	10 Zeichen je Zoll	200, 556 oder 800 Zeichen je Zol l
maximale Eingabegeschwindigkeit in den Rechner	1333 Zeich./s	1500 Zeich./s	60 000 Zeich./s
Löschbarkeit	nicht löschbar	nicht löschbar	löschbar

Die Wahl des für eine Untersuchung am besten geeigneten Datenträgers hängt nicht zuletzt von der zur Verfügung stehenden Technik ab.

Der Fachmann der Datenverarbeitung muß jeweils entscheiden, welchem Sekundärdatenträger der Vorzug zu geben ist.

Wir wiederholen:

Worin besteht der wesentliche Unterschied zwischen Primär- und Sekundärdatenträgern?

135

ösung: Berechnung zunächst nach (21):

Erhielten Sie (auf zwei Stellen nach **dem** Komma):

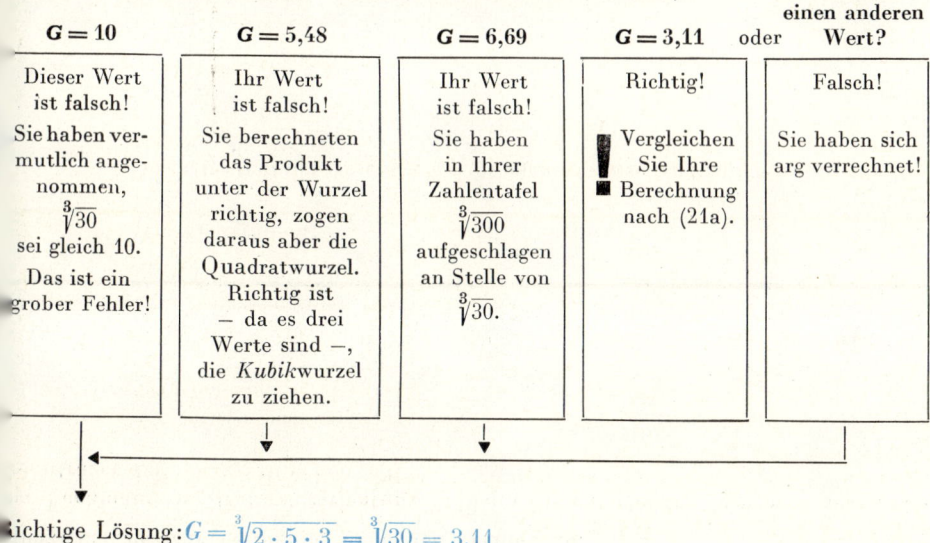

				einen anderen
$G = 10$	$G = 5,48$	$G = 6,69$	$G = 3,11$ oder	Wert?

Dieser Wert ist falsch!	Ihr Wert ist falsch!	Ihr Wert ist falsch!	Richtig!	Falsch!
Sie haben vermutlich angenommen, $\sqrt[3]{30}$ sei gleich 10. Das ist ein grober Fehler!	Sie berechneten das Produkt unter der Wurzel richtig, zogen daraus aber die Quadratwurzel. Richtig ist — da es drei Werte sind —, die *Kubik*wurzel zu ziehen.	Sie haben in Ihrer Zahlentafel $\sqrt[3]{300}$ aufgeschlagen an Stelle von $\sqrt[3]{30}$.	Vergleichen Sie Ihre Berechnung nach (21a).	Sie haben sich arg verrechnet!

Richtige Lösung: $G = \sqrt[3]{2 \cdot 5 \cdot 3} = \sqrt[3]{30} = 3,11$

Berechnung nach (21a):

$$\lg G = \tfrac{1}{3} (\lg 2 + \lg 5 + \lg 3) = \tfrac{1}{3} (0,301 + 0,699 + 0,477)$$
$$= \tfrac{1}{3} \cdot 1,477 = 0,492$$
$$G = 3,11.$$

Die praktische Bedeutung des geometrischen Mittels liegt vor allem in der Ermittlung des durchschnittlichen Wachstumstempos oder der durchschnittlichen Zuwachsrate.

203

Wir verstehen unter dem **durchschnittlichen Wachstumstempo** bzw. der **durchschnittlichen Zuwachsrate** das mittlere prozentuale Ansteigen des Wertes der untersuchten Erscheinung innerhalb eines Zeitraums. Wir sprechen vom **Wachstumstempo,** wenn wir fragen, *auf* wieviel Prozent sich der Wert verändert hat, von der **Zuwachsrate,** wenn wir fragen, *um* wieviel Prozent der Wert anstieg.

Es handelt sich also dabei stets um zeitliche Entwicklungen.

In einem Betrieb ergab sich für die industrielle Bruttoproduktion diese Entwicklung:

Jahr	Steigerung gegenüber dem Vorjahr um
1967	6%
1968	10%

Kommt in diesen Zahlen vorrangig Wachstumstempo oder Zuwachsrate zum Ausdruck?

Ihre Antwort: _____

Lösung: Primärdatenträger sind nicht-maschinenlesbar,

Sekundärdatenträger sind maschinenlesbar.

Von zunehmender Bedeutung ist eine besondere Gruppe von Datenträgern, die manuell angefertigten maschinenlesbaren Datenträger. Man könnte sie als Primär-Sekundär-datenträger bezeichnen (Symbol $\diagup$P,S$\diagup$), weil bei ihnen das zusätzliche Herstellen spezieller Sekundärdatenträger entfällt.

Einfache Datenträger dieser Art sind die **Markierungsbelege.**

61

● Beispiel für Markierungsbeleg

Markiert wurde:

VK 79

17. 4.

65 l

1,40 M

Nr. 5218

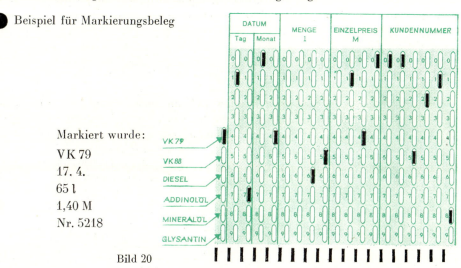

Bild 20

Die Informationen werden hier durch Strich in dafür vorgesehene Felder eingetragen. Spezielle Markierungsleser gestatten ein unmittelbares Einlesen der Belege in die elektronische Datenverarbeitungsanlage. Eine weitere Art sogenannte Belegleser erlaubt die Verarbeitung handschriftlich oder maschinenschriftlich ausgefüllter Belege durch Zahlen.

Am vorteilhaftesten – allerdings auch sehr kostenaufwendig – sind Geräte zur **automatischen Zeichenerkennung,** die sogenannten Klarschriftleser. Derartige Einrichtungen lesen Schreibmaschinen- und Handschriften und übersetzen diese Angaben in die Sprache des betreffenden Computers.

Frage: Welchen Vorteil bietet der Markierungsbeleg gegenüber einem Primärdatenträger?

Antwort:

Lösung:
$$D_1 = 8{,}85 + 0{,}2 \cdot \frac{15 - 3}{30 - 3 - 6}$$
$$D_2 = 9{,}45 + 0{,}2 \cdot \frac{19 - 7}{38 - 7 - 1}$$

Richtiges Resultat: $\quad D_1 = 8{,}96; \quad D_2 = 9{,}53.$

! Vergleichen Sie dieses mit dem von Ihnen gefundenen Resultat, und korrigieren Sie Ihre Berechnung, falls nötig!

Falls Sie nur *einen* Modalwert berechneten, so beachteten Sie nicht, daß hier eine bimodale Verteilung vorliegt.

3.3.4. Geometrisches Mittel

Das geometrische Mittel schließlich ist für intervallskalierte Daten anzuwenden, die durch multiplikative Wirkungen entstanden sind oder deren Verteilung sich als linksschief erweist.

Definition

▶ Das **geometrische Mittel** G der n positiven Zahlen (Meßwerte einer Stichprobe) x_i $(i = 1, \ldots, n)$ ist die n-te Wurzel aus dem Produkt dieser Zahlen.

$$G = \sqrt[n]{x_1 \cdot x_2 \cdot \cdots \cdot x_n} \qquad (21)$$

● Das geometrische Mittel der beiden Zahlen $x_1 = 4$ und $x_2 = 16$ beträgt $G = \sqrt{4 \cdot 16} = 8$.

Das geometrische Mittel der 9 Meßwerte, die sich bei einem psychologischen Test ergaben (Lehrschritt 180), ist nicht definiert, da einer der Werte gleich Null ist.

Voraussetzung für Berechnung von G: alle $x_i > 0$.

Die Berechnung des geometrischen Mittels nach (21) ist im allgemeinen sehr aufwendig. Einfacher kommt man zum Ziel, wenn man Gleichung (21) logarithmiert.

$$\lg G = \frac{1}{n} (\lg x_1 + \lg x_2 + \cdots + \lg x_n) = \frac{1}{n} \cdot \sum_{i=1}^{n} \lg x_i \qquad (21a)$$

Diese Formel besagt:

Der Logarithmus des geometrischen Mittels ist gleich dem arithmetischen Mittel der Logarithmen der Einzelwerte.

Wie bei $\bar{x}$ bewirkt die Änderung eines Einzelwertes auch eine Änderung des geometrischen Mittels. G wird jedoch durch Extremwerte nicht in dem Maße beeinflußt wie $\bar{x}$. Diese Eigenschaft wird in manchen Fällen als Vorzug empfunden, z. B. in der Preisstatistik.

Berechnen Sie das geometrische Mittel der Werte $x_1 = 2$; $x_2 = 5$; $x_3 = 3$ einmal nach (21), zum anderen nach (21a)!

Antwort (sinngemäß):

Es entfällt das Herstellen eines speziellen Sekundärdatenträgers; damit werden Zeit und Kosten gespart.

Für die Datenerfassung ist eine gut durchdachte Gestaltung der Primärdatenträger von großer Wichtigkeit. Für die Verarbeitung der Daten wird man heute in den meisten Fällen moderne Geräte einsetzen. Entspricht der Erfassungsbeleg von vornherein deren Erfordernissen, so erspart man sich aufwendige nachträgliche Arbeiten.

62

Wir stellen im folgenden einige wichtige **Prinzipien für die Anlage der Primärdatenträger,** die unbedingt beachtet werden sollten, zusammen; trotzdem wird es oft nötig sein, *vor* der endgültigen Festlegung des Aufbaus des Primärdatenträgers einen Fachmann zu Rate zu ziehen:

1. Die Belege sollen möglichst die Formate A 4 oder A 5 haben.
2. Es sind Felder für *alle* Angaben vorzusehen, die für den verfolgten Zweck wichtig sein könnten.
3. Die Reihenfolge der Daten auf dem Beleg soll mit der Reihenfolge, die auf dem Sekundärdatenträger vorgesehen ist, übereinstimmen.
4. Für alle (auf Sekundärdatenträger) zu übertragenden Daten sind im Beleg umrandete Felder vorzubereiten, die sie eindeutig von den nicht zu übertragenden Angaben abheben.

Die Erfassungsbelege verschiedener Einsatzgebiete sind sehr unterschiedlich. Für jede von bisherigen Erhebungen abweichende Aufgabenstellung ist der Erfassungsbeleg neu zu gestalten.

Im folgenden Schritt **63** geben wir an, was bei Versuchsprotokollen zu beachten ist, die nicht unmittelbar auf einen sepeziellen Sekundärdatenträger zugeschnitten sind, während die Schritte **64** und **65** zwei Beispiele zeigen, für die von vornherein die Lochkarte als Sekundärdatenträger vorgesehen ist.

!

Gehen Sie zum nächsten Schritt ⟶ **63**

Ihre Lösung:

$$D = \textbf{38 Ferkel/Wurf}$$ oder $$D = \textbf{10 Ferkel/Wurf}$$

Nein!

Richtig!

Das Dichtemittel beträgt hier $D = 10$ Ferkel/Wurf.
Sie haben die *Häufigkeit* angegeben, mit der die
betreffende Klasse besetzt ist.
Das Dichtemittel ist aber definiert als *der Merkmalswert* (hier: *die Klassenmitte*) mit der größten
vorkommenden Häufigkeit.

Zusatzbemerkung: Es ergibt sich Übereinstimmung der D-Werte, die wir aus der primären
und der sekundären Verteilungstafel entnommen haben. Das bestätigt, daß wir die Klasseneinteilung günstig vorgenommen haben.

Es gibt auch eine Formel zur Berechnung des Modalwertes aus der sekundären Verteilungstafel, die außer der Klasse mit der größten Häufigkeit auch die der beiden unmittelbar benachbarten Klassen mit einbezieht.
Sie lautet

201

$$D = x_{\text{ug}} + b \cdot \frac{f_D - f_{D-1}}{2f_D - f_{D-1} - f_{D+1}} \tag{20}$$

Dabei bedeuten:

x_{ug} exakte untere Grenze der Klasse mit der größten Häufigkeit
f_D größte vorkommende Häufigkeit
f_{D-1} die Häufigkeiten der beiden Nachbarklassen, der unmittelbar voranstehenden
f_{D+1} wie der unmittelbar folgenden.

(20) resultiert aus der Verwendung einer Näherungsparabel.

● Beispiel zur Anwendung der Formel:

Bestimmung des Dichtemittels für das Merkmal »Leistungsstand in
Physik« der 11 B aus der sekundären Verteilungstafel (zu finden im Lehrschritt 116)
ohne Formel: $D = 14$ Punkte
mit Formel: $x_{\text{ug}} = 12{,}5$ Punkte $f_{D-1} = 6$ $f_D = 10$ $f_{D+1} = 5$

$$D = 12{,}5 + 3 \cdot \frac{10 - 6}{20 - 6 - 5} = 12{,}5 + 3 \cdot \frac{4}{9}$$
$$= 12{,}5 + 1{,}33 = 13{,}83 \text{ Punkte}$$

Berechnen Sie die Dichtemittel für die neben-
stehend tabellarisch dargestellte Häufigkeitsverteilung nach Formel (20)!

Ihr Resultat:

Klasse	Häufigkeit
8,65 b. u. 8,85	3
8,85 b. u. 9,05	15
9,05 b. u. 9,25	6
9,25 b. u. 9,45	7
9,45 b. u. 9,65	19
9,65 b. u. 9,85	1

63

Die in vielen Wissenschaften (Physik, Chemie, Biologie, Pharmazie, Psychologie, Pädagogik usw.) und in der Technik durchzuführenden Experimente verlangen ein exaktes Festhalten der Versuchsbedingungen und -ergebnisse in einem vorbereiteten Versuchsprotokoll.

Wichtig ist, im Kopf des Protokolls alle die Angaben eindeutig zu vermerken, die für die Untersuchung von Bedeutung sind oder sein können, insbesondere

- Art und Zweck der Untersuchung (speziell: des Versuchs)
- Untersucher (oder/und Bearbeiter)
- Art und Umfang der Stichprobe
- untersuchte(s) Merkmal(e)
- Zeitpunkt und Dauer der Untersuchung (des Versuchs)
- Ort der Untersuchung (des Versuchs)
- besondere Bedingungen

Diese Angaben sind uns während der Untersuchung (bei der Durchführung des Versuchs) voll gegenwärtig, nach einiger Zeit aber weiß man mit manchen Daten nichts mehr anzufangen, wenn man nicht festgehalten hat, worauf sie sich beziehen.

Für ein und denselben Sachverhalt brauchen wir die Angaben natürlich nur einmal zu machen, müssen die einzelnen Blätter dann aber durch laufende Nummern kennzeichnen.

Wir merken uns: *Lieber eine Angabe zuviel als eine zuwenig!*

● 1. Beispiel für Gestaltung eines Primärdatenträgers:

Anlage eines Versuchsprotokolls. Bild 21

Stahl- und Walzwerk

Abteilung: _____

Bestimmung der Zusammensetzung von Chrom-Nickel-Stahl

Bearbeiter: _____

Entnahme von Stahlproben aus dem Schmelzofen;

Zahl der Entnahmen: $n =$ _____

Tag der Untersuchung: _____   Zeit: _____

Entnahme	Merkmal: Zusammensetzung der Probe (in %)				
	Eisen	Chrom	Nickel	Kohlenstoff	Schwefel
1					
2					
3					
⋮					
n					

→ 64

Lösung:

So läßt sich der Wert von Z am einfachsten ermitteln (Bild 136):

– Aufsuchen der 50%-Marke auf der Ordinatenachse
– Ziehen einer Parallelen zur Merkmalsachse durch diese Marke bis zum Schnitt mit der Summenkurve
– Herunterloten auf die x_k-Achse
– Der Fußpunkt des Lotes ist Z.

Ablesung: $Z \approx 13$ Punkte

Vergleich: Gute Übereinstimmung

(bei Berücksichtigung der Grenzen der Ablesegenauigkeit).

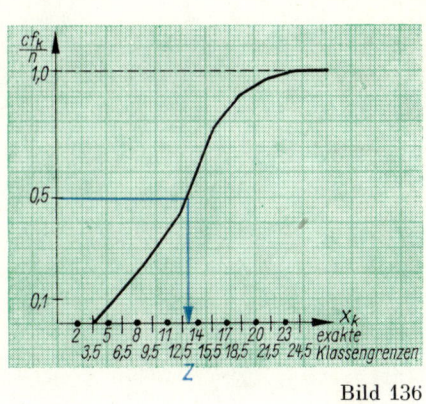

Bild 136

! Entscheiden Sie sich für einen der folgenden möglichen Wege des Weitergehens:

Ich würde gern noch die übrigen – weniger wichtigen – Mittelwerte kennenlernen
———————→ 200

Ich möchte darauf verzichten
———————→ Beiheft, Seite 22

3.3.3.   Modalwert oder Dichtemittel

Wir kommen zum Modalwert oder Dichtemittel.

Definition

▶ Ein **Modalwert** oder **Dichtemittel** D in einer Verteilung ist derjenige Merkmalswert, der bezüglich seiner Nachbarwerte *am häufigsten* vorkommt.

Dieser Mittelwert ist anwendbar auf intervall- und ordinalskalierte Daten und hat für die Charakterisierung von zwei- oder mehrgipfligen Verteilungen besondere Bedeutung. In diesem Falle sind also 2 bzw. mehrere Modalwerte anzugeben.

● Beispiele für die Lage von Modalwerten:

stetige zweigipflige Verteilung   diskrete eingipflige Verteilung

D_1 D_2 Bild 137 D Bild 138

Bei empirischen Häufigkeitsverteilungen entnimmt man das Dichtemittel stets der sekundären Verteilungstafel, wenn sie primäre starke Unregelmäßigkeiten aufweist, andernfalls kann man von beiden ausgehen.

● Dichtemittel für das Merkmal »Zahl der Ferkel je Wurf« – ausgehend von der *primären* Verteilungstafel –: $D = 10$ Ferkel/Wurf.

An der graphischen Darstellung (Bild 52, Schritt 125) können wir das am deutlichsten erkennen.

Geben Sie das Dichtemittel für das Merkmal »Zahl der Ferkel je Wurf« an, wenn Sie von der *sekundären* Verteilungstafel (Schritt 126, unten) ausgehen. $D = $ _____

64

2. Beispiel: Gestaltung eines Fragebogens zur Erfassung der Freizeit Jugendlicher, Ausschnitt s. (Bild 22), für dessen Weiterbearbeitung die Lochkarte als Sekundärdatenträger vorgesehen ist.

6. Was *möchten* Sie in Ihrer Freizeit *am liebsten* tun ? (Unabhängig davon, ob Sie es tatsächlich tun können)
Um Ihnen die Antwort leicht zu machen, haben wir eine Liste möglicher
Freizeitbetätigungen
zusammengestellt. Für jede Betätigung gibt es folgende Antwortmöglichkeiten:
1. das möchte ich sehr gern tun
2. das möchte ich gern tun
3. das möchte ich nicht tun
Bitte tragen Sie bei jeder Betätigung Ihre Antwort in das weiße Kästchen ein!

— Radfahren

— Baden

— Körperübungen, aktiver Sport, Bewegungsspiele wie Ballspiele u. ä.

— Verschönerungsarbeiten im Wohngebiet

— sich politisch weiterbilden   25

— sich fachlich (für Schule und Beruf) weiterbilden

— naturwissenschaftlichen und technischen Interessen nachgehen (wie Tiere und Pflanzen aufziehen und beobachten, chemische Experimente, Sternenkunde, technisches Basteln)

— kulturellen Interessen nachgehen (wie Zeichnen, Malen, Singen, Musizieren, Volkstanz, Modellieren, Batikarbeiten, Handarbeiten, Fotografieren)

— Nichtstun   29

— Ausruhen, Tagesschlaf   30

— Arbeit im Garten

— geselliges Beisammensein mit Freunden

— geselliges Beisammensein mit Familienangehörigen

— geselliges Beisammensein mit andersgeschlechtlichem Partner (Freund, Freundin), flirten

— Tanzveranstaltungen, Gaststätten, Cafés besuchen   35

— Karten- und Brettspiele

— Kinobesuch

— Sportveranstaltungen besuchen

— Theater und Konzerte besuchen

— Musik hören (Radio, Schallplatte, Tonband)   40

— Fernsehen

— Romane, Erzählungen, Zeitschriften lesen

— Sammeln von Briefmarken, Ansichtskarten usw.

— Besuch religiöser Veranstaltungen   44

Bild 22

⟶ **65**

Lösungen:

Zu 1.   a) $Z = 2$ b) $Z = 2$

Zu 2.   Die Ergebnisse stimmen überein trotz der erheblichen Unterschiedlichkeit des letzten Wertes.

Zu 3.   Die 2. und 4. Eigenschaft.

All diese Eigenschaften beruhen letzten Endes darauf, daß der Median ein Lageparameter der Grundgesamtheit ist, für den folgende theoretische Definition gilt:

199

Definition

▶ Der **Median** oder **Zentralwert** ist derjenige Wert Z, der die Ungleichungen
$P(X \leq Z) \geq \frac{1}{2}$, $P(X \geq Z) \geq \frac{1}{2}$ erfüllt.

Das gilt sowohl für stetige wie auch für diskrete Zufallsvariablen.

Für die Praxis ist beim Vorliegen eines stetigen Merkmals besonders die 5. Eigenschaft von Interesse. Aus dieser (oder aus der Definition direkt) geht hervor, daß sich der Median in einfachster Weise aus der Summenkurve einer empirischen Häufigkeitsverteilung ablesen läßt.

! Wenn Sie nicht mehr genau wissen, wie die Summenkurve (das Summenpolygon) entsteht, so wiederholen Sie Lehrschritt 135, und kehren Sie dann nach hier zurück! ——— 135 —

Bild 134

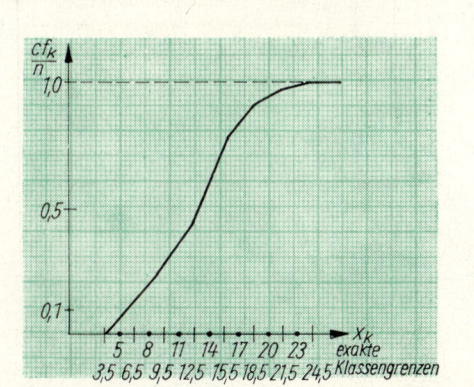

Bild 135 zeigt die Summenkurve zu unserem Untersuchungsbeispiel »Leistungsstand in Physik«.

Entnehmen Sie dieser auf einfache Weise den Wert von Z!

Ablesung: $Z =$ _____

Vergleich mit dem im Schritt 196 berechneten Wert:

_____

Bild 135

144

3. Beispiel für Anlage eines Primärdatenträgers:

Buchungsaufgabe für diverse Kosten (Bild 23). Auch hier soll die Lochkarte als Sekundärdatenträger verwendet werden.

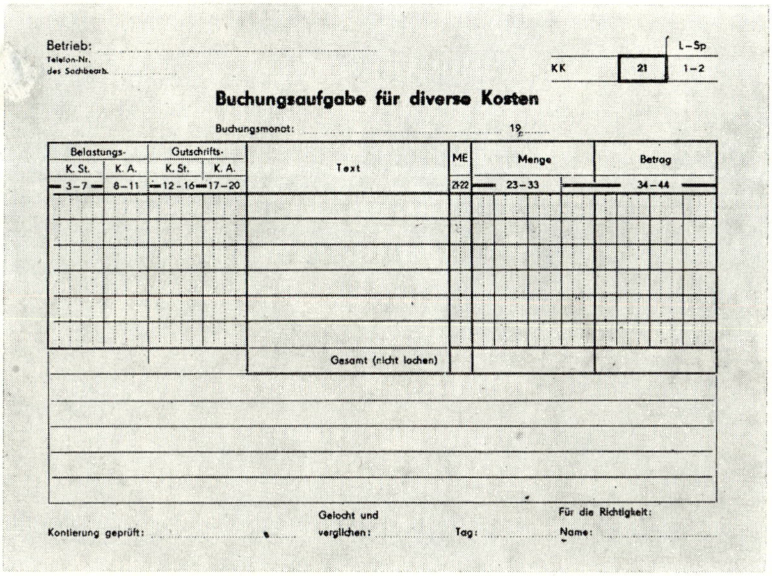

Betrieb:									L–Sp	
Telefon-Nr.								KK	21	1–2
des Sachbearb.										

Buchungsaufgabe für diverse Kosten

Buchungsmonat: _____ 19__

Belastungs-		Gutschrifts-		Text	ME	Menge	Betrag
K. St.	K. A.	K. St.	K. A.				
3–7	8–11	12–16	17–20		21/22	23–33	34–44

Gesamt (nicht lochen)

Kontierung geprüft: _____   Gelocht und verglichen: _____   Tag: _____   Für die Richtigkeit: Name: _____

Bild 23

Bearbeiten Sie jetzt die Zusammenfassung von 1.5. auf **Seite 10** des **Beihefts**!

Lösung:

$$Z = 170 + 10 \cdot \frac{\frac{41}{2} - 18}{16} = 170 + \frac{25}{16}$$

$$= 170 + 1{,}56$$
$$Z = 171{,}56 \text{ cm.}$$

Dem Median kommen folgende Eigenschaften zu:

1. Die Summe der absoluten Beträge der Abweichungen aller Einzelwerte von ihrem Zentralwert ist ein Minimum.

$$\sum_{i=1}^{n} |x_i - Z| \text{ Min.} \tag{19}$$

2. Der Zentralwert ist von extremen Werten der empirischen Verteilung unabhängig. Das ist in gewissen Fällen ein großer Vorteil.

3. Der Median kann auch dann bestimmt werden, wenn die Endintervalle einer Verteilung nach unten und/oder oben offen sind.

   Auch das erweist sich als Vorteil, weil $\bar{x}$ dann nicht berechenbar ist.

4. In den Median geht nicht – wie beim arithmetischen Mittel – die zahlenmäßige Größe aller Einzelwerte ein, sondern lediglich deren Rangordnung.

5. Bei stetigen Merkmalen ist Z der Fußpunkt derjenigen Ordinate, welche die Fläche unter dem Häufigkeitspolygon in zwei gleiche Teile zerlegt.

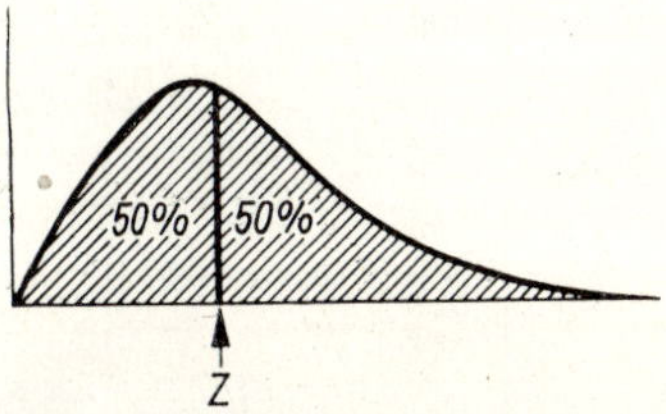

Bild 133

---

1. Bestimmen Sie den Median Z der Verteilungen

   a) 1; 1; 2; 2; 2; 3; 3 und

   b) 1; 1; 2; 2; 2; 3; 5 durch Auszählen oder Berechnen!

   a) $Z =$ _____   b) $Z =$ _____

2. Vergleichen Sie die sich für a) und b) einstellenden Ergebnisse miteinander!

3. Welche der genannten Eigenschaften kommen in dem Resultat des Vergleichs besonders zum Ausdruck?

1. Es liegen fünf Merkmale mit den in Klammern angegebenen
   Merkmalsausprägungen vor:

   Körpergewicht (alle Werte zwischen 50 und 150 kg)
   Farbe (violett, blau, ..., rot)
   Geschlecht (männlich, weiblich)
   Studienleistung (Note 1, 2, 3, 4, 5)
   Anzahl der Ferkel pro Wurf (1, 2, 3, ...).

   Sind diese Merkmale

   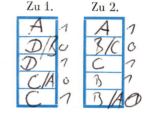

   Zu 1.

A	1
D/B	0
D	1
C/A	0
C	1

   Zu 2.

A	1
B/C	0
C	1
B	1
B/A	0

   A. stetig mit quantitativen Ausprägungen
   B. stetig mit qualitativen Ausprägungen
   C. diskret mit quantitativen Ausprägungen
   D. diskret mit qualitativen Ausprägungen?

   ! Schreiben Sie den jeweils richtigen *Buchstaben* in die hinter den Merkmalen
   angegebenen Kästchen der 1. Rubrik!

2. Welcher Skalentyp liegt der Ermittlung der Ausprägungen bei den fünf unter 1.
   angegebenen Merkmalen zugrunde?

   A. Intervallskala
   B. Ordinalskala
   C. Nominalskala?

   ! Füllen Sie die zweite Rubrik hinter den Merkmalen mit dem jeweils
   richtigen *Buchstaben* aus!

3. Führt jede Form des Messens zu Meßwerten?

   A. Ja   B. Nein

   Zu 3.

B	1

4. Ist die Einteilung auf einer Intervallskala gleichabständig?

   A. Ja   B. Nein

   Zu 4.

A	1

5. Legen Sie Rangplätze für die gegebenen Rangwerte fest!

   Beginnen Sie mit dem höchsten Rangwert!

Beier	Heinze	Lehmann	Müller	Meyer	Schulze	Schneider
10	14	10	3	11	10	3
4	1	4	6,5	2	4	6,5

   Erhielten Sie

	A.	1	2	3	4	5	6	7
oder	B.	3	1	3	4	2	3	4
oder	C.	4	7	4	1,5	6	4	1,5
oder	D.	4	1	4	6,5	2	4	6,5 ?

   Zu 5.

D	2

1. a) grob $Z = 2$ (Der Median liegt zwischen dem 6. und 7. Wert. Beide sind
»2«, also $Z = 2$.)

b) exakt $b = 1$; $n = 12$; $\frac{n}{2} = 6$ → Eingriffsspielraum »2« (exakt »1,5 bis
unter 2,5«); $x_{ug} = 1,5$; $cf_u = 1$; $f_Z = 6$. $Z = 1,5 + 1 \cdot \frac{6-1}{6} = 2,33$.

2. Ja. Begründung: Es liegen ordinalskalierte Daten vor.

3. $\bar{x} = \frac{33}{12} = 2,75$. Vergleich (sinngemäß): Z spiegelt die objektiven Tatbestände
wirklichkeitsgetreuer wider als $\bar{x}$.

Entscheiden Sie: Ich habe die Berechnung des Median Z

noch nicht verstanden	im großen und gan-zen verstanden	völlig verstanden
Arbeiten Sie bitte aufmerksamer, und denken Sie mit! Wiederholen Sie Lehrschritt 196, und bearbeiten Sie dann den Übungsschritt 197.		

→ 198

196 ◄—————   197

197

Verdecken Sie bitte die Randspalte rechts, und geben Sie Zeile für Zeile
frei!

Wir betrachten ein weiteres Beispiel. Nebenstehende Verteilungstafel sei gegeben. Die Daten sind _____ skaliert, die letzte Klasse ist eine _____ .

Klasse (cm)	f_k	cf_k	
140 bis unter 150	1	1	
150 bis unter 160	4	5	
160 bis unter 170	13	—	18
170 bis unter 180	16	—	intervall 34
180 bis unter 190	5	—	39
190 und darüber	2	—	offene Klasse 41

Wir geben zunächst die Werte für b und n an. $b =$ _____
(Beachten Sie, daß hier exakte Klassengrenzen vorliegen!) $n =$ _____ .

10
41

Sodann bestimmen wir den Eingriffsspielraum. Dazu benötigen wir das $\left(\frac{n}{2}\right)$-te Elemente der Verteilung. Bei 41 Werten ist das der _____ Wert.

20,5te

Aus der Spalte cf_k geht hervor, daß der 20,5te Wert in die Klasse _____ fällt.

170 bis unter 180

Damit ist die Klasse »170 bis unter 180« der _____ . Er hat die Häufigkeit $f_Z =$ _____ .

Eingriffsspielraum
16

Die exakte untere Grenze dieser Klasse beträgt $x_{ug} =$ _____ . Unterhalb x_{ug} liegen $cf_u =$ _____ Elemente.

170
18

Berechnen Sie Z aus den angegebenen Werten!

6. Definieren Sie Grundgesamtheit und Stichprobe!

[handschriftlich:] G = fast alle gleichartig Dch. od. Og
Sti. – zufällige an G quelle Teilung
4

---

7. Handelt es sich bei einer Volkszählung um
    A. eine Erhebung der Grundgesamtheit
    B. eine Erhebung einer Stichprobe?

Zu 7.
[A]

---

8. Sind die Datenträger
    Lochkarte
    Versuchsprotokoll
    Kerbkarte
    Markierungsbeleg
    Magnetband

    A. Primärdatenträger
    B. Sekundärdatenträger
oder C. Primär-Sekundärdatenträger?

Zu 8.
[B]
[A]
[A]
[C]
[B]
5

---

9. Nennen Sie Auswahltechniken für eine Zufallsauswahl!

[handschriftlich:] Durchnr.?, Geburtstagauswahl, Zufallszahl
Lotterieprinzip, Systematik?
3

---

10. Wollen wir uns ein Bild von den Lesegewohnheiten Jugendlicher machen, **können**
wir wie folgt vorgehen: Wir wählen zufällig 200 Klassen von Ober- und Berufsschulen
aus und führen eine Befragung in diesen Klassen durch. Liegt hier
    A. ein geschichtetes Auswahlverfahren
    B. ein mehrstufiges Auswahlverfahren
    C. ein Klumpenauswahlverfahren
    D. ein Quotenauswahlverfahren vor?

Zu 10.
[C]

! Wenn Sie alles ausgefüllt haben, bitte umblättern!

Lösung: 14; 15; 17; 17; 18; | 18 |; 18; 18; 21; 21; 21. $n = 11$

$$Z = 18$$ (with upward arrow pointing to the boxed 18)

Da es insgesamt 11 Werte sind, ist der 6. das mittelste Element.

Hinweis: Natürlich kann man auf das Aufschreiben der Zwischenzeile verzichten und den Median durch Zählen direkt aus der primären Verteilungstafel gewinnen.

Die **Berechnung des Medians** geht von der primären oder sekundären Verteilungstafel aus und führt zweckmäßigerweise über die kumulierten Häufigkeiten (Lehrschritte 104/105).

196

Die Berechnungsformel lautet:

$$Z = x_{ug} + b \cdot \frac{\frac{n}{2} - cf_u}{f_z}$$

(18)

Dabei bedeuten:

b Klassenbreite; n Anzahl der Einzelwerte, Umfang der Stichprobe

x_{ug} exakte untere Klassengrenze des »Eingriffsspielraumes« für Z.

Der **Eingriffsspielraum für Z** ist die Klasse, in die der Median eingreift, d. h., in der der $(n/2)$-te Wert (der 50%-Wert) der Verteilung liegt.

cf_u kumulierte Häufigkeit bis x_{ug}, d.h. Summe der Häufigkeiten f_k unterhalb x_{ug}.

f_z Häufigkeit des Eingriffsspielraumes.

Anmerkung: Die Formel läßt sich aus dem Interpolationsansatz

$$x_Z : b = \left(\frac{n}{2} - cf_u\right) : f_Z; \quad Z = x_{ug} + x_Z \quad \text{herleiten.}$$

Berechnung des Medians für das Merkmal »Leistungsstand in Physik« aus der sekundären Verteilungstafel ($b = 3$).

Klasse (Punkte)	Häufigkeit absol. f_k	kumul. cf_k
4 bis 6	4	4
7 bis 9	4	8
10 bis 12	6	$14 = cf_u$
13 bis 15	$10 = f_z$	24
16 bis 18	5	29
19 bis 21	2	31
22 bis 24	1	32
	$32 = n$	

(Häufigkeiten der ersten drei Klassen mit Klammer cf_u zusammengefasst)

$n = 32$. Wir suchen die Klasse, die den $\left(\frac{n}{2}\right)$-ten (= 16.) Wert der Verteilung enthält.

Der 16. Wert fällt, wie aus der kumulativen Häufigkeitsverteilung leicht ablesbar ist, in die Klasse 13 bis 15 (exakt 12,5 bis unter 15,5).

Das ist der | Eingriffsspielraum für Z. |

Wir entnehmen: $x_{ug} = 12{,}5$ Punkte
$$cf_u = 14$$
$$f_z = 10.$$

Damit ergibt sich aus (18) $Z = 12{,}5 + 3 \cdot \dfrac{16 - 14}{10} = 12{,}5 + 0{,}6; Z = 13{,}1$ Punkte.

---

1. Bestimmen Sie den Zentralwert Z für folgende Zensurenverteilung
a) grob: _____
b) exakt nach (18): _____
2. Ist hier die Bestimmung des Medians überhaupt angebracht? _____
       Ja/Nein
Begründung: _____
3. Berechnen Sie außerdem das arithmetische Mittel, und vergleichen Sie die beiden Mittelwerte $\bar{x}$ und Z_{exakt}!

Note	f_k	cf_k
1	1	1
2	6	7
3	2	9
4	1	10
5	2	12

Zu 6. (Sinngemäß:) Die Menge *aller* gleichartigen Individuen oder Objekte bildet die Grundgesamtheit *G*. **(1 oder 2 Pkte.)**

Die für eine bestimmte Untersuchung zufallsmäßig aus *G* ausgewählten Individuen oder Objekte heißen eine Stichprobe *S* aus der Menge *G*. **(1 oder 2)**

Anmerkung zur Bewertung von 6.:

1 Pkt., wenn im groben richtig,
2 Pkte., wenn vollständig richtig.

Zu 1.

A	(1)
B	(1)
D	(1)
A	(1)
C	(1)

Zu 2.

A	(1)
C	(1)
C	(1)
B	(1)
A	(1)

! Vergleichen Sie Ihre mit den hier angegebenen Lösungen! Liegt Übereinstimmung vor, so geben Sie sich die hinter der jeweiligen Lösung in Klammern stehende Punktzahl! Addieren Sie die erzielten Punkte!

Zu 7.

A	(1)

Zu 8.

B	(1)
A	(1)
A	(1)
C	(1)
B	(1)

Zu 3.

B	(1)

Zu 9. Auswahl durch Lotterieprinzip
systematische Auswahl
Geburtstagsauswahl
Buchstabenauswahl
Tafel mit Zufallszahlen

} Reihenfolge ohne Belang **(3 Punkte)**

Zu 4.

A	(1)

Anm. zur Bewertung von 9.: Haben Sie drei, vier oder fünf Auswahltechniken aufgeschrieben, so erhalten Sie die Höchstpunktzahl von drei Punkten.

Zu 5.

D	(2)

! Meine Gesamtpunktzahl beträgt
____ 24 ____ Punkte.

Zu 10.

C	(1)

Bitte umblättern!

151

Lösung: *Z.*

Dieser Wert ist zur Kennzeichnung der gegebenen Verteilung *besser* geeignet, weil für die Mehrzahl der Elemente die zentrale Tendenz richtiger getroffen wird;

weil bei ihm die »Ausreißerwerte« nicht so stark ins Gewicht fallen wie beim arithmetischen Mittel;

weil es sich hier nicht um eine Normalverteilung handelt.

Hinweis: Die (sinngemäße) Angabe *einer* dieser Begründungen ist schon ausreichend.

Der Median *muß* angewandt werden

- allgemein bei ordinalskalierten Daten
- speziell bei intervallskalierten Daten
  mit asymmetrischer Verteilung,
  mit »Ausreißerwerten«,
  mit offenen Klassen,
  mit extrem kleiner Zahl von Beobachtungen.

195

Der Median *kann* angewandt werden bei intervallskalierten Daten, bei denen all diese Einschränkungen nicht vorliegen. Dann wird man aber auf alle Fälle $\bar{x}$ den Vorzug geben.

Wie erfolgt nun die Bestimmung des Medians?

Dazu gibt es zwei Möglichkeiten: *Auszählen* oder *Berechnen*.

Das **Auszählen** ist gerechtfertigt, wenn Einzeldaten oder eine primäre Verteilungstafel gegeben sind. Es führt allerdings nur auf *Grobwerte* für den Median. Wir unterscheiden:

n ungerade: Wir entnehmen der Definition, daß Z der *Wert des mittelsten Elements* in der nach der Größe geordneten Folge der Werte ist.

Gegebene Werte: 4; 6; 7; 8; 8; 9; 9; 9; 11. **n = 9**

$4\frac{1}{2}$ Elemente unterhalb Z $\qquad$ Z $\qquad$ $4\frac{1}{2}$ Elemente oberhalb Z

$Z = 8$, denn das genau in der Mitte der Verteilung stehende Element hat den Wert 8.

n **gerade**: In diesem Falle setzen wir das *arithmetische Mittel der Werte* der beiden mittleren Elemente als Median Z fest.

Gegebene Werte: 4; 6; 7; 8; 8; 9; 9; 9; 11; 12. **n = 10**

5 Elemente unterhalb Z $\qquad$ Z $\qquad$ 5 Elemente oberhalb Z

$$\frac{8+9}{2} = 8,5$$

$Z = 8,5$, denn dies ist das arithmetische Mittel der beiden mittleren Elemente 8 und 9.

Bestimmen Sie den Zentralwert Z für folgende Häufigkeitsverteilung!

$Z = $ _____

Merkmalswert	Häufigkeit
14	1
15	1
17	2
18	4
21	3

Bewertung

Unter 10 Punkte . . . . Ungenügend!

Wiederholen Sie Abschnitt 1.

! Legen Sie eine Ruhepause ein, ehe Sie von neuem beginnen,
und zwar mit Schritt ————————→ 5

10 bis 19 Punkte . . . . Ausreichend!

! Wiederholen Sie die Stoffgebiete, bei denen Ihnen Fehler unterlaufen
sind.

Wir geben Ihnen die Lehrschritte an, die sich auf die einzelnen Aufgaben der Kontrollarbeit beziehen.

Kehren Sie jeweils nach hier zurück!

Aufgabe 1 ———— 5 bis 9

Aufgabe 2 ———— 26 bis 35

Aufgabe 3 ———— 17 und 18

Aufgabe 4 ———— 26 und 27

Aufgabe 5 ———— 28 bis 33

Aufgabe 6 ———— 38 bis 41

Aufgabe 7 ———— 39

Aufgabe 8 ———— 54 bis 61

Aufgabe 9 ———— 42 und 43

Aufgabe 10 ———— 45 bis 51

Danach ————————→

20 bis 26 Punkte . . . . Gut!

27 und 28 Punkte . . . . Sehr gut!

! Arbeiten Sie weiter so erfolgreich ! ————————→

Unterbrechen Sie Ihre Arbeit, und gönnen Sie sich eine

RUHEPAUSE!

Dann ————————→ Abschnitt 2.

u 1.   Die Verteilung ist nicht normal

zerrissen

asymmetrisch.

u 2. $\bar{x} = \dfrac{1}{20} \cdot 17\,000\ \$ = 850,-\ \$.$

194

Die im Beispiel vorliegende Einkommensverteilung ist nicht normal, »zerrissen«, symmetrisch.

ede dieser Eigenschaften wäre schon Anlaß genug, von der Berechnung des arith-
netischen Mittels Abstand zu nehmen.

Venn wir es hier trotzdem taten, so nur, um deutlich werden zu lassen, zu welchen
ehlschlüssen die Bestimmung des arithmetischen Mittels bei einer solchen Verteilung
ühren kann.

Würde man zur Charakterisierung des Einkommens der Kollegen an diesem Institut
ie Aussage machen, daß sie durchschnittlich 850,– \$ im Monat verdienen, so würden
ermutlich 15 von den 20 Kollegen dagegen Einwände erheben, denn ihr Verdienst
egt – zum Teil erheblich – unter diesem »Mittelwert«.

Ein treffenderes Bild von der zentralen Tendenz des vorliegenden Materials liefert in
olchen Fällen – d. h. bei intervallskalierten Daten mit mindestens einer der obenge-
annten Eigenschaften und bei ordinalskalierten Daten – der Median oder Zentralwert.

Damit lernen wir eine weitere, die **Lage** einer Verteilung kennzeichnende statistische
Maßzahl kennen.

Definition

Der **Median** oder **Zentralwert** Z ist derjenige Wert in der nach der Größe
geordneten Folge der Meß- oder Rangwerte, der die Verteilung halbiert.

0% der Beobachtungswerte liegen also unterhalb, 50% oberhalb des Medians.

Für die im vorangehenden Lehrschritt gegebene Einkommensverteilung
300; 300; 300; 300; 400; 400; 400; 400; 400; 400; 500; 500; 500; 700; 700;
1000; 1000; 2000; 2500; 4000
ist $Z = 450,-\ \$.$

$\uparrow Z$

Auf die Bestimmung von Z werden wir gleich eingehen.

Vergleichen Sie den Zentralwert $Z = 450,-$
mit dem arithmetischen Mittel $\bar{x} = 850,-$.

Welcher dieser Mittelwerte spiegelt die tatsächlichen Gegebenheiten im
vorliegenden Fall besser wider?

_____
$\langle \bar{x}$ oder $Z \rangle$

Begründung: Dieser Wert ist zur Kennzeichnung der
gegebenen Verteilung besser geeignet, weil

Abschnitt 2. Aufbereitung der Daten   (Lehrschritte 66 bis 108)

```
  Ziele
```

Gesamtziel

Nach Durcharbeiten dieses Abschnitts hat der Lernende Kenntnis über die wichtigsten Begriffe und Zusammenhänge aus den Problemkreisen

2.1. Vorbereitende Arbeiten

2.2. Ziel der Aufbereitung

2.3. Durchführung der Aufbereitung

2.4. Klassenbildung

2.5. Kumulative Häufigkeitsverteilung.

Er erwirbt die Fähigkeit, die Datenaufbereitung anzuleiten oder selbständig durchzuführen.

Einzelziele

Der Lernende wird in der Lage sein,

- die wichtigsten vorbereitenden Arbeiten auszuführen, absolute und relative Häufigkeiten zu definieren,
- das Ziel der Aufbereitung zu erkennen,
- zwischen monovariablen und bivariablen Häufigkeitsverteilungen zu unterscheiden,
- manuelle Verfahren der Aufbereitung zu nennen, anzuwenden oder deren Einsatz anzuleiten,
- die Bedeutung der EDV als effektives Mittel der Datenaufbereitung zu erkennen,
- das Anlegen einer Strichliste vorzunehmen,
- die Klassenbildung als wichtigen Arbeitsabschnitt einzuschätzen,
- die Bildung von Klassen selbständig durchzuführen,
- die Begriffe »Klassengrenze«, »Klassenmitte«, »Klassenbreite« und »Reduktionslage« richtig anzuwenden,
- die Bezeichnung der Klassen sinnvoll vorzunehmen,
- die kumulative Häufigkeitsverteilung zu berechnen.

Der Lernende kann sich einen Überblick über die wichtigsten maschinellen Aufbereitungsverfahren verschaffen.

——————————→ 66

) Ergeben sich in einer Untersuchung Daten, die nur den Informationswert einer Ordinalskala besitzen, so sind wir *nicht* berechtigt, zur Kennzeichnung der zentralen Tendenz dieser Daten das arithmetische Mittel zu berechnen.

> Noten sind keine intervallskalierten Daten, sondern haben den Charakter von Rangwerten. Die Berechnung des arithmetischen Mittels ist daher von forschungsstatistischer Sicht nicht gerechtfertigt.

) Liegt in einer Verteilung ein Teil der beobachteten Werte dicht beieinander, während andere nach einer Seite hin weit ab davon stehen (sog. »Ausreißerwerte«), so ist das arithmetische Mittel – auch wenn die Daten einer Intervallskala entstammen – nicht in der Lage, die zentrale Tendenz des vorliegenden Materials widerzuspiegeln.

In einem Industrieinstitut liege folgende Einkommensverteilung vor:

	Monatliches Brutto-Einkommen x_k (in \$)	Häufigkeit f_k
Tabellarische Darstellung	300	4
	400	6
	500	3
	700	2
	1000	2
	2000	1
	2500	1
	4000	1
		$20 = n$

Graphische Darstellung

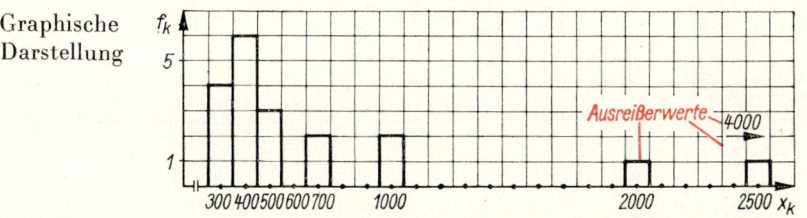

Bild 132

---

1. Charakterisieren Sie die Einkommensverteilung an Hand der graphischen Darstellung!

    Die Verteilung ist _____

    (normal/nicht normal)

    _____

    (zerrissen/in sich geschlossen)

    _____

    (symmetrisch/asymmetrisch)

2. Berechnen Sie das *arithmetische* Mittel dieser Verteilung auf Ihrem Übungsblatt!

    Ihre Lösung: _____

66

2. Aufbereitung der Daten

2.1. Vorbereitende Arbeiten

Mit der Datenerfassung, über die im voranstehenden Abschnitt ausführlich gesprochen wurde, ist die **Aufbereitung der Daten** sehr eng verknüpft. Oft reichen Arbeiten zur Aufbereitung des Materials in Bereiche der Datenerfassung hinein, insbesondere dann, wenn maschinenlesbare Datenträger hergestellt werden sollen. In den Naturwissenschaften und in der Ökonomie, wo die Merkmalsausprägungen fast ausschließlich als Zahlen auftreten, sind zusätzliche Arbeiten der Voraufbereitung oft überflüssig. In den Sozialwissenschaften dagegen ist es in vielen Fällen erforderlich, den hier auftretenden qualitativen Merkmalsausprägungen bestimmte Zahlen erst zuzuordnen. Diese Tätigkeit bezeichnen wir als Codieren.

Definition

▶ **Codieren** ist Zuordnen von Zahlen zu Merkmalsausprägungen.
Ziel der Codierung ist Aufbereitung zum Identifizieren, Klassifizieren, numerischen Rechnen.

● Den sich ergebenden Antworten auf die Frage nach den Vorteilen des Programmierten Unterrichts werden bestimmte Zahlen zugeordnet, etwa so:

individuelles Lerntempo	1	Beachten Sie:
konzentriertes Arbeiten	2	Hier braucht *keine* Rangordnung
sofortige Kontrolle	3 usw.	zugrunde zu liegen!

Codieren Sie folgende Ausprägungen des Merkmals »Schulbildung« in sinnvoller Weise.

Fachschulabschluß _____

Abitur _____

Abschluß 10. Klasse _____

Hochschulabschluß _____

Abschluß 8. Klasse _____

157

Lösungen:

Zu 1.
$$n = \sum_{k=1}^{3} n_k = 92 \text{ (Gesamtumfang)}$$

$$\bar{x}_g = \frac{13,00 \cdot 40 + 12,53 \cdot 32 + 16,60 \cdot 20}{92} \text{ Punkte}$$

$$= \frac{520,00 + 400,96 + 332,00}{92} \text{ Punkte} = 13,62 \text{ Punkte}$$

Zu 2.   Nein, keinesfalls.
Für ordinalskalierte Daten müssen wir den Median berechnen, für nominalskalierte Daten ist ein Mittelwert überhaupt nicht angebbar.

Gönnen Sie sich eine Pause!

Neben dem arithmetischen Mittel, das zu berechnen wir immer dann berechtigt sind, wenn intervallskalierte Daten − also Meßwerte − vorliegen, gibt es andere Mittelwerte:

192

den Median (Zentralwert)
den Modalwert (Dichtemittel)
das geometrische Mittel
das harmonische Mittel u. a.

Der **Median** ist anwendbar auf intervall- und ordinalskalierte Daten. Diese Kennzahl repräsentiert die zentrale Tendenz einer schiefen Verteilung und einer Verteilung mit »Ausreißerwerten«.

Modalwerte − sie sind ebenfalls bei intervall- und ordinalskalierten Daten anwendbar − dienen insbesondere der Charakterisierung von zwei- oder mehrgipfligen Verteilungen.

Das **geometrische Mittel** ist bei intervallskalierten Daten angebracht, die durch multiplikative Wirkungen entstanden sind, und charakterisiert die mittlere Tendenz linksschiefer Verteilungen.

Das **harmonische Mittel** dient zur Berechnung des Mittelwerts aus Quotienten intervallskalierter Daten.

Entscheiden Sie:

Ich möchte mich den oben aufgeführten Mittelwerten der Reihe nach zuwenden.   ⟶ 193

Ich möchte mich speziell beschäftigen mit

    dem Median   ⟶ 193

    dem Modalwert   ⟶ 200

    dem geometrischen Mittel.   ⟶ 202

Lösung:

	Mögliche sinnvolle Codes	
Fachschulabschluß	4	2
Abitur	3	3
Abschluß 10. Klasse	2	4
Hochschulabschluß	5	1
Abschluß 8. Klasse	1	5

Hinweis: Auch wenn Sie die Zahlen 0, 1, 2, 3, 4 verwendet haben, ist die Lösung richtig.

67

Neben dem Codieren sind als **weitere wichtige vorbereitende Arbeiten** zu nennen:

die Kontrolle der Vollständigkeit

und die Kontrolle der Richtigkeit der Eintragungen auf dem Erfassungsbeleg.

Dabei bezieht sich die Prüfung der **Vollständigkeit** sowohl auf die Angaben des einzelnen Belegs (alle geforderten Daten sind eingetragen) als auch auf das Vorhandensein sämtlicher Belege (es liegen alle Unterlagen vor, die für die Auswertung benötigt werden).

Die Kontrolle der **Richtigkeit** erstreckt sich auf alle überprüfbaren Angaben auf dem Erfassungsbeleg.

Das geschieht einmal durch den Vergleich sich bedingender Eintragungen (z. B. Überprüfung der Richtigkeit der Eintragung zum Merkmal »Geschlecht« am Vornamen der Versuchsperson), zum anderen durch das Aufdecken fehlerhafter Angaben auf Grund von Erfahrungswerten. (Tritt z. B. beim Merkmal »Stabhochsprung« der Wert 50,3 m auf, so ist diese Eintragung offensichtlich falsch. Mit großer Wahrscheinlichkeit kann angenommen werden, daß 5,03 m der richtige Wert ist.)

Diese Arbeiten sind wie das Codieren *vor* der Herstellung maschinenlesbarer Datenträger vorzunehmen. Erfolgt jedoch die Erfassung direkt auf einem maschinenlesbaren Datenträger (wie z. B. beim Markierungsbeleg), so werden diese Kontrollen dem Rechner durch ein entsprechendes Programm weitgehend übertragen.

Gehen Sie zum nächsten Lehrschritt   ————————▶ 68

echneten Sie

$$= \frac{\bar{x}_1 + \bar{x}_2}{2} = 4{,}25?$$

as ist falsch!

Bearbeiten Sie den folgenden
Lehrschritt aufmerksam!

!

Rechneten Sie

$$\bar{x} = \frac{3{,}17 \cdot 10 + 5{,}33 \cdot 35}{45} = 4{,}85?$$

Das ist richtig!

Sie können den Lehrschritt
191 überfliegen!

191

äufig ist es notwendig, Mittelwerte zusammenzufassen, die aus Stichproben verschie-
nen Umfangs stammen, um die Gesamtheit der untersuchten Stichproben durch *eine*
aßzahl zu kennzeichnen.
eider findet man in der Praxis immer wieder Beispiele dafür, daß dieses Gesamtmittel
lsch berechnet wird, indem nämlich das unterschiedliche Gewicht, das den Einzel-
itteln zukommt, nicht beachtet und damit gegen die Definitionsgleichungen des Er-
artungswertes verstoßen wird.
ollen mehrere Beobachtungsfolgen (Teilstichproben) mit den Umfängen $n_1, n_2, ..., n_l$
d den arithmetischen Mittelwerten $\bar{x}_1, \bar{x}_2, ..., \bar{x}_l$ zu *einer* Folge (zu einer Gesamtstich-

obe) mit dem Umfang $n = \sum\limits_{k=1}^{l} n_k$ vereinigt werden, so ist das **Gesamtmittel** als

ewogenes arithmetisches Mittel nach

$$\bar{x}_g = \frac{\bar{x}_1 n_1 + \bar{x}_2 n_2 + \cdots + \bar{x}_l n_l}{n} = \frac{1}{n} \cdot \sum\limits_{k=1}^{l} \bar{x}_k n_k \qquad (17)$$

berechnen.
dieser Formel ist das unterschiedliche »Gewicht« der Einzelstichproben berücksichtigt.

Wir wiederholen die Aufgabe des letzten Lehrschrittes.

Gegeben: Stichprobe 1 mit $n_1 = 10$ und $\bar{x}_1 = 3{,}17$
Stichprobe 2 mit $n_2 = 35$ und $\bar{x}_2 = 5{,}33$.

Gesucht: Gesamtmittel $\bar{x}$ der beiden Stichproben.

Aus (17) folgt $\bar{x}_g = \dfrac{3{,}17 \cdot 10 + 5{,}33 \cdot 35}{10 + 35} = \dfrac{218{,}25}{45} = 4{,}85.$

1. Zur Vergleichsarbeit Physik, deren Ergebnisse in der 11 B uns schon
mehrfach beschäftigten, liegen nach der Auswertung auch Mittelwerte
aus anderen Klassen vor.

Schul-klasse	Umfang n_k	Arithmetisches Mittel $\bar{x}_k$ (Punkte)
11 A	40	13,00
11 B	32	12,53
11 C	20	16,60

Berechnen Sie das arith-
metische Mittel der Leistung
aller drei Klassen (das Gesamtmittel)!

2. Kann man das arithmetische Mittel für ordinal- und nominalskalierte
Daten berechnen?

2.2.   Ziel der Aufbereitung

68

Nach der Datenerfassung folgt die Aufbereitung als zweite Etappe einer empirischen Untersuchung.

▶   Unter **Aufbereitung** verstehen wir das Ordnen und Verdichten der Daten in Form von Tabellen.

Bei der Daten*erfassung* war das *Messen* die entscheidende Tätigkeit. Jetzt, für die *Aufbereitung* der Daten, steht das *Zählen* im Vordergrund.

Die in einer Untersuchung anfallenden Originaldaten gestatten auf Grund ihres Ungeordnetseins und ihrer oft großen Anzahl keinerlei Einblicke in das Wesen der Erscheinung.

Erst durch das Ordnen und Verdichten der Einzeldaten wird das Beobachtungsmaterial überschaubar. Damit gelingt es uns, das Typische der Erscheinung sichtbar zu machen und gewisse Strukturen aufzudecken.

Das Ergebnis dieser zweiten Etappe wird in **Tabellen** festgehalten.

Frage: Was ist die entscheidende Tätigkeit bei der Aufbereitung?

Antwort:

Lösung:

Meßwert x_i (Punkte)	Differenz $x_i - \bar{x}$	Quadrat $(x_i - \bar{x})^2$
4	0,11	0,01
5	1,11	1,23
2	−1,89	3,57
5	1,11	1,23
0	−3,89	15,13
5	1,11	1,23
7	3,11	9,67
4	0,11	0,01
3	−0,89	0,79

$$32,87 = \sum_{i=1}^{9}(x_i - \bar{x})^2 = SQ$$

Alle bisherigen Betrachtungen zum arithmetischen Mittel bezogen sich auf Stichproben.

Jetzt gehen wir kurz auf den Mittelwert μ der Grundgesamtheit ein. Dieser wichtige Lageparameter der Grundgesamtheit wird als theoretische Größe oft »wahrer Mittelwert« genannt, um ihn vom Mittelwert $\bar{x}$ der Stichprobe (empirische Größe) abzuheben.

Der Mittelwert μ der Zufallsvariablen X (in der Grundgesamtheit) mit der Verteilungsfunktion $F(x)$ ist der **Erwartungswert** $E(X)$ **der Zufallsvariablen.** Der Mittelwert $\bar{x} = \frac{1}{n} \cdot \sum_{i=1}^{n} x_i$ der Stichprobe ist – bei Vorliegen einer Normalverteilung – ein erwartungstreuer Schätzwert für den (unbekannten) Verteilungsparameter μ.

! Wissen Sie mit den Begriffen »Verteilungsfunktion« und/oder »Erwartungswert der Zufallsvariablen« nichts oder nichts mehr anzufangen, so lesen Sie die Lehrschritte T 24 und T 26 bzw. T 29, und kehren Sie danach zu diesem Lehrschritt 190 zurück. Verblättern Sie also diese Seite nicht!

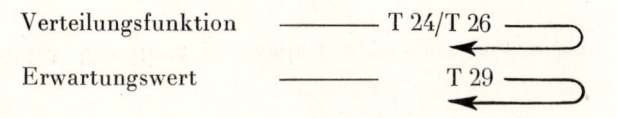

Verteilungsfunktion ——— T 24/T 26 ———

Erwartungswert ——— T 29

Gegeben seien die Mittelwerte zweier Stichproben mit unterschiedlichen Umfängen.

Stichprobe	Umfang	arithmetisches Mittel
1	$n_1 = 10$	$\bar{x}_1 = 3,17$
2	$n_2 = 35$	$\bar{x}_2 = 5,33$

Berechnen Sie das Gesamtmittel $\bar{x}$ der beiden Stichproben!

Richtige Antwort: Das Zählen.

Wir zählen, wie viele Elemente die gleiche Merkmalsausprägung tragen.

Die so erhaltenen Zahlen werden Häufigkeiten genannt.

Definition

Unter **Häufigkeit** verstehen wir die Anzahl der Elemente einer Grundgesamtheit oder Stichprobe, die die gleiche Merkmalsausprägung tragen. Als Symbol verwenden wir f (Abkürzung für Frequenz, engl. frequency).

Dabei handelt es sich immer — wenn nichts anderes vermerkt wird - um absolute Häufigkeiten.

Für die Bürger der Stadt Leipzig sollen Angaben zum Merkmal »Familienstand« gemacht werden. Dazu zählt man aus, wie viele Leipziger ledig, verheiratet, verwitwet oder geschieden sind. Für 1964 ergaben sich folgende Werte:

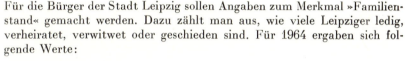

$$\left.\begin{array}{ll} f_{\text{ledig}} & = f_1 = 209\,474 \\ f_{\text{verheiratet}} & = f_2 = 297\,465 \\ f_{\text{verwitwet}} & = f_3 = 64\,005 \\ f_{\text{geschieden}} & = f_4 = 23\,936 \end{array}\right\}$$ Angaben nach Statistisches Jahrbuch 1967 Bezirk Leipzig

Vorteilhaft ist die übersichtliche Anordnung der Daten in einer **Häufigkeitstabelle.** Die unterschiedlichen Beobachtungswerte (d. h. die verschiedenen Merkmalsausprägungen) werden im allgemeinen mit x_j bezeichnet ($j = 1, 2, ..., m$).

Für unser Beispiel hat die Häufigkeitstabelle folgendes Aussehen:

Merkmalsausprägung x_j ($j = 1, ..., 4$)	Häufigkeit f_j
x_1 (ledig)	209 474
x_2 (verheiratet)	297 465
x_3 (verwitwet)	64 005
x_4 (geschieden)	23 936

Frage: Was erhält man, wenn man alle Häufigkeiten f_j einer Stichprobe oder Grundgesamtheit addiert, also $\sum\limits_{j=1}^{m} f_j$ bildet?

Antwort:

163

Lösung:

Anmerkung:
Zum besseren Verständnis dafür, daß $\bar{x} \approx 12{,}7$ Punkte an der angegebenen Stelle liegt, haben wir zusätzlich die exakten Klassengrenzen eingetragen.

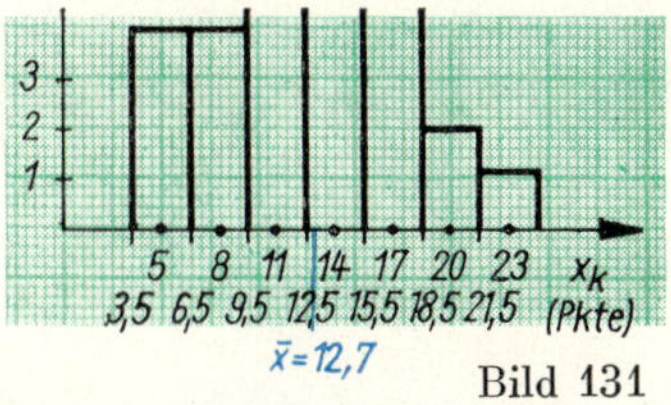

Bild 131

Wir wenden uns den wichtigsten Eigenschaften des arithmetischen Mittels zu:

1. Die algebraische Summe der Abweichungen aller Meßwerte von ihrem arithmetischen Mittel ist Null.

$$\sum_{i=1}^{n} (x_i - \bar{x}) = 0 \tag{15}$$

Psychologischer Test aus Schritt 180. Berechneter Mittelwert: $\bar{x} = 3{,}89$ Pkt.

Meßwert x_i (Punkte)	Differenz $x_i - \bar{x}$
4	0,11
5	1,11
2	−1,89
5	1,11
0	−3,89
5	1,11
7	3,11
4	0,11
3	−0,89
	−0,01 ≈ 0

Man kann ebensogut über die primäre Verteilungstafel gehen.

Dann läßt sich $\sum_{k=1}^{l} (x_k - \bar{x}) f_k = 0$ bestätigen.

Kleine Abweichungen von Null ergeben sich auf Grund von Rundungen bei der Berechnung von $\bar{x}$.

Dieser Satz ist wichtig für die Bestimmung von Streuungsmaßen.

2. Die Summe der Abweichungsquadrate (*SQ*, oft auch *SAQ*) aller Meßwerte von deren arithmetischem Mittel ist stets ein Minimum.

$$\sum_{i=1}^{n} (x_i - \bar{x})^2 \text{ Min.} \tag{16}$$

Dieser Satz besagt: Die Summe der Abweichungsquadrate aller Meßwerte von irgendeinem Wert $x \neq \bar{x}$ ist immer größer als die der Abweichungsquadrate aller Meßwerte vom arithmetischen Mittel.
Beide Sätze sind allgemein ableitbar. Wir gehen hier darauf nicht ein.

3. Das arithmetische Mittel stützt sich auf *alle* Meßwerte. Jede Änderung eines einzelnen Wertes, die Hinzugabe oder Wegnahme eines Gliedes, bewirken eine Veränderung der Größe des arithmetischen Mittels. Man spricht von der »Empfindlichkeit« des arithmetischen Mittels (WEBER, 1967).

Berechnen Sie $\sum_{i=1}^{n} (x_i - \bar{x})^2$ für das Testbeispiel auf einem Übungsblatt!

Verwenden Sie dazu Teilergebnisse aus obiger Tabelle!

Lösung:

Man erhält den Umfang n der Stichprobe oder N der Grundgesamtheit.

$$\sum_{j=1}^{m} f_j = n \ (\text{bzw. } N)$$

Um Vergleiche zwischen Häufigkeiten bei unterschiedlichem Umfang der Stichproben (bzw. Grundgesamtheiten) zu ermöglichen, berechnet man relative Häufigkeiten, das heißt, man bezieht die absoluten Häufigkeiten auf den Umfang n der Stichprobe (bzw. N der Grundgesamtheit).

70

Definition

Unter der **relativen Häufigkeit** einer Merkmalsausprägung verstehen wir das Verhältnis der vorliegenden absoluten Häufigkeit f zum Umfang n (bzw. N).

$$\text{Relative Häufigkeit} = \frac{\text{absolute Häufigkeit } f}{\text{Umfang } n} \quad \left(\text{bzw. } \frac{f}{N}\right)$$

Relative Häufigkeiten werden oft in Prozenten angegeben.

Wir erweitern die Häufigkeitstabelle aus Lehrschritt 69.

Merkmalsausprägung x_j $(j = 1, ..., 4)$	(absolute) Häufigkeit f_j	relative Häufigkeit	
		$\dfrac{f_j}{n}$	$\dfrac{f_j}{n}$ (in %)
x_1 (ledig)	209474	0,352	35,2
x_2 (verheiratet)	297465	0,500	50,0
x_3 (verwitwet)	64005	0,108	10,8
x_4 (geschieden)	23936	0,040	4,0
Summe	$\sum_{j=1}^{4} f_j = 594880 = n$	$\sum_{j=1}^{4} \dfrac{f_j}{n} = 1,000$	100,0

Ist der Stichprobenumfang hinreichend groß, so gehen die relativen Häufigkeiten $\dfrac{f_j}{n}$ $(j = 1, 2, ..., m)$ der jeweiligen Merkmalsausprägungen über in die Wahrscheinlichkeiten p_j

$$\boxed{\lim_{n \to \infty} \frac{f_j}{n} = p_j} \quad (j = 1, 2, ..., m) \tag{2}$$

Wenn Sie mit der Bezeichnung »lim« nichts anzufangen wissen, so schauen Sie auf die 2. Seite des Beihefts!

Berechnen Sie für folgende Tabelle die relativen Häufigkeiten!

Mathematiknote x_j	absolute Häufigkeit f_j	relative Häufigkeit $\dfrac{f_j}{n}$
1	4	_____
2	9	_____
3	5	_____
4	2	_____
5	—	_____

Lösungen: Verfahren des angenommenen Mittelwerts.

Zu 1. Ihre Antwort:

A	B	C
Die Klassenbreite $b = 1$ ist in diesem Fall nicht richtig! Wir definierten (im Schritt 89) die Klassenbreite als Differenz zwischen exakter oberer und unterer Klassengrenze. Das wäre hier z. B. $13{,}85 - 13{,}75 = 0{,}1$. $b = 0{,}1$ ist der richtige Wert, und diesen müßten Sie in den entsprechenden Formeln verwenden.	Sie haben völlig recht! $b = 0{,}1$ ist die richtige Klassenbreite, und diese ist beim Einsetzen in die Formeln zu verwenden.	Nein. Der von Ihnen vermutete Wert für die Klassenbreite ist falsch! Wir definierten (im Schritt 89) die Klassenbreite als Differenz zwischen exakter oberer und unterer Klassengrenze. Das wäre im vorliegenden Beispiel $13{,}85 - 13{,}75 = 0{,}1$. Also $b = 0{,}1$ ist richtig, und dieser Wert muß in die entsprechenden Formeln eingehen.

Zu 2. Richtige Antwort (sinngemäß):

Ja, solange intervallskalierte Daten zugrunde liegen. Das ist z. B. beim diskreten Merkmal »Fehlerzahl im Diktat« durchaus der Fall.

188

Das arithmetische Mittel ist ein wichtiges Charakteristikum für die Häufigkeitsverteilung und kann in deren graphische Darstellung (Streckendiagramm, Histogramm, Häufigkeitspolygon) eingetragen werden.

Wir zeigen das am Diktatbeispiel:

Die Eintragung erfolgt auf der Merkmalsachse. Man orientiere sich an den Merkmalsausprägungen (bei diskreten Merkmalen) und an den exakten Klassengrenzen oder Klassenmitten (bei stetigen Merkmalen) über die richtige Plazierung.

Liegt Klasseneinteilung vor, so wird meist der aus dieser hervorgegangene Mittelwert für die Grafik verwendet.

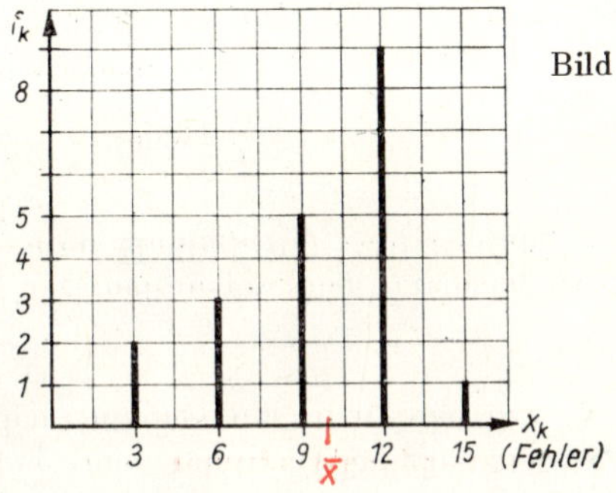

Bild 129

Tragen Sie das für unser Standardbeispiel (stetiges Merkmal »Leistungsstand in Physik«) aus der Klasseneinteilung gefundene arithmetische Mittel in das hier nur angedeutete Histogramm ein!

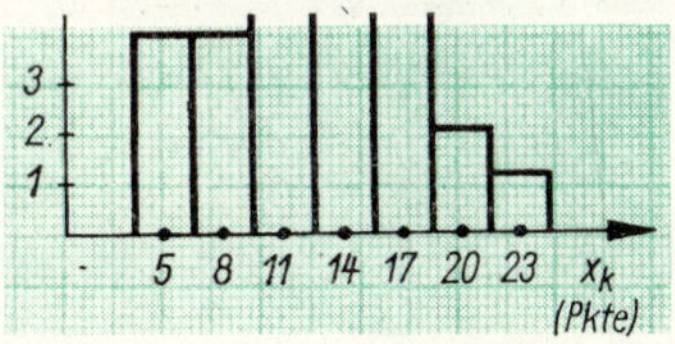

Bild 130

Lösung:

Mathematiknote x_j	absolute Häufigkeit f_j	relative Häufigkeit $\frac{f_j}{n}$
1	4	0,20
2	9	0,45
3	5	0,25
4	2	0,10
5	–	–
	$n = 20$	1,00

Hinweis: Wenn Sie die relativen Häufigkeiten in $\%$ angegeben haben, ist die Aufgabe ebenfalls richtig gelöst.
Beachten Sie die Kontrollmöglichkeit, die darin besteht, daß die *Summe der relativen Häufigkeiten immer 1,00 $\triangleq$ 100 %* ergeben muß.

Absolute wie relative Häufigkeiten können bei allen Datenarten entstehen; wir erhalten Häufigkeiten bei Meßwerten, bei Rangdaten und bei Kategorien.
Stellt man Merkmalsausprägungen und deren Häufigkeiten nebeneinander, so erhält man eine Häufigkeitsverteilung.

Häufigkeitsverteilungen sind das Ziel der Datenaufbereitung.

71

Definition

▷ Unter **Häufigkeitsverteilung** verstehen wir die eindeutige Zuordnung von (absoluten oder relativen) Häufigkeiten zu allen im Variationsbereich möglichen Ausprägungen des Merkmals oder zu den möglichen Ausprägungen einer Kombination mehrerer Merkmale.

● Beispiel für eine Häufigkeitsverteilung: Siehe Tabelle oben.

Die Begriffe »Häufigkeitsverteilung« und »Wahrscheinlichkeitsverteilung« sind nicht voneinander zu trennen.

Wiederholen Sie die Lehrschritte 13 und 14, und kehren Sie dann nach hier zurück! ——— 13 u. 14 ———

Analog dazu, daß relative Häufigkeiten bei hinreichend großem n in Wahrscheinlichkeiten übergehen, werden aus Häufigkeitsverteilungen für $n \rightarrow \infty$ Wahrscheinlichkeitsverteilungen.
Häufigkeitsverteilungen begegnen uns in der praktischen Arbeit, während Wahrscheinlichkeitsverteilungen für die Theorie der Mathematischen Statistik wichtig sind.

Frage: Warum ist die in obiger Tabelle dargestellte Verteilung keine Wahrscheinlichkeitsverteilung?

Antwort:

_____

_____

_____

Lösung:

Klasse (Punkte)	Klassenmitte x_k (Punkte)	Häufigkeit f_k	Hilfswert $x_k' = \dfrac{x_k - x_a}{b}$	Produkt $x_k' f_k$
Spalte (0)	(1)	(2)	(3)	(4) = (2) · (3)
4 bis 6	5	4	−3	−12
7 bis 9	8	4	−2	− 8
10 bis 12	11	6	−1	− 6
13 bis 15	14 = x_a	10	0	0
16 bis 18	17	5	1	5
19 bis 21	20	2	2	4
22 bis 24	23	1	3	3
Summe		32 = n		−14 = $\Sigma x_k' f_k$

Wir entschieden uns für $x_a = 14$, weil dieses x_k in der Verteilungsmitte liegt und die größte Häufigkeit aufweist. Jeder andere angenommene Mittelwert aus der Folge der x_k muß jedoch in der weiteren Rechnung auf das gleiche $\bar{x}$ führen.

Aus Formel, (14) Schritt 183, folgt

$$\bar{x} = 14 + \frac{3}{32} \cdot (-14) = 14 - \frac{42}{32}; \quad \bar{x} = 12{,}69 \text{ Punkte.}$$

Das ist ein guter Näherungswert für $\bar{x}$.

Sollten Sie mit der Lösung dieser Aufgabe nicht zurechtgekommen sein, so wiederholen Sie bitte ab Schritt 182.

187

In den vorangehenden drei Schritten haben Sie relativ selbständig das Verfahren des _____ ausgeführt. Zuerst wurde die primäre und dann die sekundäre Verteilungstafel zugrunde gelegt. Dabei konnten wir feststellen, daß es keinerlei Unterschiede in der Anwendung des Verfahrens gibt.

Die Ursache dafür ist darin zu suchen, daß die primäre Verteilungstafel für stetige Merkmale praktisch immer schon eine sekundäre ist, denn die gemessenen Werte können nur in Klassen erfaßt werden (Grenzen der Meßgenauigkeit). Die Klassenbreite b war hier im Beispiel für die sekundäre Verteilungstafel $b = 3$, für die primäre $b = 1$. Letzteres darf uns nicht zu der Annahme verleiten, daß bei *jeder* primären Verteilungstafel $b = 1$ zu setzen sei.

1. Welche Klassenbreite geht in die Rechnungen ein, wenn folgende primäre Verteilungstafel vorliegt:

Masse x_k(g)	Häufigkeit f_k
13,7	2
13,8	0
13,9	5
14,0	7
14,1	3
14,2	1

Antwortangebote:

Die Klassenbreite $b = 1$ ⟶ A

$b = 0{,}1$ ⟶ B

oder ein anderer Wert? ⟶ C

Ihre Antwort: _____ (A, B oder C)

2. Ist die Berechnung des arithmetischen Mittels auch für diskrete Merkmale sinnvoll?

Ihre Antwort: _____

_____

Richtige Antwort:

Da $n = 20$ zu klein ist.

Wahrscheinlichkeitsverteilungen verlangen hinreichend großes n, das heißt, n muß gegen ∞ streben.

Betrachten wir am Untersuchungsgegenstand *ein* Merkmal unabhängig von anderen, so gelangen wir zu einer monovariablen Häufigkeitsverteilung (auch: eindimensionale Häufigkeitsverteilung).

Immer dann, wenn nur von »Häufigkeitsverteilung« die Rede ist, ist eine monovariable Häufigkeitsverteilung gemeint.

Einige solcher Häufigkeitsverteilungen lernten wir in den vorangehenden Lehrschritten bereits kennen.

Allgemein läßt sich eine (monovariable) Häufigkeitsverteilung für das Merkmal X mittels einer Tabelle so darstellen:

Merkmals-ausprägung	Häufigkeit absolut oder relativ	
x_j	f_j	$\dfrac{f_j}{n}$
x_1	f_1	$\dfrac{f_1}{n}$
x_2	f_2	$\dfrac{f_2}{n}$
$\vdots$	$\vdots$	$\vdots$
x_j	f_j	$\dfrac{f_j}{n}$
$\vdots$	$\vdots$	$\vdots$
x_m	f_m	$\dfrac{f_m}{n}$
	$\displaystyle\sum_{j=1}^{m} f_j = n$	$\displaystyle\sum_{j=1}^{m} \dfrac{f_j}{n} = 1{,}00 \triangleq 100\%$

Diese Tabelle wird oft als **primäre Verteilungstafel** bezeichnet.

Von 15 Absolventen einer Fachschule werden im Abschlußexamen folgende Gesamtprädikate erzielt:

Absolvent	A	B	C	D	E	F	G	H	I	K	L	M	N	O	P
Examensprädikat	2	3	1	1	2	2	2	4	3	1	2	3	4	3	2

Stellen Sie auf einem Arbeitsblatt dazu die Häufigkeitstabelle auf!

169

$x_a = 13$ $\qquad\qquad\qquad\qquad n = 32$

$\qquad\quad b = 1$ $\qquad\qquad\qquad\qquad \sum x_k' f_k = -15$

$\qquad \bar{x} = 13 + \dfrac{1}{32} \cdot (-15)$

$\qquad \bar{x} = 12{,}53$ Punkte.

Das ist der auf zwei Stellen nach dem Komma genaue Wert für $\bar{x}$.

Wir gelangen zum gleichen Ergebnis, wenn wir Formel (12) (Schritt 181) anwenden würden.

Wenn Sie der Meinung sind, daß wir die Aufgabe damit schneller gelöst hätten, so ist das nicht von der Hand zu weisen.

Bedenken Sie aber bitte, daß hier relativ kleine Merkmalswerte vorliegen und daß sich das Verfahren des angenommenen Mittelwerts erst dann richtig lohnt, wenn große Werte auftreten.

Überdies gehen wir meist von der sekundären Verteilungstafel aus. Bei dieser wirkt sich das Verfahren besonders vorteilhaft aus.

Wir wollen das noch einmal – jetzt für unser Beispiel »Leistungsstand in Physik« – nachweisen.

Berechnen Sie das arithmetische Mittel für die Daten des untersuchten Merkmals »Leistungsstand in Physik« (11 B, Pestalozzi-OS Neustadt) erneut mit Hilfe des Verfahrens des angenommenen Mittelwerts, gehen Sie aber jetzt von der sekundären Verteilungstafel aus!

Klasse (Punkte)	Klassen- mitte x_k (Punkte)	Häufigkeit f_k		
Spalte (0)	(1)	(2)	(3)	(4) = _____
4 bis 6	5	4		
7 bis 9	8	4		
10 bis 12	11	6		
13 bis 15	14	10		
16 bis 18	17	5		
19 bis 21	20	2		
22 bis 24	23	1		
Summe		32 = n		

Entscheiden Sie sich für einen angenommenen Mittelwert, füllen Sie die Spalten (3) und (4) aus, und berechnen Sie $\bar{x}$.

Aus Formel _____, Schritt _____, folgt:

$\qquad \bar{x} =$ _____

_____

Examensprädikat x_j	absolute Häufigkeit f_j	relative Häufigkeit $\frac{f_j}{n}$
1	3	0,200
2	6	0,400
3	4	0,267
4	2	0,133
	15	1,000

Lösung:

Anmerkung: Die Angabe der absoluten Häufigkeiten genügt hier völlig.

Neben monovariablen Häufigkeitsverteilungen, die sich auf die Untersuchung jeweils *eines* Merkmals beziehen, gibt es bivariable (zweidimensionale) und multivariable (mehrdimensionale) Häufigkeitsverteilungen.

Bivariable Häufigkeitsverteilungen entstehen, wenn an jedem Element der beobachteten Menge von Individuen oder Objekten *zwei* Merkmale untersucht und zueinander in Beziehung gebracht werden. Man will feststellen, ob ein Zusammenhang zwischen den beiden Merkmalen (Zufallsvariablen) besteht.

Die Darstellung einer bivariablen Häufigkeitsverteilung erfolgt zweckmäßig durch eine Beziehungstafel.

Bei den 15 Absolventen der Fachschule untersuchte man ein Jahr nach dem Verlassen der Schule die Bewährung in der Praxis und gab die Einschätzungen »gut« (g), »mittel« (m) und »schlecht« (s). Für jeden Absolventen liegt jetzt ein Paar von Beobachtungen vor:

Absolvent	A	B	C	D	E	F	G	H	I	K	L	M	N	O	P
Studienleistung (Merkmal X) als Examensprädikat	2	3	1	1	2	2	2	4	3	1	2	3	4	3	2
Praxisbewährung (Merkmal Y)	g	g	m	g	m	m	g	m	s	g	g	m	s	m	g

Die Beziehungstafel sieht hier so aus:

Merkmalsausprägungen		Merkmal Y (Praxisbewährung)			Zeilensumme
		g	m	s	
Merkmal X	1	2	1		___
(Studienleistung,	2	4	2		___
ausgedrückt im	3	1	2	1	___
Examensprädikat)	4		1	1	___
Spaltensumme		___	___	___	$15 = n$

Aus dieser ist ablesbar, daß z. B. 2 Absolventen mit »1« im Abschlußexamen sich in der Praxis gut bewähren, während ein weiterer »Einser« es nur zu mittelmäßigen Erfolgen brachte.

1. Überlegen Sie an Hand des Beispiels, wie die Beziehungstafel aus den gegebenen Daten entsteht.
2. Rechnen Sie für jede Zeile und Spalte der Merkmalsausprägungen die Randsummen aus, und tragen Sie die Werte in die Tafel ein!
3. Welchen Zusammenhang zwischen den beiden Merkmalen entnehmen Sie der Tafel?

rhielten Sie als **Summe der letzten (der 4.) Spalte** den Wert

| −15 oder | 111 oder | einen oder anderen Wert | keinen Wert? |

Das ist richtig!

Das ist falsch!

Sie haben die Vorzeichen nicht beachtet, sondern alle Produkte unabhängig vom Vorzeichen addiert.

Sie haben sich verrechnet!

Sie sollten sorgfältiger vorgehen! Haben Sie insbesondere beachtet, daß bei der Summation die Vorzeichen zu berücksichtigen sind?

Hier ist die richtige Lösung für Spalten (3) und (4):

$x_k' = \dfrac{x_k - x_a}{b}$	$x_k' f_k$
−9	−18
−8	−16
−7	0
−6	− 6
−5	−10
−4	− 4 ∨
−3	0
−2	− 6 ∨
− 1	− 3 ∨
0	0
1	1
2	8
3	9 ∨
4	4 ∨
5	5
6	12
7	0
8	0
9	9
	$\vert -15 = \Sigma x_k' f_k$

! Vergleichen Sie Ihre Lösung mit der richtigen hier ⟶

Beachten Sie Rechenvorteile beim Addieren!

So heben sich z. B. die Zahlen »−4« und »4« gegenseitig auf, ebenso »−6« und »−3« gegen »9«.

Wir führen die Beispielaufgabe – Berechnung des arithmetischen Mittels aus der primären Verteilungstafel – zu Ende und bedienen uns dazu wiederum der Formel (14) aus Schritt 183.

185

Wir benötigen die Werte für x_a, b, n und $\sum x_k' f_k$.

Im vorliegenden Falle ist

$$x_a = \underline{\hspace{3cm}} \qquad n = \underline{\hspace{3cm}}$$
$$b = \underline{\hspace{3cm}} \qquad \sum x_k' f_k = \underline{\hspace{3cm}}$$

Setzen wir die Werte in

$$\bar{x} = x_a + \frac{b}{n} \cdot \sum x_k' f_k \tag{14}$$

ein, so erhalten wir:

$$\bar{x} = \underline{\hspace{6cm}}$$
$$= \underline{\hspace{6cm}}$$

Füllen Sie die Lücken aus!

172

Merkmalsausprägungen	Merkmal Y (Praxisbewährung)			Zeilen-summe
	g	m	s	
Merkmal X 1	2	1		3
(Studienleistung, 2	4	2		6
ausgedrückt im 3	1	2	1	4
Examensprädikat) 4		1	1	2
Spaltensumme	7	6	2	$15 = n$

Hinweis auf Kontrollmöglichkeit:
Sowohl die Summe der Zeilensummen (also Summe der letzten Spalte) als auch die Summe der Spaltensummen (unterste Zeile) müssen $n = 15$ ergeben.

Überprüfen Sie das!

Mit guten Studienleistungen geht eine gute Praxisbewährung einher, mit weniger guten eine schlechte.

Zusatzbemerkung: Ob dieser Zusammenhang signifikant (im statistischen Sinne bedeutsam) ist und welche Güte ein evtl. bestätigter Zusammenhang hat, können wir mit den bis jetzt erworbenen Kenntnissen noch nicht feststellen. Wir kommen in einem späteren Teil darauf zurück.

Mit derartigen Fragen des Zusammenhangs zwischen Merkmalen und der Stärke dieses Zusammenhangs beschäftigt sich die Korrelationsstatistik. Eine Korrelations- oder Kontingenztabelle (auch Mehrfeldertafel genannt) als allgemeine tabellarische Darstellung einer bivariablen Häufigkeitsverteilung hat folgendes Aussehen:

74

Merkmalsausprägungen	Merkmal Y					Zeilen-summe $\sum\limits_{k=1}^{l} f_{jk}$
	y_1	y_2 $\cdots$	y_k	$\cdots$	y_l	
x_1	f_{11}	f_{12} $\cdots$	f_{1k}	$\cdots$	f_{1l}	$f_{1\cdot}$
x_2	f_{21}	f_{22} $\cdots$	f_{2k}	$\cdots$	f_{2l}	$f_{2\cdot}$
$\vdots$	$\vdots$	$\vdots$	$\vdots$		$\vdots$	$\vdots$
Merkmal X x_j	f_{j1}	f_{j2} $\cdots$	f_{jk}	$\cdots$	f_{jl}	$f_{j\cdot}$
$\vdots$	$\vdots$	$\vdots$	$\vdots$		$\vdots$	$\vdots$
x_m	f_{m1}	f_{m2} $\cdots$	f_{mk}	$\cdots$	f_{ml}	$f_{m\cdot}$
Spaltensumme $\sum\limits_{j=1}^{m} f_{jk}$	$f_{\cdot 1}$	$f_{\cdot 2}$ $\cdots$	$f_{\cdot k}$	$\cdots$	$f_{\cdot l}$	$f_{\cdot\cdot} = \sum\limits_{j=1}^{m}\sum\limits_{k=1}^{l} f_{jk} = n$

Erschrecken Sie nicht über die Kompliziertheit der Darstellung. Sie finden hier weiter nichts als die verallgemeinerte Form der Beziehungstafel vor, die Sie im Schritt 73 kennenlernten. Wir erklären Ihnen die Bedeutung der einzelnen Symbole. Alle f sind Häufigkeiten. Die f_{jk} ($j = 1, ..., m; k = 1, ..., l$) geben an, wieviel Elemente sowohl die Ausprägung x_j des Merkmals X als auch die Ausprägung y_k des Merkmals Y tragen. Einige der f_{jk} können Null sein. Die $f_{j\cdot}$ bedeuten die Zeilensummen (es wird über k als Laufindex summiert), die $f_{\cdot k}$ die Spaltensummen (es wird über die j summiert). Rechts unten entsteht als Doppelsumme (nämlich als Spaltensumme der Zeilensummen oder umgekehrt) der Umfang n.

Vergleichen Sie die allgemeine Darstellung der bivariablen Häufigkeitsverteilung hier mit der der monovariablen Verteilung im Schritt 72.

u 1.   **$x_a = 12$**

   $\bar{x} = 12 + \frac{3}{20} \cdot (-16) = 12 - 2{,}4; \quad \bar{x} = 9{,}6$ Fehler

u 2.   Wir erhalten ein und dasselbe Resultat, unabhängig davon, welches x_k wir als angenommenen Mittelwert x_a ansetzen.

Vir betonen, daß die Formeln (12), (13), (14) und (14a) in den voranstehenden drei .ehrschritten und damit also auch das Verfahren des angenommenen Mittelwerts icht nur auf die sekundäre, sondern auch auf die primäre Verteilungstafel anwendbar nd. Wir wollen das an unserem Beispiel »Untersuchung des Leistungsstands in Physik« eigen.

184

Beispielaufgabe:

Berechnung des arithmetischen Mittels zum Merkmal »Leistungsstand in Physik« in der Kl. 11 B der Pesta-lozzi-OS Neustadt mit Hilfe des Verfahrens des angenommenen Mittelwerts.

Wir gehen von den Originaldaten aus und legen die primäre Verteilungstafel zugrunde. Bei diesem Beispiel ist $b = 1$.

Füllen Sie die Lücken aus!

Arbeiten Sie selbständig!

Blättern Sie zurück, wenn Sie ohne Hilfe nicht weiterkommen!

Gehen Sie erst dann zum folgenden Schritt, wenn Sie die Summe der letzten Spalte berechnet haben oder nicht weiter wissen!

Primäre Verteilungstafel

Merkmals-wert x_k (Punkte)	Häufig-keit f_k	Hilfswert $x_k' = \dfrac{x_k - x_a}{b}$	Produkt $x_k' f_k$
Spalte (1)	(2)	(3)	(4) = (2)·(3)
4	2		
5	2		
6	–		
7	1		
8	2		
9	1		
10	–		
11	3		
12	3	−1	−3
13 = x_a	5	0	0
14	1	1	1
15	4		
16	3		
17	1		
18	1		
19	2		
20	–		
21	–		
22	1		
Summe	32 = n		

Hinweis: Beim Aufschreiben der Hilfswerte erweist es sich oft als günstig, beim gesetzten x_a u beginnen.

Der zugehörige x_k'-Wert ist 0, von diesem aus ist nach den **kleineren** Merkmalswerten zu (also neist nach **oben**) die Folge −1, −2, −3 ... aufzuschreiben, nach **unten** die Folge 1, 2, 3, ...

Bei Ihrem Vergleich haben Sie sicher festgestellt, daß eine bivariable Häufigkeitsverteilung die Kombination zweier monovariabler Verteilungen darstellt. Zum Merkmal X mit seinen Ausprägungen $x_1, x_2, ..., x_j, ..., x_m$ tritt ein zweites Merkmal Y mit den Ausprägungen $y_1, y_2, ..., y_k, ..., y_l$. Die Mehrfeldertafel gibt mit ihren Häufigkeiten f_{jk} die Anzahl der Elemente an, auf die zugleich die Merkmalsausprägung x_j und die Merkmalsausprägung y_k zutreffen.

Die Spalte »Zeilensumme« und die Zeile »Spaltensumme« stellen, für sich betrachtet, monovariable Häufigkeitsverteilungen für die Merkmale X und Y dar.

Die Spalte $\left\{ \begin{array}{c} f_{1.} \\ f_{2.} \\ \vdots \\ f_{m.} \end{array} \right\}$ in der Korrelationstabelle (Schritt 74) ist also identisch mit der Spalte $\left\{ \begin{array}{c} f_1 \\ f_2 \\ \vdots \\ f_m \end{array} \right\}$

der (monovariablen) Häufigkeitstabelle (Schritt 72).

Waren Ihre Überlegungen nicht so ausführlich wie die hier dargestellten, so braucht Sie das nicht zu beunruhigen. Ihre Lernfortschritte sind größer, als Sie vielleicht annehmen.

75

Die Korrelations- oder Kontingenztabelle ist die übersichtliche Darstellung einer empirischen Häufigkeitsverteilung zweier Merkmale (Zufallsvariablen). An solchen Tabellen wird uns das Ordnen und Verdichten der beobachteten Daten als Ziel der Aufbereitung besonders deutlich.

Jede Zeile bzw. Spalte entspricht einer bestimmten quantitativen oder qualitativen Merkmalsausprägung oder einer Klasse von Merkmalsausprägungen, das heißt einer Zusammenfassung von mehreren Ausprägungen (z. B. Meßwerten) zu einer Gruppe. In 2.4. werden wir uns mit der Klassenbildung beschäftigen.

Wenden Sie sich für 10 Minuten von der Arbeit am Programm ab!

Entscheiden Sie dann:

Ich bin mir sicher, was ich unter qualitativen und quantitativen Merkmalsausprägungen zu verstehen habe.

————————▶ Schlagen Sie die Zusammenfassung von 2.1. und 2.2. auf **Seite 11** des **Beihefts** auf!

Ich bin mir nicht mehr sicher.————————▶ Wiederholen Sie bitte die Lehrschritte **7** und **8**, und gehen Sie erst dann zur **Seite 11** des **Beihefts**!

Klasse (Fehler)	Klassenmitte x_k (Fehler)	Häufig-keit f_k	Hilfswert $x_k' = \dfrac{x_k - x_a}{b}$	Produkt $x_k' f_k$
Spalte (0)	(1)	(2)	(3)	(4) = (2) · (3)
2 bis 4	3	2	$-3 = \dfrac{3-12}{3}$	-6
5 bis 7	6	3	-2	-6
8 bis 10	9	5	-1	-5
11 bis 13	$12 = x_a$	9	0	0
14 bis 16	15	1	1	1
Summe		$20 = n$		$-16 = \sum\limits_{k=1}^{5} x_k' f_k$

Vergleichen Sie Ihre Lösung genau mit der hier angegebenen, und korrigieren Sie, falls nötig!

Achten Sie vor allem darauf:

1. In Spalte (3) (Hilfswerte) müssen *stets ganze Zahlen* erscheinen.

2. Beim Addieren der Spalte (4) sind die Vorzeichen zu berücksichtigen!

Die Bestimmung des arithmetischen Mittels nach dem Verfahren des angenommenen Mittelwerts erfolgt nach Formel

$$\bar{x} = x_a + \frac{b}{n} \cdot \sum_{k=1}^{l} x_k' f_k \tag{14}$$

Dem angenommenen Mittelwert x_a ist das »Korrekturglied« $\dfrac{b}{n} \cdot \sum\limits_{k=1}^{l} x_k' f_k$ anzufügen.

Das ist praktisch das mit b multiplizierte arithmetische Mittel der Hilfswerte x_k'

$$\bar{x} = x_a + b \cdot \bar{x}', \text{ wo } \bar{x}' = \frac{1}{n} \cdot \sum_{k=1}^{l} x_k' f_k \tag{14a}$$

Wir geben die einzelnen Teilschritte für die Anwendung des Verfahrens an:

Festlegung eines häufig vorkommenden Wertes nahe der Verteilungsmitte als angenommener Mittelwert x_a.

Berechnen der Hilfswerte $x_k' = \dfrac{x_k - x_a}{b}$ (also: Merkmalswert minus angenommener Mittelwert durch Klassenbreite). Diese x_k' sind *stets* ganze Zahlen.

Multiplikation der x_k' mit den entsprechenden f_k.

Summierung der Produkte $x_k' f_k$. (Vorzeichen beachten!)

Einsetzen in Formel (14).

Für das Diktatbeispiel ergibt sich,

wenn wir von **$x_a = 9$** ausgehen	wenn **$x_a = 12$** zugrunde gelegt wird
$\bar{x} = 9 + \dfrac{3}{20} \cdot 4$ (Summe »4« aus Beispiel im Schritt 182) $= 9 + 0{,}6$ $\bar{x} = 9{,}6$ Fehler	$\bar{x} = $ _____ _____ _____

---

1. Führen Sie die Rechnung für $x_a = 12$ aus!

2. Vergleichen Sie dann die nebeneinanderstehenden Ergebnisse für $\bar{x}$, und ziehen Sie daraus eine Schlußfolgerung!

Wenden Sie bitte den folgenden drei Teilabschnitten
besondere Aufmerksamkeit zu!

2.3.   **Durchführung der Aufbereitung**

Wir unterscheiden zwischen manueller und maschineller Aufbereitung der Daten.

Die Wahl des einen oder anderen Verfahrens ist abhängig

- von der verfügbaren Technik,
- vom Umfang der Stichprobe,
- von der Anzahl der zu untersuchenden Merkmale.

Noch vor Beginn der Gestaltung der Datenerfassungsbelege sollte man sich einen Überblick über die zur Verfügung stehende Technik verschaffen, um die Erfassungsbelege so zweckmäßig wie möglich anlegen zu können.
Dabei sind anlagen- oder maschinenbedingte Besonderheiten zu berücksichtigen. Bei allen größeren Untersuchungen wird man sich heute der Aufbereitung mittels Datenverarbeitungsanlagen bedienen.

Nur für den Fall:

Stichprobenumfang relativ gering
und die Zahl der Merkmale gering

wird man einem manuellen Verfahren den Vorzug geben.

1. Ordnen Sie die Datenträger

Fragebogen, Lochband, Magnetband, Kerbkarte, Lochkarte, Versuchsprotokoll und Markierungsbeleg

den beiden möglichen Formen der Aufbereitung zu!

a) manuell   b) maschinell

_____   _____
_____   _____
_____   _____

2. Unter welchem Oberbegriff faßt man die unter a) und die unter b) aufgeführten Datenträger zusammen?

a) _____   b) _____

Klasse (Fehler)	Klassen- mitte x_k	Häufig- keit f_k	Produkt $x_k f_k$
2 bis 4	3	2	6
5 bis 7	6	3	18
8 bis 10	9	5	45
11 bis 13	12	9	108
14 bis 16	15	1	15
Summe		$20 = n$	$192 = \sum\limits_{k=1}^{5} x_k f_k$

Arithmetisches Mittel:

$$\bar{x} = \frac{1}{20} \cdot 192 \text{ Fehler}$$
$$= 9{,}6 \text{ Fehler.}$$

Sie werden sich vielleicht wundern, jetzt einen anderen Wert für $\sum x_k f_k$ und damit für das arithmetische Mittel $\bar{x}$ zu erhalten. Wir dürfen jedoch nicht vergessen, daß der Übergang von Originaldaten zu Klassen stets mit einem gewissen Informationsverlust verbunden ist; dieser wirkt sich natürlich auch auf die statistischen Maßzahlen aus. Die auftretenden Differenzen bleiben immer gering. Der Vorteil einer weniger aufwendigen Rechnung ist offensichtlich.

182

Liegen nicht nur viele Meßwerte vor, sondern sind deren Zahlenwerte auch recht groß, so ist für manuelles Rechnen die Anwendung des Verfahrens des angenommenen Mittelwertes zu empfehlen. Das ist eine indirekte Methode zur Berechnung des arithmetischen Mittels. Sie erlaubt uns, die Zahlen, mit denen operiert werden muß, klein zu halten und damit möglichen Rechenfehlern aus dem Wege zu gehen. Man setzt eine Merkmals- ausprägung bzw. Klassenmitte x_k als angenommenen Mittelwert x_a fest. Statt mit den Merkmalswerten x_k selbst rechnen wir mit kleinen ganzzahligen Hilfs- werten x_k'. Diese erhält man mittels der Transformation

$$x_k' = \frac{x_k - x_a}{b} \tag{13}$$

Das Verfahren sei an der sekundären Verteilungstafel des Diktatbeispiels vorgeführt:

Klasse (Fehler)	Klassen- mitte x_k (Fehler)	Häufig- keit f_k	Hilfswert $x_k' = \frac{x_k - x_a}{b}$	Produkt $x_k' \cdot f_k$
Spalte (0)	(1)	(2)	(3)	(4) = (2) · (3)
2 bis 4	3	2	$-2 = \frac{3-9}{3}$	$-4 = 2 \cdot (-2)$
5 bis 7	6	3	-1	-3
8 bis 10	▶ $9 = x_a$	5	0	0
11 bis 13	12	9	1	9
14 bis 16	15	1	2	2
Summe		$20 = n$		$4 = \sum\limits_{k=1}^{5} x_k' f_k$

Anmerkung:

Man erhält die letzte Spalte (4), indem man die Werte der Spalten (2) und (3) miteinander multipliziert.

angenommener Mittelwert: $x_a = 9$

Wir haben den angenommenen Mittelwert x_a in diesem Beispiel mit 9 angesetzt. Das erweist sich – wie wir sehen – als günstig für die Rechnung. Im Prinzip hätten wir jeden anderen Wert x_k wählen können.

Legen Sie auf Ihrem Arbeitsblatt die Tabelle noch einmal an, gehen Sie aber jetzt von $x_a = 12$ aus!

Lösung:

Zu 1.   a) manuell   b) maschinell

                  Fragebogen   Lochband

                  Kerbkarte   Magnetband

                  Versuchsprotokoll   Lochkarte

                                                Markierungsbeleg

Zu 2.   a) Primärdatenträger   b) Sekundärdatenträger

Hinweis: Wenn Sie Schwierigkeiten bei der Einordnung des **Markierungsbelegs** hatten, so ist das nicht verwunderlich, denn wir bezeichneten ihn im Schritt 61 als Primär-Sekundärdatenträger. Hier, wo es um die Daten*aufbereitung* geht, führen wir ihn unter den Sekundärdatenträgern auf, weil sie maschinell erfolgt. Der Markierungsbeleg ist ein maschinenlesbarer Datenträger.

Die einfachste Möglichkeit der manuellen Aufbereitung bietet das Strichlistenverfahren.   **77**

Wir bereiten dazu Listen mit den untersuchten Merkmalen vor.

Auch hier sollte beachtet werden, im Kopf der Listen alle Angaben eindeutig festzuhalten, die im Zusammenhang mit der Untersuchung wichtig sind, vor allem

        Art und Zweck der Untersuchung,
        Art und Umfang der Stichprobe,
        untersuchte Merkmale,
        Zeit und Ort der Untersuchung.

Zu jedem Merkmal geben wir die möglichen Ausprägungen an.

Sind die Ausprägungen qualitativer Art, so ist deren Anordnung willkürlich.

Beim Vorliegen quantitativer Ausprägungen suchen wir deren kleinsten und größten Wert (x_{min} und x_{max}) heraus und schreiben diese und alle dazwischenliegenden Merkmalswerte auf.

Sodann übertragen wir die Angaben für jedes Element aus dem

Urbeleg (Fragebogen, Versuchsprotokoll, Urliste) als Striche in die entsprechenden Felder. Es entsteht die sogenannte

Strichliste, die nach Auszählen der Striche zu einer

empirischen Häufigkeitsverteilung (dargestellt als primäre Verteilungstafel) führt.

Während die Urliste eine Zusammenstellung der durch die Untersuchung ermittelten Beobachtungswerte *in zufälliger Folge* ist, bietet die primäre Verteilungstafel die Werte *in arithmetischer Ordnung* und mit der Angabe der Häufigkeit jeden Wertes. Die primäre Verteilungstafel ist übersichtlicher als die Urliste.

        Wiederholen Sie diesen Schritt **77**.

        Dann zum zugehörigen Beispiel nach   ——————▶ **78**

Lösung: $\bar{x} = \frac{1}{20} \cdot 190$ Fehler $= 9{,}5$ Fehler.

Bei der Lösung dieser Aufgabe haben Sie sich vielleicht gefragt, ob man die Berechnung des arithmetischen Mittels nicht besser aus einer Verteilungstafel vornimmt.

Diese Frage ist berechtigt und zu bejahen, und zwar sowohl

für die **primäre Verteilungstafel** (die Merkmalsausprägung x_j, $j = 1, \ldots, m$, liegt f_j-mal vor) wie auch

für die **sekundäre Verteilungstafel** (die Klasse mit der Klassenmitte x_k, $k = 1, \ldots, l$, enthält f_k Werte).

Anmerkung: Um Sie nicht mit zuviel verschiedenen Formeln zu belasten, werden wir im folgenden vorwiegend mit dem Index k arbeiten, also die sekundäre Verteilungstafel (Klasseneinteilung) in den Vordergrund der Betrachtung stellen, weil die primäre Verteilungstafel als Sonderfall der sekundären aufgefaßt werden kann.

Beim Vorliegen einer Häufigkeitstabelle (primäre oder sekundäre Verteilungstafel) führt die Beziehung

$$\bar{x} = \frac{1}{n} \cdot \sum_{k=1}^{l} x_k f_k \tag{12}$$

schneller zum arithmetischen Mittel als die Definitionsformel (11), aus der sie unmittelbar hergeleitet werden kann.

Wir berechnen $\sum x_k f_k$, indem wir der vorliegenden Verteilungstafel rechts eine weitere Spalte für die $x_k f_k$ (Produkt aus Merkmalsausprägung oder Klassenmitte x_k und zugehöriger Häufigkeit f_k) anfügen und diese summieren.

Diktatbeispiel:

Merkmalsausprägung x_k (Fehler)	Häufigkeit f_k	Produkt $x_k f_k$
3	1	3
4	1	4
5	2	10
6	1	6
7	—	0
8	2	16
9	2	18
10	1	10
11	2	22
12	4	48
13	3	39
14	1	14
Summe	$20 = n$	$190 = \sum_{k=1}^{12} x_k f_k$

Primäre Verteilungstafel

Arithmetisches Mittel nach (12):

$\bar{x} = \frac{1}{20} \cdot 190$

$\bar{x} = 9{,}5$ Fehler.

Wir erhalten also das gleiche Ergebnis wie aus Formel (11).

Berechnen Sie das arithmetische Mittel für das Diktatbeispiel, indem Sie von der *sekundären* Verteilungstafel ausgehen.

Sekundäre Verteilungstafel

Klasse (Fehler)	Klassenmitte x_k (Fehler)	Häufigkeit f_k	
2 bis 4	3	2	____
5 bis 7	6	3	____
8 bis 10	9	5	____
11 bis 13	12	9	____
14 bis 16	15	1	____
Summe		$20 = n$	

Arithmetisches Mittel:

$\bar{x} = $ ____

$= $ ____

Vergleichsarbeit Physik

Klasse 11 B der Pestalozzi-OS Neustadt,

Umfang: $n = 32$, davon 19 Mädchen, 13 Jungen,

Merkmal: Leistungsstand in Physik, gemessen in Punkten,

Höchstpunktzahl 24

24. 4. 1975, Neustadt.

78

Urliste: Ungeordnete Folge der Beobachtungswerte (hier: in der Arbeit erreichte Punktzahl je Versuchsperson)

18	13	17	12	13	7	16	8
4	11	5	11	12	15	19	14
4	13	13	12	8	9	15	16
22	5	11	15	19	15	13	16

Wir sprechen auch dann von einer ungeordneten Folge der Daten, wenn diese z. B. der alphabetischen Anordnung der Schüler im Klassenbuch entspricht.

Nur eine Form der Urliste ist erforderlich. Wir entnehmen der Urliste: $x_{\min} = 4$ Pkte., $x_{\max} = 22$ Pkte.

Strichliste: Geordnete Folge der Beobachtungswerte (in Punkten)

Merkmals- ausprägung x_j ($j=1,...,19$)	Häufig- keit f_j	Merkmals- ausprägung x_j ($j=1,...,19$)	Häufig- keit f_j	Merkmals- ausprägung x_j ($j=1,...,19$)	Häufig- keit f_j
4	||	11	|||	18	|
5	||	12	|||	19	||
6		13	|||||	20	
7	|	14	|	21	
8	||	15	||||	22	|
9	|	16	|||		32 Striche
10		17	|		

Beachten Sie: Aus Platzgründen haben wir die Tabelle geteilt.

1. Welcher Unterschied besteht zwischen Urliste und Strichliste?

2. Überlegen Sie, warum der Laufindex j in der Strichliste nur von 1 bis 19 läuft!

Das arithmetische Mittel ist die wichtigste statistische Maßzahl zur Charakterisierung der Lage einer Verteilung. Dabei ist allerdings Voraussetzung, daß die erhobenen Daten intervallskaliert sind.

Das arithmetische Mittel wird oft einfach als »Mittel«, »Durchschnitt« oder »Mittelwert« bezeichnet, obwohl es neben ihm noch eine Reihe anderer Mittelwerte gibt.

Definition

Unter dem **arithmetischen Mittel** $\bar{x}$ (lesen Sie: x quer) von n Zahlen (Meßwerten einer Stichprobe) x_i ($i = 1, ..., n$) verstehen wir die Summe der x_i, dividiert durch die Anzahl n der Zahlen (Meßwerte)

$$\bar{x} = \frac{1}{n} \cdot \sum_{i=1}^{n} x_i \tag{11}$$

Die *Berechnung* des arithmetischen Mittels nach (11) ist denkbar einfach: Man addiert die einzelnen Meßwerte und dividiert die Summe durch die Zahl n der Messungen (Beobachtungen).

Ergeben sich Meßwerte 0, so ist deren Anzahl in n einzubeziehen.

Bei einem psychologischen Test, dem 9 Vpn (Versuchspersonen) unterworfen wurden, ergaben sich folgende Beobachtungswerte x_i (Urliste):

Vp i	Meßwert x_i (Punkte)
1 (Max)	4
2 (Paul)	5
3 (Udo)	2
4 (Jan)	5
5 (Ulf)	0
6 (Hans)	5
7 (Ruth)	7
8 (Karl)	4
9 (Ute)	3
$\sum_{i=1}^{9} x_i = 35$	

Wir berechnen das arithmetische Mittel!

$\bar{x} = \frac{1}{9} \cdot 35 \, \text{Punkte} = \frac{35}{9} \, \text{Punkte} = 3,89 \, \text{Punkte}.$

Bei den Untersuchungen an Erwachsenen über das Merkmal »Fehlerzahl in Rechtschreibung« (Diktatbeispiel aus Schritt 98) ergab sich folgende Urliste:

3, 6, 13, 10, 9, 12, 4, 11, 8, 5, 13, 12, 8, 12, 5, 11, 9, 14, 13, 12 (orthographische Fehler)

Berechnen Sie das arithmetische Mittel der Stichprobe!

Lösung:

Zu 1. (Sinngemäß):

Urliste – ungeordnete Folge der Beobachtungswerte (so, wie sie anfallen)
Strichliste – geordnete Folge der Beobachtungswerte mit Angabe der
Häufigkeit jeden Wertes.

Zu 2. Zwischen dem kleinsten ($x_{min} = 4$) und größten ($x_{max} = 22$) vorkommenden Beobachtungswert liegen 19 verschiedene Merkmalsausprägungen.

79

Fortsetzung des Beispiels:

Primäre Verteilungstafel, ergibt sich unmittelbar aus der Strichliste:

Merkmals-ausprägung x_j ($j = 1, ..., 19$)	Häufig-keit f_j	Merkmals-ausprägung x_j ($j = 1, ..., 19$)	Häufig-keit f_j	Merkmals-ausprägung x_j ($j = 1, ..., 19$)	Häufig-keit f_j
4	2	11	3	18	1
5	2	12	3	19	2
6	–	13	5	20	–
7	1	14	1	21	–
8	2	15	4	22	1
9	1	16	3		
10	–	17	1	$\sum_{j=1}^{19} f_j = 32 = n$	

! Vergleichen Sie die primäre Verteilungstafel mit der Strichliste des vorangehenden Schrittes!

Der Unterschied besteht lediglich darin, daß hier – in der primären Verteilungstafel –
die Häufigkeiten wirklich ausgezählt sind.

In der Praxis werden – aus Zweckmäßigkeitsgründen – Strichliste und Häufigkeitstabelle oft miteinander verbunden.

Ein Schütze schießt fünfzigmal auf eine Scheibe mit 10 Ringen und erreicht
folgendes Resultat (die Zahlen geben die Nummern der getroffenen Ringe
an):

8	9	7	6	10	8	9	5	10	3
7	8	2	–	1	3	8	9	10	9
6	7	5	2	7	–	5	8	9	7
8	4	9	7	8	10	8	6	7	9
8	4	6	10	8	7	9	6	8	9

Stellen Sie aus dieser Urliste auf einem besonderen Blatt Strichliste und
primäre Verteilungstafel auf!

Sehr gut! Ihre Kenntnisse zum Thema Mittelwerte sind überdurchschnittlich.

Entscheiden Sie:

    Ich möchte die Zusammenfassung zum Teilabschnitt
»Mittelwerte« lesen. ⟶ Beiheft, S. 22

    Trotz meiner Kenntnisse über Mittelwerte möchte ich
das Programm Schritt für Schritt weiterbearbeiten. ⟶ 180

    Ich möchte eine vergleichende Gegenüberstellung der
wichtigsten Mittelwerte durcharbeiten. ⟶ 205

    Ich würde gern Einzelheiten lesen über
        den Median (Zentralwert) ⟶ 193
        den Modalwert (das Dichtemittel) ⟶ 200
        das geometrische Mittel. ⟶ 202

    Ich möchte mich den Quantilen zuwenden. ⟶ 209

    Ich möchte mich mit Streuungsmaßen beschäftigen. ⟶ 212

Sie verfügen über zufriedenstellende Kenntnisse über Mittelwerte, sind aber sicher
daran interessiert, Ihr Wissen über dieses Stoffgebiet zu vervollständigen.

Entscheiden Sie:

    Ich will das Lehrprogramm Schritt für Schritt weiter-
bearbeiten (Teilabschnitt »Arithmetisches Mittel«). ⟶ 180

    Ich würde gern Einzelheiten lesen über
        den Median (Zentralwert) ⟶ 193
        den Modalwert (das Dichtemittel) ⟶ 200
        das geometrische Mittel. ⟶ 202

Lösung: Wir haben der Urliste entnommen: $x_{min} = -$ (Fehlschuß) $x_{max} = $ Ring 10

Strichliste		Primäre Verteilungstafel	
Merkmalsausprägung x_j ($j = 1, ..., 11$)	Häufigkeit f_j	Merkmalsausprägung x_j ($j = 1, ..., 11$)	Häufigkeit f_j
Fehlschuß	||	Fehlschuß	2
Ring 1	|	Ring 1	1
2	||	2	2
3	||	3	2
4	||	4	2
5	|||	5	3
6	|||||	6	5
7	||||| |||	7	8
8	||||| ||||| |	8	11
9	||||| ||||	9	9
10	|||||	10	5
		$\sum\limits_{j=1}^{11} f_j = 50 = n$	

Anmerkung: Das nochmalige Angeben der Merkmalsausprägung kann in der Praxis entfallen.

Das Strichlistenverfahren ist nur für kleinere Stichproben ($n < 100$) zu empfehlen. Mit dem Kerbkartenverfahren ist eine wesentlich rationellere Methode der manuellen Aufbereitung gegeben.

80

! Wiederholen Sie die Lehrinformation des Schrittes 55, und kehren Sie nach hier zurück!   —— 55 ——

Die Merkmalsausprägungen sind also auf der Kerbkarte durch bestimmte Kombinationen von Flach- und Tiefkerbungen dargestellt.

Wir sind nun daran interessiert, alle Elemente (Karten) herauszufinden, die die *gleiche Merkmalsausprägung* tragen. Das geschieht mit Hilfe einer *Selektionsnadel*, und zwar auf folgende Weise:

Alle Elemente, auf die die Merkmalsausprägung »männlich« zutrifft, seien mit »7« codiert und als solche im Feld M der Karte gekerbt (Tiefkerbung). Zum Aussortieren aller männlichen Versuchspersonen wird die Selektionsnadel an der in Bild 24 markierten Stelle in den Kartenstapel eingeführt und angehoben.

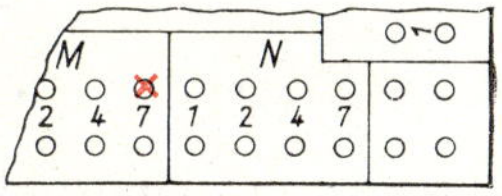

Bild 24

Damit fallen alle Karten mit Tiefkerbung an dieser Stelle, das heißt alle Elemente mit der Merkmalsausprägung »männlich«, aus dem Stapel heraus. Diese Karten werden dann gezählt.

Frage: Welche Gegenstände benötigt man bei der Arbeit mit Kerbkarten?

Antwort:

bwohl es Ihnen gelang, einige Aufgaben richtig zu lösen, haben Sie Ihre Kenntnisse um Thema »Mittelwerte« überschätzt.

Sie sollten das Lehrprogramm weiter Schritt für Schritt bearbeiten.

─────────▶ 180

Ihre Kenntnisse über Mittelwerte sind völlig unzureichend!

Arbeiten Sie den Teilabschnitt über »Mittelwerte« sorgfältig durch!

─────────▶ 180

Neben diesen drei unbedingt erforderlichen Gegenständen (Bild 25) sollte man zur Erleichterung des Aussortierens einen Selektionsrahmen benutzen. In diesen werden die Kerbkarten des besseren Zusammenhalts wegen eingelegt.

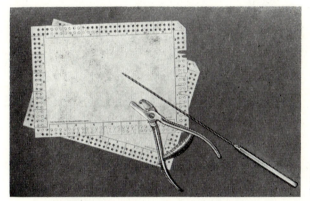

Bild 25. Kerbkarte
mit Kerbzange
und Selektionsnadel

Die Kerbkarte kann außer zur Aufbereitung von Daten sehr vorteilhaft zum Anlegen einer Kartei verwendet werden. Für diesen Zweck sind neben Kerbkarten auch noch Schlitzkarten und Sichtlochkarten gebräuchlich.

Sollten Sie sich für diese Fragen interessieren, so verweisen wir auf CLAUS, F. 1968.

Mit dem Strichlisten- und Kerbkartenverfahren haben wir zwei der wesentlichsten manuellen Aufbereitungsverfahren kennengelernt.

Entscheiden Sie:

Ich möchte jetzt einen Überblick über *maschinelle* Aufbereitungsverfahren gewinnen. ───────➤ 82

Ich möchte die Lehrschritte über maschinelle Aufbereitung beiseite lassen. ───────➤ 85

Vergleichen Sie die von Ihnen gefundenen Lösungen mit den hier angegebenen richtigen:

1. a) $\bar{x} = 7,4$ ① c) $Z = 5,75$ ①

   b) $G = \sqrt[5]{2^5 \cdot 3^5} = 6$ ① d) $D = 6$ ①

2. Der Median (= Zentralwert) ①

   (Sinngemäß:) Er überbewertet extrem liegende Werte nicht.

   Oder: Er spiegelt die zentrale Tendenz einer Verteilung besser wider als jeder andere Mittelwert. ①

3. Für bimodale (zweigipflige) und mehrgipflige Verteilungen ①

4. Nein

   Den Median (Zentralwert) ①

5. $\bar{x} = \dfrac{20 \cdot 15,6 + 80 \cdot 24,4}{100} = 22,6$ ②

Die in Kreisen angegebenen Zahlen stellen Punktwerte dar.

Geben Sie sich Punkte für *die* Aufgaben, bei denen eine Übereinstimmung Ihrer mit der hier angegebenen Lösung vorliegt.

Addieren Sie die erzielten Punkte, und gehen Sie entsprechend der erreichten Punktzahl weiter!

Ich erzielte 10 oder 9 Punkte. ⟶ **179 A**

Ich erzielte 8, 7 oder 6 Punkte. ⟶ **179 B**

Ich erzielte 5, 4 oder 3 Punkte. ⟶ **178 A**

Ich komme auf 2, 1 oder 0 Punkte. ⟶ **178 B**

Iaschinelle Aufbereitungsverfahren sind immer dann lohnend,

wenn der *Umfang der* zu untersuchenden *Stichprobe groß* ist ($n > 200$) und/oder

wenn für *mehrere Merkmale* mono- oder bivariable Häufigkeitsverteilungen aufzustellen sind.

n diesen Fällen erweisen sich manuelle Verfahren als sehr zeitaufwendig und bewirken rhebliche Fehlerzahlen.

eim Lochkartenverfahren wird – wie schon der Name sagt – die Lochkarte als Daten-räger verwendet.

Wiederholen Sie den Informationsteil des Lehrschritts 56, und arbeiten Sie dann hier weiter! —— **56** ——

ur Aufbereitung der Daten stehen **Lochkartenmaschinen** zur Verfügung, hauptsächlich

die Sortiermaschine (mit Fachzähler)

die Tabelliermaschine.

lit einer Sortiermaschine (Bild 26) ist es möglich, die Lochkarten nach einer Loch-palte zu sortieren. Alle Karten mit der gleichen Lochung in der betrachteten Loch-palte fallen in das gleiche Ablagefach und werden durch einen Fachzähler registriert.

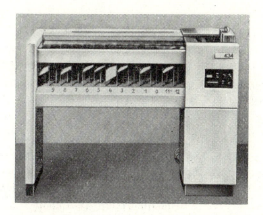

Bild 26
Sortiermaschine

as Verfahren verlangt Einfachlochungen für jede Spalte, d. h., es können in der Nor-allochzone nur die Ziffern 0, 1, ..., 9 oder in der Überlochzone die 11 oder 12 gelocht erden. Zur Darstellung einer n-stelligen Zahl werden also n Lochspalten benötigt. ie maximale Sortiergeschwindigkeit liegt für das abgebildete Modell bei 40000 Karten Stunde.

Frage: Wieviel Ablagefächer hat eine Sortiermaschine?

Antwort:

...assen Sie uns Ihre Kenntnisse über die wichtigsten Mittelwerte mit einigen kleinen ...ufgaben und Fragen überprüfen.

Lösen Sie folgende Aufgaben ohne Verwendung von Hilfsmitteln!

Führen Sie Nebenrechnungen auf einem Blatt Papier aus, und tragen Sie hier unten bitte die Ergebnisse ein!

1. Berechnen Sie für die Merkmalswerte 3, 4, 6, 6, 18

    a) das arithmetische Mittel

    b) das geometrische Mittel

    c) den Median (Zentralwert)

    d) den Modalwert (das Dichtemittel).

2. Welcher dieser vier Mittelwerte ist für die Berechnung der zentralen Tendenz bei einer schiefen Verteilung der geeignetste?

    Begründen Sie Ihre Entscheidung!

3. Für welche Form der Häufigkeitsverteilung setzen Sie den Modalwert an?

4. Kann ich für ordinalskalierte Daten das arithmetische Mittel verwenden? Wenn nein, welchen Mittelwert muß ich dann nehmen?

5. Berechnen Sie das arithmetische Mittel der Leistung einer Gesamtstichprobe, die sich aus zwei Einzelstichproben mit $n_1 = 20$ und $n_2 = 80$ zusammensetzt! Für diese sind folgende Maßzahlen gegeben: $\bar{x}_1 = 15{,}6$; $\bar{x}_2 = 24{,}4$.

Lösungen:

1. a) $\bar{x} =$ _____   c) $Z =$ _____

   b) $G =$ _____   d) $D =$ _____

2. _____

   _____

3. _____

4. Ja / Nein

   _____

5. _____

Gehen Sie nach ⟶ 177

Richtige Antwort:

13 Ablagefächer (wie aus Bild 26 leicht zu ersehen ist).

Davon dienen 10 Fächer der Ablage der Karten mit den Lochungen 0, 1, ..., 9 (Normallochzone der Lochkarte), 2 Fächer der Ablage der Karten mit Lochungen in Zeile 11 oder 12 (Überlochzone, meist für Steuerzwecke genutzt) und 1 Fach für die Ablage der Restkarten (keine Lochung in der betreffenden Spalte).

83

Anmerkung: Wir wollen für das Folgende zunächst annehmen, daß wir mit *einer* Lochspalte je Merkmal auskommen.

Wir notieren den Inhalt der Fachzähler und erhalten so eine **monovariable Häufigkeitsverteilung** für das Merkmal, dessen Ausprägungen in der betreffenden Lochspalte abgelocht sind.

Für die Ermittlung der Häufigkeiten einer **bivariablen Häufigkeitsverteilung** beschreiten wir folgenden Weg:

Der gesamte Kartenstapel wird nach der Lochspalte, die das Merkmal X trägt, sortiert. Danach wird *jeder* in einem Ablagefach befindliche Einzelstapel für sich nach einer weiteren Spalte, die das Merkmal Y trägt, sortiert. Mit dem Sortieren des Stapels aus Ablagefach 1 entstehen die Häufigkeiten der 1. Zeile der Korrelationstabelle, aus dem Stapel des 2. Ablagefaches die 2. Zeile usw.

Wenn *eine* Lochkarte zur Darstellung der Merkmale eines Individuums oder Objekts nicht ausreicht, so wird zu einer zweiten, evtl. zu weiteren Lochkarten gegriffen.

Frage: Ist das Erstellen einer Korrelationstabelle zwischen Merkmalen, die auf verschiedenen Karten dargestellt sind, mit der Sortiermaschine möglich?

Antwort: Ja / Nein

Versuchen Sie eine Begründung Ihrer Antwort!

.3.   Mittelwerte

Tabellarische und graphische Darstellungen von Häufigkeitsverteilungen ermöglichen einen Überblick über das statistische Material. Besondere Eigenheiten der Verteilungsform und der Verteilungsbreite können aus diesen Darstellungen erkannt werden.

Der nächste Schritt der statistischen Bearbeitung besteht darin, die Häufigkeitsverteilung und ihre Besonderheiten durch wenige numerische Größen zu charakterisieren.

Wir kommen damit zur Behandlung der statistischen Maßzahlen.

Dazu gehören insbesondere ● Mittelwerte
                       und ● Streuungsmaße.

Beziehen sich die Maßzahlen auf die Grundgesamtheit, so spricht man von Parametern.

Wir lernen im folgenden verschiedene Mittel- und Streuungswerte kennen.

Dabei werden Sie einige Beispiel- und Übungsaufgaben auch selbst durchrechnen. Das bedeutet nicht, daß wir auf mühsames »Selbst-Rechnen« orientieren.

Die moderne Datenverarbeitungstechnik ist heute in der Lage, viel Rechenarbeit abzunehmen.

Entscheiden Sie:

Ich will das Lehrprogramm Schritt für Schritt weiter bearbeiten.

─────────────→ 180

Ich habe bereits Kenntnisse über die wichtigsten Mittelwerte.

─────────────→ 176

Ich kenne das arithmetische Mittel und Möglichkeiten seiner Berechnung und möchte gern die anderen Mittelwerte kennenlernen.

─────────────→ 192

Ihre Antwort: **Ja** | **Nein**
              Ihre Antwort ist falsch! | Ihre Antwort ist richtig!
                                                   | Begründung:
                                                   | Beim Aufstellen einer Korre-
                                                   | lationstabelle ist jeder Einzel-
                                                   | stapel, der sich beim Sortieren
                                                   | nach dem Merkmal X ergibt, nach
                                                   | der Spalte zu sortieren, die das
                                                   | Merkmal Y trägt. Das ist aber
                                                   | nicht möglich, wenn die beiden
                                                   | Merkmale auf verschiedenen Loch-
                                                   | karten dargestellt sind.

Das mühselige Abschreiben der Werte der Fachzähler kann durch den Einsatz einer Tabelliermaschine umgangen werden. Diese Maschinen sind mit Zählwerken ausgerüstet, deren Inhalt über einen Drucker in Listenform ausgegeben wird.
Die Lochkarten müssen der Tabelliermaschine vorsortiert zugeführt werden, das heißt zunächst durch die Sortiermaschine laufen.
Die Geschwindigkeit von Tabelliermaschinen liegt bei etwa 6000 bis 9000 Karten je Stunde.
Im allgemeinen können Beziehungen zwischen verschiedenen Merkmalen nur dann ermittelt werden, wenn diese auf ein und derselben Karte dargestellt sind.

84

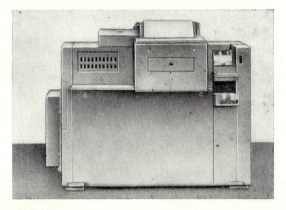

Bild 27
Tabelliermaschine

Frage: Welchen Vorteil bietet die Tabelliermaschine gegenüber der Sortiermaschine?

Antwort:

_____

_____

_____

Lösung: Ja

Begründung (sinngemäß): Je dunkler die Schraffur, desto größer ist die Bevölkerungsdichte.

174

Damit schließen wir den Komplex »Graphische Darstellung« ab.

Vielleicht meinen Sie, daß wir der Behandlung der graphischen Darstellung der Daten zu breiten Raum geschenkt haben. Bedenken Sie dabei jedoch, daß man gerade an einer Grafik – wegen der starken Straffung der Daten und der damit verbundenen Übersichtlichkeit der Darstellung – das Wesen einer Häufigkeitsverteilung und das Aufdecken von Zusammenhängen in und zwischen den Erscheinungen gut erkennen kann.

Gehen Sie nach **Seite 20** des **Beihefts,** und bearbeiten Sie die Zusammenfassung von 3.2.4. und 3.2.5.

Bei der Tabelliermaschine werden die Ergebnisse (in Listenform) ausgedruckt und brauchen deshalb nicht – wie bei der Sortiermaschine – abgeschrieben zu werden.

Am vorteilhaftesten geschieht die Datenaufbereitung mit einer **elektronischen Datenverarbeitungsanlage (EDVA).** Diese Anlagen haben eine weitaus höhere Effektivität ls alle bisher erwähnten Maschinen.

85

In der Regel bringt man die Daten mittels einer Leseeinheit (für Lochkarten, Lochbänder, Markierungsbelege o. ä.) auf einen externen Speicher der Anlage (Magnetband, Magnetplatte, Magnettrommel o. ä.), von dem aus sie jederzeit abgerufen und äußerst schnell verarbeitet werden können.

Diese Speicher haben eine große Kapazität (für Magnetband vgl. Lehrschritt 59), so daß es möglich ist, alle gewünschten Beziehungen zwischen den Merkmalen herzustellen (z.B. für Korrelations- und Kontingenztabellen).

Ein weiterer überaus bedeutsamer Vorteil beim Einsatz von EDVA liegt in der gleichzeitig durchführbaren statistischen Auswertung der verdichteten Daten. Die EDVA erledigt also **Aufbereitung und statistische Auswertung der Daten in einem,** jegliche Schritte zwischen Aufbereitung und Auswertung fallen weg. Damit werden Fehlerquellen beseitigt, und man spart viel Zeit.

Bild 28
EDVA

Entscheiden Sie!

Ich möchte hier im Buch weiterarbeiten.

Schlagen Sie **Seite 12** des **Beihefts** auf, und gehen Sie die Zusammenfassung von 2.3. durch!

Ich möchte mich erst einmal mit elektronischer Datenverarbeitung beschäftigen.

Studieren Sie ein Fachbuch über EDV und setzen Sie die Arbeit mit **Seite 12** des **Beihefts** fort.

---

ne besondere Art der graphischen Darstellung, die von den bis jetzt behandelten esentlich abweicht, ist das **Kartogramm.**

173

Das **Kartogramm** ist eine geographische Karte, in die für bestimmte geographische Regionen ermittelte statistische Daten eingetragen sind. Die Eintragungen erfolgen durch geometrische Gebilde, Symbole, durch Flächenschraffur oder Farbe.

Beispiel: Bevölkerungsdichte (Einwohner/km²) für die Landesteile von Großbritannien

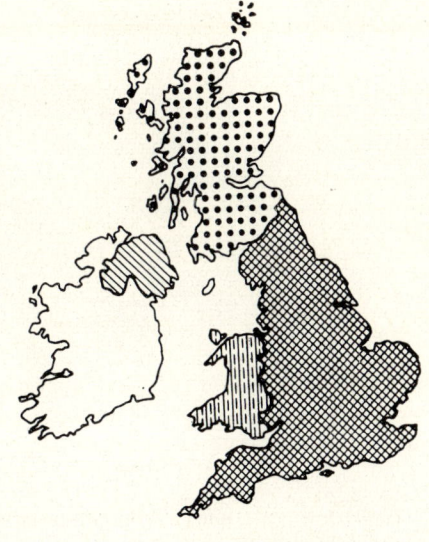

	Bevölkerungs- dichte	Schraffur
England	333	
Wales	127	
Nordirland	105	
Schottland	67	

Bild 128

ei den Kartogrammen unterscheidet man je nach Zweck der Anwendung: Symbolartogramm, Punktkartogramm, Markierungskartogramm, Verflechtungskartogramm, erkehrs- oder Transportkartogramm.

Benötigen Sie darüber Genaueres, so lesen Sie Autorenkollektiv: Allgemeine Statistik, Verlag Die Wirtschaft, 1964

Kann man an Hand der Schraffur im obigen Beispiel eine Reihenfolge der vier Landesteile von Großbritannien bezüglich der Bevölkerungsdichte angeben?

Antwort:　Ja / Nein

Begründung: _____

_____

2.4. Klassenbildung

Beim Vorliegen (stetiger oder diskreter) Merkmale mit *quantitativen* Ausprägungen läßt eine Häufigkeitsverteilung in Form der primären Verteilungstafel die Gesetzmäßigkeiten der untersuchten Erscheinung oft nicht deutlich hervortreten. Wir müssen eine *weitere Verdichtung* der Daten vornehmen; das gelingt, indem wir benachbarte Merkmalsausprägungen zu Gruppen (Klassen) zusammenfassen und die entsprechenden Häufigkeiten addieren. Wir nennen das Klassenbildung; die als Ergebnis dieser Verdichtung entstehende Tabelle heißt **sekundäre Verteilungstafel.**

Oft ist eine Klassenbildung schon durch die Meßgenauigkeit vorgegeben. Bei der Ermittlung der Körpergröße eines Menschen z.B. begnügen wir uns meist mit der Angabe in ganzen Zentimetern, obwohl eine genauere Messung auf Millimeter oder Zehntel Millimeter durchaus möglich wäre. Hier liegt also von vornherein eine Klasseneinteilung vor.

Die Klassenbildung kann jedoch auch nachträglich erfolgen. So wäre bei dem eben besprochenen Beispiel naheliegend, Klassen größerer Breite zu bilden, indem man z.B. die Merkmalsausprägungen zu Klassen von jeweils 5 Zentimetern zusammenfaßt.

Man sollte — um eine effektive statistische Auswertung zu gewährleisten — möglichst darauf achten, daß alle Klassen gleich groß sind.

Führen Sie die primäre Verteilungstafel des Schrittes **79** in eine sekundäre über, indem Sie jeweils drei Merkmalsausprägungen (Meßwerte) zu **einer** Klasse zusammenfassen!

Klasse	Häufigkeit	Klasse	Häufigkeit
4 bis 6	4		
7 bis 9			

Füllen Sie die Lücken aus!

197

Das Nationaleinkommen wird nicht für einen Zeit*punkt* bestimmt, sondern über einen Zeit*raum*.

Entwicklungskurven sind durch einen Trend gekennzeichnet.

172

Der **Trend** ist die systematische Tendenz einer Zeitreihe bzw. eines stochastischen Prozesses, wobei eventuelle periodische Schwankungen eliminiert sind. Ein Trend kann durch eine besondere Kurvenform, z. B. eine Gerade, eine Exponentialkurve u. ä., charakterisiert werden.

Die Bestimmung des Trends kann zeichnerisch oder rechnerisch erfolgen. Die Elimination periodischer (z. B. saisonbedingter) Schwankungen ist u. a. mit den Verfahren der gleitenden Durchschnitte (Schritte 156 ff.) möglich.

Wir unterscheiden folgende **Trendformen:**

degressiv steigend *progressiv steigend*

degressiv fallend *progressiv fallend* Bild 125

Beispiele aus dem Gesundheitswesen eines europäischen Industriestaates

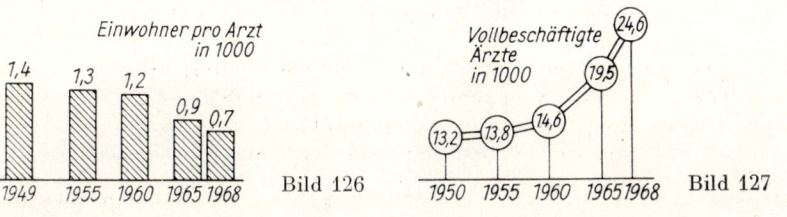

Einwohner pro Arzt in 1000 — 1,4 1,3 1,2 0,9 0,7 — 1949 1955 1960 1965 1968 Bild 126

Vollbeschäftigte Ärzte in 1000 — 13,2 13,8 14,6 19,5 24,6 — 1950 1955 1960 1965 1968 Bild 127

---

1. Welche Trendform liegt bei Bild 126 vor, welche bei Bild 127?

2. Um wieviel stieg die Zahl der vollbeschäftigten Ärzte in dem betr. Land zwischen 1950 und 1968?

Lösung:

Klasse	Häufigkeit		Klasse	Häufigkeit
4 bis 6	4		16 bis 18	5
7 bis 9	4		19 bis 21	2
10 bis 12	6		22 bis 24	1
13 bis 15	10			

! Korrigieren Sie Ihre Darstellung auf der Vorseite, falls nötig!

Wir lernen eine Reihe weiterer Begriffe kennen und erläutern sie an obiger sekundärer Verteilungstafel.

Da wären zunächst die Klassengrenzen.

▶ Die **Klassengrenzen** (oder Intervallgrenzen) werden durch den kleinsten und den größten vorkommenden Merkmalswert der betreffenden Klasse gebildet.

Die Grenze für den kleinsten Merkmalswert heißt **untere**, die für den größten **obere** Klassengrenze.

● Die Klassengrenzen der ersten Klassen in obiger Tafel sind 4 und 6, dabei ist 4 die untere und 6 die obere Klassengrenze; die Klassengrenzen der letzten Klasse sind 22 und 24 (jeweils Punkte).

Bei stetigen Merkmalen mit Ausprägungen quantitativer Art − insbesondere beim Auftreten von Meßwerten, die »Punkte« unseres Beispiels rechnen wir dazu − ist es ratsam und oft nötig, die exakten Klassengrenzen anzugeben.

▶ **Exakte Klassengrenzen** umschließen den Bereich, in den alle möglichen Ausprägungen der betreffenden Klasse hineinfallen, auch wenn Zwischenwerte gar nicht erfaßt werden.

x_{ug} exakte untere, x_{og} exakte obere Klassengrenze.

● Die exakten Klassengrenzen der Klasse »4 bis 6« in obiger Tafel sind $x_{ug} = 3{,}5$ und $x_{og} = 6{,}5$; die der Klasse »22 bis 24« $x_{ug} = 21{,}5$ und $x_{og} = 24{,}5$ (jeweils Punkte).

Beachten Sie, daß hier also halbe Punkte angegeben werden, obwohl solche gar nicht gemessen wurden.

87

Geben Sie die Klassengrenzen und die exakten Klassengrenzen der Klasse »7 bis 9« aus obiger sekundärer Verteilungstafel an!

Untere Klassengrenze: _____ obere Klassengrenze: _____

exakte untere Klassengrenze $x_{ug} = $ _____

exakte obere Klassengrenze $x_{og} = $ _____

199

Richtige Antworten (sinngemäß) zu 2:

> Entweder: Zeichnung gerät sehr groß.
>
> Oder: Die Unterschiede zwischen den Häufigkeiten der Merkmalsausprägungen treten bei weitem nicht so deutlich hervor wie in Bild 122.

Ist ein Merkmal die Zeit, sprechen wir von Entwicklungsreihen oder Zeitreihen. **171**

Eine **Zeitreihe** ist eine Folge von Beobachtungswerten, die man zu bestimmten aufeinanderfolgenden (meist äquidistanten) Zeitpunkten für ein in der Zeit veränderliches Merkmal erhält.

Die Darstellung einer Zeitreihe erfolgt durch eine **Entwicklungskurve.**

Die **Entwicklungskurve** ist die graphische Darstellung einer Zeitreihe. Auf der Abszissenachse wird die Zeit abgetragen, sie wird deshalb auch Zeitachse genannt. Die Ordinatenachse trägt die statistischen Daten des in der Zeit veränderlichen Merkmals. Die zu den einzelnen Zeiten ermittelten Daten werden in das Koordinatensystem eingetragen, die entstandenen Punkte miteinander verbunden.

Bild 123

Neben der Darstellung als Entwicklungs*kurve* findet man auch die Darstellung mittels *Streifen.*

Man unterscheidet zwischen **Zeitpunktreihe** und **Zeitraumreihe,** je nachdem, ob die statistischen Daten *zu einem bestimmten Zeitpunkt* (Stichtag) oder *über einen Zeitraum hinweg* (Berichtszeitraum: Jahr, Quartal, Monat) erfaßt worden sind.

Entwicklung des Nationaleinkommens eines Staates zwischen 1950 und 1970

Jahr	NE (Mrd. M)
1950	29
1955	50
1960	70
1965	83
1970	92

Bild 124

Beachten Sie, daß der Abstand zwischen den Streifen unterschiedlich groß gewählt werden muß, wenn die Zeitangaben nicht äquidistant sind.

Handelt es sich in Bild 124 um die Darstellung

A einer Zeitpunktreihe oder

B einer Zeitraumreihe?

Antwort: _____

(A oder B)

Lösung:

untere Klassengrenze: 7

obere Klassengrenze: 9

exakte untere Klassengrenze: $x_{\text{ug}} = 6{,}5$

exakte obere Klassengrenze: $x_{\text{og}} = 9{,}5$ (jeweils Punkte)

Wir wollen uns den Sachverhalt noch einmal graphisch vor Augen führen.

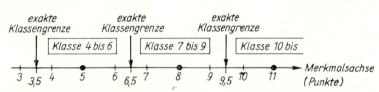

Bild 29. Skizze zur Veranschaulichung der Klasseneinteilung

Wir wenden uns nun dem Begriff Klassenmitte zu.

Die **Klassenmitte** ist das arithmetische Mittel der Klassengrenzen *oder* der exakten Klassengrenzen.

Sie wird oft als Repräsentant für die betreffende Klasse verwendet und dann mit x_k $(k = 1, \ldots, l)$ bezeichnet.

Der Merkmalswert 5 (Punkte) ist Klassenmitte der Klasse »4 bis 6«, denn es ist sowohl

$$\frac{4+6}{2} = 5 \quad \text{als auch} \quad \frac{3{,}5+6{,}5}{2} = 5 .$$

8 (Punkte) ist Klassenmitte der Klasse »7 bis 9«.

Geben Sie die sekundäre Verteilungstafel der Vorseite oben mit der zusätzlichen Spalte »Klassenmitte x_k« wieder.

Klasse	Klassenmitte x_k (Punkte)	Häufigkeit f_k
4 bis 6	5	4
7 bis 9	_____	4
10 bis 12	_____	6
13 bis 15	_____	10
16 bis 18	_____	5
19 bis 21	_____	2
22 bis 24	_____	1
	$\sum\limits_{k=1}^{7} f_k =$	_____

Insbesondere bei Strecken- und Streifendiagrammen kommt es vor, daß die für das Merkmal Y (bei zweidimensionaler Darstellung) oder Z (bei dreidimensionaler Darstellung) gewonnenen Werte relativ groß sind und/oder eng beieinanderliegen, so daß Unterschiede zwischen ihnen nicht deutlich genug hervortreten.

In solch einem Fall hilft man sich mit dem sog. **verkürzten Diagramm.**

Graphische Darstellung der Abhängigkeit der mittleren Abarbeitungszeit, die Ingenieur-Abendstudenten für 115 Schritte des linearen Lehrprogramms »Elementare Zahlenfolgen« benötigen, von der äußeren Gestaltung des Programms (LOHSE, 1968)

Bild 122

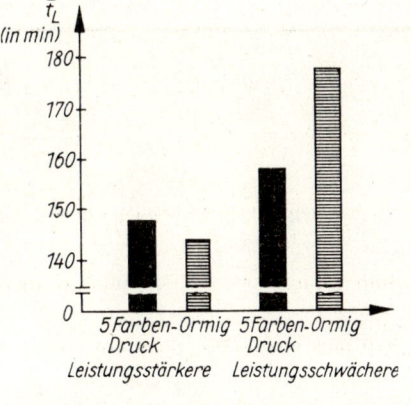

Diese Darstellungsform geht davon aus, daß praktisch ein gewisser Teil aller Strecken, Streifen oder Ordinaten und damit ein Teil der Ordinatenachse herausgeschnitten wird.

Dabei gilt es zu beachten:

1. Die Länge des herausgeschnittenen Stücks muß kleiner sein als der kleinste vorkommende Wert, der auf der Y- bzw. Z-Achse abzutragen ist.

2. Der »Schnitt« muß unterhalb des kleinsten beobachteten Wertes erfolgen. Alle Strecken oder Streifen müssen also oberhalb des »Schnittes« unbedingt weitergehen. Polygonzüge oder Kurven dürfen durch den »Schnitt« nicht unterbrochen werden.

1. Zeichnen Sie zum obigen Beispiel (die Werte entnehmen Sie bitte Bild 122) auf Ihrem Arbeitsblatt ein unverkürztes Diagramm!

2. Vergleichen Sie danach Bild 122 mit dem von Ihnen gezeichneten Diagramm! Welcher wesentliche Nachteil spricht gegen das letztere?

Lösung:

Klasse	Klassenmitte x_k (Punkte)	Häufigkeit f_k
4 bis 6	5	4
7 bis 9	8	4
10 bis 12	11	6
13 bis 15	14	10
16 bis 18	17	5
19 bis 21	20	2
22 bis 24	23	1

$$\sum_{k=1}^{7} f_k = 32 = n \quad \text{Kontrollmöglichkeit!}$$

Hinweis: Der Laufindex k für die Klassenmitten läuft von 1, 2, ..., 7, weil durch die Klassenbildung 7 Klassen entstanden sind.

In engem Zusammenhang mit den Klassengrenzen und Klassenmitten steht die Klassenbreite.

89

Unter **Klassenbreite** b (auch Intervallbreite, Klassenintervall, Klassenweite) verstehen wir die Differenz zwischen exakter oberer und exakter unterer Klassengrenze $b = x_{og} - x_{ug}$.

In unserem Beispiel (siehe oben) ist $b = 3$ (Punkte).

Sind alle Klassen gleich groß, so kann man b auch als Differenz zweier benachbarter Klassenmitten gewinnen.

Anmerkung: Wenn man zuweilen liest, die Klassenbreite sei die Anzahl der in der Klasse zusammengefaßten Werte, so gilt das nur für Merkmale, die *ganzzahlig* erfaßt werden.

Bei der Untersuchung der monatlichen Ausgaben für Nahrungsmittel (in DM) von 2-Personen-Haushalten nahm man folgende Klasseneinteilung vor:

Unter 400,00
400,00 bis unter 600,00
600,00 bis unter 800,00
800,00 bis unter 1000,00   Geben Sie die jeweilige Klassenbreite an!
1000,00 bis unter 1200,00
1200,00 bis unter 1500,00
1500,00 und darüber

Histogramm, Polygonzug, Kurve   für Meßwerte stetiger Merkmale,

Streckendiagramm   für Meßwerte diskreter Merkmale,

Streifendiagramm, Staffelbild,
Kreisdiagramm, Balkendiagramm   für Rangdaten und Kategorien.

Wir stellen hier einige der Möglichkeiten vor, die sich für die graphische Darstellung des Zusammenwirkens von zwei oder drei Merkmalen ergeben, ohne daß es sich dabei um Häufigkeitsverteilungen handelt.

169

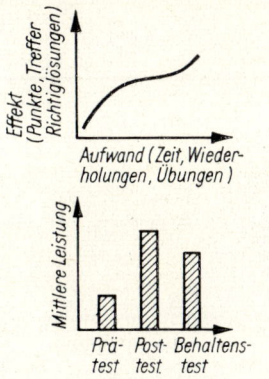

Bild 119

Beispiele für das Auftreten von zwei und drei Merkmalen:

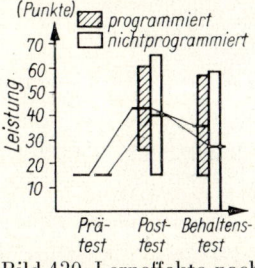

Bild 120. Lerneffekte nach programmierter und herkömmlicher Unterweisung (nach BISCHOFF 1968). Programm:»Fahndung nach Personen und Sachen«; Adressaten: $n_P = 30$ und $n_H = 30$ Offiziersschüler; Lerndauer: 10 Stunden; Intervall zwischen Post- und Behaltenstest: 6 Wochen. Die Abbildung zeigt die Punktzahlmittel $\bar{x}$ (als horizontale Striche dargestellt) und die zugehörige Standardabweichung s, abgebildet als Streifen mit $\bar{x} \pm 0,5\,s$.

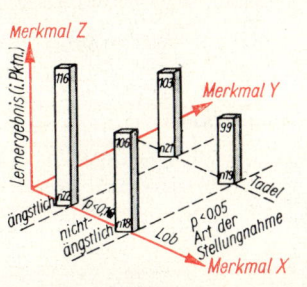

Bild 121. Die Wirkung von Lob und Tadel beim programmierten Lernen auf ängstliche und nichtängstliche Kinder (nach LEITH und DAVIS 1967).
Die Säulen zeigen das Lernergebnis (Punktwertsumme der Leistungstests 3 bis 8) ursprünglich leistungsgleicher Stichproben für Schüler mit unterschiedlich ausgeprägter Ängstlichkeit.

1. Betrachten Sie Bild 119 und die Beispiele aufmerksam! Stoßen Sie sich nicht daran, wenn Ihnen der Ausdruck »Standardabweichung« unbekannt ist. Er wird später behandelt.
2. Welche der in der Lösung oben aufgeführten Darstellungsformen sind in diesem Lehrschritt 169 verwendet worden?

Lösung:

Klasse (in DM)	Klassenbreite (in DM)
Unter 400,00	
400,00 bis unter 600,00	200,00
600,00 bis unter 800,00	200,00
800,00 bis unter 1000,00	200,00
1000,00 bis unter 1200,00	200,00
1200,00 bis unter 1500,00	300,00
1500,00 und darüber	

Haben Sie beachtet, daß die vorletzte Klasse die Klassenbreite $b = 300,00$ (DM) aufweist?

Für die erste und letzte Klasse dieser Aufgabe hat die Angabe der Klassenbreite keinen Sinn.

Klassen, die nach unten oder oben nicht limitiert sind (wie die erste und letzte Klasse der eben besprochenen Aufgabe), heißen **offene Klassen.**

Für offene Klassen entfällt die Angabe der Klassenmitte und Klassenbreite.

Nicht zu unterschätzen ist die Wahl der günstigsten Klassenbreite, denn von dieser hängen Klassenanzahl und Verteilungsform und damit Entscheidungen für die statistische Auswertung ab.

90

Aus der Wahl einer   **resultiert eine**

zu großen Klassenbreite   zu geringe Klassenanzahl,

Verwischung von Besonderheiten,

damit relativ geringe Information.

zu kleinen Klassenbreite   zu _____ Klassenanzahl,
(geringe, große)

_____ Übersichtlichkeit,
(geringe, große)

damit relativ _____
(geringe, große)

Aussagekraft über die Verteilung.

Füllen Sie die Lücken aus, und vergleichen Sie erst dann mit der richtigen Lösung auf der folgenden Seite!

Lösungen:

Zu 1.   a) und b) Die in Bild 115 vorliegende Darstellung erweist sich bezüglich der angegebenen Aspekte als günstiger.

Zu 2.   Die Quadratseite für Häufigkeit 5 wäre $\sqrt{0{,}12 \text{ cm}^2 \cdot 5} = \sqrt{0{,}60 \text{ cm}^2} \approx 0{,}77 \text{ cm}$ lang zu wählen.

3.2.5. Spezielle Formen der graphischen Darstellung

Wir hatten es in allen bisherigen Abschnitten zum Gebiet »Graphische Darstellungen« mit Häufigkeitsverteilungen zu tun.

Bei monovariablen Häufigkeitsverteilungen geht es um die Häufigkeit des Auftretens der Ausprägungen *eines* Merkmals, bei bivariablen um die Häufigkeit des Zusammentreffens bestimmter Ausprägungen *zweier* Merkmale.

Bei der Analyse von Erscheinungen begegnen uns nun öfter Fälle, bei denen zwei oder auch drei Merkmale miteinander in Beziehung gesetzt werden, ohne daß die Häufigkeit des gemeinsamen Auftretens von Ausprägungen der Merkmale vorläge. Es handelt sich dann also *nicht* um Häufigkeitsverteilungen.

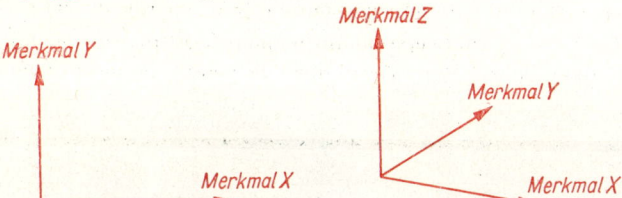

Bild 118 (nach H. KNEFFEL 1968)

Bild 118 zeigt ein Beispiel dafür, und die Bezeichnung der Ordinatenachse »Fehlerhäufigkeit im Post-Test« darf nicht darüber hinwegtäuschen, daß hier gar keine Häufigkeit des Merkmals »Zeitdifferenz« angezeigt wird.

Die Frage »Wie oft kommt < 45 min vor?« ist in diesem Falle sinnlos.

Folgende Haupttypen sind möglich

Auf der Y- oder Z-Achse wird dabei vielfach die statistische Maßzahl (Mittelwert oder Streuung) des betreffenden Merkmals angegeben, die sich auf die Ausprägungen des Merkmals X oder der Merkmale X und Y beziehen. Die Angaben der X-Achse oder X- und Y-Achse können – ähnlich, wie wir es bei den Häufigkeitsverteilungen kennengelernt haben – wieder Meßwerte, Meßwertklassen, Rangdaten oder Kategorien sein. Je nach Datenart haben wir dann das entsprechende Darstellungsmittel zu wählen.

Nennen Sie wichtige graphische Darstellungsformen, die wir kennenlernten, und die Datenart, für die sie eingesetzt werden.

Lösung:

aus der Wahl einer	resultiert eine
zu kleinen Klassenbreite	zu große Klassenanzahl, geringe Übersichtlichkeit, damit relativ geringe Aussagekraft über die Verteilung.

Haben Sie eine andere Lösung, so durchdenken Sie den Sachverhalt noch einmal gründlich!

Das Optimum an Information gewinnt man bei nicht zu großer und nicht zu kleiner Klassenbreite.

Für die **Wahl der günstigsten Klassenbreite** gibt es keine verbindlichen Hinweise, wohl aber lassen sich einige *Empfehlungen* angeben:

Die Zahl l der Klassen sollte im allgemeinen zwischen 5 und 20 liegen.

Die Zahl l der Klassen soll nicht größer sein als der fünffache Logarithmus des Umfangs n der Stichprobe.

$$l \leq 5 \cdot \lg n \tag{3}$$

Die Klassenbreite soll so gewählt werden, daß im Kern der Tafel (in der Verteilungsmitte) *alle* Klassen besetzt sind.

Als vorteilhaft erweisen sich die Klassenbreiten $b = 1, 2, 3, 5, 10$ oder 20.

Wir geben 3 mögliche Klasseneinteilungen für die Häufigkeitsverteilung aus Lehrschritt 79 an.

$b = 2$ (Punkte)			$b = 3$ (Punkte)			$b = 4$ (Punkte)		
Klasse (Punkte)	Klassenmitte x_k	Häufigkeit f_k	Klasse (Punkte)	Klassenmitte x_k	Häufigkeit f_k	Klasse (Punkte)	Klassenmitte x_k	Häufigkeit f_k
4 bis 5	4,5	4	4 bis 6	5	4	4 bis 7	5,5	5
6 bis 7	6,5	1	7 bis 9	8	4	8 bis 11	9,5	6
8 bis 9	8,5	3	10 bis 12	11	6	12 bis 15	13,5	13
10 bis 11	___	___	13 bis 15			16 bis 19	___	___
12 bis 13	___	___	16 bis 18			20 bis 23	___	___
14 bis 15	___	___	19 bis 21					
16 bis 17	___	___	22 bis 24					
18 bis 19	___	___						
20 bis 21	___	___						
22 bis 23	___	___						

Füllen Sie die Lücken aus, und entscheiden Sie dann:

Ist hier $b = 2$, $b = 3$ oder $b = 4$ (Punkte) die günstigste Klassenbreite? Begründen Sie Ihre Entscheidung!

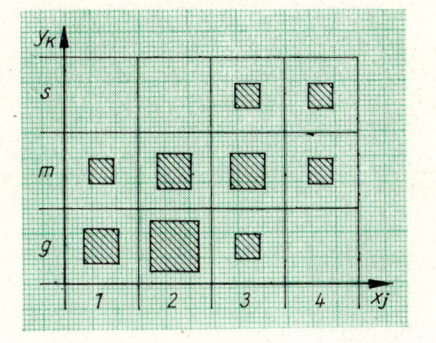

sung:

Bild 116

...d für die Merkmalswerte Klassen gebildet worden, oder liegen die Merkmalsausprä-
...ngen in Kategorien vor, so können an Stelle der Punkte auch Quadrate oder kreis-
...rmige Flächen verwendet werden.

Bild 117

...abei repräsentiert der Flächeninhalt der Quadrate oder Kreise die jeweilige Häufig-
...eit.

...iese Darstellung läßt allerdings die Relationen zwischen den Häufigkeiten nicht sofort
...kennen. Liegt eine solche Grafik vor, müssen wir die Flächeninhalte der geometrischen
...iguren erst errechnen, um die Häufigkeiten, die zu gewissen Paaren von Merkmals-
...usprägungen gehören, miteinander vergleichen zu können. So ist aus Bild 117 nicht
...fort erkennbar, daß das Quadrat im Feld (2; g) viermal so groß ist wie das im Feld
...; g). Keinesfalls darf man beim Größenvergleich von den Längen der Quadratseiten
...usgehen!

...ollen wir eine Grafik dieser Art entwerfen, so müssen wir genau überlegen, was wir
...s Flächeneinheit für die Häufigkeit wählen (hier: 0,25 cm²). Dabei ist für die Felder
...i berücksichtigen, daß die größte auftretende Häufigkeit noch hineinpassen muß.

1. Vergleichen Sie die Bilder 115 und 117 miteinander
   a) bezüglich des Zeichenaufwands,
   b) bezüglich des Ablesens der Häufigkeiten!

2. Wie groß ist für Bild 117 die Quadratseite zu wählen, wenn die Häufigkeit »5« auftreten würde?

Lösung:

Klasse (Punkte)	Klassenmitte x_k	Häufigkeit f_k	Klasse (Punkte)	Klassenmitte x_k	Häufigkeit f_k	Klasse (Punkte)	Klassenmitte x_k	Häufigkeit f_k
	$b = 2$ (Punkte)			$b = 3$ (Punkte)			$b = 4$ (Punkte)	
4 bis 5	4,5	4	4 bis 6	5	4	4 bis 7	5,5	5
6 bis 7	6,5	1	7 bis 9	8	4	8 bis 11	9,5	6
8 bis 9	8,5	3	10 bis 12	11	6	12 bis 15	13,5	13
10 bis 11	10,5	3	13 bis 15	14	10	16 bis 19	17,5	7
12 bis 13	12,5	8	16 bis 18	17	5	20 bis 23	21,5	1
14 bis 15	14,5	5	19 bis 21	20	2			$32 = n$
16 bis 17	16,5	4	22 bis 24	23	1			
18 bis 19	18,5	3			$32 = n$			
20 bis 21	20,5	0						
22 bis 23	22,5	1						
		$32 = n$						

Kontrollmöglichkeit

! Vergleichen Sie die auf der Vorseite von Ihnen eingetragenen Werte mit den richtigen hier! Korrigieren Sie, falls nötig.

Erkannten Sie als günstigste Klassenbreite in diesem Falle

$b = 2$ (Punkte)	$b = 3$ (Punkte)	$b = 4$ (Punkte)?
Ihre Antwort ist nicht zufriedenstellend.	Ihre Antwort ist richtig!	Ihre Antwort ist nicht falsch, $b = 3$ aber ist günstiger.

Begründung:

Zwar sind die Gesichtspunkte a), c) und d) der Vorseite erfüllt, nicht aber b) — wegen $l = 10$ $10 > 5 \cdot \lg 32$.	Für $b = 3$ sind alle auf der Vorseite angegebenen Punkte a) bis d) erfüllt. Da $l = 7$, ist nach Beziehung (3) $l \leq 5 \cdot \lg 32$ gewährleistet.	Bei $b = 4$ ist der Gesichtspunkt d) (s. Vorseite) *nicht* erfüllt, und die Aussagekraft der entstandenen Verteilung ist wegen zu großer Straffung der Merkmalswerte gering.

Mit der Wahl der günstigsten Klassenbreite ist die Festlegung der Klassengrenzen eng verknüpft. Beim Übergang von der primären zur sekundären Verteilungstafel ist darauf zu achten, Merkmalsausprägungen mit großen Häufigkeiten nicht auf Klassengrenzen fallen zu lassen.

● Bei Untersuchung des Merkmals »Körpergewicht« treten auf Grund der Meßtechnik häufig Werte auf, deren letzte Ziffer eine »0« oder »5« ist (..., 65 kg, 70 kg, ...). Hier wäre es unvorteilhaft, die exakten Klassengrenzen auf eben diese Merkmalswerte zu legen.

Die Klasseneinteilung ist also so vorzunehmen, daß *Merkmalsausprägungen mit starken Häufigkeiten möglichst in der Klassenmitte erscheinen*. Diese Forderung ist bei obiger Beispielaufgabe für die mittlere Klasseneinteilung ($b = 3$) erfüllt.

92

Der kleinste in unserer Untersuchung auftretende Beobachtungswert (vgl. Schritt 78) ist $x_{\min} = 4$ Punkte. Sämtliche der oben angegebenen Klasseneinteilungen beginnen mit »4«.

Frage: Hätte man die erste Klasse auch mit einem anderen Merkmalswert beginnen lassen können?

Antwort: Ja / Nein

Lösung: C ist richtig.

Erläuterung: Die Balken in Y-Richtung müssen unmittelbar nebeneinanderstehen; in X-Richtung dagegen sind Abstände zwischen den »Balkenketten« erforderlich.

An den letzten vier Schritten ist uns deutlich geworden, welche Schwierigkeiten sich bei der Darstellung von axonometrischen Diagrammen ergeben.
Um diesen Schwierigkeiten zu begegnen, hat man nach Wegen gesucht, die Darstellung auf zwei Dimensionen zu beschränken. Das gelingt, wenn man die Häufigkeit nicht als dritte Achse zeichnet, sondern durch einfache geometrische Gebilde (Punkte, Striche, Flächen) kenntlich macht.
Wir betrachten zunächst die Punktwolke.

Unter der **Punktwolke** verstehen wir ein Punktdiagramm zur Darstellung bivariabler Verteilungen, das unabhängig von der vorliegenden Datenart eingesetzt werden kann.
Die Häufigkeiten f_{jk} zu den möglichen Kombinationen der Ausprägungen (oder Klassen) x_j und y_k der beiden Merkmale werden durch eine den Häufigkeiten entsprechende Zahl von Punkten symbolisiert.

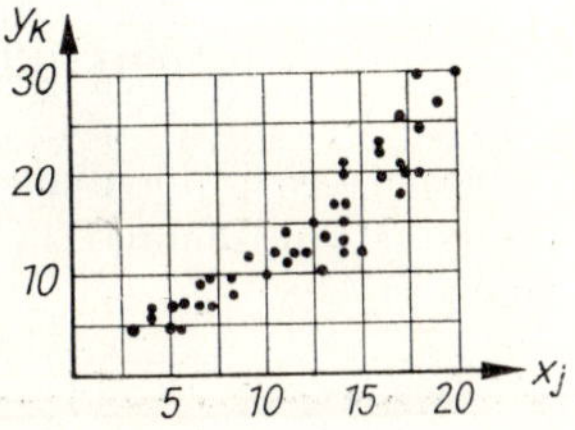

Bild 114

Darstellung des Zusammenhangs zwischen der Studienleistung (Merkmal X) und der Praxisbewährung (Merkmal Y) bei 15 Absolventen einer Fachschule in einem Punktdiagramm.

Merkmal Y (Praxis- bewährung)	s	—	—	1	1
	m	1	2	2	1
	g	2	4	1	—
Merkmals- ausprägungen		1	2	3	4
		Merkmal X (Studienleistung)			

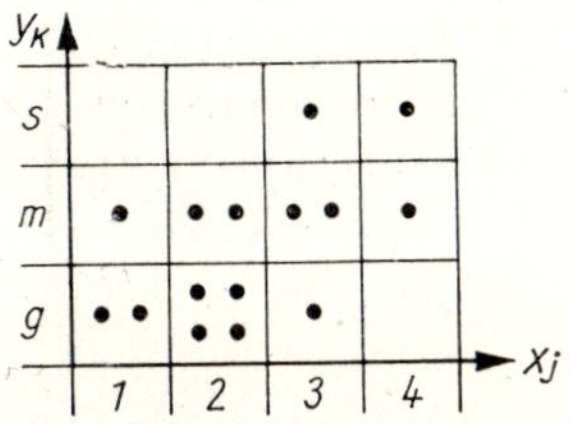

Bild 115

Anmerkung:
Man setzt die Punkte — sofern die Häufigkeitszahlen 1 oder 2 auftauchen — in die Mitte der Felder (siehe Bild 115).
Für intervallskalierte Daten findet man statt der Bezeichnung »Punktwolke« auch die Ausdrücke Streuungs- oder Korrelationsdiagramm (Korrelogramm).

Zeichnen Sie die Punktwolke für folgende Meßwertpaare:

Versuchsperson	A	B	C	D	E	F	G	H	I	K
Gewicht in kg (Merkmal X)	74	76	72	77	70	76	75	72	81	79
Max. Arteriendruck in Torr (Merkmal Y)	128	137	132	142	125	137	130	136	145	133

Man spricht von unterschiedlicher Reduktionslage, wenn man die Klasseneinteilung bei konstanter Klassenbreite b mit voneinander verschiedenen Merkmalswerten beginnt. Die untere Klassengrenze der ersten Klasse bezeichnen wir mit a.

Klassenbreite $b = 3$
Reduktionslage $a = 4$

Klasse (Punkte)	Klassen-mitte x_k	Häufig-keit f_k
4 bis 6	5	4
7 bis 9	8	4
10 bis 12	11	6
13 bis 15	14	10
16 bis 18	17	5
19 bis 21	20	2
22 bis 24	23	1
		$32 = n$

Klassenbreite $b = 3$
Reduktionslage $a = 3$

Klasse (Punkte)	Klassen-mitte x_k	Häufig-keit f_k
3 bis 5	4	4
6 bis 8	7	3
9 bis 11	10	4
12 bis 14	13	9
15 bis 17	16	8
18 bis 20	19	3
21 bis 23	22	1
		$32 = n$

Wir sehen, daß die Häufigkeitsverteilung, die durch die Klassenbildung entsteht, recht unterschiedlich ausfallen kann. Bei dem Entscheid für die beste Reduktionslage ist maßgebend:

Merkmalswerte mit großen Häufigkeiten möglichst ins Zentrum der betreffenden Klasse setzen (vgl. Schritt 92)

Unregelmäßigkeiten der Häufigkeitsverteilung – insbesondere Asymmetrien – weitgehend vermeiden.

Frage: Welche der beiden im Beispiel gegebenen Klasseneinteilungen (gleiche Klassenbreite, unterschiedliche Reduktionslage) würden Sie als die bessere ansehen?

Antwort: Die mit Reduktionslage $a = $ _____ (Punkte)

(4 oder 3)

Die von Ihnen gefundene Häufigkeit ist

$_{32} = 4$	$f_{32} = 6$	eine andere Zahl
Richtig!	Falsch! Sie haben vom Endpunkt der Strecke einfach das Lot auf die f-Achse gefällt. Das ist im räumlichen rechtwinkligen Koordinatensystem nicht zu rechtfertigen.	Sie haben einen Fehler begangen!

Richtig ist $f_{32} = 4$.
Betrachten Sie Bild 112,
und lesen Sie das Darunter-
stehende noch einmal!

Die Darstellung von bivariablen Häufigkeitsverteilungen schließlich, deren Daten ordinal- oder **nominalskaliert** vorliegen, geschieht mit Hilfe eines Balkendiagramms. Hier – für das dreidimensionale Koordinatensystem – ist diese Bezeichnung voll gerechtfertigt, während wir für das entsprechende Diagramm im zweidimensionalen Bereich den Begriff »Streifendiagramm« vorziehen.

> Graphische Darstellung der bivariablen Häufigkeitsverteilung »Zusammen-
> hang zwischen Studienleistung (Merkmal X) und Praxisbewährung
> (Merkmal Y)«

Um die Merkmale X und Y in Übereinstimmung mit der Lage der Achsen im X,Y-Koordinatensystem zu bringen, drehen wir die aus Schritt 73 bekannte Beziehungstafel um 90° (s »schlecht«, m »mittel«, g »gut«).

Merkmal Y	s	—	—	1	1
Praxis-	m	1	2	2	1
bewährung)	g	2	4	1	—
Merkmals-ausprägungen		1	2	3	4

Merkmal X
(Studienleistung)

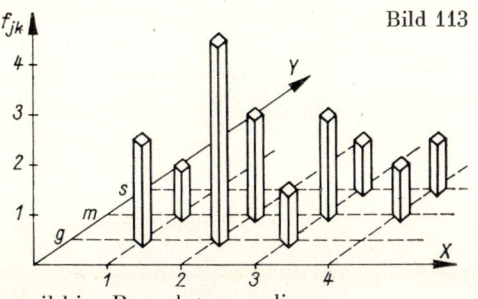

Bild 113

Wir müssen ein Balkendiagramm zeichnen, weil hier Rangdaten vorliegen.

Es sei eine bivariable Häufigkeitsverteilung gegeben, bei der die Daten des (stetigen oder diskreten) Merkmals X nominalskaliert sind, die des stetigen Merkmals Y intervallskaliert.

Ist für die graphische Darstellung dieser Häufigkeitsverteilung richtig

A. das Relief (Häufigkeitsgebirge)

B. das Balkendiagramm

C. eine Kombination beider?

Antwort: Die Klasseneinteilung mit Reduktionslage $a = 4$ (Punkte)

Begründung: Die mit $a = 3$ entstehende Häufigkeitsverteilung ist unregelmäßiger als die andere.

Zusatz: Das wird besonders an der graphischen Darstellung der Häufigkeitsverteilungen sichtbar (Bild 30, Ausführliches dazu im übernächsten Abschnitt).

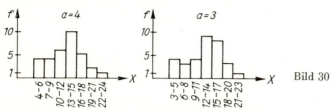

Bild 30

94

Wir erkennen: Das Festlegen der Intervallgrenzen entscheidet mit darüber, wie die Häufigkeitsverteilung ausfällt, ob z. B. ein relativ gleichmäßiges Ansteigen zum und Absteigen vom Gipfel vorliegt oder nicht.

Bei der Deutung von Asymmetrien von Häufigkeitsverteilungen ist infolgedessen darauf zu achten, ob diese möglicherweise eine Folge der gewählten Reduktionslage, d. h. gar nicht typisch für die vorliegende Verteilung, sind.

Auf die Berechnung der statistischen Maßzahlen (Mittelwert, Standardabweichung; diese werden noch behandelt) hat die Wahl der Reduktionslage nur geringen Einfluß.

Unter Reduktionslage verstehen wir

Ergänzen Sie!

213

Mit ähnlichen Schwierigkeiten ist die Zeichnung einer **Häufigkeitsfläche** verbunden, die sich wie die Oberfläche eines unregelmäßigen Polygons (Vielflächners) oberhalb der X,Y-Ebene ausbreitet.

164

Weniger Mühe bereitet die Darstellung *diskreter* Merkmale, deren Ausprägungen als Meßwerte ermittelt wurden. Hierzu verwenden wir das Streckendiagramm, das wir im Schritt 125 auf eine Achse bezogen und das jetzt auf die X,Y-Ebene erweitert wird.

Beispiel für ein Streckendiagramm zu einer bivariablen Verteilung:

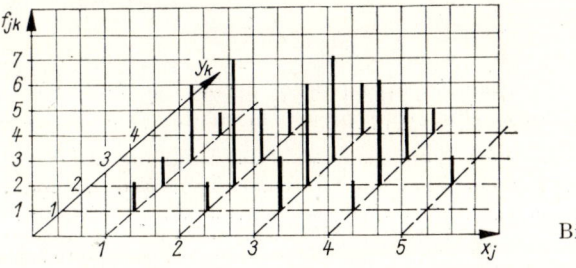

Bild 112

Zweckmäßigerweise zeichnet man die Y-Achse in einem Winkel von etwa 40° zur X-Achse. Der Maßstab der Y-Achse wird gegenüber dem der X-Achse meist im Verhältnis 1 : 2 verkürzt dargestellt.

Im Schnittpunkt je zweier Merkmalsausprägungen wird in der X,Y-Ebene eine Senkrechte errichtet und auf dieser (von der X,Y-Ebene aus) eine Strecke abgetragen, deren Länge der zugehörigen Häufigkeit entspricht.

Achten Sie bitte darauf, daß man beim Eintragen oder Ablesen der Häufigkeiten den Endpunkt der Strecke nicht einfach zur Häufigkeitsachse herüberloten darf, sondern stets vom Fußpunkt der Strecke aus messen muß.

Geben Sie aus Bild 112 die Häufigkeit an für das Merkmalswertepaar

$x = 3; y = 2$.

Finden Sie $\quad\quad\quad\quad f_{32} = 4,$

$\quad\quad\quad\quad\quad\quad\quad\quad f_{32} = 6$

oder eine andere Zahl?

Lösung (sinngemäß):

Unter Reduktionslage verstehen wir den unterschiedlich möglichen Beginn der Klasseneinteilung bei konstanter Klassenbreite b.

Die Bezeichnung der Klassen kann − wie wir gesehen haben − auf unterschiedliche Weise erfolgen.

95

Wir stellen die verschiedenen Möglichkeiten zusammen:

	diskrete Merkmale mit quant. Ausprägungen	stetige Merkmale, deren quantitative Ausprägungen durch ganze Zahlen repräsentiert werden	stetige Merkmale mit quantitativen Ausprägungen
	Beispiele: Pulsfrequenz (Pulsschlag/min)	Leistungsstand in Physik (Punkte)	Körpergewicht (kg)
• Angabe aller Merkmalswerte, die in die betreffende Klasse fallen	58; 59; 60; 61; 62	4; 5; 6	−
• Angabe der Klassenmitte als Repräsentant der Klasse	60	5	50
• Angabe der Klassengrenzen	58 bis 62	4 bis 6	−
• Angabe der exakten Klassengrenzen	57,5 bis 62,5	3,5 bis unter 6,5	47,5 bis unter 52,5

Anmerkung: Legt man bei stetigen Merkmalen mit quantitativen Ausprägungen die Klassen in der Form 47,5···52,5 fest, so bleibt für die Beobachtungswerte, die auf die Klassengrenzen fallen, offen, welcher Klasse diese Werte zuzurechnen sind.

Auf den folgenden Seiten wiederholen wir das über die Datenaufbereitung Gelernte.

! Verdecken Sie die Randspalte rechts, und füllen Sie die im Text auftretenden Lücken aus! Vergleichen Sie diese dann mit der Lösung auf der Randspalte!

215

Lösungen:

Zu 1. Stereogramme

Zu 2. Ja, denn es handelt sich um eine Darstellung in einem räumlichen recht-winkligen Koordinatensystem.

Zu 3. Nein. Begründung: Die senkrecht auf der X,Y-Ebene stehende Achse repräsentiert keine Häufigkeiten, es ist eine dritte Merkmalsachse.

Wir beschäftigen uns weiter mit bivariablen Häufigkeitsverteilungen. Zur Darstellung von *stetigen* Merkmalen, deren Ausprägungen als **Meßwerte** vorliegen, dient ein Häufigkeitsgebirge (Relief). Es ist die auf zwei Merkmale erweiterte Darstellung des Histogramms.

163

● Schwankungen des Blutdrucks während der Arbeitszeit in Reliefdar-stellung (nach RENKER, K., J. ADAM 1960)

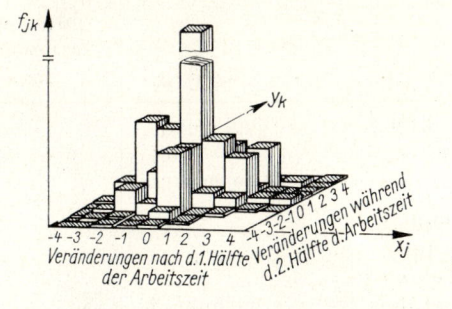

Bild 111

So plastisch eine solche Grafik ist, so wenig kann sie im allgemeinen für unsere stati-stische Arbeit nützen.

Dafür sprechen vor allem folgende **Nachteile:**

Die Herstellung einer solchen Grafik ist zeitaufwendig und schwierig.

Das Angeben der zu bestimmten x_j; y_k gehörenden Häufigkeiten f_{jk} ist mit Sucharbeit verbunden.

Häufigkeiten, die hinter hohen Säulen liegen, sind oft überhaupt nicht ablesbar.

Welchen x- und y-Wert hat die höchste Säule in obigem Stereogramm (Bild 111)?

Unter Aufbereitung verstehen wir das _____ und _____ der Daten in Form von Tabellen.

Ordnen
Verdichten

Für die Datenaufbereitung ist das _____ die entscheidende Tätigkeit. (Messen/Zählen)

Damit erhalten wir Häufigkeiten.

Zählen

Wir unterscheiden zwischen absoluten und relativen _____ .

Wird gezählt, wie oft die einzelne Merkmalsausprägung vorhanden ist, so gelangen wir zu _____ Häufigkeiten. (absoluten/relativen)

Häufigkeiten

absoluten

Die Berechnung der relativen Häufigkeiten basiert auf dem _____ der untersuchten Population (Stichprobe oder Grundgesamtheit).

Es ist relative Häufigkeit = _____ .

Umfang

$\dfrac{f}{n}$ oder $\dfrac{f}{N}$

Das Ziel der Datenaufbereitung besteht darin, _____ zu gewinnen.

Häufigkeitsverteilungen

Diese geben die eindeutige Zuordnung von Häufigkeiten zu allen im Variationsbereich möglichen Ausprägungen des Merkmals wieder und werden in _____ dargestellt.

Tabellen

———————▶ 97

ösung:

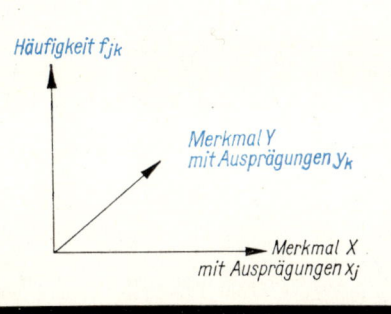

Bild 109

---

damit kommen wir zu den Stereogrammen.

162

Stereogramme sind Diagramme zur Darstellung dreidimensionaler Gebilde in der Ebene. Erfolgt die Darstellung in einem räumlichen rechtwinkligen Koordinatensystem, so spricht man von einem **axonometrischen Diagramm.**

Bild 109 zeigt ein solches Koordinatensystem.

Viele Erkenntnisse, die wir bei der graphischen Darstellung von monovariablen Häufigkeitsverteilungen gewonnen haben, sind auch für bivariable Verteilungen zutreffend. Auch hier sind Überlegungen über die Art der Merkmale und Daten erforderlich, um die richtige Form der Darstellung zu finden. Es gelten folgende Entsprechungen:

Datenart	Merkmal	monovariable Häufigkeitsverteilung	bivariable Häufigkeitsverteilung	
Meßwerte	stetig	Histogramm	Häufigkeitsgebirge (Relief)	
	stetig	Häufigkeitspolygon	Häufigkeitsfläche	Dies alles sind axonometrische Diagramme **und damit**
	diskret	Streckendiagramm	Streckendiagramm	
Rangdaten und Kategorien	stetig oder diskret	Streifendiagramm (oder Balkendiagramm)	Balkendiagramm	

---

1. Ergänzen Sie die Lücke!
2. Handelt es sich in Bild 110 um ein axonometrisches Diagramm? Ja / Nein
3. Liegt mit Bild 110 eine Häufigkeitsverteilung vor? Ja / Nein Begründen Sie Ihre Antwort!

Bild 110. Zum programmierten Lernen: Die Wirkung von Zusammenfassungen auf den Lernerfolg, abhängig von Art und Stellung (nach LEITH, BIRAN und OPOLLOT, 1967). Die Säulen zeigen den Lerngewinn (Differenz der Punktzahl von Post- und Prätest) für Teilstichproben, deren Anfangsleistungen und Intelligenz gleich sind (*ns* ist nicht signifikant).

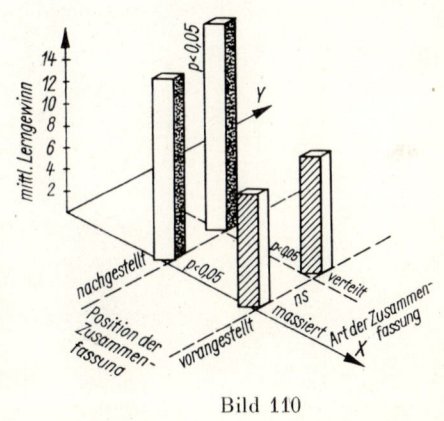

Bild 110

97

Wir unterscheiden zwei Arten von Häufigkeitsverteilungen: _____ und bivariable Verteilungen

monovariable
(auch: ein-
dimensionale)

Werden an jedem Element der beobachteten Menge von Indivi-duen oder Objekten zwei Merkmale und ihre Beziehungen zu-einander untersucht, so haben wir es mit einer _____ Häufigkeitsverteilung zu tun.

bivariablen
(auch: zwei-
dimensionalen)

Die Datenaufbereitung kann auf zwei Weisen erfolgen:

_____

und _____

manuell

maschinell

Bei manuellen Verfahren sind im allgemeinen anzulegen:

    ⓐ primäre Verteilungstafel
    ⓑ Strichliste
    ⓒ Urliste
    ⓓ sekundäre Verteilungstafel.

Bringen Sie diese vier Angaben in die richtige Reihenfolge!

Notieren Sie nur die Buchstabenfolge: _____

ⓒ, ⓑ, ⓐ, ⓓ

Die Urliste bietet die Merkmalswerte _____ , die
(geordnet/ungeordnet)

primäre Verteilungstafel bringt sie _____ .
(geordnet/ungeordnet)

ungeordnet

geordnet

Die sekundäre Verteilungstafel entsteht durch die Bildung von _____ und bewirkt eine weitere _____ der Daten.

Klassen

Verdichtung

————→ 98

Graphische Darstellung bivariabler Häufigkeitsverteilungen

Wir gehen im folgenden auf Möglichkeiten der graphischen Darstellung von **bivariablen Häufigkeitsverteilungen** ein.

Wir erinnern uns: Eine bivariable Häufigkeitsverteilung entsteht, wenn an jedem Element der beobachteten Menge von Individuen oder Objekten *zwei* Merkmale untersucht und zueinander in Beziehung gesetzt werden.

Zur graphischen Darstellung einer bivariablen Häufigkeitsverteilung benötigen wir drei Dimensionen, eine für das Merkmal X (Beobachtungswerte x_j; $j = 1, ..., m$), eine für das Merkmal Y (Beobachtungswerte y_k; $k = 1, ..., l$) und die dritte für die Häufigkeit f_{jk} des gemeinsamen Auftretens von x_j und y_k.

Hier liegt also ein dreidimensionales Koordinatensystem mit zwei Merkmalsachsen zugrunde.

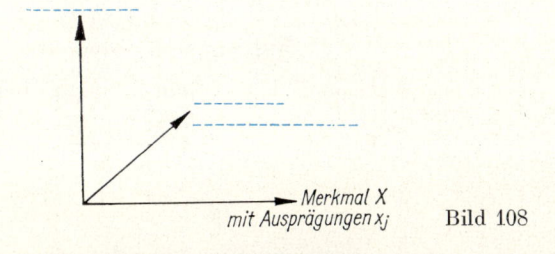

Merkmal X
mit Ausprägungen x_j Bild 108

Ergänzen Sie in Bild 108 die fehlenden Achsenbezeichnungen!

Wir betrachten ein Beispiel:

● Bei Untersuchungen an Erwachsenen (Gruppe ...,
VH Neustadt 19..) über das Merkmal »Fehlerzahl
in Rechtschreibung« wurde die Zahl der orthogra-
phischen Fehler in einem längeren Diktat ermittelt:
3, 6, 13, 10, 9, 12, 4, 11, 8, 5, 13, 12, 8, 12, 5, 11, 9,
14, 13, 12 (Fehler).

Eine solche Zusammenstellung nennt man _____ .

Urliste

! Fertigen Sie für dieses Beispiel die Strichliste an!

x_j (Fehler)	f_j	x_j (Fehler)	f_j

x_j		x_j	
3	|	9	||
4	|	10	|
5	||	11	||
6	|	12	||||
7		13	|||
8	||	14	|

Daraus entsteht ohne Mühe die primäre Verteilungstafel:

x_j (Fehler)	f_j	x_j (Fehler)	f_j
3	1	9	2
4	1	10	1
5	2	11	2
6	1	12	4
7		13	3
8	2	14	1
			$20=n$

Wir haben jetzt _____ Häufigkeiten angegeben.
(absolute/relative)

absolute

! Bestimmen Sie noch die relativen!

x_j (Fehler)	$\dfrac{f_j}{n}$	x_j (Fehler)	$\dfrac{f_j}{n}$
3	0,05	9	0,10
4	0,05	10	0,05
5	0,10	11	0,10
6	0,05	12	0,20
7	–	13	0,15
8	0,10	14	0,05
			1,00

(Angaben auch in Prozent möglich)

——————————▶ 99

Lösungen: Zu 1.	Merkmals- ausprägung x_k	Abweichung vom Mittel- wert $x_k - \bar{x}$	Quotient $\dfrac{x_k - \bar{x}}{c} = q_k$	Summe $\bar{x} + q_k$	Häufigkeit $f_k'(5)$	Produkt $f_k'(5) \cdot c$
	19	2,76	2,34	18,58	4,80	5,66
	20	3,76	3,19	19,43	3,40	4,01
	21	4,76	4,04	20,28	1,80	2,12
	22	5,76	4,89	21,13	1,20	1,42
	23	6,76	5,74	21,98	0,40	0,47

Wenn Sie die hier angegebenen Werte nicht erhalten haben, so wiederholen Sie Lehrschritt 159, und vollziehen Sie die im Beispiel angegebenen
Berechnungsschritte für einige Zeilen nach.

Zu 2.   Die entzerrte Ausgleichskurve schmiegt sich dem Verlaufe des gegebenen
Häufigkeitspolygons viel besser an als die nicht-entzerrte.

Bei höhergliedriger Ausgleichung sollte man infolgedessen den Entzerrungsfaktor c stets
berechnen.

160

Verwendet man allerdings nur die zwei- oder dreigliedrige Ausgleichung, so ist – wegen
der geringen Verschiedenheit des Faktors c von 1 – eine Berücksichtigung dieses Faktors
nicht erforderlich.

In unserem Beispiel ergab sich für fünfgliedrige Ausgleichung $c = 1,18$;
für dreigliedrige Ausgleichung $c = 1,07$;
für zweigliedrige Ausgleichung ergibt sich nur $c = 1,03$.

In den meisten Fällen ist eine dreigliedrige Ausgleichung tatsächlich ausreichend, was
ein Vergleich der entzerrten Kurve bei fünfgliedriger Ausgleichung (Bild 107 in
Schritt 159) mit der nicht-entzerrten bei dreigliedriger Ausgleichung (Bild 104 in
Schritt 156) deutlich erkennen läßt.

Daß die Anwendung des Verfahrens der gleitenden Durchschnitte sehr nützlich ist,
ist nicht von der Hand zu weisen: Alle unwesentlichen »Zacken« der empirisch ermittelten Häufigkeitsverteilung (Zufallsschwankungen der Erscheinung) werden beseitigt, und die wirkliche Verteilungsform (im hier verwendeten Beispiel: Normalverteilung) tritt augenfällig hervor.

Auch am Ende dieses Abschnitts muß betont werden, daß die Darlegungen auch für
diskrete Zufallsvariablen mit Meßwertcharakter gelten, allerdings kann man in diesem
Falle nicht von Ausgleichs**kurven**, sondern nur von Ausgleichs**diagrammen** sprechen,
denn es sind dann Streckendiagramme zu zeichnen.

Entscheiden Sie:

Ich habe jetzt die Abschnitte 3.2.2. »Typische Formen monovariabler
Häufigkeitsverteilungen« und 3.2.3. »Ausgleichung monovariabler Häufig-
keitsverteilungen« durchgearbeitet und möchte die zusammenfassende
Darstellung dieser beiden Abschnitte lesen!

Gehen Sie nach **Seite 18**
des **Beihefts**!

Ich habe mich im Abschnitt »Graphische Darstellung monovariabler Verteilungen« nach der Behandlung des Häufigkeitspolygons dafür entschieden, zunächst den Abschnitt über Ausgleichung zu bearbeiten.

Weiter mit ⟶ Lehrschritt **124**

Frage: Ist es bei vorgegebener Klasseneinteilung möglich, die sekundäre Verteilungstafel direkt aus der Strichliste zu ermitteln?

Antwort: Ja / Nein

Ja, denn die Klassen liegen ja schon fest.

Weitere Frage: Worin besteht im hauptsächlichen der Sinn der Klassenbildung?

Antwort:

_____

_____

_____

(Sinngemäß:) Darin, das Typische der untersuchten Erscheinung deutlich hervortreten zu lassen.

Wir dürfen Klassenbildung vornehmen
   ⓐ bei stetigen Merkmalen
   ⓑ bei diskreten Merkmalen ? _____

ⓐ und ⓑ

Wir kommen auf das Diktat-Beispiel zurück.
Das Merkmal »Fehlerzahl in Rechtschreibung« ist – vorausgesetzt, daß nur ganze Fehler in Betracht gezogen werden –

_____
(diskret/stetig)

diskret

An Hand der primären Verteilungstafel unseres Diktatbeispiels (s. Lehrschritt 98, Mitte) soll eine Klasseneinteilung vorgenommen werden.
Dadurch entsteht eine _____

sekundäre Verteilungs-tafel

Es ist oft gar nicht einfach, die günstigste Wahl für Reduktionslage und Klassenbreite zu treffen. Um Ihnen die Entscheidung zu erleichtern, schlagen wir Ihnen vier Möglichkeiten vor:

	Reduktionslage	Klassenbreite
A.	$a = 3$	$b = 2$
B.	$a = 3$	$b = 3$
C.	$a = 2$	$b = 4$
D.	$a = 2$	$b = 3$

Verwenden Sie die folgende Seite (Schritt 100), um die Klassenbildung für diese vier Fälle vorzunehmen!

222

Lösung: $c = \sqrt{1 + \frac{1}{12} \cdot \left(\frac{5}{2,29}\right)^2} = \sqrt{1 + 0,40} = \sqrt{1,40} = 1,18$

Wie wird nun dieser Entzerrungsfaktor an den Abszissen und Ordinaten des Häufigkeitspolygons berücksichtigt?

Aus der Theorie ergibt sich diese Berechnungsanweisung:

> Die Abweichungen der Merkmalswerte x_k vom arithmetischen Mittel $\bar{x}$ sind durch c zu dividieren und der entstehende Quotient zu $\bar{x}$ zu addieren.
> Die ausgeglichenen Häufigkeiten $f_k{'}$ sind mit c zu multiplizieren.

Das Verständnis dieser Anweisung wird erleichtert, wenn man folgendes Schema zugrunde legt.

Als Beispielwerte nehmen wir die Häufigkeitsverteilung aus Schritt 157 mit fünfgliedriger Ausgleichung:

Merkmals-ausprägung x_k	Abweichung vom Mittelwert $x_k - \bar{x}$ (16,24)	Quotient $\frac{x_k - \bar{x}}{c} = q_k$	Summe $\bar{x} + q_k$	Häufigkeit $f_k{'}(5)$	Produkt $f_k{'}(5)\ c$
9	$9 - 16,24 = -7,24$	$\frac{-7,24}{1,18} = -6,13$	$16,24 - 6,13 = 10,11$	0,40	0,47
10	$-6,24$	$-5,29$	10,95	0,60	0,71
11	$-5,24$	$-4,44$	11,80	1,60	1,89
12	$-4,24$	$-3,59$	12,65	2,40	2,83
13	$-3,24$	$-2,74$	13,50	4,00	4,72
14	$-2,24$	$-1,90$	14,34	5,80	6,84
15	$-1,24$	$-1,05$	15,19	7,00	8,25
16	$-0,24$	$-0,20$	16,04	7,60	8,95
17	$0,76$	$0,64$	$16,24 + 0,64 = 16,88$	7,40	8,72
18	$1,76$	$1,49$	17,73	6,60	7,78
19	———	———	———	4,80	———
20	———	———	———	3,40	———
21	———	———	———	1,80	———
22	———	———	———	1,20	———
23	———	———	———	0,40	———

Die Werte der rot hervorgehobenen Spalten werden zur Darstellung der »entzerrten Ausgleichskurve« verwendet. Bild 107 zeigt das Ergebnis.

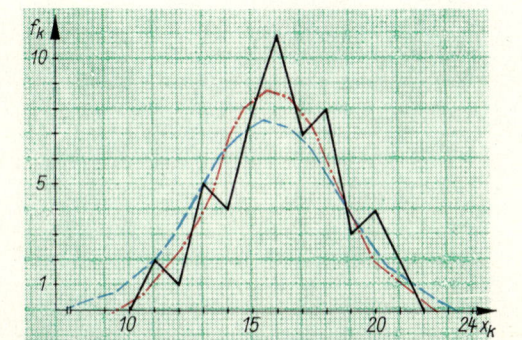

Bild 107

1. Berechnen Sie die in der Tabelle fehlenden Werte!
2. Vergleichen Sie in Bild 107 die entzerrte Ausgleichskurve (rot) mit dem gegebenen Häufigkeitspolygon (schwarz) und der nicht-entzerrten Ausgleichskurve (blau)!

Fall A.   Reduktionslage $a = 3$ Klassenbreite $b = 2$

        Klasseneinteilung:

Fall B. $a = 3$ $b = 3$

        Klasseneinteilung:

Fall C. $a = 2$ $b = 4$

        Klasseneinteilung:

Fall D. $a = 2$ $b = 3$

        Klasseneinteilung:

Vergleichen Sie Vor- und Nachteile der vier Fälle, und entscheiden Sie dann:

Die günstigste Klasseneinteilung ergibt sich bei A ⟶ **101 A**
                                         bei B ⟶ **101 B**
                                         bei C ⟶ **101 C**
                                         bei D ⟶ **101 D**

! Folgen Sie dem Pfeil, der Ihrer Entscheidung entspricht, zum angegebenen Teilschritt auf der nächsten Seite!

Lösung:	Merkmals-ausprägung x_k	Häufigkeit vor f_k	nach Ausgleichung $f_k'(5)$
	9	0	0,40
	10	0	0,60
	11	2	1,60
	12	1	2,40
	13	5	4,00
	14	4	5,80
	15	8	7,00
	16	11	7,60
	17	7	7,40
	18	8	6,60
	19	3	4,80
	20	4	3,40
	21	2	1,80
	22	0	1,20
	23	0	0,40
Summe		55	55,00 ◄——— Kontrollmöglichkeit

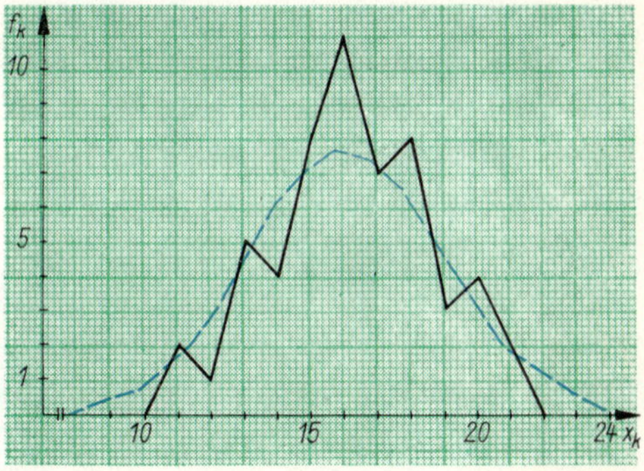

Bild 106

Vergleichen Sie dieses Bild 106 (fünfgliedrige Ausgleichung) mit Bild 104 (dreigliedrige Ausgleichung)!

Sie stellen gewiß fest, daß die Verzerrung des Häufigkeitspolygons bei der fünfgliedrigen Ausgleichung stärker in Erscheinung tritt als bei der drei-gliedrigen. Im allgemeinen kommt man mit einer zwei- oder dreigliedrigen Ausgleichung aus, so daß Sie die nächsten beiden Schritte überspringen und mit der Entscheidung im Schritt 160 unten fortfahren können.

158

Die durch höhergliedrige Ausgleichung entstehende Verzerrung des Polygonzugs (die Kurve erscheint »gedrückt« und damit verbreitert) kann rückgängig gemacht werden durch Anwendung des Entzerrungsfaktors

$$c = \sqrt{1 + \frac{1}{12} \cdot \left(\frac{d}{s}\right)^2} \qquad (10)$$

Hierbei bedeuten d Anzahl der in die Ausgleichung einbezogenen Glieder,
s Standardabweichung der Verteilung.

Für das Folgende benötigen Sie die Kenntnis der Berechnung des arith-metischen Mittels $\bar{x}$ und der Standardabweichung s der Verteilung. Das wird erst in den Lehrschritten 180ff. und 215ff. behandelt. Nehmen Sie diese die Verteilung charakterisierenden Größen hier als gegeben hin.

Für obige Häufigkeitsverteilung ist $\bar{x} = 16,24$ und $s = 2,29$.

● Beispiel für die Berechnung des Entzerrungsfaktors zu obiger Verteilung bei drei-gliedriger Ausgleichung:

$$c = \sqrt{1 + \frac{1}{12} \cdot \left(\frac{3}{2,29}\right)^2} = \sqrt{1 + 0,14} = \sqrt{1,14} = 1,07$$

Rechnen Sie nach! Verwenden Sie den Rechenstab!

Berechnen Sie c zur gleichen Häufigkeitsverteilung bei fünfgliedriger Aus-gleichung!
$c =$ _____

Sie entschieden sich mit $a = 3$; $b = 2$ für die Klasseneinteilung

101 A

Klasse	f_k
3 bis 4	2
5 bis 6	3
7 bis 8	2
9 bis 10	3
11 bis 12	6
13 bis 14	4
	20

Diese Einteilung ist nicht die günstigste,

denn obwohl $l = 6 < 5 \cdot \lg 20$ gilt,

treten Unregelmäßigkeiten der Verteilung auf.

———————→ 101 D

Sie entschieden sich mit $a = 3$; $b = 3$ für die Klasseneinteilung

101 B

Klasse	f_k
3 bis 5	4
6 bis 8	3
9 bis 11	5
12 bis 14	8
	20

Diese Einteilung ist nicht die günstigste,

denn die Klassenanzahl l ist zu klein,

und innerhalb der einzelnen Klassen liegen die Merkmalswerte mit großen Häufigkeiten nicht im Zentrum der betreffenden Klasse.

——————— ► 101 D

Sie entschieden sich mit $a = 2$; $b = 4$ für die Klasseneinteilung

101 C

Klasse	f_k
2 bis 5	4
6 bis 9	5
10 bis 13	10
14 bis 17	1
	20

Diese Einteilung ist nicht die günstigste,

denn die Klassenzahl l ist zu klein, $b = 4$ ist eine unvorteilhafte Klassenbreite,

und die Reduktionslage $a = 2$ läßt eine Klasse 14 bis 17 entstehen, von deren vier Merkmalswerten drei gar nicht existieren.

———————→ 101 D

Die aus $a = 2$; $b = 3$ resultierende Klasseneinteilung

101 D

Klasse	f_k
2 bis 4	2
5 bis 7	3
8 bis 10	5
11 bis 13	9
14 bis 16	1
	20

ist die *günstigste*.
Hier sind sowohl Reduktionslage als auch Klassenbreite richtig gewählt.

Begründung:
Die in den Schritten 91 und 93 angegebenen Punkte zur Wahl der besten Klassenbreite und Reduktionslage sind (bis auf Punkt a) im Schritt 91) erfüllt.

——————— ► 102

Zu 1.

$$f_{11}'(3) = \frac{f_{10} + f_{11} + f_{12}}{3} = \frac{3 + 4 + 2}{3} = 3,00$$

$$f_{12}'(3) = \frac{f_{11} + f_{12} + f_{13}}{3} = \frac{4 + 2 + 0}{3} = 2,00$$

$$f_{13}'(3) = \frac{f_{12} + f_{13} + f_{14}}{3} = \frac{2 + 0 + 0}{3} = 0,67$$

Zu 2.

$$f_k'(5) = \frac{f_{k-2} + f_{k-1} + f_k + f_{k+1} + f_{k+2}}{5} \qquad (9)$$

157

Je größer die Anzahl der einbezogenen Glieder ist, desto besser wird die Ausgleichung. Damit geht aber eine Verkürzung der Ordinaten in der Mitte der Verteilung und eine Vergrößerung der Variationsweite einher. Dieser »Verzerrung« müssen wir begegnen.

Wie das geschehen kann, lernen wir im nächsten Lehrschritt!

Hier folgt zunächst eine Aufgabe, an der Sie den Verzerrungseffekt bei einer fünfgliedrigen Ausgleichung deutlich erkennen können.

Für die Häufigkeitsverteilung aus dem voranstehenden Lehrschritt 156 soll eine fünfgliedrige Ausgleichung vorgenommen werden.

Berechnen Sie die $f_k'(5)$, und tragen Sie die Ausgleichskurve in Bild 105 ein!

Merkmals-ausprägung	Häufigkeit vor	nach Aus-gleichung
x_k	f_k	$f_k'(5)$
9	0	0,40
10	0	___
11	2	___
12	1	___
13	5	___
14	4	___
15	8	___
16	11	___
17	7	___
18	8	___
19	3	___
20	4	___
21	2	___
22	0	___
23	0	___
Summe	55	___

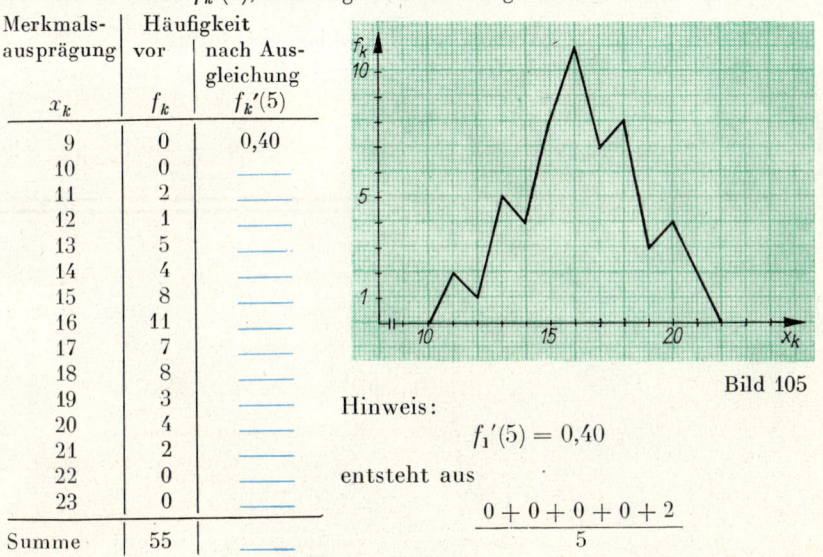

Bild 105

Hinweis:

$$f_1'(5) = 0,40$$

entsteht aus

$$\frac{0 + 0 + 0 + 0 + 2}{5}$$

228

Zur Bezeichnung der Klassen bedient man sich im allgemeinen
der _____ oder der _____ .

Klassengrenzen
Klassenmitten

Für die Klasse »11 bis 13« (Fehler) des Diktat-Beispiels
ist _____ die untere Klassengrenze
und _____ die obere Klassengrenze.

Anmerkung: Mißdeuten Sie das Wort »Fehler« nicht!
Sie haben keineswegs etwas falsch gemacht,
sondern »Fehler« ist hier die Maßeinheit,
in der das Merkmal »Sicherheit in Rechtschreibung« gemessen wird.

11 (Fehler)
13 (Fehler)

In die Klasse »11 bis 13« (Fehler) fallen die Merkmalswerte _____ (Fehler).

Es ist die _____ Klasse der gewählten
(dritte/vierte/fünfte)
Klasseneinteilung.

11, 12 und 13

vierte

Oft wird die Klassenmitte als Repräsentant für die
betrachtete Klasse verwendet.

Wir gewinnen die Klassenmitte jeweils als _____
_____ der Klassengrenzen.

arithmetisches
Mittel

Die Klassenmitte der Klasse »11 bis 13« ist
$x_4 =$ _____ (Fehler).

Die Häufigkeit in dieser Klasse beträgt
$f_4 =$ _____ .

12

9

Die exakten Klassengrenzen der Klasse »11 bis 13« sind
$x_{ug} =$ _____ ; $x_{og} =$ _____ (jeweils Fehler).

10,5; 13,5

⟶ **103**

Das Verfahren der gleitenden Durchschnitte besteht darin, daß aus einer Anzahl aufeinanderfolgender Häufigkeiten das arithmetische Mittel gebildet wird und dieses der mittleren Merkmalsausprägung oder Klasse zugeordnet wird.
Bei diesem Verfahren schließen sich – in gewissem Gegensatz zur Klassenbildung – die Klassen nicht aus, sondern überlappen sich. Es ist vorteilhaft, eine ungerade Anzahl von Häufigkeiten in die Ausgleichsrechnung einzubeziehen, da in diesem Fall die Zuordnung der neugebildeten Häufigkeiten f_k' zu den Merkmalsausprägungen oder Klassenmitten direkt erfolgt. Bei einer **dreigliedrigen Ausgleichung** wird der Merkmalsausprägung oder Klassenmitte x_k die Häufigkeit

156

$$f_k'(3) = \frac{f_{k-1} + f_k + f_{k+1}}{3} \quad (k = 1, \cdots, l)$$ zugeordnet. (8)

Es liege eine Verteilungstafel mit den Werten x_k und den Häufigkeiten f_k vor. Daraus werden die $f_k'(3)$ berechnet.

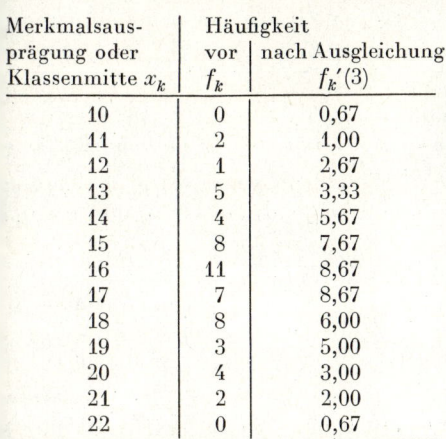

Merkmalsausprägung oder Klassenmitte x_k	Häufigkeit vor f_k	nach Ausgleichung $f_k'(3)$
10	0	0,67
11	2	1,00
12	1	2,67
13	5	3,33
14	4	5,67
15	8	7,67
16	11	8,67
17	7	8,67
18	8	6,00
19	3	5,00
20	4	3,00
21	2	2,00
22	0	0,67
Summe	55	55,02

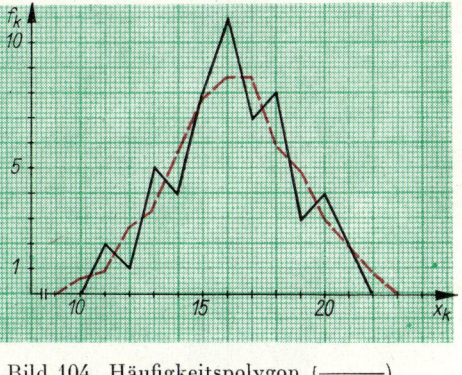

Bild 104. Häufigkeitspolygon (———) mit Ausgleichskurve (— — —) bei dreigliedriger Ausgleichung mittels gleitender Durchschnitte.

Wir erläutern das Entstehen der ersten vier $f_k'(3)$

$$f_1'(3) = \frac{f_0+f_1+f_2}{3} = \frac{0+0+2}{3} = \frac{2}{3} = 0,67 \qquad f_3'(3) = \frac{f_2+f_3+f_4}{3} = \frac{2+1+5}{3} = \frac{8}{3} = 2,67$$

$$f_2'(3) = \frac{f_1+f_2+f_3}{3} = \frac{0+2+1}{3} = \frac{3}{3} = 1,00 \qquad f_4'(3) = \frac{f_3+f_4+f_5}{3} = \frac{1+5+4}{3} = \frac{10}{3} = 3,33$$

Um zu erreichen, daß die Summe der Häufigkeiten gleich bleibt, daß also $\Sigma f_k = \Sigma f_k'(3) = n$ ist, macht es sich erforderlich, die Verteilungstafel an ihren Enden zu erweitern, bei der dreigliedrigen Ausgleichung um je eine Position (d. h. um je eine Merkmalsausprägung oder Klasse, die mit 0 besetzt ist), bei einer fünfgliedrigen Ausgleichung um je zwei Positionen.

1. Berechnen Sie für das obige Beispiel die Häufigkeiten f_{11}', f_{12}' und f_{13}' [also der letzten drei $f_k'(3)$], und bestätigen Sie damit die Tabellenwerte!
2. Schreiben Sie die Berechnungsvorschrift für die fünfgliedrige Ausgleichung auf!

Die Klassenbreite der Klasse »11 bis 13« beträgt
_____ (Fehler). Wir gewinnen sie durch Subtrahieren

(2, 3 oder 4)

der _____

von der _____ .

3

exakten unteren
Klassengrenze

exakten oberen
Klassengrenze

Die Klassenbreite b läßt sich bei einem Beispiel wie dem
vorliegenden – diskretes Merkmal mit ganzzahligen Werten –
auch durch die Anzahl der verschiedenen Merkmalsausprägungen bestimmen, die in die betreffende Klasse fallen.
In die Klasse »11 bis 13« fallen _____ Merkmalsausprägungen,
also ist $b =$ _____ .

3
3

In dieser Weise kann man bei einem stetigen Merkmal, bei dem
die Meßwerte nicht nur in ganzen Zahlen erfaßt werden, nicht
vorgehen.
In einem solchen Falle ergibt sich die _____ b

nur als Differenz der _____ .

Klassenbreite

exakten
Klassengrenzen

⬤ Merkmal »Ernteertrag von Weizen«,
   gemessen in dt/ha
   Klasseneinteilung: 33,5 bis unter 37,5
                      37,5 bis unter 42,5
                      42,5 bis unter 47,5 .

Für die Klasse »37,5 bis unter 42,5« betragen die exakten
Klassengrenzen $x_{ug} =$ _____ dt/ha

und $x_{og} =$ _____ dt/ha.

37,5
42,5

Die Klassenbreite b beträgt hier
$$b = \text{_____}$$

$$= \text{_____}$$

42,5 dt/ha –
37,5 dt/ha
5 dt/ha

Als Repräsentant für die Klasse verwendet man
die _____ .
Für die Klasse »37,5 bis unter 42,5« ergibt sich diese
zu _____ .

Klassenmitte

40 dt/ha

! Gehen Sie bitte zur Zusammenfassung von 2.4.
   auf **Seite 13** des **Beihefts**!

Ausgleichung monovariabler Häufigkeitsverteilungen

Der Polygonzug, den wir als graphische Darstellung der ungruppierten Daten eines stetigen Merkmals mit intervallskalierten Ausprägungen gewonnen haben, kann infolge zufälliger Abweichungen einen sehr unregelmäßigen Verlauf aufweisen, so daß die wirkliche Form der Verteilung nicht deutlich hervortritt. Um diese Unregelmäßigkeiten zu beseitigen, nimmt man eine Ausgleichung der Häufigkeitsverteilung vor. Diese Ausgleichung kann erfolgen durch

Klassenbildung und
das Verfahren der gleitenden Durchschnitte.

Zur Klassenbildung haben wir bereits in den Lehrschritten 86 bis 103 nähere Ausführungen gemacht, so daß wir uns hier auf die Bildung gleitender Durchschnitte beschränken können.

Das Verfahren der gleitenden Durchschnitte hat gegenüber der Klassenbildung den Vorteil, daß es nicht von der Wahl der Klassenbreite und der Reduktionslage beeinflußt wird. Das soll aber nicht heißen, daß man die Klassenbildung durch gleitende Durchschnitte ersetzen könne. Das Verfahren der gleitenden Durchschnitte ist erst dann anwendbar, wenn die Häufigkeiten der Merkmalsausprägungen die Verteilungsform bereits erkennen lassen, mitunter also erst nach einer Klassenbildung.

Beispiel einer monovariablen Häufigkeitsverteilung, für die erst eine Klassenbildung vonnöten ist:

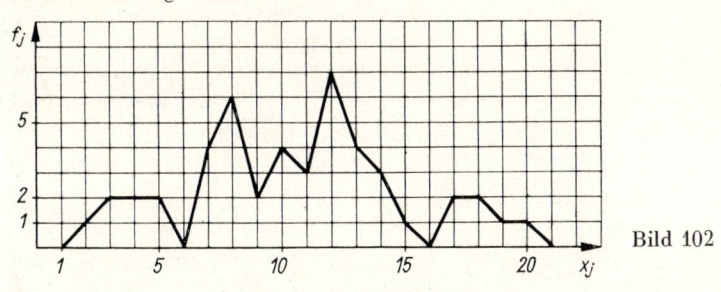

Bild 102

Beispiel einer Häufigkeitsverteilung, auf die das Verfahren der gleitenden Durchschnitte unmittelbar anwendbar ist:

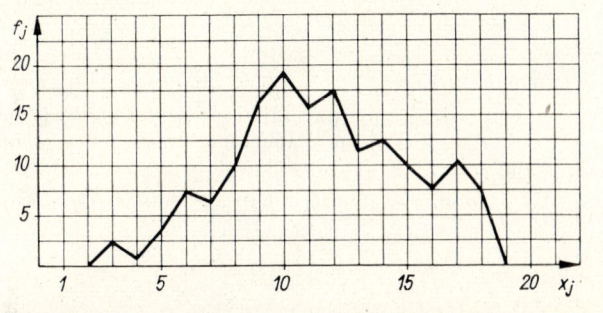

Bild 103

Welche Möglichkeiten der Ausgleichung monovariabler Häufigkeitsverteilungen gibt es?
Antwort: _____

_____

In 2.4. haben wir uns eingehend mit monovariablen Häufigkeitsverteilungen beschäftigt. Bei diesen sind den verschiedenen Ausprägungen des untersuchten Merkmals die Häufigkeiten, mit denen die Ausprägungen auftreten, eindeutig zugeordnet.

Erinnern wir uns der bei der Untersuchung des Merkmals »Leistungsstand in Physik« gewonnenen sekundären Verteilungstafel:

Klasse (Punkte)	Klassenmitte x_k	Häufigkeit f_k
4 bis 6	5	4
7 bis 9	8	4
10 bis 12	11	6
13 bis 15	14	10
16 bis 18	17	5
19 bis 21	20	2
22 bis 24	23	1
		$32 = n$

Nun ist es bei statistischen Untersuchungen oft nicht unwichtig zu wissen, wieviel Individuen oder Objekte unterhalb (oder oberhalb) eines bestimmten Merkmalswertes liegen.

Diese Fragestellung führt zur kumulativen Häufigkeitsverteilung.

Kumulativ heißt svw. »anhäufend«, **kumuliert** »angehäuft«. Etwas genauer wird kumulativ im Sinne von »schrittweise addierend von Anfang an« gebraucht.

Die Folge der Teilsummen irgendeiner, meist aus positiven Gliedern bestehenden Zahlenfolge (z.B. Häufigkeiten) heißt **kumulative Folge**.

Zahlenfolge	zugehörige kumulative Folge
a_1; a_2; a_3; ...	a_1; $a_1 + a_2$; $a_1 + a_2 + a_3$; ...
1; 2; 3; 4; 5; ... (unendliche Folge)	1; 3; 6; 10; 15; ... Erläut.: $3 = 1 + 2$; $6 = 1 + 2 + 3$; $10 = 1 + 2 + 3 + 4$
3; 7; 11; 15; 19; 21. (endliche Folge)	3; 10; 21; 36; 55; 76.
2; 4; 6; 8; 10; ...	
4; 4; 6; 10; 5; 2; 1.	

Zu 1.   Antwort: Nein; aus dem Auftreten einer Normalkurve allein läßt sich
noch nicht erkennen, ob einheitliches Material vorliegt oder nicht.

Begründung (etwa): Uneinheitliches Material könnte durch Überlagerung
zweier oder mehrerer Kurven zu einer Normalkurve geführt haben und
damit Homogenität vortäuschen.

E. WEBER (1967) führt dazu nach JUST (1935) ein überzeugendes Beispiel
an: Obwohl die Verteilung des Horizontaldurchmessers der Hornhaut bei
Kindern sich nach Bild 100 als glockenförmige Kurve darstellt, liegt kein
einheitliches Material vor.

Bild 101 zeigt, daß der Polygonzug für die Größenmessungen der Cornea
bei Knaben eine linksseitige Asymmetrie, bei Mädchen eine rechtsseitige
Asymmetrie aufweist.

Verteilung des Horizontaldurchmessers der Hornhaut bei Knaben und
Mädchen zusammen (nach JUST)

Verteilung des Horizontaldurchmessers der Hornhaut, getrennt bei Knaben und Mädchen (nach JUST)

Zu 2.   Antwort (sinngemäß): Eine hochgipflige Kurve deutet auf starke Homogenität der Stichprobe hin, d. h., die meisten Beobachtungswerte liegen
eng beieinander, die Streuung ist gering.

Zu 3.   Antwort: Nein, das kann man nicht ohne weiteres sagen.

Erst ein Betrachten der Anordnung der Merkmalswerte auf der Abszissenachse läßt erkennen, ob linksseitige Asymmetrie auf einen guten Leistungsstand der Gruppe hinweist oder nicht. Sind die besseren Werte auf der
Merkmalsachse nach rechts aufsteigend angeordnet, so gibt linksseitige
Asymmetrie an, daß die Leistungs**schwachen** überwiegen.

Die Bilder 78c) und d) zeigen beide Möglichkeiten der Anordnung der
Merkmalswerte (hier: Noten).

Betrachten Sie diese Bilder 78c) und d) in Schritt 139, und kehren Sie
dann nach hier zurück!   ——————— 139 ——⏎

Man sollte also stets erst die Anordnung der Werte auf der Merkmalsachse
prüfen, bevor man Verteilungskurven interpretiert.

Legen Sie jetzt eine längere Entspannungspause ein!

Entscheiden Sie:

Ich habe den Abschnitt »Ausgleichung monovariabler Häufigkeitsverteilungen« bereits bearbeitet.——▼

Schlagen Sie **Seite 18** des **Beihefts** auf!

Ich kenne diesen Abschnitt noch nicht.   ————————► Schritt **155**

Zahlenfolge	zugehörige kumulative Folge
2; 4; 6; 8; 10; ...	2; 6; 12; 20; 30; ...
4; 4; 6; 10; 5; 2; 1.	4; 8; 14; 24; 29; 31; 32.

Mit der zweiten Aufgabe haben wir bereits die absoluten kumulierten Häufigkeiten unseres Standardbeispiels berechnet.

105

Allgemein ergibt sich aus der Folge der Häufigkeiten f_k	mittels Addition leicht die Folge der kumulierten Häufigkeiten cf_k
f_1	$cf_1 = f_1$
f_2	$cf_2 = f_1 + f_2$
f_3	$cf_3 = f_1 + f_2 + f_3$
$\vdots$	$\vdots$
f_l	$cf_l = f_1 + f_2 + f_3 + \cdots + f_l = n$

$\nearrow$

Kontrollmöglichkeit

Definition

Unter **kumulativer Häufigkeitsverteilung** verstehen wir die eindeutige Zuordnung von (absoluten oder relativen) kumulierten Häufigkeiten zu allen Ausprägungen oder Klassen des Merkmals im Variationsbereich.
Liegt Klasseneinteilung vor, so erfolgt die Zuordnung stets zur exakten oberen Klassengrenze der betreffenden Klasse.

Neben den absoluten kumulierten Häufigkeiten können wir also **relative** kumulierte Häufigkeiten angeben, diese haben meist die größere Bedeutung.

Sekundäre kumulative Verteilungstafel für das untersuchte Merkmal »Leistungsstand in Physik« der Klasse 11 B der Pestalozzi-Oberschule Neustadt.

Exakte Klassengrenzen (Punkte)	absolute Häufigkeiten		relative Häufigkeiten	
	f_k	kumuliert cf_k	$\dfrac{f_k}{n}$	kumuliert $\dfrac{cf_k}{n}$
3,5 bis unter 6,5	4	4	$\frac{4}{32} = 0,125$	0,125
6,5 bis unter 9,5	4	8	0,125	0,250
9,5 bis unter 12,5	6	14	0,188	0,438
12,5 bis unter 15,5	10	24	0,312	0,750
15,5 bis unter 18,5	5	___	___	___
18,5 bis unter 21,5	2	___	___	___
21,5 bis unter 24,5	1	___	___	___
	32 = n			___

Ergänzen Sie die Lücken in der sekundären kumulativen Verteilungstafel!

Lösung:

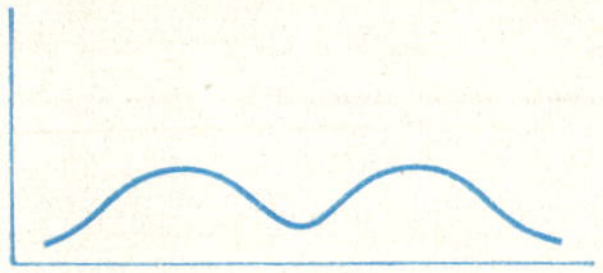

Bild 99

Überlegungsaufgaben zu 3.2.2.

Bearbeiten Sie diese Aufgaben recht sorgfältig! Erst dadurch gewinnen Sie Sicherheit in der Einschätzung von Häufigkeitsverteilungen!

1. Bei einer Untersuchung hat sich eine glockenförmige Kurve ergeben mit allen Eigenschaften, die auf eine Normalverteilung hinweisen. Läßt sich allein an Hand der Normalkurve auf Vorliegen einheitlichen Materials schließen?

Antwort: Ja / Nein

Begründung: _____

_____

2. Worauf deutet eine hochgipflige Kurve hin?

Antwort: _____

_____

3. Die Leistungsverteilung einer Gruppe zeigt eine linksseitige Asymmetrie.

Heißt das, daß in dieser Gruppe die Leistungsstarken überwiegen?

Antwort: _____

_____

_____

Erst, wenn Sie diese Aufgaben gelöst haben, zur Kontrolle weiter nach

⟶ 154

236

Lösung :

Exakte Klassengrenzen (Punkte)	absolute Häufigkeiten		relative Häufigkeiten	
	f_k	cf_k	$\dfrac{f_k}{n}$	$\dfrac{cf_k}{n}$
3,5 bis unter 6,5	4	4	0,125	0,125
6,5 bis unter 9,5	4	8	0,125	0,250
9,5 bis unter 12,5	6	14	0,188	0,438
12,5 bis unter 15,5	10	24	0,312	0,750
15,5 bis unter 18,5	5	29	0,156	0,906
18,5 bis unter 21,5	2	31	0,062	0,968
21,5 bis unter 24,5	1	32 = n	0,031	0,999
	32 = n		0,999	

Kontrollmöglichkeiten

Die Berechnung der kumulierten relativen Häufigkeiten kann auf zwei Wegen erfolgen:

Entweder bestimmt man für jede Merkmalsausprägung oder Klasse die relativen Häufigkeiten und kumuliert diese

oder man berechnet zu den kumulierten absoluten Häufigkeiten jeder Merkmalsausprägung oder Klasse die entsprechende relative Häufigkeit.

Geht man beide Wege, so erwächst daraus eine weitere Kontrollmöglichkeit.

Mit Hilfe der kumulativen Häufigkeitsverteilung lassen sich Aufgaben der folgenden Art lösen:

Wieviel Personen (Schüler) haben in der Vergleichsarbeit Physik *weniger als* 9,5 Punkte erreicht?

Antwort: 8 Schüler ≙ 0,250 = 25%.

Diese Werte entnehme ich direkt der 2. Zeile der obigen sekundären kumulativen Verteilungstafel.   Oder:

Wieviel Schüler haben *weniger als* 24,5 Punkte erreicht?

Antwort: 32 Schüler ≙ 1,000 = 100%.

(Daß in der Tabelle 0,999 erscheint, hat seine Ursache – wie bereits angeführt – im Runden.)

1. Beziehen sich die kumulierten Häufigkeiten – genau genommen – auf
   A. die Klassenmitte,
   B. die exakte untere Klassengrenze,
   C. die exakte obere Klassengrenze? _____
   (A, B oder C)
2. Wieviel Schüler erreichten 9,5 und mehr, aber weniger als 18,5 Punkte?

Lösung (sinngemäß):

a) Die Gruppe ist inhomogen zusammengesetzt.

Oder: Sie besteht aus überwiegend sehr guten und sehr schlechten Schützen.

b) Man sollte die Einheit teilen und mit den schlechten Schützen verstärkt üben.

Wir haben in diesem Abschnitt typische (»reine«) Verteilungsformen behandelt. In der Praxis kommen diese Formen jedoch vielfältig kombiniert vor, so daß es sich für die eindeutige Charakterisierung einer Häufigkeitsverteilung als notwendig erweist, mehrere Adjektiva zu verwenden.

152

Wir stellen diese die Verteilung kennzeichnenden Adjektiva als Gegensatzpaare noch einmal zusammen:

eingipflig – mehrgipflig
symmetrisch – asymmetrisch
(falls asymmetrisch: linksschief – rechtsschief)
hochgipflig – flachgipflig.

Erst unter Berücksichtigung mehrerer Eigenschaften ist eine genaue Angabe der in Versuchen gewonnenen Verteilungsform möglich.

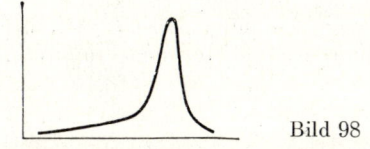

Bild 98

Bild 98 zeigt eine eingipflige, rechtsschiefe, hochgipflige Verteilung.

Bei allen in diesem Abschnitt angeführten Darstellungen setzten wir stillschweigend voraus, daß eine stetige Zufallsvariable, deren Ausprägungen in Meßwerten ausgedrückt sind, vorliegt. Sie gelten aber in gleicher Weise auch für diskrete Zufallsvariablen mit Meßwertcharakter, nur daß dann Streckendiagramme zu zeichnen sind.

Skizzieren Sie auf Ihrem Übungsblatt eine bimodale, symmetrische, flachgipflige Verteilung!

Zu 1.   **C.** Kumuliert wird stets bis zur exakten oberen Klassengrenze, da ja sämtliche Werte der betreffenden Klasse erfaßt werden müssen.

Diese Tatsache muß bei der graphischen Darstellung der kumulativen Häufigkeitsverteilung (die wir erst behandeln werden) beachtet werden.

Zu 2.   **21 Schüler.** Nebenrechnung: Entweder $cf_5 - cf_2 = 29 - 8$ (Schüler)

$$\text{oder } f_3 + f_4 + f_5 = 6 + 10 + 5 \text{ (Schüler)}.$$

(Vergleichen Sie mit der Tabelle auf Vorseite oben!)

Wir führten die Kumulation bisher *aufsteigend* aus, d. h., wir addierten jeweils ausgehend von den niederen hin zu höheren Merkmalswerten. Damit konnten wir die Frage beantworten:

107

Wieviel Individuen oder Objekte haben Merkmalswerte kleiner als . . .?«

(Z. B. »Wieviel Schüler haben weniger als 9,5 Punkte erreicht?«)

Lautet die Fragestellung generell »Wieviel Individuen oder Objekte haben Merkmalswerte größer als . . .?«, so ist die *absteigende* Kumulation vorzunehmen.

Die Addition erfolgt hier von den höheren zu den niederen Merkmalswerten.

Exakte Klassengrenzen (Punkte)	absolute Häufigkeiten		relative Häufigkeiten	
	f_k	$cf_k{}^\star$	$\dfrac{f_k}{n}$	$\dfrac{cf_k{}^\star}{n}$
3,5 bis unter 6,5	4	32 = n	0,125	
6,5 bis unter 9,5	4	28	0,125	
9,5 bis unter 12,5	6	24	0,188	0,749
12,5 bis unter 15,5	10	18	0,312	0,561
15,5 bis unter 18,5	5	8	0,156	0,249
18,5 bis unter 21,5	2	3	0,062	0,093
21,5 bis unter 24,5	1	1	0,031	0,031
	32 = n		0,999	

Kontrollmöglichkeiten

Hieraus kann man entnehmen: 24 Schüler ($\hat= 74,9\%$) haben mehr als 9,5 Punkte.

---

1. Füllen Sie die beiden Lücken der Tabelle aus!

2. Wieviel Schüler haben mehr als 21,5 Punkte?

re Antwort lautet:

Ja	Nein
as ist falsch! enn es liegt nur *ein* Maximum vor.	Ihre Antwort ist richtig! Begründung: Es liegt nur *ein* Maximum vor.

in anderer Typ bimodaler Verteilungen hat die Gipfel an den Enden der Verteilung. 'ir sprechen dann wegen des dem Buchstaben »U« ähnlichen Aussehens von einer -förmigen Verteilung.

Beispiel einer U-förmigen Verteilung:

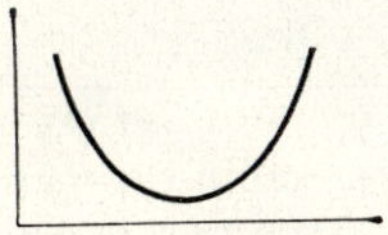

Bild 96

imodale Verteilungen, insbesondere U-förmige, weisen auf eine starke Inhomogenität Ungleichmäßigkeit) der Gruppe bezüglich des untersuchten Merkmals hin. leist entstammt die Stichprobe in diesem Falle zwei verschiedenen Grundgesamt- eiten. Das läßt sich allerdings an der graphischen Darstellung allein nicht belegen. – ls letzte der hier behandelten Typen von monovariablen Häufigkeitsverteilungen sei ie Gleichverteilung oder Rechteckverteilung erwähnt. Bei ihr gibt es keinen Gipfel, lle Merkmalsausprägungen in einem bestimmten Intervall weisen die gleiche Wahr- cheinlichkeit (bzw. Dichte) auf (Bild 97).

Beispiel einer Rechteckverteilung

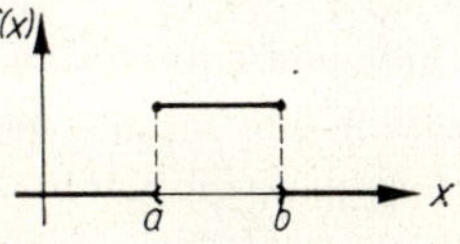

Bild 97

Die Dichtefunktion ist hier gegeben durch $f(x) = \begin{cases} 0 & \text{für } x < a \\ \dfrac{1}{b-a} & \text{für } a \leqq x \leqq b \\ 0 & \text{für } x > b \end{cases}$

Bei Schießübungen einer Militäreinheit ergab sich nach Auswertung der Ergebnisse eine U-förmige Verteilung.

a) Worauf ist ein solches Resultat zurückzuführen?

b) Welche Schlußfolgerungen sollte man daraus ziehen?

240

Lösungen:

Zu 1.   0,999
                                   0,874

Zu 2.   1 Schüler $\triangleq$ 3,1%.

Im allgemeinen kommt man mit der aufsteigenden Kumulation aus, doch kann für manche Belange die absteigende Kumulation angebrachter sein.

108

Damit sind wir am Ende des Abschnitts »Datenerfassung« angelangt und wenden uns im nächsten der »Darstellung der Daten« zu.

Wir sind uns der Tatsache bewußt, daß man eine strenge Trennung zwischen diesen beiden Gebieten nicht vornehmen kann. Mit den Tabellen, die wir für monovariable, bivariable und kumulative Häufigkeitsverteilungen kennenlernten, haben wir ein wichtiges Element der Darstellung von Daten schon vorweggenommen.

Entscheiden Sie!

Ich habe die folgenden Schritte bis 134 bereits einmal durchgearbeitet.
——————————▶ 135, Seite 272

Das ist nicht der Fall.

Dann ——————————

Schlagen Sie **Seite 14** des **Beihefts** auf, und überdenken Sie an der Zusammenfassung das Wichtigste von 2.5.

Lösung:

Weitere typische Formen monovariabler Häufigkeitsverteilungen ergeben sich schließlich bei den **zweigipfligen (bimodalen) Verteilungen.**

! Beachten Sie bitte, daß »bimodal« nicht mit »bivariabel« verwechselt werden darf. Den graphischen Darstellungen bivariabler Häufigkeitsverteilungen wenden wir uns in 3.2.4. zu.

150

Die verschiedenen Formen bimodaler Verteilungen unterscheiden sich nach der Lage der beiden Maxima; diese können sowohl im zentralen Bereich als auch an den Enden der Verteilung liegen.

● Beispiel einer bimodalen Verteilung mit den Gipfeln im Mittelbereich:

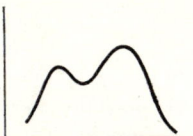

Bild 94

Von einer bimodalen Verteilung können wir jedoch nur dann sprechen, wenn die beiden Gipfel auch bei Erweiterung des Stichprobenumfangs erhalten bleiben. Unregelmäßigkeiten der Verteilung, die auf zu kleinen Stichprobenumfang zurückzuführen sind, sollte man durch eine **Ausgleichung** beheben (Die Behandlung dieses Verfahrens folgt in 3.2.3.).

Kann man beim Vorliegen einer Verteilung, wie sie Bild 95 zeigt, von einer bimodalen Verteilung sprechen?

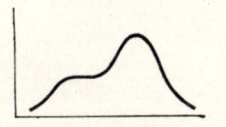

Bild 95

Antwort: Ja / Nein   Kurze Begründung: _____

Kontrollaufgaben zu Abschnitt 2. (Schritte 66 bis 108)

K 2

1. Unter Datenaufbereitung verstehen wir

    A. das Auswerten der Daten

    B. das Gewinnen von Informationen in Form von Zahlen

    C. das Ordnen und Verdichten der Daten in Form von Tabellen.

2. Häufigkeitsverteilung ist

    A. die Zusammenstellung der Häufigkeiten

    B. die eindeutige Zuordnung der Häufigkeiten zu den Ausprägungen des Merkmals

    C. dasselbe wie Wahrscheinlichkeitsverteilung.

3. Die Summe der absoluten Häufigkeiten ist stets gleich

    A. 1

    B. dem Umfang n der Stichprobe (bzw. N der Grundgesamtheit)

    C. der Zahl m der Merkmalsausprägungen.

4. Relative Häufigkeiten beziehen sich stets auf

    A. den Umfang n der Stichprobe (bzw. N der Grundgesamtheit)

    B. die Anzahl m der Merkmalsausprägungen

    C. die Anzahl l der Klassen.

5. Das Kerbkartenverfahren gehört

    A. zu den manuellen Aufbereitungsmethoden

    B. zu den maschinellen Aufbereitungsmethoden

    C. weder zu A. noch zu B.

6. EDVA heißt _____

    Eine solche Einrichtung ist gegenüber Lochkartenmaschinen

    A. weniger leistungsfähig

    B. ebenso leistungsfähig

    C. leistungsfähiger.

7. Die durch Klassenbildung entstehende Verteilungstafel heißt

    A. Urliste

    B. primäre Verteilungstafel

    C. sekundäre Verteilungstafel.

8. Wodurch wird eine Klasse repräsentiert?

    A. Durch eine Klassengrenze

    B. Durch die Klassenbreite

    C. Durch die Klassenmitte.

9. Die Klassenbreite b berechnet sich aus der

    A. Differenz zweier beliebiger Klassenmitten

    B. Differenz zwischen oberer und unterer Klassengrenze

    C. Differenz zwischen exakter oberer und exakter unterer Klassengrenze.

10. Kumulierte Häufigkeiten (»aufsteigender« Kumulation) werden

    A. der unteren Klassengrenze

    B. der Klassenmitte

    C. der exakten oberen Klassengrenze zugeordnet.

243

Lösung: hochgipflig

Anmerkung: hochgipflig entspricht **positiv** exzessiv.

Nun zu den eingipfligen **asymmetrischen Verteilungen.** Diese lassen sich leichter von einer Normalverteilung unterscheiden als die hoch- oder flachgipfligen. Wir sprechen von linksschiefen (oder linkssteilen) und rechtsschiefen (oder rechtssteilen) Verteilungen.

149

Definition

▶ Eine Verteilung heißt **linksschief** (linkssteil, linksseitig asymmetrisch), wenn ihr Gipfel links von der Verteilungsmitte liegt; im entgegengesetzten Fall **rechtsschief** (rechtssteil, rechtsseitig asymmetrisch).

● Beispiel für eine linksschiefe Verteilung

Beispiel für eine rechtsschiefe Verteilung

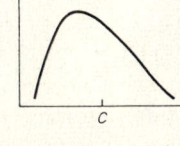
Bild 90

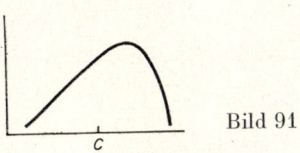
Bild 91

Im extremen Fall arten diese beiden Typen in eine J-förmige Verteilung aus.

▶ Eine J-förmige Verteilung erreicht ihren Gipfel an einem Ende der Verteilung.

● Beispiel für eine linksschiefe J-förmige Verteilung

Beispiel für eine rechtsschiefe J-förmige Verteilung

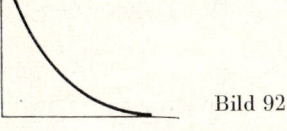
Bild 92

Bild 93

Auch die **Schiefe** S einer Verteilung kann durch eine Zahl angegeben werden. Wir verweisen wiederum auf WEBER, E.: Grundriß der biologischen Statistik, Jena 1967, S. 105.

Welchem Typ gehören folgende Verteilungen an?

a) x_j	f_j	b) x_j	f_j	c) x_j	f_j
0	30	0	2	0	1
1	25	1	6	1	3
2	18	2	12	2	6
3	10	3	17	3	15
4	6	4	20	4	50
5	4	5	17	5	15
6	2	6	12	6	6
7	1	7	6	7	3
8	1	8	2	8	1

11. Worin besteht das Ziel der Datenaufbereitung?

_____

12. Folgender Ausschnitt aus einer Verteilungstafel sei gegeben:

       27,5 bis unter 32,5 (min) | 13
       32,5 bis unter 37,5 (min) | 8

Führen Sie für die an erster Stelle stehende Klasse an:

    Klassenbreite _____
    Klassenmitte _____
    Häufigkeit _____

13. Desgleichen

      60 bis 69 (Pulsschläge/min) | 10
      70 bis 79 (Pulsschläge/min) | 19

Bestimmen Sie — wieder für die an erster Stelle stehende Klasse —

    Klassenbreite _____
    Klassenmitte _____
    Häufigkeit _____

14. Diese Merkmalswerte seien gegeben (Angaben in g):

    57 56 52 58 60 62 53 58 51 61
    58 57 54 60 55 59 53 56 54 56

Vereinigen Sie in _einer_ Tabelle:

a) Strichliste
b) primäre Verteilungstafel
c) kumulative Verteilungstafel (absolut)
d) kumulative Verteilungstafel (relativ).

x_j		f_j	cf_j	$\dfrac{cf_j}{n}$

15. Welcher Klasseneinteilung würden Sie den Vorzug geben?

    A. $a = 50$ $b = 3$

oder B. $a = 51$ $b = 4$ 

oder C. $a = 51$ $b = 2$

16. Geben Sie für die erste Klasse bei Einteilung nach $a = 50$; $b = 3$ eine richtige Bezeichnung an:

_____

!   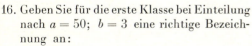 Wenn Sie alles ausgefüllt haben, bitte umblättern.   ———————▶ L 2

Lösungen:

Zu 1.   Die Prüfung der Normalverteilung mit Hilfe des Wahrscheinlichkeitspapiers.

Zu 2.   Die Kurve in Bild 88 weist keine Glockenform auf, sie ist zu breitgipflig
und läuft in den Enden nicht aus.

Mit Bild 88 lernten wir eine eingipflige symmetrische Verteilung kennen, die von der
Normalverteilung abweicht. Sie ist u. a. dadurch gekennzeichnet, daß ihr Gipfel flacher
bzw. breiter ist als der der Normalkurve. Wir bezeichnen eine solche Verteilungsform
als flachgipflig (breitgipflig, negativ exzessiv; Bild 89a).
In analoger Weise kann der Gipfel einer Verteilung höher bzw. schmaler als der der
Normalverteilung sein. In diesem Fall spricht man von einer hochgipfligen (schmal-
gipfligen, positiv exzessiven) Verteilung (Bild 89c).
Stellen wir diese drei Verteilungstypen nebeneinander:

● Beispiel für a) flachgipflige, b) normale und c) hochgipflige Verteilung

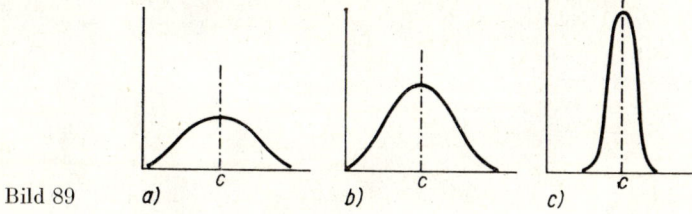

Bild 89   a)   b)   c)

Der Grad der Hochgipfligkeit kann bei einer symmetrischen Verteilung durch eine Zahl
ausgedrückt werden, den sogenannten **Exzeß** E, auf dessen Berechnung wir hier nicht
eingehen (siehe WEBER, E.: Grundriß der biologischen Statistik, Jena 1967, S. 106).
Für die Normalverteilung ist $E = 0$, für flachgipflige Verteilungen $E < 0$ und für hochgipflige $E > 0$.

148

Von einer symmetrischen Verteilung ist der Exzeß bekannt: $E = +1{,}98$.
Die Verteilung ist _____
(hochgipflig/flachgipflig)

Lösungen zu den Kontrollaufgaben K 2

L 2

Zu 11. In der Gewinnung von Häufigkeitsverteilungen **(1)**

Anmerkung zur Bewertung von 11.:
Dieser Punkt ist zu erteilen, wenn die Antwort sinngemäß richtig ist.

Anm. zur Bewertung von 12. u. 13.:
Haben Sie in allen vier Fällen die Angabe der Maßeinheit vergessen, so verringert sich die Punktzahl um 1.

Zu 1.

| C | **(1)** |

Zu 12.

5 min	**(1)**
30,0 min	**(1)**
13	**(1)**

Zu 2.

| B | **(1)** |

Zu 13.

10 Pulsschläge/min	**(1)**
64,5 Pulsschläge/min	**(1)**
10	**(1)**

Zu 3.

| B | **(1)** |

> **!** Vergleichen Sie Ihre mit den hier angegebenen Lösungen. Liegt Übereinstimmung vor, so geben Sie sich die i. allg. hinter der jeweiligen Lösung in Klammern stehende Punktzahl!

Zu 4.

| A | **(1)** |

Zu 5.

| A | **(1)** |

Zu 6. Elektronische Datenverarbeitungsanlage

Zu 6.

| C | **(1)** |

Anmerkung zu 14.:

Die über den Spalten stehenden Punktzahlen dürfen nur dann erteilt werden, wenn alle Werte der betreffenden Spalte richtig sind.

Zu 14.

x_j **(1)**	**(2)**	f_j **(1)**	cf_j **(2)**	$\dfrac{cf_j}{n}$ **(2)**
51	|	1	1	0,05
52	|	1	2	0,10
53	||	2	4	0,20
54	||	2	6	0,30
55	|	1	7	0,35
56	|||	3	10	0,50
57	||	2	12	0,60
58	|||	3	15	0,75
59	|	1	16	0,80
60	||	2	18	0,90
61	|	1	19	0,95
62	|	1	20	1,00
	|	20	|	

> **!** Addieren Sie die erzielten Punkte!
>
> Meine Gesamtpunktzahl beträgt
>
> _____ Punkte.

Zu 7.

| C | **(1)** |

Zu 8.

| C | **(1)** |

Zu 9.

| C | **(1)** |

Zu 15.

Für | A | **(2)**   Für | B | **(0)**   Für | C | **(1)**

Zu 16.

49,5 bis unter 52,5 (g) **(1)**
oder: 51 (g)

Zu 10.

| C | **(1)** |

Bitte umblättern!

Lösungen:

Zu 1.   zweigipflige oder bimodale

Zu 2.

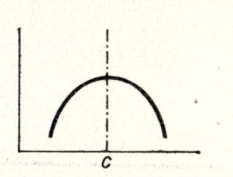

Bild 87

eingipflig (oder unimodal), symmetrisch, glockenförmig.

Bleiben wir zunächst bei **eingipfligen Verteilungen.**

Sicher haben Sie die Charakteristik »eingipflig« und »symmetrisch« für die Kurve der Normalverteilung richtig angegeben, das reicht jedoch für deren eindeutige Bestimmung nicht aus. Das Vorliegen einer Normalverteilung ist nur an Hand ihrer Dichtefunktion (oder Verteilungsfunktion) überprüfbar.

In vielen Fällen kann allerdings die Kurve der Normalverteilung an ihrer Glockenform erkannt werden. Wir müssen jedoch davor warnen, jede eingipflige symmetrische Verteilung als Normalverteilung auszugeben.

Zum Beispiel gehört folgende Verteilungskurve *nicht* zum Typ der Normalverteilung:

Bild 88

1. Welche Möglichkeit der Prüfung auf Normalverteilung lernten Sie bereits kennen?

2. Begründen Sie, weshalb in Bild 88 keine Normalverteilung vorliegt!

Bewertung:

Unter 10 Punkte . . . .   Ungenügend!

        Wiederholen Sie Abschnitt 2.

! Legen Sie eine Ruhepause ein, ehe Sie erneut beginnen,
und zwar mit Schritt   ——————▶ **66**

10 bis 19 Punkte . . . .   Ausreichend!

! Wiederholen Sie die Stoffgebiete,
bei denen Ihnen Fehler unterlaufen sind.

Wir geben Ihnen die Lehrschritte an, die sich auf die einzelnen
Aufgaben der Kontrollarbeit beziehen.
Kehren Sie jeweils nach hier zurück!

Aufgabe 1 ———————— 68

Aufgabe 2 ———————— 71

Aufgabe 3 ———— 69 und 72

Aufgabe 4 ———————— 70

Aufgabe 5 ———————— 80

Aufgabe 6 ———————— 85

Aufgabe 7 ———————— 86

Aufgabe 8 ———————— 88

Aufgabe 9 ———————— 89

Aufgabe 10 ——————— 105

Aufgabe 11 ———————— 71

Aufgabe 12 und 13 ——— 88 und 89

Aufgabe 14 —— 77 bis 79 und 105

Aufgabe 15 ———— 90 bis 94

Aufgabe 16 ———————— 95

Danach ——————▶

20 bis 26 Punkte . . . .   Gut! ——————▶

27 und 28 Punkte . . . .   Sehr gut!

! Arbeiten Sie weiter so gut! ——————▶

Unterbrechen Sie Ihre Arbeit, und gönnen Sie sich eine
RUHEPAUSE!

Dann ——————▶ Abschnitt 3., Seite 326

In der Praxis treffen wir auf Häufigkeitsverteilungen der verschiedensten Formen. Hier sollen einige typische Fälle von Verteilungen vorgestellt werden.

Bei der Charakterisierung der Verteilungsform spielen die Anzahl der Gipfel und die Symmetrie der Verteilung eine entscheidende Rolle.

Wir unterscheiden eingipflige (unimodale) von
mehrgipfligen (multimodalen) Verteilungen,
bei diesen sind die zweigipfligen (bimodalen) besonders zu erwähnen.

Definition

Eine Häufigkeitsverteilung heißt n-gipflig, wenn sie n Maxima aufweist.

Anmerkung:
Dabei ist nicht nur an Maxima im Sinne der Differentialrechnung gedacht, sondern an alle Höchstwerte der Häufigkeiten in bezug auf die Umgebung, allerdings unter der Voraussetzung nicht zu kleiner Stichprobenumfänge!

Des weiteren unterscheiden wir symmetrische
von asymmetrischen (nicht symmetrischen) Verteilungen.

Definition

Eine Häufigkeitsverteilung heißt **symmetrisch,** wenn bezüglich der Verteilungsmitte c für die Merkmalsausprägungen $c - z_i$ und $c + z_i$ stets die gleichen Häufigkeiten auftreten.

Die Symmetrieachse verläuft immer parallel zur Häufigkeitsachse.

Beispiel für eingipflige
asymmetrische Verteilung

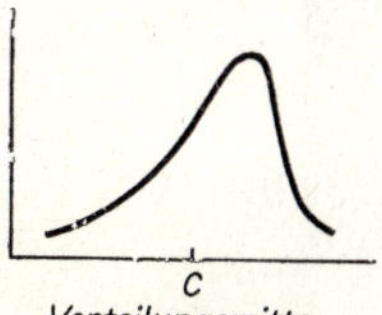

Beispiel für _____
symmetrische Verteilung

Bild 85

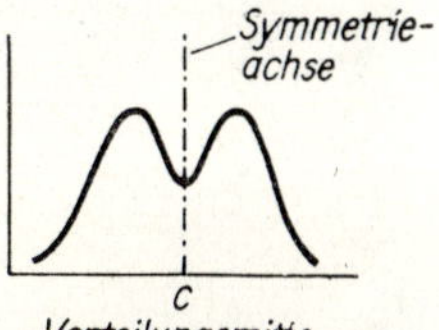

Bild 86

1. Ergänzen Sie die Lücke im rechten Beispiel!

2. Skizzieren Sie die Kurve der Normalverteilung auf einem Arbeitsblatt, und charakterisieren Sie diese kurz!

4. Mathematische Grundlagen

4.1. Vorkenntnisse

Indizes

Die statistische Beschreibung von Sachverhalten der objektiven Realität beginnt mit der Ermittlung von Beobachtungswerten an den für eine Untersuchung ausgewählten Individuen oder Objekten.

Die Beobachtungswerte werden mit kleinen lateinischen Buchstaben bezeichnet, die dem Ende des Alphabets entnommen sind.

Um die einzelnen Beobachtungswerte x des untersuchten Merkmals X voneinander unterscheiden zu können, werden die x durch das Anhängen eines Index näher gekennzeichnet. Indizes sind nachgestellte, tieferstehende Symbole, meist Zahlen aus der Folge der natürlichen Zahlen.

So bezeichnet man

den 1. Beobachtungswert mit x_1

den 2. Beobachtungswert mit x_2

$\vdots$ $\vdots$

den i-ten Beobachtungswert mit x_i

$\vdots$ $\vdots$

den n-ten Beobachtungswert mit x_n

Der n-te ist der letzte Beobachtungswert, der i-te irgendeiner aus der Folge der Beobachtungswerte.

Um nicht ständig alle x-Werte aufführen zu müssen, drückt man den Sachverhalt kurz so aus:

x_i $i = 1, ..., n$

und meint damit die Folge aller Beobachtungswerte x_i vom 1. bis zum n-ten (letzten). i heißt dann Laufindex (die Variable i »läuft« von 1 bis n), er stellt quasi die Nummer des betreffenden Beobachtungswertes dar.

Neben i verwendet man auch j und k als Laufindizes.

Die Schreibweise unter Verwendung von Indizes erweist sich besonders bei der Angabe von Formeln als günstig.

Frage: Was bedeutet y_k $k = 1, ..., 5$?

Antwort:

atwort:

Die Einteilung auf der Ordinatenachse.

Um 50% herum drängen sich die Prozentzahlen, während sie nach 0 Prozent und 100% zu immer weiter auseinander liegen.

Zur Prüfung einer empirischen Verteilung auf Normalverteilung bringt man nun auf der Abszissenachse die Merkmalsausprägungen oder die Klasseneinteilungen an und trägt über den jeweils **exakten oberen Klassengrenzen** die relativen Häufigkeiten der kumulativen Häufigkeitsverteilung als Punkte ein.

145

Durch die zwischen 10% und 90% liegenden Punkte zieht man nach dem Augenmaß eine **Ausgleichsgerade,** das heißt eine Gerade, die so verläuft, daß die Punkte einen möglichst geringen Abstand von ihr haben.
Gelingt es, eine solche »beste Gerade« zu ziehen, liegt annähernd Normalverteilung vor.
Liegen die Punkte nicht auf einer Geraden, sondern entlang einer gekrümmten Kurve, so ist das ein Anzeichen dafür, daß keine Normalverteilung gegeben ist.

Liegt bezüglich des Merkmals »Leistungsstand in Physik« bei der 11 B der Pestalozzi-Oberschule Dresden Normalverteilung vor?

exakte Klassengrenzen (Punkte)	relative kumulierte Häufigkeiten $\frac{cf_k}{n}$	
3,5 bis unter 6,5	0,125 ≙ 12,5%	
6,5 bis unter 9,5	0,250 ≙ 25,0%	
9,5 bis unter 12,5	0,438 ≙ 43,8%	
2,5 bis unter 15,5	0,750 ≙ 75,0%	
5,5 bis unter 18,5	0,906 ≙ 90,6%	
8,5 bis unter 21,5	0,968 ≙ 96,8%	
1,5 bis unter 24,5	0,999 ≙ 100,0%	

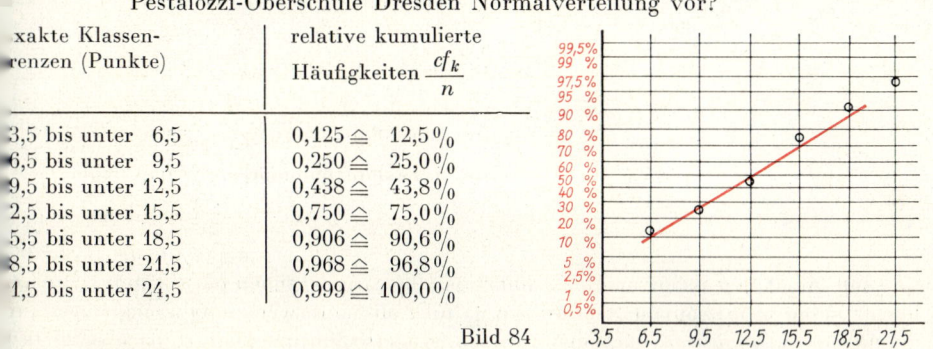

Bild 84

Eine »vermittelnde Gerade« läßt sich ziehen.
Die vorliegende Häufigkeitsverteilung ist annähernd normal verteilt.

Lesen Sie die Zusammenfassung zu 3.2.1., **Seite 16** des Beihefts!

T2

Verden mehrere Merkmale an den Individuen oder Objekten untersucht oder ein Merkmal unter voneinander verschiedenen Aspekten, so benötigt man zur Darstellung der Beobachtungswerte Mehrfachindizes. Dabei treten Doppelindizes besonders häufig auf.

Untersuchen wir z.B. das Merkmal X zu zwei verschiedenen Zeitpunkten, dann benötigen wir einen Index für den Zeitpunkt und einen für den Beobachtungswert.

1.	Beobachtungswert zum Zeitpunkt 1	x_{11}
2.	Beobachtungswert zum Zeitpunkt 1	x_{21}
$\vdots$		$\vdots$
j-ter Beobachtungswert zum Zeitpunkt 1		x_{j1}
$\vdots$		$\vdots$
m-ter Beobachtungswert zum Zeitpunkt 1		x_{m1}
1.	Beobachtungswert zum Zeitpunkt 2	x_{12}
2.	Beobachtungswert zum Zeitpunkt 2	x_{22}
$\vdots$		$\vdots$
j-ter Beobachtungswert zum Zeitpunkt 2		x_{j2}
$\vdots$		$\vdots$
m-ter Beobachtungswert zum Zeitpunkt 2		x_{m2}

Verkürzt schreiben wir x_{jk} $j = 1, 2, ..., m; k = 1, 2.$

Allgemein erhält man bei der Aufstellung von $m \cdot l$ Beobachtungswerten (mit $= 1, ..., m$ und $k = 1, ..., l$) folgende Matrix der Beobachtungswerte:

$$\begin{pmatrix} x_{11} & x_{12} \cdots x_{1k} & \cdots x_{1l} \\ x_{21} & x_{22} \cdots x_{2k} & \cdots x_{2l} \\ \vdots & \vdots \quad \vdots & \vdots \\ x_{j1} & x_{j2} \cdots x_{jk} & \cdots x_{jl} \\ \vdots & \vdots \quad \vdots & \vdots \\ x_{m1} & x_{m2} \cdots x_{mk} & \cdots x_{ml} \end{pmatrix}$$

Verkürzt wird geschrieben (x_{jk}) $j = 1, 2, ..., m; k = 1, 2, ..., l.$

Stellen Sie auf dem leeren Raum rechts die Matrix dar, die sich hinter y_{jk} mit

$j = 1, ..., 3$

$k = 1, ..., 4$ verbirgt!

Zu 1. Zu $x = 0$ gehört 50,00%,

zu $x = 1$ 84,13%,

zu $x = -1$ 15,87%.

Zu 2. Unter kumulativer Häufigkeitsverteilung verstehen wir die eindeutige Zuordnung von (absoluten oder relativen) kumulierten Häufigkeiten zu allen Ausprägungen oder Klassen des Merkmals im Variationsbereich.

Liegt Klasseneinteilung vor, so erfolgt die Zuordnung stets zur exakten oberen Klassengrenze der betreffenden Klasse.

Das Wahrscheinlichkeitsnetz beruht auf dem linearen Zusammenhang der Zufallsvariablen X mit der standardisierten Zufallsvariablen U nach

144

$$u = \frac{x - \mu}{\sigma} \tag{7}$$

Zur Herstellung eines Wahrscheinlichkeitsnetzes bedient man sich untenstehender Tafel, in der die Φ-Werte in Abhängigkeit von u erscheinen.

Man zeichnet eine Ordinatenachse, bringt auf ihr mit relativ großem Abstand eine gleichmäßige Einteilung zwischen -3 und $+3$ an und schreibt an die Stellen u die entsprechenden Werte $\Phi(u)$ bzw. $\Phi(-u)$. Sodann zieht man Parallelen zu den Achsen durch die markierten Stellen (siehe Bild 83).

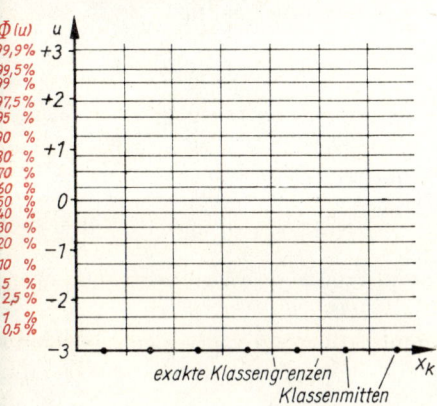

u	(Φu)	$\Phi(-u)$
0	50 %	50 %
0,253	60	40
0,524	70	30
0,842	80	20
1,282	90	10
1,645	95	5
1,960	97,5	2,5
2,326	99,0	1,0
2,567	99,5	0,5
3,090	99,9	0,1

Bild 83

Was ist das Augenfälligste am Wahrscheinlichkeitsnetz?

Ihre Antwort: _____

_____

Lösung:

$$\begin{pmatrix} y_{11} & y_{12} & y_{13} & y_{14} \\ y_{21} & y_{22} & y_{23} & y_{24} \\ y_{31} & y_{32} & y_{33} & y_{34} \end{pmatrix}$$

Das Summenzeichen $\sum$

Wir werden häufig die Summierung einer endlichen Folge von Meßwerten vorzunehmen haben, d. h. die **Summe**

$$x_1 + x_2 + \cdots + x_i + \cdots + x_n$$

bilden müssen. Dieser Ausdruck läßt sich wesentlich rationeller darstellen durch

$$\sum_{i=1}^{n} x_i \text{ (lies: Summe der } x_i \text{ für } i \text{ gleich 1 bis } n),$$

wobei $\sum$ (Sigma, griechischer Buchstabe »S« als Abk. für »Summe«) die Summation anzeigt, i den Laufindex bedeutet und 1 und n die Summationsgrenzen angeben.

$$\sum_{i=1}^{3} x_i = x_1 + x_2 + x_3$$

$$\sum_{k=2}^{5} 2^k = 2^2 + 2^3 + 2^4 + 2^5 = 4 + 8 + 16 + 32 = 60$$

Sind die Summationsgrenzen $(i = 1, \ldots, n)$ fest und sind Mißverständnisse ausgeschlossen, so kann auf deren Angabe verzichtet werden. Die Schreibweise vereinfacht sich dann:

$$\sum_{i=1}^{n} x_i = \sum x_i.$$

Statt i sind wieder j und k als Laufindizes verwendbar.

T3

1. Schreiben Sie unter Verwendung des Summenzeichens:

a) $y_1 + y_2 + \cdots + y_9 = $ _____

b) $z_7 + z_8 + \cdots + z_{26} = $ _____

c) $x_1 + y_0 + z_1 + x_2 + y_1 + z_2 + \cdots + x_n + y_l + z_r = $ _____

2. Rechnen Sie aus:

a) $\sum_{i=1}^{4} \dfrac{1}{i} = $ _____ $= $ _____

b) $\sum_{j=0}^{3} 5j^2 = $ _____ $= $ _____

Die wichtigste theoretische Verteilung ist die Normalverteilung. Sie begegnet uns bei zahlreichen in der Natur vorkommenden Erscheinungen und ist Grundlage vieler statistischer Methoden (Schätzungen, Tests usw.).
Wie jede andere theoretische Verteilung ist sie durch ihre Dichtefunktion $f(x)$ oder durch die Verteilungsfunktion $F(x)$ beschreibbar.

Das Bild der Verteilungsfunktion der Normalverteilung heißt GAUSSsche Summenkurve oder Ogive und hat folgende Gestalt (Bild 81).

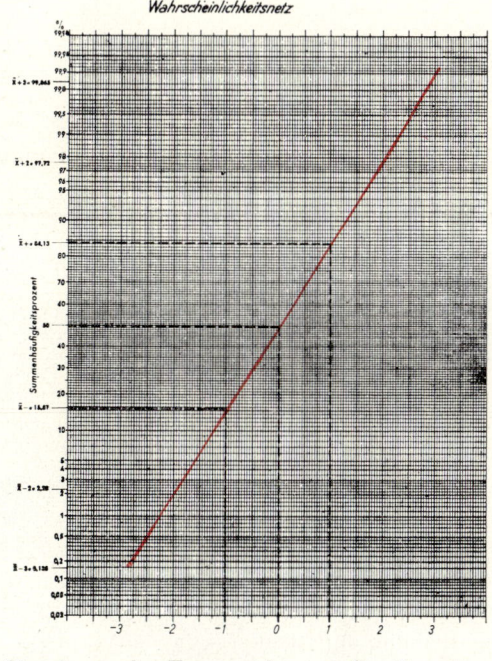
Wahrscheinlichkeitsnetz

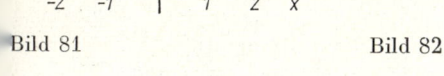

Bild 81   Bild 82

Bei empirischen Untersuchungen werden Sie oft vor der Frage stehen, ob für die gefundenen Häufigkeiten (näherungsweise) Normalverteilung vorliegt oder nicht.
Die Beantwortung dieser Frage gelingt auf rechnerischem Wege (mittels χ^2-Verfahren), kann aber auch relativ rasch und einfach zeichnerisch erfolgen.
Dazu bedient man sich des sogenannten **Wahrscheinlichkeitspapiers**, eines Funktionsnetzpapiers, das im Handel erhältlich ist, das man aber auch leicht selbst anfertigen kann.
Das Wahrscheinlichkeitspapier (auch: GAUSSsches Papier) enthält als Netz ein rechtwinkliges Koordinatensystem, bei dem die Ordinatenachse nicht gleichmäßig geteilt ist, sondern nach den Werten $\Phi(u)$ der Verteilungsfunktion der standardisierten Normalverteilung (nach dem GAUSSschen Integral).
Dadurch erscheint die GAUSSsche Summenkurve im Wahrscheinlichkeitsnetz als Gerade (Bild 82).

!

Wenn Sie mit den Ausdrücken »$\Phi(u)$« und »standardisierte Normalverteilung« nichts anzufangen wissen, so können Sie sich in 4.4. (Die Normalverteilung) Rat holen. ──────────▶ Schritt **T 40**, Seite 48

1. Lesen Sie aus Bild 82 die Prozentzahlen ab für $x = 0$ _____
   $x = 1$ _____ und $x = -1$ _____
2. Überlegen Sie sich, was wir unter »kumulativer Häufigkeitsverteilung« verstehen. Ziehen Sie nötigenfalls Schritt 105 zur Wiederholung heran.

Lösungen:

Zu 1.   a) $\sum\limits_{i=1}^{9} y_i$ oder $\sum\limits_{j=1}^{9} y_j$ b) $\sum\limits_{i=7}^{26} z_i$ oder $\sum\limits_{j=7}^{26} z_j$

c) $\sum\limits_{i=1}^{n} x_i + \sum\limits_{j=0}^{l} y_j + \sum\limits_{k=1}^{r} z_k$

Zu 2.   a) $\frac{1}{1} + \frac{1}{2} + \frac{1}{3} + \frac{1}{4} = \frac{25}{12} = 2\frac{1}{12}$

b) $5 \cdot 0^2 + 5 \cdot 1^2 + 5 \cdot 2^2 + 5 \cdot 3^2 = 0 + 5 + 20 + 45 = 70.$

Wir stellen nun einige Regeln für das Rechnen mit dem Summenzeichen zusammen.

T 4

1. Die Summe über einer vom Summationsindex unabhängigen Größe ist gleich der Zahl der Summanden, multipliziert mit dieser Konstanten.

$$\sum_{i=1}^{n} a = \underbrace{a + a + \cdots + a}_{n \text{ Summanden}} = na \qquad\qquad (t\ 1)$$

● $\sum\limits_{i=1}^{4} bc = 4bc$

2. Ein konstanter Faktor bei einer Größe mit Summationsindex kann vor das Summenzeichen gezogen werden.

$$\sum_{i=1}^{n} ax_i = ax_1 + ax_2 + \cdots + ax_n = a\,(x_1 + x_2 + \cdots + x_n)$$

$$\sum_{i=1}^{n} ax_i = a \cdot \sum_{i=1}^{n} x_i \qquad\qquad (t\ 2)$$

● $\sum\limits_{i=1}^{n} \frac{x_i}{n} = \frac{1}{n} \cdot \sum\limits_{i=1}^{n} x_i$

3. Die Summe einer Summe ist gleich der Summe der Summen der Summanden.

$$\sum_{i=1}^{n} (x_i + y_i) = x_1 + y_1 + x_2 + y_2 + \cdots + x_n + y_n$$
$$= x_1 + x_2 + \cdots + x_n + y_1 + y_2 + \cdots + y_n$$

$$\sum_{i=1}^{n} (x_i + y_i) = \sum_{i=1}^{n} x_i + \sum_{i=1}^{n} y_i \qquad\qquad (t\ 3)$$

● $\sum\limits_{j=1}^{10} (a_j + c) = \sum\limits_{j=1}^{10} a_j + \sum\limits_{j=1}^{10} c = \sum\limits_{j=1}^{10} a_j + 10c$

---

1. Schreiben Sie die Summen in einer anderen Form

a) $\sum\limits_{i=1}^{12} b =$ _____   b) $\sum\limits_{j=0}^{4} dx_j =$ _____   c) $\sum\limits_{i=1}^{n} (a + bx_i) =$ _____

2. Berechnen Sie $s^2 = \frac{1}{5} \cdot \sum\limits_{i=1}^{6} (x_i - \bar{x})^2$

für $x_1 = 4{,}2$; $x_2 = 4{,}6$; $x_3 = 4{,}5$; $x_4 = 4{,}1$; $x_5 = 4{,}3$; $x_6 = 4{,}1$ und $\bar{x} = 4{,}3$ (jeweils mm)

Ergebnis: $s^2 =$ _____

Rechnen Sie auf einem Blatt Papier, und halten Sie hier nur das Ergebnis fest!

Wir haben in den Lehrschritten zur graphischen Darstellung von monovariablen Häufigkeitsverteilungen stets empirische Verteilungen herangezogen, d. h. Verteilungen, deren Werte aus Versuchen stammen.

Solche aus der Praxis gewonnenen empirischen Verteilungen kommen bestimmten theoretischen Verteilungen mehr oder weniger nahe.

Läßt man bei einer Untersuchung die Anzahl der Beobachtungswerte genügend groß werden (und wählt – bei stetigen Merkmalen – die Klassenbreite hinreichend klein), dann geht die empirische Verteilung in die der Erscheinung zugrunde liegende theoretische Verteilung über.

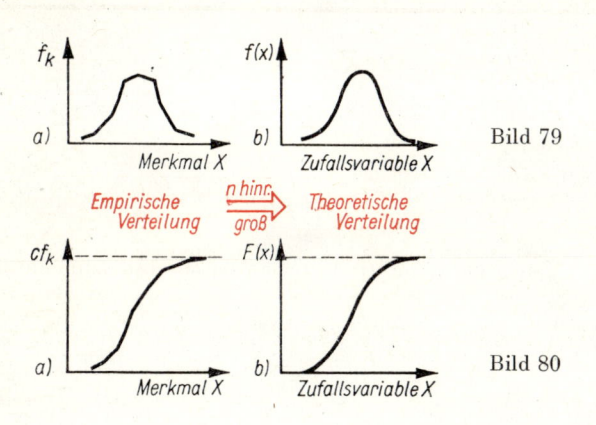

Bild 79

Bild 80

Das trifft sowohl für Häufigkeitsverteilungen wie auch für kumulierte Häufigkeitsverteilungen zu.

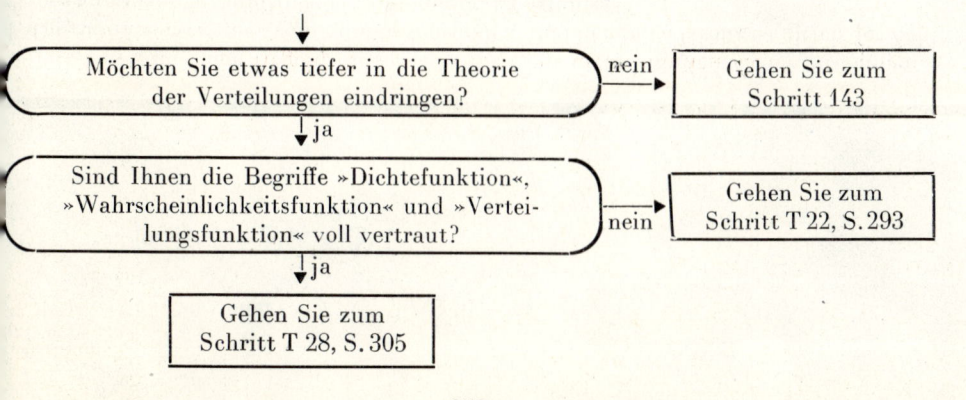

Entscheiden Sie sich an Hand folgenden Flußbildes für den Ihnen angemessenen weiteren Weg durch das Programm!

Möchten Sie etwas tiefer in die Theorie der Verteilungen eindringen? — nein → Gehen Sie zum Schritt 143

Sind Ihnen die Begriffe »Dichtefunktion«, »Wahrscheinlichkeitsfunktion« und »Verteilungsfunktion« voll vertraut? — nein → Gehen Sie zum Schritt T 22, S. 293

Gehen Sie zum Schritt T 28, S. 305

Lösungen:

Zu 1. a) $12b$ b) $d \cdot \sum_{j=0}^{4} x_j$ c) $\sum_{i=1}^{n} a + b \cdot \sum_{i=1}^{n} x_i = n \cdot a + b \cdot \sum_{i=1}^{n} x_i$

Zu 2. Lautet Ihr Ergebnis

$s^2 = 18{,}53 \ \text{mm}^2$ ——————→ **T 5 A**

oder $s^2 = 0{,}044 \ \text{mm}^2$ ——————→ **T 5 B**

oder erhielten Sie einen anderen Wert?

——————→ **T 5 C**

T5A

Ihr Ergebnis ist nicht richtig!

Sie haben einen großen Fehler begangen, indem Sie das Quadrat des Binoms falsch auflösten. Schauen Sie sich die Nebenrechnung zu 2. unter **T 5 C** sehr sorgfältig an!

T5B

Sie haben die 2. Aufgabe richtig berechnet! Gut!

!   Weiter zum nächsten Schritt! ——————→ **T 6**

T5C

Ihnen ist ein Fehler unterlaufen!

Wir geben hier zwei mögliche Lösungswege mit ausführlichen Nebenrechnungen an. Überdenken Sie die einzelnen Rechenschritte!

1. Lösungsweg:

Wir legen uns eine Tabelle an.

x_i (mm)	$\bar{x}$ (mm)	$x_i - \bar{x}$ (mm)	$(x_i - \bar{x})^2$ (mm^2)
4,2		−0,1	0,01
4,6		0,3	0,09
4,5		0,2	0,04
4,1	4,3	−0,2	0,04
4,3		0,0	0,00
4,1		−0,2	0,04
			$0{,}22 = \sum_{i=1}^{6} (x_i - \bar{x})^2$

$s^2 = 0{,}22 : 5 = 0{,}044 \ (\text{mm}^2)$

Dieser 1. Lösungsweg ist hier einfacher und kürzer.

2. Lösungsweg:

Wir beginnen mit einer arithmetischen Umformung

$$s^2 = \tfrac{1}{5} \cdot \sum_{i=1}^{6} (x_i - \bar{x})^2$$
$$= \tfrac{1}{5} \left[\sum x_i^2 - \sum 2 x_i \bar{x} + \sum \bar{x}^2 \right]$$
$$= \tfrac{1}{5} \left[\sum x_i^2 - 2\bar{x} \sum x_i + 6 \cdot \bar{x}^2 \right]$$
$$\sum x_i^2 = 111{,}16$$

(Quadrate der Tafel entnommen)

$$\sum x_i = 25{,}8$$
$$2 \cdot \bar{x} \sum x_i = 2 \cdot 4{,}3 \cdot 25{,}8 = 221{,}88$$
$$6 \cdot \bar{x}^2 = 110{,}94$$
$$s^2 = \tfrac{1}{5} \cdot 0{,}22 = 0{,}044 \ (\text{mm}^2)$$

! Entscheiden Sie:

Trotz des Fehlers, der mir jetzt unterlaufen ist, komme ich mit der Erarbeitung des Lehrstoffs gut zurecht. ——————→ **T 6**

Ich habe große Schwierigkeiten. ————┐

Beginnen Sie mit dem eigentlichen Statistik-Lehrgang, Schritt **1** auf Seite **15**, und arbeiten Sie dort weiter!

Richtige Antworten:

Zu 1. **Programmierter Unterricht mit Konsultation.**

Zu 2. **28** (Die Häufigkeiten aller Klassen sind zu addieren.

$$\sum_{k=1}^{l} f_k = 2 + 4 + 8 + 8 + 1 + 4 + 1 = 28 = n)$$

Zu 3. **6** $(= 1 + 4 + 1)$

Zu 4. **Nein.**

Zu 5. a) **≈18%** b) **≈80%** c) **Die nach programmiertem Unterricht unterwiesene.**
Vergleichen Sie Ihre Antworten mit den hier angegebenen, und überdenken
Sie den Sachverhalt, falls Ihnen Fehler unterlaufen sind! Verdecken Sie
dann bitte die Randspalte rechts!

Ihnen sind jetzt die wichtigsten Arten der _____ Darstellung monovariabler Häufigkeitsverteilungen bekannt. Sie wissen, daß Sie in der Wahl der richtigen Darstellungsart fehlgehen können, wenn Sie unüberlegt handeln.	**graphischen**

141

Bevor Sie beginnen, eine graphische Darstellung anzulegen, müssen Sie sich folgende Fragen beantworten: 1. Handelt es sich um eine monovariable Häufigkeitsverteilung? 2. Ist das untersuchte Merkmal _____ oder _____ 3. Welche _____ ist gegeben?	**stetig** **nicht stetig** (oder **diskret**) **Datenart**
Ist das untersuchte Merkmal stetig und liegen die Daten als Meßwerte vor, so sind _____ oder _____ die richtigen Darstellungsarten.	**Histogramm** **Häufigkeits- polygon** (od. **Polygonzug**)
Ist das untersuchte Merkmal diskret und liegen die Daten als Meßwerte vor, so zeichnen Sie ein _____ .	**Strecken- diagramm**
In jedem anderen Falle, das heißt, für Rangdaten und Kate- gorien, stellen Sie – ganz gleich, ob das Merkmal diskret oder stetig ist – das Bild der monovariablen Häufigkeitsverteilung in einer der folgenden drei Arten dar: _____	**Streifen- diagramm** **Staffelbild** **Kreisdiagramm** (Anordng. o. Belang)

Entscheiden Sie!

Ich beging beim Ausfüllen der Lücken auf dieser Seite

6 oder mehr als 6 Fehler ⟶ Wiederholen Sie den gesamten Abschnitt von Schritt 113 an!

zwischen 2 und 5 Fehlern ⟶ Schauen Sie sich die Übersicht im
Schritt 133 noch einmal an und gehen
Sie dann zum Schritt 142.

einen oder keinen Fehler ⟶ Gehen Sie zum nächsten Schritt 142.

Soll eine Folge von Beobachtungswerten x_{jk} $j = 1, ..., m$; $k = 1, ..., l$ über beide Indizes summiert werden, so schreibt man das als Doppelsumme

$$\sum_{j=1}^{m} \sum_{k=1}^{l} x_{jk} \quad \text{oder} \quad \sum_{j,k} x_{jk} \quad \text{mit} \quad j = 1, ..., m; \; k = 1, ..., l.$$

Das ist die Kurzschreibweise für

$$x_{11} + x_{12} + \cdots + x_{1l} + x_{21} + x_{22} + \cdots + x_{2l} + \cdots + x_{j1} + x_{j2} + \cdots + x_{lj}$$
$$+ \cdots + x_{m1} + x_{m2} + \cdots + x_{ml}.$$

Die Bestimmung des Wertes der Doppelsumme kann so geschehen, daß erst über den Index $k = 1, ..., l$ summiert wird

$$\sum_{k=1}^{l} x_{jk} = x_{j1} + x_{j2} + \cdots + x_{jl} = x_{j\cdot}.$$

(Dabei zeigt der Punkt an, daß über den an diese Stelle gehörigen Laufindex summiert worden ist.)

Dann werden die so erhaltenen Zwischensummen für jedes j ($j = 1, ..., m$) summiert:

$$\sum_{j=1}^{m} \sum_{k=1}^{l} x_{jk} = \sum_{j=1}^{m} x_{j\cdot} = x_{1\cdot} + x_{2\cdot} + \cdots + x_{m\cdot} = x_{\cdot\cdot}.$$

Ganz analog kann man auch erst über den Laufindex j summieren und dann über k, d. h.,

$$\sum_{j=1}^{m} \sum_{k=1}^{l} x_{jk} = \sum_{k=1}^{m} x_{\cdot k} = x_{\cdot\cdot}.$$

$$\sum_{j=1}^{m} \sum_{k=1}^{l} x_j y_k f_{jk} = x_1 y_1 f_{11} + x_1 y_2 f_{12} + \cdots + x_1 y_l f_{1l} + \cdots$$
$$+ x_j y_1 f_{j1} + x_j y_2 f_{j2} + \cdots + x_j y_l f_{jl} + \cdots$$
$$+ x_m y_1 f_{m1} + x_m y_2 f_{m2} + \cdots + x_m y_l f_{ml}.$$

Diese Summe kann auch so geschrieben werden:

$$= \sum_{j=1}^{m} x_j \sum_{k=1}^{l} y_k f_{jk}.$$

---

1. Schreiben Sie die Doppelsumme ausführlich

$$\sum_{j=1}^{2} \sum_{k=1}^{3} x_{jk} = \underline{\hspace{6cm}}$$

2. Schreiben Sie die Doppelsumme in einer anderen Form

$$\sum_{j=1}^{m} \sum_{k=1}^{l} (x_j - x_{jk}) = \underline{\hspace{5cm}}$$

Lösungen:

Zu 1.   a) Summenpolygon   b) Kreisdiagramm
         c) Häufigkeitspolygon   d) Streifendiagramm
         e) Staffelbild   f) Histogramm

! Haben Sie andere von den auf der Vorseite aufgeführten Begriffe eingesetzt, so ist das falsch!

Zu 2.   a) Die Grafik c).
         b) Zensuren sind Rangwerte. Ihre Häufigkeiten dürfen nicht durch Polygonzüge dargestellt werden.
         c) Streifendiagramm oder Staffelbild.

Anmerkung:

Wenn in der Praxis doch zuweilen von der richtigen Darstellungsart abgewichen wird, so geschieht das deshalb, weil der Autor beabsichtigt, auf diese Weise einen bestimmten Zusammenhang besser zu veranschaulichen.
Die für Bild 78c mögliche Darstellung als Streifendiagramm (ähnlich wie in Bild 78d) läßt die Zusammenhänge nicht optimal sichtbar werden, zumal *drei* Streifen für jede Zensur nebeneinanderstehen würden.
Die Darstellung als **Staffelbild** liefert in einem solchen Falle bessere Vergleichsmöglichkeiten.
Man sollte stets die richtige Darstellungsart anstreben, sich jedoch in Ausnahmefällen nicht dogmatisch an diese binden, wenn das Wesentliche einer Erscheinung durch eine andere Form der Darstellung besser zum Ausdruck gebracht werden kann.

Wir wollen Ihnen im Zusammenhang mit dieser Wiederholungsübung einige **Fragen** stellen, die sich auf den Inhalt der Grafiken (Bild 78) beziehen.

|40

! Arbeiten Sie gewissenhaft! Gehen Sie erst weiter, wenn Sie alle Fragen beantwortet haben!

1. Führt programmierter Unterricht *mit* Konsultation oder programmierter Unterricht *ohne* Konsultation zu besseren Leistungen?

2. Wie groß ist der Umfang der Stichprobe in Bild 78f)?

3. Wieviel Versuchspersonen benötigen für die Abarbeitung *einer* Unterrichtseinheit (50-Minuten-Stunde) länger als 75 Minuten?

4. Besteht ein erheblicher Unterschied zwischen Ingenieur-Abendstudenten und Oberschülern (EOS) in der Einschätzung des programmierten Unterrichts?

5. a) Wieviel Prozent der Lernenden erreichen weniger als 30,5 Punkte im programmierten Unterricht?
   b) Wieviel sind es im herkömmlichen Unterricht?
   c) Welche der beiden Teilstichproben ist infolgedessen besser?

──────────▶ 141

Lösungen:

Zu 1. $$\sum_{j=1}^{2}\sum_{k=1}^{3} x_{jk} = x_{11} + x_{12} + x_{13} + x_{21} + x_{22} + x_{23}$$

Zu 2. $$\sum_{j=1}^{m}\sum_{k=1}^{l} (x_j - x_{jk}) = l \cdot \sum_{j=1}^{m} x_j - \sum_{j=1}^{m}\sum_{k=1}^{l} x_{jk}$$

Erläuterung zu 2.:

Da der Minuend x_j den Laufindex k nicht enthält, folgt

$$\sum_{k=1}^{l} x_j = l \cdot x_j \text{ (nach Regel 1 (t 1), Schritt T 4) und } \sum_{j=1}^{m} l \cdot x_j = l \cdot \sum_{j=1}^{m} x_j$$

(nach Regel 2).

Der Binomialkoeffizient $\binom{n}{k}$ **T7**

In einigen Abschnitten dieses Lehrgangs benötigen wir die Kenntnis des Binomialkoeffizienten $\binom{n}{k}$ (sprich: n über k).

▶ **Binomialkoeffizienten** sind die konstanten Faktoren, die sich bei der Entwicklung der Potenzen von zweigliedrigen Summen (Binomen) ergeben.

$$
\begin{aligned}
(a+b)^0 &= 1 \\
(a+b)^1 &= a+b \\
(a+b)^2 &= a^2 + 2ab + b^2 \\
(a+b)^3 &= a^3 + 3a^2b + 3ab^2 + b^3 \\
(a+b)^4 &= a^4 + 4a^3b + 6a^2b^2 + 4ab^3 + b^4 \\
(a+b)^5 &= a^5 + 5a^4b + 10a^3b^2 + 10a^2b^3 + 5ab^4 + b^5 \\
&\vdots \qquad \ldots
\end{aligned}
$$

Ordnet man die Potenzprodukte – wie hier – nach fallenden Potenzen von a, so ergibt sich für die Binomialkoeffizienten die regelmäßige Anordnung des sogenannten PASCALschen **Zahlendreiecks** (nach B. PASCAL, 1623 bis 1662).

$$
\begin{array}{ccccccccccc}
 & & & & & 1 & & & & & \\
 & & & & 1 & & 1 & & & & \\
 & & & 1 & & 2 & & 1 & & & \\
 & & 1 & & 3 & & 3 & & 1 & & \\
 & 1 & & 4 & & 6 & & 4 & & 1 & \\
1 & & 5 & & 10 & & 10 & & 5 & & 1 \\
 & & & & & \ldots & & & & &
\end{array}
$$

▌ Ergänzen Sie die Binomialkoeffizienten in der letzten hier angegebenen Zeile!

263

Wiederholungsübung:

Graphische Darstellung monovariabler Häufigkeitsverteilungen

1. Ordnen Sie den Grafiken (Bild 78a bis f) die jeweils richtige der nebenstehenden Bezeichnungen zu! Tragen Sie die Begriffe ein!

2. Für **eine** Grafik wurde eine falsche Darstellungsart gewählt.
   a) Welche Grafik ist das?
   b) Worin besteht der Fehler?
   c) Welche Darstellungsart wäre richtig?

Streckendiagramm
Kreisdiagramm
Streifendiagramm
Histogramm
Punktdiagramm
Staffelbild
Häufigkeitspolygon
Summenpolygon
Treppenpolygon

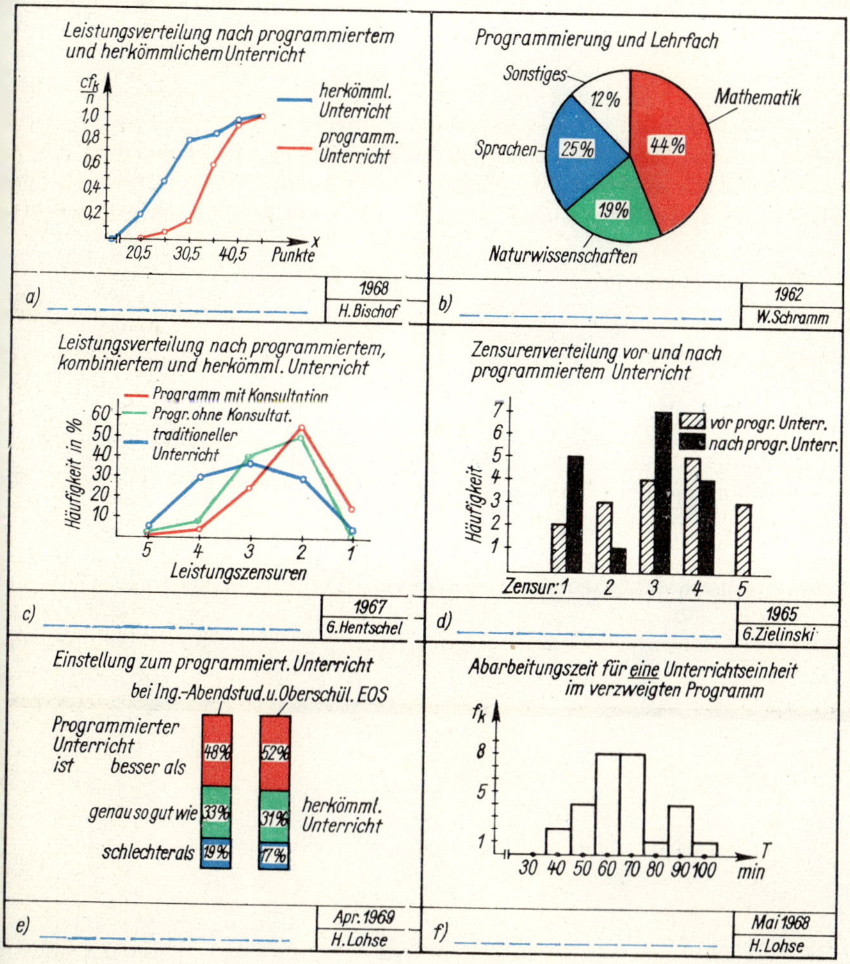

a) _____ 1968 / H. Bischof

b) _____ 1962 / W. Schramm

c) _____ 1967 / 6. Hentschel

d) _____ 1965 / 6. Zielinski

e) _____ Apr. 1969 / H. Lohse

f) _____ Mai 1968 / H. Lohse

Bild 78

Ihre Lösung zu 2. a) _____
                  b) _____
                  c) _____

Lösung:

$$
\begin{array}{ccccccc}
 & & & & 1 & & & & & (a+b)^0 \\
 & & & 1 & & 1 & & & & (a+b)^1 \\
 & & 1 & & 2 & & 1 & & & (a+b)^2 \\
 & 1 & & 3 & & 3 & & 1 & & (a+b)^3 \\
1 & & 4 & & 6 & & 4 & & 1 & (a+b)^4 \\
1 & 5 & & 10 & & 10 & & 5 & & 1 \quad (a+b)^5 \\
 & & & \cdots & & & & & & \vdots
\end{array}
$$

T 8

Die Ermittlung der Binomialkoeffizienten durch das PASCALsche Zahlendreieck ist recht unbequem, wenn es um höhere Potenzen geht. Dafür hat L. EULER (1707 bis 1783) eine Formel entwickelt, die es gestattet, den an der $(k+1)$-ten Stelle der Entwicklung für $(a+b)^n$ stehenden Binomialkoeffizienten zweckmäßig zu berechnen.

$$
\binom{n}{k} = \frac{n \cdot (n-1) \cdot (n-2) \cdot \cdots \cdot (n-k+1)}{1 \cdot 2 \cdot 3 \cdot \cdots \cdot k} = \frac{n!}{(n-k)! \cdot k!} \tag{t 4}
$$

$\binom{n}{k}$ (zu lesen: *n über k*; ohne Bruchstrich zu schreiben) wird EULERsches Symbol genannt.

Die Formel enthält im Zähler und Nenner Produkte mit der gleichen Anzahl Faktoren.

● Beispiele für die Anwendung der Formel:

$$
\binom{4}{2} = \frac{4 \cdot 3}{1 \cdot 2} = 6 \qquad
$$
Das ist der an der 3. Stelle der Entwicklung für $(a+b)^4$ stehende Koeffizient.

Hinweis zur Berechnung:

Man beginne im Nenner des Bruches mit dem Aufschreiben des Produkts natürlicher Zahlen $1 \cdots k$ (hier: $1 \cdot 2$) und schreibe dann im Zähler, mit n (hier: 4) beginnend und jeweils 1 subtrahierend, das Produkt von ebensoviel Zahlen auf, wie im Nenner schon stehen. Vor dem Ausrechnen kürze man soweit als möglich.

$$
\binom{12}{3} = \frac{\overset{2}{\cancel{12}} \cdot 11 \cdot 10}{1 \cdot \cancel{2} \cdot \cancel{3}} = 220.
$$

Für $\binom{n}{0}$ setzt man fest: $\binom{n}{0} = 1$ für beliebiges n.

1. Berechnen Sie $\binom{90}{5}$.

2. Betrachten Sie das PASCALsche Dreieck (oben) genau, und versuchen Sie, Gesetzmäßigkeiten seines Aufbaus zu erkennen!

265

Lösungen:

    a)   20%

    b) $\approx 55\%$

    c)   100%

Haben Sie diese drei Teilaufgaben richtig gelöst?

Ja ————————➤ **138 B**

Nein ————————➤ **138 A**

---

138 A

Wir wollen Ihnen die letzte Aufgabe für a) Schritt für Schritt erklären!
Aus der Darstellung des Treppenpolygons (Bild 76) können wir entnehmen, wieviel Prozent der Fälle *unter* einem bestimmten gegebenen Wert liegen. Das ist für Teilaufgabe a) der Wert 9 Ferkel/Wurf.
Wir suchen diesen Wert »9« auf der Abszissenachse und errichten in ihm die Senkrechte. Nun könnte man meinen, zu »9« gehören zwei kumulierte relative Häufigkeiten. Das stimmt jedoch nicht. Zu $x_j = 9$ (Ferkel/Wurf) gehört nur der obere Wert. Wir sind aber interessiert an der Frage: Wieviel Prozent ... haben *weniger* als 9 Ferkel/Wurf, d. h., wir fragen nach der kumulierten relativen Häufigkeit für $x_j < 9$. Infolgedessen müssen wir die Stufe zwischen den Werten »8« und »9« ins Auge fassen und von dieser

zur $\dfrac{cf_j}{n}$-Achse herübergehen.

Hier lesen wir 0,20 ab, das entspricht 20%.

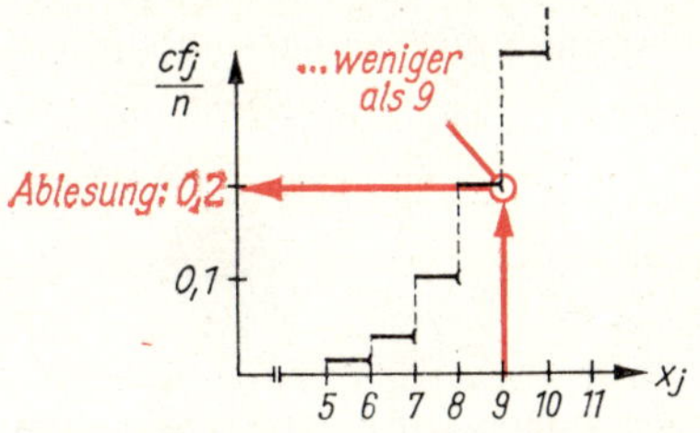

Bild 77

————————➤ **138 B**

---

138 B

Sind Summenverteilungen für **Rangdaten** darzustellen, so bedient man sich zweckmäßigerweise des Treppenpolygons. Dabei darf in die Breite der Stufen keine Bedeutung interpretiert werden.

Für Ihr konzentriertes Mitdenken gebührt Ihnen ein Sonderlob!

Sie haben sich eine Ruhepause redlich verdient!

Dann ————————➤ **139**

Lösungen:

Zu 1.
$$\binom{90}{5} = \frac{\overset{6}{\cancel{90}} \cdot 89 \cdot \overset{11}{\cancel{88}} \cdot 87 \cdot 86}{1 \cdot \cancel{2} \cdot \cancel{3} \cdot \cancel{4} \cdot \cancel{5}} = 43\,949\,268$$

Das ist übrigens die Zahl der Tipmöglichkeiten im Zahlenlotto (»5 aus 90«). Spielt man sie alle, ist mit Sicherheit ein »Fünfer« zu erwarten.

Zu 2. Es fällt zunächst die Symmetrie des PASCALschen Dreiecks zu seiner vertikalen Mittelachse ins Auge.

Zum anderen kann man erkennen, daß die jeweils folgende Zeile aus der voranstehenden durch Addition von je zwei benachbarten Zahlen entsteht. Dabei setzt man die Summen auf Lücke unter die beiden Zahlen und ergänzt an den Rändern die Zahl 1.

```
      1    4    6    4    1
   1    5   10   10    5    1
   1    6   15   20   15    6    1
```

Die wichtigsten Eigenschaften der Binomialkoeffizienten und damit des PASCALschen Dreiecks spiegeln sich in folgenden Formeln wider:

T 9

Symmetrieeigenschaft:
$$\boxed{\binom{n}{k} = \binom{n}{n-k}} \tag{t 5}$$

$$\binom{5}{2} = \binom{5}{5-2} = \binom{5}{3}; \quad \binom{5}{2} = \frac{5 \cdot 4}{1 \cdot 2} = 10; \quad \binom{5}{3} = \frac{5 \cdot 4 \cdot 3}{1 \cdot 2 \cdot 3} = 10.$$

Die Anwendung dieser Beziehung erweist sich besonders für $k > \frac{n}{2}$ als lohnend.

Die Berechnung von $\binom{100}{98}$ könnte sehr umständlich erfolgen. (Jeweils 98 Faktoren in Zähler und Nenner!) Unter Verwendung von (t 5) ergibt sich
$$\binom{100}{98} = \binom{100}{2} = \frac{100 \cdot 99}{1 \cdot 2} = 4950.$$

Summeneigenschaft:
$$\boxed{\binom{n}{k} + \binom{n}{k+1} = \binom{n+1}{k+1}} \tag{t 6}$$

Für $n = 5$, $k = 1$ ist $\binom{5}{1} = 5$, $\binom{5}{2} = 10$ und $\binom{6}{2} = 15$.

Setzen wir in (t 6) ein, so bestätigt sich diese Beziehung.

$$\binom{5}{1} + \binom{5}{2} = \binom{6}{2}$$

$$5 + 10 = 15.$$

Im binomischen Lehrsatz finden wir die EULERschen Symbole wieder:

$$\boxed{(a+b)^n = \binom{n}{0} a^n + \binom{n}{1} a^{n-1} \cdot b + \binom{n}{2} a^{n-2} \cdot b^2 + \cdots + \binom{n}{n} \cdot b^n} \quad . \tag{t 7}$$

Hinweis: Die Potenzen von a fallen von Summand zu Summand um eins, die von b steigen jeweils um eins. Vergleichen Sie dazu die Entwicklung in Schritt T 7.

Schlagen Sie **Seite 15** auf, und beginnen Sie mit **Schritt 1** des eigentlichen Statistiklehrgangs!

Vergleichen Sie das von Ihnen vervollständigte Treppenpolygon sorgfältig mit Bild 76, und korrigieren Sie, falls nötig!

Bild 76

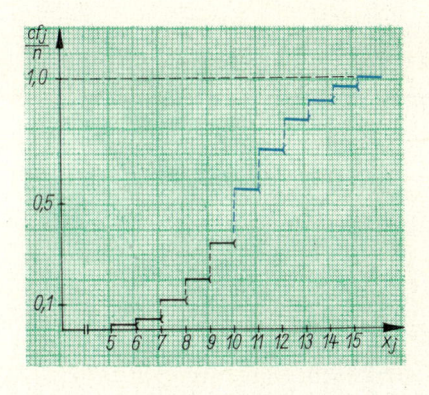

137

Vielleicht werden Sie fragen, warum die Darstellung der kumulierten Häufigkeiten bei diskreten Merkmalen nicht als Streckendiagramm erfolgt. Das sei für einen konkreten Fall an Hand unseres Beispiels erläutert:

Wir nehmen an, wir sollen die Prozentzahl der Würfe mit weniger als 11,5 Ferkel/Wurf bestimmen. (Anmerkung: Der Wert 11,5 tritt zwar praktisch nicht auf, kann sich aber durch Berechnung eines Mittelwertes ergeben haben.)

Dann ist bei Verwendung der Darstellung in Bild 76 der richtige Wert 71% ablesbar.

Hätten wir fälschlicherweise die kumulierten Häufigkeiten als Strecken analog dem Streckendiagramm dargestellt, so würden wir für 11,5 (Ferkel/Wurf) den Wert 0% ablesen, was gewiß nicht stimmt.

Entnehmen Sie Bild 76, wieviel Prozent der Würfe weniger als

a) 9 Ferkel/Wurf
b) 10,5 Ferkel/Wurf
c) 16 Ferkel/Wurf

haben.

4.2.   Wahrscheinlichkeit

Die Wahrscheinlichkeitsrechnung bildet die Grundlage der mathematischen Statistik.

Einige Grundbegriffe der Wahrscheinlichkeitsrechnung sollen kurz erläutert werden, da sich die Kenntnis dieser Begriffe bei der Anwendung statistischer Methoden als notwendig erweisen wird.

Die Wahrscheinlichkeitsrechnung untersucht die Gesetzmäßigkeiten zufälliger Ereignisse.

Definition

▶   Ein Versuchsergebnis, das eintreten kann, aber nicht unbedingt einzutreten braucht, dessen Eintreten also mit einer gewissen Wahrscheinlichkeit erfolgt, nennt man ein **zufälliges Ereignis**.

● Beispiele für zufällige Ereignisse:

»Zahl« und »Wappen« beim Werfen einer Münze

»Fehlschuß«, Ringe »1«, »2«, ..., »10« beim Schießen auf eine Zehnerscheibe

»Knabe« und »Mädchen« bei der Geburt.

Geben Sie die zufälligen Ereignisse an, die beim Würfeln eintreten können!

1, 2, 3, 4, 5, 6, gade, ungrade

Lösungen:

Zu 1.   a) 0%   b) 44% (genau 43,8%)   c) etwa 60%.

Zu 2.   Ihre Antwort:

Ja

Ihre Antwort ist falsch!

Betrachten Sie Bild 73 aufmerksam!

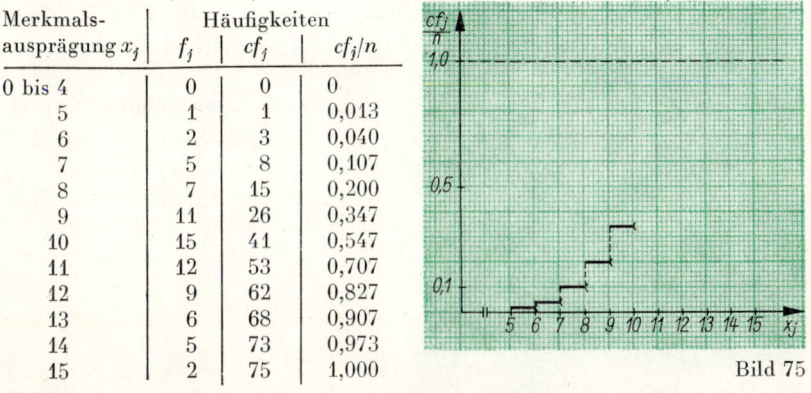

Bild 73

Nein

Ihre Antwort ist richtig!

Begründung (sinngemäß):

Bessere Leistungen liegen auf der Merkmalsachse aufsteigend nach rechts. Eine links von der vorliegenden verlaufende Kurve besagt, daß ein höherer Prozentsatz dieser Schüler geringere Leistungen hat als in der 11 B.

Für *diskrete* Merkmale, bei denen Meßwerte vorliegen, ist die kumulative Häufigkeitsverteilung durch ein Treppenpolygon darzustellen.

Das **Treppenpolygon** ist die graphische Darstellung der kumulativen Häufigkeitsverteilung für diskrete Merkmale. Es entsteht, indem wir über den Merkmalsausprägungen die zugehörige kumulierte Häufigkeit abtragen und von dem erhaltenen Punkt parallel zur Merkmalsachse um jeweils eine Einheit nach rechts gehen.

Anmerkung:

—————(ist die graphische Kennzeichnung eines halboffenen Intervalls, also z.B. $x_1 \leqq x < x_2$.

Bild 74

Treppenpolygon des diskreten Merkmals »Zahl der Ferkel pro Wurf« bei 75 Würfen (Bild 75).

Merkmalsausprägung x_j	Häufigkeiten		
	f_j	cf_j	cf_j/n
0 bis 4	0	0	0
5	1	1	0,013
6	2	3	0,040
7	5	8	0,107
8	7	15	0,200
9	11	26	0,347
10	15	41	0,547
11	12	53	0,707
12	9	62	0,827
13	6	68	0,907
14	5	73	0,973
15	2	75	1,000

Bild 75

Vervollständigen Sie das Treppenpolygon in Bild 75.

Lösung:

»1«, »2«, »3«, »4«, »5« und »6«.

Das Eintreten eines zufälligen Ereignisses kann nicht im voraus bestimmt werden, es läßt sich nur die Wahrscheinlichkeit angeben, mit der das Eintreten des Ereignisses zu erwarten ist.

T II

Wir können die Wahrscheinlichkeit nicht durch einen Einzelversuch ermitteln, sondern stets nur durch eine große Anzahl von Versuchen.

Stellt man bei einer hinreichend großen Zahl n von Versuchen die Häufigkeit f_A für das Eintreten des Ereignisses A fest, dann kommt die relative Häufigkeit $\frac{f_A}{n}$ einer gewissen Konstanten sehr nahe. Je mehr man Versuche ausführt, desto mehr stabilisiert sich das Verhältnis $\frac{f_A}{n}$.

Man spricht von der Stabilität der relativen Häufigkeit. Das führt zur **statistischen Definition** der Wahrscheinlichkeit:

▶ Die **Wahrscheinlichkeit** $P(A)$ für das Eintreten des Ereignisses A ist gleich dem Verhältnis aus der Häufigkeit f_A des Eintretens dieses Ereignisses zur Gesamtzahl der Versuche, wenn $n \rightarrow \infty$ strebt.

$$P(A) = \frac{f_A}{n} \quad \text{bei} \quad n \rightarrow \infty \tag{t 8}$$

Anmerkung:

Dies ist nicht die einzige Definition zum Begriff »Wahrscheinlichkeit«. Für die Wahrscheinlichkeitstheorie bildet die axiomatische Definition von KOLMOGOROW die Grundlage.

Für unsere Belange reichen die statistische und die (im übernächsten Schritt zu behandelnde) klassische Definition der Wahrscheinlichkeit aus.

● Beispiel und Aufgabe:

Dem Statistischen Jahrbuch für die BRD entnehmen wir folgende Werte:
Anzahl n der Lebendgeborenen und davon Häufigkeit f_M der Mädchen.

Jahr	n	f_M	$\frac{f_M}{n}$
1958	904 465	437 604	0,484
1963	1 054 123	512 311	0,486
1968	969 840	471 630	0,4863

a) Berechnen Sie $\frac{f_M}{n}$ für 1963 und 1968.

b) Haben Sie damit die Wahrscheinlichkeit für eine Mädchengeburt (für 1963 und 1968) berechnet?

271

ur graphischen Darstellung kumulativer Verteilungen von *stetigen* Merkmalen, deren .usprägungen in Meßwerten ausgedrückt sind, dient das Summenpolygon (auch .ummenkurve genannt).

Das **Summenpolygon** ist die graphische Darstellung der kumulativen Häufigkeitsverteilung für stetige Merkmale mit Meßwerten. Es entsteht durch Verbinden der Endpunkte der an den exakten oberen Klassengrenzen abgetragenen kumulierten Häufigkeiten.

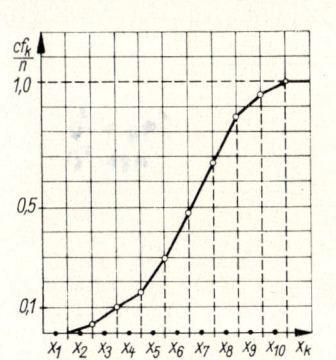

)as Summenpolygon wird meist auf Grund relativer .umulierter Häufigkeiten gezeichnet.

Bild 71

Wir übernehmen die sekundäre kumulative Verteilungstafel des Beispiels »Leistungsstand in Physik der Klasse 11B« aus Schritt 105 und stellen dazu das Summenpolygon dar.

Exakte Klassengrenzen (Punkte)	Häufigkeiten		
	f_k	cf_k	cf_k/n
3,5 bis unter 6,5	4	4	0,125
6,5 bis unter 9,5	4	8	0,250
9,5 bis unter 12,5	6	14	0,438
12,5 bis unter 15,5	10	24	0,750
15,5 bis unter 18,5	5	29	0,906
18,5 bis unter 21,5	2	31	0,968
21,5 bis unter 24,5	1	32 = n	1,000
	32 = n		

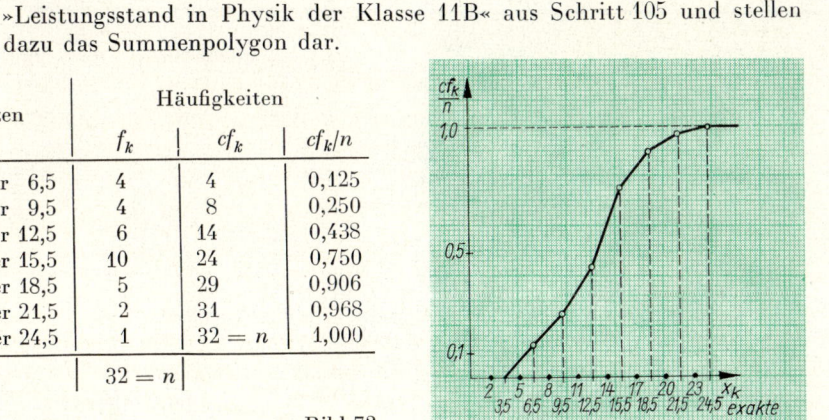

Bild 72

Beachten Sie in Bild 72 die Lage der Kurvenpunkte zu den Merkmalsklassen.

1. Entnehmen Sie Bild 72, wieviel Prozent der Schüler
   weniger als a) 3,5 Punkte _____
             b) 12,5 Punkte _____
             c) 14 Punkte haben! _____

2. Angenommen, der Leistungsstand in Physik ist uns noch aus einer Vergleichsklasse bekannt, und wir stellen die kumulative Verteilung dazu in Bild 72 mit dar. Das Summenpolygon für die Vergleichsklasse laufe *links* von der gezeichneten Kurve.
   Ist die Vergleichsklasse besser als unsere 11B? Ja / Nein
   Begründung: _____

Lösung:

Zu a)

Jahr	$\dfrac{f_M}{n}$
1958	0,484
1963	0,486
1968	0,486

Zu b)   Nein. Wir berechneten damit relative Häufigkeiten, die allerdings wegen des recht großen n der Wahrscheinlichkeit $P(M) = 0,485$ für das Eintreten einer Mädchengeburt schon sehr nahe kommen.

Auf Grund der Beziehung $P(A) = \dfrac{f_A}{n}$ für $n \to \infty$ wird jedem zufälligen Ereignis A eine reelle Zahl $P(A)$ zugeordnet, die Wahrscheinlichkeit für das Eintreten des zufälligen Ereignisses A.

T 12

Dabei gilt stets

$$\boxed{0 \leqq P(A) \leqq 1}. \tag{t 9}$$

Dies läßt sich leicht bestätigen:

f_A kann höchstens gleich n sein, niemals größer, also $f_A \leqq n$, damit $\dfrac{f_A}{n} = P(A) \leqq 1$.

Das sichere Ereignis S als Ereignis, das bei *jeder* Wiederholung des Versuchs eintritt, ist gekennzeichnet durch

$$\boxed{P(S) = 1}. \tag{t 10}$$

f_A kann andererseits nicht negativ sein, also $f_A \geqq 0$, damit $\dfrac{f_A}{n} = P(A) \geqq 0$.

Für das unmögliche Ereignis U – das zufällige Ereignis tritt niemals ein – gilt $f_U = 0$, damit

$$\boxed{P(U) = 0}. \tag{t 11}$$

Die Wahrscheinlichkeit, beim Werfen eines Würfels eine der Zahlen »1«, »2«, ..., »6« (Ereignis $A_{1 \text{ bis } 6}$) zu erhalten, ist ein sicheres Ereignis.
$P(A_{1 \text{ bis } 6}) = 1$
Die Wahrscheinlichkeit, mit einem Würfel die Zahl »7« (Ereignis A_7) zu werfen, ist ein unmögliches Ereignis.
$P(A_7) = 0$.

---

1. Kann die Wahrscheinlichkeit eines zufälligen Ereignisses die Werte
a) $-0,17$ Antwort: Ja / Nein
b) $1,26$ Antwort: Ja / Nein   annehmen?

2. Wie groß ist die Wahrscheinlichkeit dafür, daß ein Ziegelstein von selbst von der Straße auf ein Dach schwebt?
Antwort: $P(E) = 0$

Lösung:

Bild 69   Bild 70

Streifendiagramm,   Histogramm

In 2.5. behandelten wir die kumulative Häufigkeitsverteilung. Wir wenden uns nun der graphischen Darstellung solcher Verteilungen zu, wiederholen aber zunächst einige Begriffe.

134

! Verdecken Sie bitte die Randspalte rechts!

Kumulativ heißt svw. _____ , es geht bei kumulativen Häufigkeitsverteilungen um das _____ von Häufigkeiten.	anhäufend Anhäufen oder Kumulieren oder Addieren
Die kumulative Häufigkeitsverteilung entsteht durch fortgesetzte _____ der Häufigkeiten der Verteilung.	Addition oder Summation
Dabei ist wichtig zu wissen, daß die kumulierten Häufigkeiten cf_k oder $\frac{cf_k}{n}$ bei Klasseneinteilung stets der _____ Klassengrenze zuzuordnen sind.	exakten oberen
Einer »aufsteigenden« kumulativen Verteilung kann man entnehmen, wieviel Beobachtungswerte _____ als ein vorgegebener Wert sind. (größer/kleiner)	kleiner
Wir wollen jetzt graphische Darstellungen von _____ _____ kennenlernen.	kumulierten Häufigkeitsverteilungen

---

! Waren Sie unsicher im Ausfüllen der Lücken, so wiederholen Sie die Schritte 104 bis 108 (ab Seite 233). ⟶ 104

Andernfalls gehen Sie zum nächsten Schritt ⟶ 135

Richtige Antworten:

Zu 1:   a) und b) Nein

Begründung: Wahrscheinlichkeiten liegen stets zwischen 0 und 1; es gilt $0 \leqq P(A) \leqq 1$.

Negative Wahrscheinlichkeiten und Wahrscheinlichkeiten größer als 1 kann es nicht geben.

Zu 2: P (»Ziegelstein nach oben«) $= 0$; unmögliches Ereignis.

Wir haben die **statistische Definition** der Wahrscheinlichkeit kennengelernt:

$$P(A) = \frac{f_A}{n} \text{ bei } \quad n \rightarrow \infty.$$

T 13

Mit Hilfe von hinreichend langen Versuchsreihen können wir also die Wahrscheinlichkeit eines zufälligen Ereignisses für praktische Zwecke genügend genau bestimmen.

● Versuch »Werfen eines Würfels«; Anzahl der Wiederholungen: n; Zufallsereignis A: »Augenzahl 3«.

Anzahl n der Versuche	Häufigkeit f_A	relative Häufigkeit f_A/n
20	4	0,200
50	7	0,140
100	18	0,180
200	33	0,165
400	67	0,167
800	135	0,169
1000	168	0,168
5000	833	0,167
⋮	⋮	⋮
		0,166... $= P(A)$

Stabilisierung der relat. Häufigkeiten auf den Wert

Veranschaulichung des Sachverhalts:

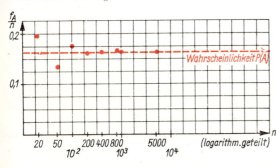

Wahrscheinlichkeit $P(A)$

$\frac{f_A}{n}$

10^2 10^3 10^4

20 50 200 400 800 5000 (logarithm. geteilt) n

Die Frage liegt nahe, ob man Wahrscheinlichkeiten in gewissen Fällen auch auf anderem, einfacherem Wege berechnen kann.

Bild 152

Frage: Kann man die Wahrscheinlichkeit für das Eintreten des zufälligen Ereignisses »Augenzahl 3« viel einfacher berechnen?

Antwort: Ja / Nein

Wenn ja, wie? $g_m = \frac{1}{6}$

275

Lösung:

Merkmals-ausprägung x_j	relative Häufigkeit $\frac{f_j}{n}$	Winkel φ_j des Sektors	Schraffur
x_1 (ledig)	0,352	127°	
x_2 (verheiratet)	0,500	180°	
x_3 (geschieden)	0,108	39°	
x_4 (verwitwet)	0,040	14°	
Gesamt	1,000	360°	

Bild 68

Hinweis: Sollten Sie die Sektoren anders angeordnet haben, so ist das nicht falsch, im allgemeinen geht man aber wie in Bild 68 vor (oben beginnend im Uhrzeigersinn).

Damit haben wir graphische Darstellungen monovariabler Häufigkeitsverteilungen für alle möglichen Datenarten kennengelernt.

133

Wir bringen die Übersicht aus Lehrschritt 128 jetzt vollständig:

Datenart	Merkmal			
	stetig		nicht stetig	
	Ausprägung			
	quantitativ	qualitativ	quantitativ	qualitativ
Meßwerte	Histogramm Häufigkeits-polygon	–	Strecken-diagramm	–
Rangdaten	Streifen-diagramm Staffelbild Kreis-diagramm	–	Streifen-diagramm Staffelbild Kreis-diagramm	–
Kategorien	–	Streifen-diagramm Staffelbild Kreis-diagramm	–	Streifen-diagramm Staffelbild Kreis-diagramm

---

Schreiben Sie unter folgende Bilder den richtigen Begriff für das Diagramm!

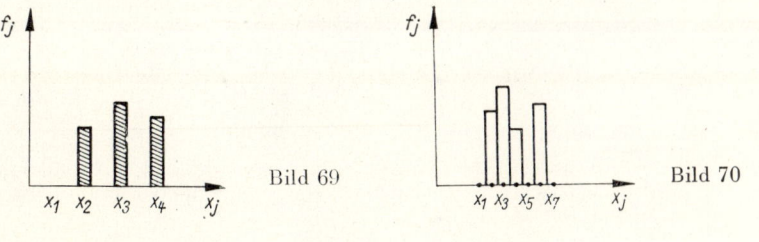

Bild 69

Bild 70

Lücke: $n \to \infty$.

Antwort: Ja, natürlich.

Indem man $\dfrac{1}{6} = \dfrac{\text{Erscheinen des Resultats »3«}}{\text{Zahl der möglichen Resultate}}$ bildet. $\dfrac{1}{6} = 0,1666\ldots$

T 14

Eine solche Vorgehensweise ist gerechtfertigt, wenn die Ereignisse, die bei einem Versuch eintreten können, bekannt und gleichmöglich sind und außer vom Zufall von keiner anderen Größe beeinflußt werden.

Das trifft auf das Würfeln mit einem idealen Würfel und auf verwandte Glücksspiele zu – die übrigens den Ausgangspunkt der Wahrscheinlichkeitsrechnung bildeten – sowie auf Versuche, für die ein solches Glücksspiel als mathematisches Modell dienen kann, und das ist ein großer Teil der praktisch auftretenden Fälle.

Von P. S. DE LAPLACE (1749 bis 1827) wurde eine Regel zur Berechnung der Wahrscheinlichkeit von zufälligen Ereignissen gegeben. Es ist dies die sogenannte

klassische Definition der Wahrscheinlichkeit:

▶ Die **Wahrscheinlichkeit** für das Eintreten des zufälligen Ereignisses A in einem Versuch ist gleich dem Verhältnis aus der Zahl der für das Ereignis A günstigen Resultate zur Anzahl aller möglichen Resultate des Versuchs.

$$P(A) = \frac{\text{Zahl der für das Ereignis } A \text{ } \textit{günstigen} \text{ Resultate}}{\text{Zahl der überhaupt } \textit{möglichen} \text{ Resultate}} \qquad (t\,12)$$

Dabei ist Voraussetzung, daß alle möglichen Resultate die gleiche Chance haben aufzutreten. Das engt die Anwendung dieser Definition sehr ein.

● Beispiele für Anwendung der klassischen Definition:

Würfeln einer »3«. Zahl der für dieses Zufallsereignis günstigen Resultate: 1; Zahl aller möglichen Resultate: 6; also $P(\text{»3«}) = \dfrac{1}{6} = 0,1666\ldots \,\hat{=}\, 16,67\%$.

Ziehen eines Königs aus einer Skatkarte. Zahl der günstigen Resultate: 4; Zahl der möglichen Resultate: 32;

$P(\text{»König«}) = \dfrac{4}{32} = \dfrac{1}{8} = 0,125 \,\hat{=}\, 12,5\%$.

Anmerkung: Wahrscheinlichkeiten werden oft in Prozenten angegeben. $0\% \leqq P(A) \leqq 100\%$.

Wie groß ist die Wahrscheinlichkeit, aus einer Skatkarte »Herzbube« zu ziehen?

$P(\text{»Herzbube«}) = \underline{\quad \dfrac{1}{32} \quad\quad\quad}$

Lösung:

Merkmalsausprägung x_j	Umsatz 1974		Winkel φ_j des Sektors (gerundet)
	absolut (in Mio. M)	relativ	
Abteilung A	45897	0,792	285°
Abteilung B	5321	0,092	33°
Abteilung C	6723	0,116	42°
Gesamt	57941	1,000	360°

Bild 65

! Hinweis: Haben Sie auch die Prozentzahlen in das Kreisdiagramm eingetragen und nicht etwa die Winkel der einzelnen Sektoren?

Zum Vergleich ein und desselben Merkmals zu verschiedenen Zeitpunkten oder in verschiedenen Gruppen zeichnet man zuweilen mehrere solcher Kreisdiagramme nebeneinander, wobei sich diese teilweise überlappen dürfen.

132

● Für unser obiges Beispiel könnte das so aussehen:

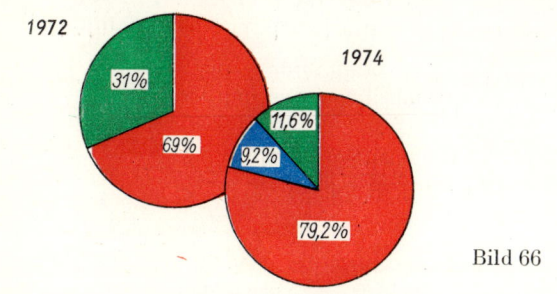

Bild 66

In einer solchen Darstellung können Entwicklungen über Zeiträume hinweg oder Gemeinsamkeiten und Unterschiede zwischen Gruppen mit einem Blick überschaut werden.

Ungleiche Umfänge der Stichproben macht man bei solchen Vergleichen mitunter durch unterschiedliche Größe der Kreisflächen kenntlich. Hier geschah das nicht.

Zeichnen Sie ein Kreisdiagramm für die Verteilung des Merkmals »Familienstand« (Stadt Leipzig, 1964)! Schraffieren Sie!

Merkmalsausprägung x_j	relative Häufigkeit $\frac{f_j}{n}$	Winkel φ_j des Sektors	Schraffur
x_1 (ledig)	0,352	127°	
x_2 (verheiratet)	0,500	—	
x_3 (geschieden)	0,108	—	
x_4 (verwitwet)	0,040	—	
Gesamt	1,000		

Bild 67

Lösung:

$$P \text{ (»Herzbube«)} = \frac{1}{32} = 0,031 \triangleq 3,1\%.$$

Die Wahrscheinlichkeitsrechnung beruht auf wichtigen Prinzipien, von denen hier einige zusammengestellt seien:

T 15

1. Prinzip der Entscheidbarkeit

Bei jeder Durchführung eines Versuchs muß eindeutig entscheidbar sein, ob ein bestimmtes zufälliges Ereignis, das zu diesem Versuch gehört, eingetreten ist oder nicht.

2. Prinzip der Wiederholbarkeit

Der Versuch muß zumindest prinzipiell beliebig oft realisierbar sein, d.h., es muß wenigstens theoretisch möglich sein, sehr viele voneinander unabhängige Wiederholungen des Versuchs durchzuführen.

Dieses Prinzip unterstreicht, daß sich die Wahrscheinlichkeitsrechnung ausschließlich mit Gesetzmäßigkeiten bei Wiederholungsvorgängen und Massenerscheinungen (*gleichzeitige* Durchführung vieler Einzelversuche) beschäftigt.

3. Prinzip von der Existenz einer Wahrscheinlichkeit

Jedem zufälligen Ereignis A ist bei gegebener Versuchsvorschrift eine feste reelle Zahl $P(A)$, die Wahrscheinlichkeit für das Eintreten des Ereignisses A, zugeordnet. Sie genügt der Ungleichung $0 \leq P(A) \leq 1$.

4. Prinzip von der Stabilität der relativen Häufigkeit

Die relative Häufigkeit eines Ereignisses in einer genügend langen Versuchsreihe ist praktisch gleich seiner Wahrscheinlichkeit. $H(A) \approx P(A)$ für sehr große n.

Lesen Sie die auf dieser Seite aufgeführten Prinzipien noch einmal!

Lösung:

	Land	Wasser
Nördl. Halbkugel	39%	61%
Südl. Halbkugel	19%	81%

Bild 61

Anmerkung:
Die Staffelbilder können
auch nebeneinander stehen.

An Stelle des Staffelbildes kann das Kreisdiagramm verwendet werden. Beide gehören zur Kategorie der Flächendiagramme.

131

Das **Kreisdiagramm** ist eine Art der graphischen Darstellung monovariabler Häufigkeitsverteilungen, in der Flächen von Kreissektoren den Häufigkeiten direkt proportional sind.

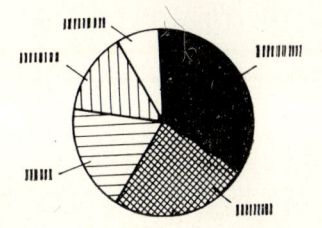

Bild 62

Die einzelnen Kreissektoren versieht man mit einer unterschiedlichen Schraffur oder gestaltet sie verschiedenfarbig.
Die Erläuterungen werden in einer Legende dargestellt oder gleich an die Sektoren geschrieben, Zahlenangaben meist *in* die jeweilige Sektorenfläche.

Die Aufteilung der Kreisfläche in die Sektoren erfolgt über den Mittelpunktswinkel. Der Vollwinkel von 360° wird entsprechend den Häufigkeiten aufgeteilt.

$$\varphi_j = \frac{f_j}{n} \cdot 360° \qquad (6)$$

● Umsatz aus erzielter Warenproduktion der drei Abteilungen eines Betriebes 1972, während der Rekonstruktion

Merkmals-ausprägung x_j	Umsatz		Winkel φ_j des Sektors (gerundet)
	absolut (in Mio.M)	relativ	
Abteilung A	18888	0,690	248°
Abteilung B	—	—	—
Abteilung C	8483	0,310	112°
Gesamt	27371	1,000	360°

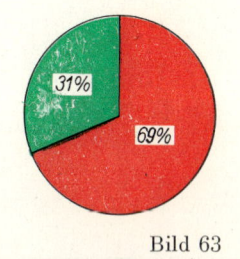

Bild 63

Berechnen Sie die entsprechenden Werte für 1974 (nach der Rekonstruktion), und zeichnenSie ein Kreisdiagramm dazu!

Merkmals-ausprägung x_j	Umsatz 1974		Winkel φ_j des Sektors (gerundet)
	absolut (in Mio.M)	relativ	
Abteilung A	45897	0,792	
Abteilung B	5321		
Abteilung C	6723		
Gesamt	57941	1,000	

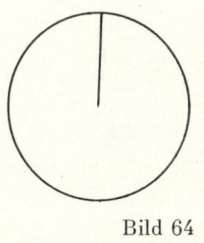

Bild 64

Eine der wichtigsten Aufgaben der Wahrscheinlichkeitsrechnung besteht darin, aus bekannten Wahrscheinlichkeiten von zufälligen Ereignissen neue zu berechnen. Hierfür sind Sätze für das Rechnen mit Wahrscheinlichkeiten nötig, von denen wir einige wichtige betrachten wollen.

1. Der Additionssatz für einander ausschließende Zufallsereignisse

Sind A und B zwei einander ausschließende Zufallsereignisse mit den Wahrscheinlichkeiten $P(A)$ und $P(B)$, so ist die Wahrscheinlichkeit dafür, daß in einem Versuch entweder das Ereignis A *oder* das Ereignis B eintritt, gleich der **Summe** der beiden Wahrscheinlichkeiten

$$P (A \text{ oder } B) = P(A) + P(B)$$. \hfill (t 13)

Die Wahrscheinlichkeit dafür, daß beim Werfen eines Würfels entweder eine »1« (Ereignis A_1) oder eine »6« (Ereignis A_6) erscheint, beträgt — da sich die beiden Ereignisse gegenseitig ausschließen —

$$P (A_1 \text{ oder } A_6) = P(A_1) + P(A_6) = \tfrac{1}{6} + \tfrac{1}{6} = \tfrac{1}{3}$$

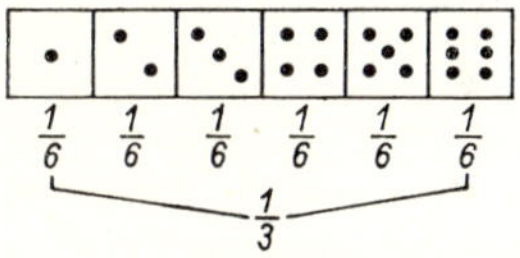

Bild 153

Der Additionssatz läßt sich sowohl aus der klassischen als auch aus der statistischen Definition der Wahrscheinlichkeit folgern.

Ist in einer nicht zu kurzen Serie von n Beobachtungen f_A-mal das Ereignis A und f_B-mal das Ereignis B eingetreten, so gilt nach der statistischen Definition

$$P(A) \approx \frac{f_A}{n} \quad \text{und} \quad P(B) \approx \frac{f_B}{n} \, .$$

Andererseits ist dann aber $(f_A + f_B)$-mal entweder A *oder* B eingetreten, so daß

$$P (A \text{ oder } B) \approx \frac{f_A + f_B}{n} \, .$$

Nun ist

$$\frac{f_A + f_B}{n} = \frac{f_A}{n} + \frac{f_B}{n} = P(A) + P(B) \, .$$

Damit bestätigt sich (t 13).

In einer Urne befinden sich 10 weiße, 25 schwarze und 15 rote Kugeln in guter Durchmischung.

Wie groß ist die Wahrscheinlichkeit dafür, bei einem Zug eine weiße oder eine schwarze Kugel zu erhalten?

Lösungen:

Zu 1:

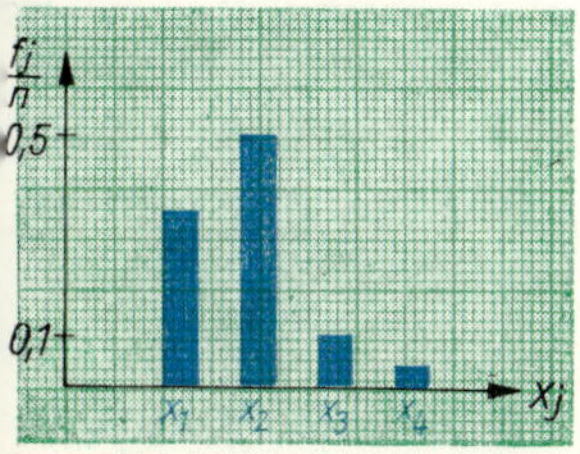

Bild 58

Zu 2.

Dem Streckendiagramm liegt eine metrische Einteilung der Merkmalsachse zugrunde, dem Streifendiagramm nicht.

Anmerkung:

Sollten Sie die Form (Strecke oder Streifen) als wesentlich erachtet haben, so ist das falsch; dieses äußere Kennzeichen dient lediglich der Unterscheidung beider.

Als weitere Möglichkeit der Darstellung monovariabler Häufigkeitsverteilungen für Rangdaten und Kategorien bietet sich das Staffelbild an.

130

Das **Staffelbild** ist ein Rechteck der Länge n, N oder $1,0 \triangleq 100\%$ (bei relativen Häufigkeiten), das entsprechend den für jede Merkmalsausprägung auftretenden Häufigkeiten unterteilt ist (Bild 59).

Es kann sowohl vertikal als auch horizontal dargestellt werden.

Bild 59

Zur besseren Kennzeichnung der Teilrechtecke werden diese mit unterschiedlicher Schraffur versehen oder verschiedenfarbig gestaltet.

Beispiel für Staffelbild:

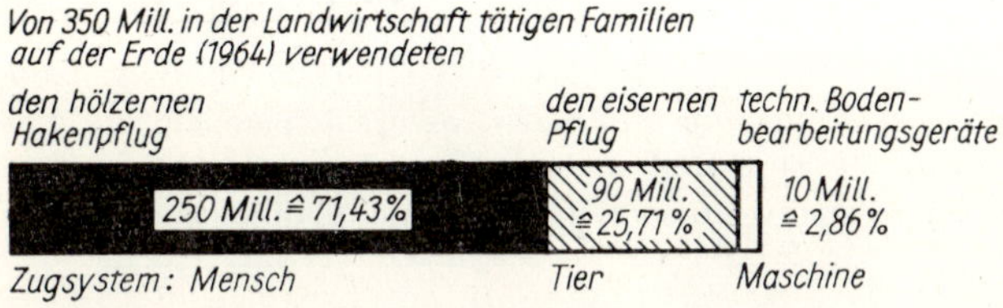

Von 350 Mill. in der Landwirtschaft tätigen Familien auf der Erde (1964) verwendeten

den hölzernen Hakenpflug — den eisernen Pflug — techn. Bodenbearbeitungsgeräte

250 Mill. $\triangleq$ 71,43% — 90 Mill. $\triangleq$ 25,71% — 10 Mill. $\triangleq$ 2,86%

Bild 60

Zugsystem: Mensch — Tier — Maschine

Meist werden relative Häufigkeiten bevorzugt. Das gestattet ein rasches Zeichnen des Diagramms und bringt überdies den Vorteil, mehrere Häufigkeitsverteilungen – als Staffelbild neben- oder untereinander angeordnet – miteinander vergleichen zu können.

Stellen Sie auf einem Übungsblatt Staffelbilder für folgende Zahlenangaben über die Verteilung von Land und Meer auf der Erde dar:

Nördliche Halbkugel: Landfläche 39%; Wasserfläche 61%

Südliche Halbkugel: Landfläche 19%; Wasserfläche 81%

Lösung:

$$P(\text{»weiße Kugel«}) = \frac{10}{50} \quad P(\text{»schwarze Kugel«}) = \frac{25}{50}$$

$$P(\text{»weiße oder schwarze Kugel«}) = \frac{10}{50} + \frac{25}{50}$$

$$= \frac{35}{50} = \frac{7}{10} \widehat{=} 70\%.$$

Der Additionssatz läßt sich auf mehrere einander ausschließende Zufallsereignisse erweitern. Er lautet dann:

> Die Wahrscheinlichkeit für das Eintreten des Ereignisses A_1 *oder* des Ereignisses A_2 *oder* ... *oder* des Ereignisses A_m (eines beliebigen von m Ereignissen), die einander paarweise aussschließen, ist gleich der **Summe** der Wahrscheinlichkeiten für das Eintreten jedes der m Ereignisse.
>
> $$P(A_1 \text{ oder } A_2 \text{ oder } \ldots \text{ oder } A_m) = P(A_1) + P(A_2) + \cdots + P(A_m) = \sum_{j=1}^{m} P(A_j) \qquad \text{(t 14)}$$

Nachfrage nach einem Industrieerzeugnis:

Für sieben Erzeugnisse in den angegebenen Größen liegen folgende Wahrscheinlichkeiten bezüglich der Nachfrage vor.

Nr. i	Größe G_i	Wahrscheinlichkeit $P(G_i)$ der Nachfrage
1	13	0,10
2	14	0,15
3	15	0,25
4	16	0,25
5	17	0,10
6	18	0,10
7	19	0,05

Im Lager eines Geschäftes für Industrieerzeugnisse sind nur die Größen $G_1 = 13$; $G_3 = 15$; $G_4 = 16$ und $G_7 = 19$ vorrätig.

Wie groß ist die Wahrscheinlichkeit dafür, daß der Wunsch eines Kunden nach einem der Erzeugnisse 1 ... 7 befriedigt werden kann?

Gesucht: Wahrscheinlichkeit für das Eintreffen des Ereignisses G_1 oder G_3 oder G_4 oder G_7.

Da die Ereignisse paarweise einander ausschließen, erhalten wir nach obigem Additionssatz (t 14):

$$P(G_1 \text{ oder } G_3 \text{ oder } G_4 \text{ oder } G_7) = P(G_1) + P(G_3) + P(G_4) + P(G_7)$$
$$= 0,10 + 0,25 + 0,25 + 0,05 = 0,65.$$

Wie groß ist die Wahrscheinlichkeit dafür, mit einem Würfel eine gerade Augenzahl zu werfen?

Lösen Sie die Aufgabe unter Zuhilfenahme des Satzes (t 14).

Wir entnehmen der Übersicht, daß Rangdaten und Kategorien sowohl für stetige als auch für nicht stetige (diskrete) Merkmale durch ein und dieselben Darstellungsmittel graphisch veranschaulicht werden, nämlich durch das Streifendiagramm, das Staffelbild und durch das Kreisdiagramm.

Wir wenden uns zunächst dem Streifendiagramm (auch Balken- oder Säulendiagramm) zu. Über den Merkmalsausprägungen werden Streifen (volle Rechtecke) mit einer Länge gezeichnet, die der Häufigkeit der jeweiligen Merkmalsausprägung entspricht. Die Streifen – sie werden oft fälschlicherweise als Balken oder Säulen bezeichnet – dürfen sich keinesfalls berühren. Ein kleiner Tip: Mit schwarzen Klebestreifen geraten diese Diagramme am besten.

● Beispiel für ein Streifendiagramm:

Verteilung der Mathematiknoten von 20 Oberschülern

Mathematiknote x_j	Häufigkeit f_j
1	4
2	9
3	5
4	2
5	—
	$20 = n$

Bild 56

Hinweis: Die umgekehrte Anordnung der Noten auf der x_j-Achse (5, 4, 3, 2, 1) wäre nicht falsch, sondern würde dem Anliegen gerecht, bessere Leistungen nach rechts hin aufsteigend anzuordnen.

Beachten Sie für das Streifendiagramm insbesondere: Die meist (auch in Bild 55) vorgenommene gleichmäßige Teilung der Merkmalsachse darf nicht zu dem Schluß führen, diese trage einen intervallskalierten Maßstab. Kategorien wie Rangdaten (Noten sind Rangwerte!) kommt keine Metrik zu, d. h., die Gleichabständigkeit der Streifen bedeutet keinesfalls Gleichabständigkeit der Merkmalsausprägungen.

Das wird z. B. bei der Darstellung der Häufigkeitsverteilung für das Merkmal »Familienstand« noch deutlicher. Bei derartigen Merkmalen mit nur qualitativen Ausprägungen ist selbst die Anordnung der Merkmalsausprägungen auf der x_j-Achse willkürlich wählbar.

1. Stellen Sie das Merkmal »Familienstand« für die Stadt Leipzig (Werte von 1964) graphisch dar!

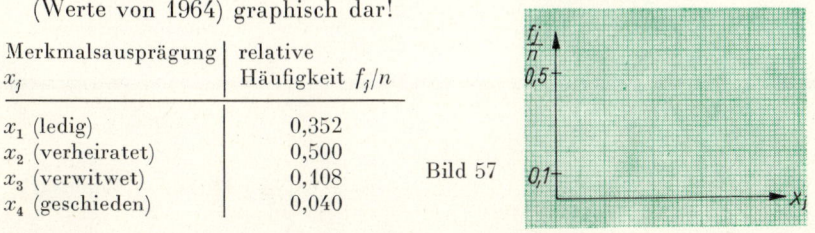

Merkmalsausprägung x_j	relative Häufigkeit f_j/n
x_1 (ledig)	0,352
x_2 (verheiratet)	0,500
x_3 (verwitwet)	0,108
x_4 (geschieden)	0,040

Bild 57

2. Überlegen Sie: Welcher wesentliche Unterschied besteht zwischen Strecken- und Streifendiagramm?

Lösung:

Gesucht ist die Wahrscheinlichkeit des Eintretens des Ereignisses A_2 (Werfen einer »2«) oder A_4 oder A_6.

Nach (t 14) gilt

$$P\,(A_2 \text{ oder } A_4 \text{ oder } A_6) = P(A_2) + P(A_4) + P(A_6) = \tfrac{1}{6} + \tfrac{1}{6} + \tfrac{1}{6} = \tfrac{3}{6} = \tfrac{1}{2}.$$

Aus dem Additionssatz ergeben sich einige Folgerungen, für deren Formulierung wir noch zwei grundlegende Begriffe benötigen. Wir definieren zunächst den des zu A komplementären Ereignisses $\bar{A}$.

T 18

Definition

Ein **Ereignis $\bar{A}$** (lies »A quer« oder »Nicht-A«), das genau dann eintritt, wenn das Ereignis A nicht stattfindet, heißt das *zu A komplementäre oder entgegengesetzte Ereignis.*

Versuch	Zufälliges Ereignis A	komplementäres Ereignis $\bar{A}$
Paarung	Befruchtung	Nichtbefruchtung
Kontrolle der Funktionstüchtigkeit von Glühlampen	Glühlampe ist funktionstüchtig	Glühlampe ist defekt

Des weiteren definieren wir den Begriff des vollständigen Systems von Ereignissen.

Definition

Die Ereignisse $A_1, A_2, ..., A_m$ bilden ein **vollständiges System von Ereignissen,** wenn bei jedem Versuch genau eines der Ereignisse $A_1, A_2, ..., A_m$ eintritt.

Die Ereignisse A und $\bar{A}$ bilden stets ein vollständiges System.
Die Ereignisse $A_1, A_2, ..., A_6$ beim Würfeln bilden ebenfalls ein vollständiges System.

---

1. Nennen Sie das zum Ereignis »Wappen« komplementäre Ereignis beim Werfen einer Münze!

    Zahl

2. Bilden die Schulnoten »1«, »2«, »3« und »4« ein vollständiges Ereignissystem? Begründung!

    nein 5; 6 fehlen

Weil es sinnwidrig ist, qualitative Merkmalsausprägungen als Meßwerte bestimmen zu wollen. Meßwerte tragen immer quantitativen Charakter.

Wir wollen wissen, welche Darstellungsmittel für Daten mit dem Charakter von »Rang-daten« oder »Kategorien« anzuwenden sind.

Dazu erweitern wir die Übersicht, indem wir diese beiden Datenarten einbeziehen.

Es ergibt sich folgendes Bild:

Datenart	Merkmal			
	stetig		nicht stetig	
	Ausprägung			
	quantitativ	qualitativ	quantitativ	qualitativ
Meßwerte	Histogramm Häufigkeits-polygon	–	Strecken-diagramm	–
Rangdaten	*	–	*	–
Kategorien	–	*	–	*

Für *alle* Stellen, die durch einen Stern (*) gekennzeichnet sind, gibt es diese Möglich-keiten der graphischen Darstellung:

Streifen- oder Balkendiagramm
Staffelbild
Kreisdiagramm.

All diese Darstellungsformen sind **Flächendiagramme** und dienen der Veranschau-lichung monovariabler Häufigkeitsverteilungen.

Wir werden sie im einzelnen behandeln.

Vertiefen Sie sich in obige Übersicht, ehe Sie weitergehen!

Lösungen:
Zu 1.   »Zahl« (auch »Nicht-Wappen« ist richtig)
Zu 2.   Nein, es fehlt das Ereignis »5«.

Folgerungen aus dem Additionssatz:

T 19

1. a)   Für zwei zueinander komplementäre Ereignisse A und $\bar{A}$ gilt

$$P(A) + P(\bar{A}) = 1 \qquad (t\,15)$$

(oft auch kurz als $p + q = 1$ angegeben).

Werfen einer Münze: $P(\text{»Wappen«}) + P(\text{»Zahl«}) = 1$

Ist die Wahrscheinlichkeit eines Ereignisses A bekannt, so läßt sich die Wahrscheinlichkeit des komplementären Ereignisses $\bar{A}$ nach (t 15) leicht berechnen:

$$P(\bar{A}) = 1 - P(A).$$

Paarung: $P(\text{»Befruchtung«}) = 0,6$ sei gegeben.

Dann ist $P(\text{»Nichtbefruchtung«}) = 1 - 0,6 = 0,4$.

Beweis von (t 15):

A und $\bar{A}$ sind einander ausschließende Ereignisse.

Ferner gilt nach Definition: A oder $\bar{A} = S$
und nach (t 10): $P(S) = 1$.

Unter Anwendung des Additionssatzes (t 14) folgt dann
$P(A \text{ oder } \bar{A}) = P(A) + P(\bar{A}) = 1$, was zu beweisen war.

1. b)   Bilden die Zufallsereignisse $A_1, A_2, \ldots, A_m$ ein vollständiges System von Ereignissen, so gilt

$$P(A_1) + P(A_2) + \cdots + P(A_m) = 1,$$

$$\text{kurz} \sum_{j=1}^{m} P(A_j) = 1 \qquad (t\,16)$$

Ergebnis einer Klausur:

$P(\text{»1«}) + P(\text{»2«}) + \cdots + P(\text{»5«}) = 1$

Die Wahrscheinlichkeit, eine der fünf möglichen Noten zu erhalten, ist gleich 1.

---

1. Die Wahrscheinlichkeit für das Eintreten des Ereignisses »Mädchen« bei der Geburt beträgt $P(M) = 0,482$.
   Wie groß ist die Wahrscheinlichkeit für das Eintreten des Ereignisses »Knabe«?

   0,518

2. Beweisen Sie auf einem Übungsblatt die Gültigkeit des Satzes 1.b).
   Hinweis: Der Beweis läuft ganz analog dem zu 1.a).

287

Lösung:

Klasse (Ferkel/Wurf)	Klassen-mitte x_k	Häufigkeit f_k
3 bis 5	4	1
6 bis 8	7	14
9 bis 11	10	38
12 bis 14	13	20
15 bis 17	16	2
		$75 = n$

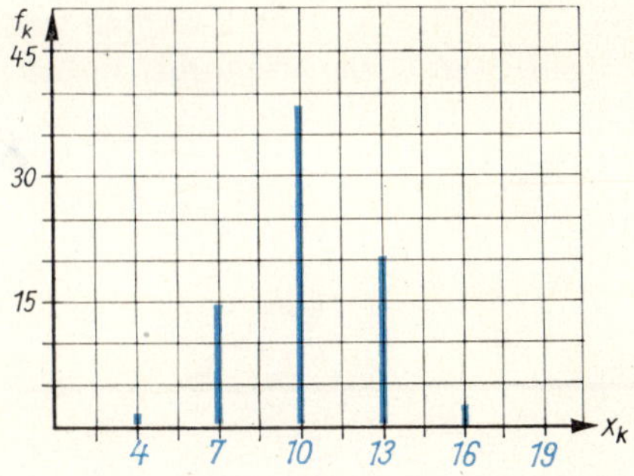

Bild 55

! Vergleichen Sie bitte genau, ob Sie die Grafik richtig angelegt haben! Korrigieren Sie — falls nötig — Bild 54 auf der Vorseite.

Wir wissen jetzt:

127

Für **stetige** Merkmale, die *metrisch* erfaßt werden, sind Histogramm oder Polygonzug richtige graphische Darstellungsmittel, für **nicht stetige** (diskrete) Merkmale, die *metrisch* erfaßt werden, ist es das Streckendiagramm.

Wir wollen das in einer Übersicht zusammenstellen.

Datenart	Merkmal			
	stetig		nicht stetig	
	Ausprägung			
	quantitativ	qualitativ	quantitativ	qualitativ
Meßwerte	Histogramm Häufigkeits-polygon	–	Strecken-diagramm	–

Überlegen Sie, warum an zwei Stellen dieser Übersicht Striche sind!

Lösungen:

Zu 1. $P(\text{K}) = 1 - P(\text{M}) = 0{,}518.$

Zu 2. $A_1, A_2, ..., A_m$ sind einander paarweise ausschließende Zufallsergebnisse.
Ferner gilt $A_1 + A_2 + \cdots + A_m = S$ und $P(S) = 1.$

Unter Anwendung des Additionssatzes (t 14) folgt dann

$P\,(A_1 \text{ oder } A_2 \text{ oder } \cdots \text{ oder } A_m) = P(A_1) + P(A_2) + \cdots + P(A_m) = 1.$

Wir wenden uns einem zweiten wichtigen Satz für das Rechnen mit Wahrscheinlichkeiten zu, dem Multiplikationssatz.

T 20

2. Der Multiplikationssatz für voneinander unabhängige Zufallsereignisse

Definition

Die **Zufallsereignisse** $A_1, A_2, ..., A_m$ sind **voneinander unabhängig**, wenn das Eintreten oder Nichteintreten eines dieser Ereignisse keinen Einfluß auf das Eintreten oder Nichteintreten eines oder mehrerer der anderen Zufallsereignisse hat.

Die Wahrscheinlichkeit für das *gleichzeitige* Eintreten der voneinander unabhängigen Zufallsereignisse $A_1, A_2, ..., A_m$ ist gleich dem Produkt der Wahrscheinlichkeiten dieser m Ereignisse.

$$P\,(A_1 \text{ und } A_2 \text{ und } \cdots \text{ und } A_m) = P(A_1) \cdot P(A_2) \cdot \,\cdots\, \cdot P(A_m) \qquad \text{(t 17)}$$

Wir haben damit den Multiplikationssatz gleich für m Zufallsereignisse formuliert. Als Spezialfall ist darin der Multiplikationssatz für zwei voneinander unabhängige Zufallsereignisse enthalten:

$$P\,(A \text{ und } B) = P(A) \cdot P(B) \qquad\qquad \text{(t 18)}$$

Wie groß ist in einem Jahr die Wahrscheinlichkeit für das Auftreten des Datums »Freitag, der 13.«

Ereignis A: »Freitag« $\Big\}$ voneinander unabhängig
Ereignis B: »der 13.«

$P(A) = \dfrac{1}{7} \qquad\qquad P(B) = \dfrac{12}{365}$

$P\,(A \text{ und } B) = P(A) \cdot P(B) = \dfrac{1}{7} \cdot \dfrac{12}{365} = \dfrac{12}{2555} \approx 0{,}005 \triangleq \dfrac{1}{2}\,\% \,.$

Wie groß ist die Wahrscheinlichkeit, mit drei Würfeln die Augenzahl »18« (also drei »Sechsen«) zu werfen?

Ihre Lösung:

---

ie antworteten zu 1 :

<table>
<tr><td align="center">A oder B</td><td align="center">C</td></tr>
<tr><td>Ihre Antwort stimmt nicht.</td><td>Ihre Antwort ist richtig.</td></tr>
<tr><td>Voraussetzung für das Zeichnen von Strecken-diagrammen ist eine metrische Einteilung der Merk-malsachse, die bei Kategorien und Rangdaten nicht vorliegt, sondern nur den Meßwerten zukommt.</td><td>Meßwerte (intervallskalierte Daten) müssen vorliegen, um ein diskretes Merkmal in einem Streckendiagramm darstellen zu können.</td></tr>
</table>

Richtige Antwort zu 2: Nein

Begründung (sinngemäß): Für diskrete Merkmale ist die Angabe von Häufigkeiten nur an den Stellen sinnvoll, für die Merkmalsausprägungen existieren. Würden Histogramm oder Häufigkeitspolygon gezeichnet, so bedeutete das letztlich, daß Häufigkeiten auch an Stellen zwischen den Merkmalsausprägungen interpretiert werden kön-en, d. h. an Stellen, für die das diskrete Merkmal gar nicht definiert ist. (Es gibt nicht 7,2 Ringe bei einem Schuß oder 9,8 Ferkel bei einem Wurf.)

126

Im Zusammenhang mit der graphischen Darstellung diskreter Merkmale, die metrisch erfaßt werden, erhebt sich die Frage, wie man verfahren soll, wenn für die Meßwerte eine **Klassenbildung** vorgenommen wurde.

Dann gibt man auf der Merkmalsachse nur die Klassenmitten an (das *müssen* Meß-werte sein, die für das untersuchte Merkmal wirklich definiert sind) und errichtet in diesen auf der x_k-Achse Senkrechten mit einer Länge, die der Häufigkeit der betreffenden Klasse entspricht.

Diskretes Merkmal »Fehlerzahl in Rechtschreibung«, untersucht an Er-wachsenen (Beispiel aus Schritt 98)

Als günstigste Klasseneinteilung ergab sich: Graphische Darstellung

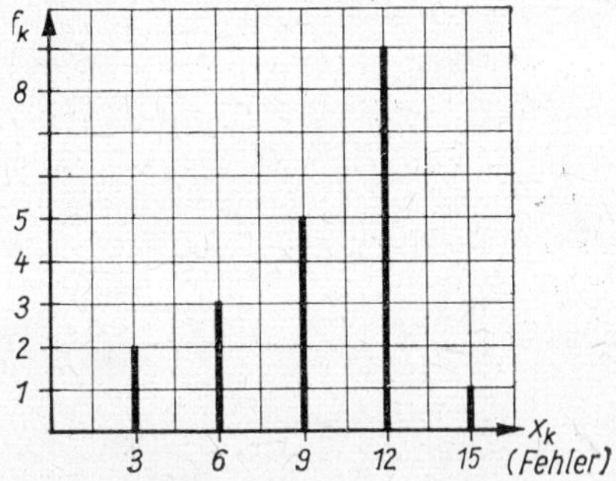

Klasse (Fehler)	Klassenmitte x_k	Häufigkeit f_k
2 bis 4	3	2
5 bis 7	6	3
8 bis 10	9	5
11 bis 13	12	9
14 bis 16	15	1
		20 = n

Bild 53

Zeichnen Sie das Streckendiagramm für das diskrete Merkmal »Zahl der Ferkel pro Wurf«, wenn Klassen wie folgt gebildet wurden:

Klasse (Ferkel/Wurf)	Klassen-mitte x_k	Häufig-keit f_k
3 bis 5	4	1
6 bis 8	7	14
9 bis 11	10	38
12 bis 14	13	____
15 bis 17	16	____
		75 = n

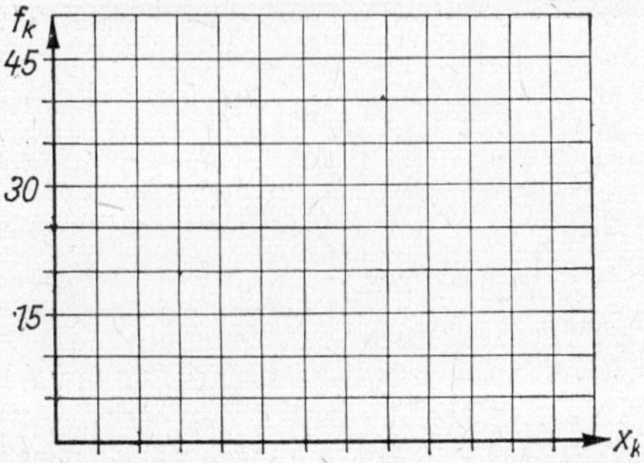

Bild 54

290

Lösung:

Es handelt sich um voneinander unabhängige Zufallsereignisse, so daß der Multiplikationssatz (t 17) angewandt werden kann.

$$P \,(\text{»6« und »6« und »6«}) = P(\text{»6«}) \cdot P(\text{»6«}) \cdot P(\text{»6«})$$
$$= \frac{1}{6} \cdot \frac{1}{6} \cdot \frac{1}{6} = \frac{1}{216} = 0,0045 \,.$$

Damit haben Sie einen kleinen Einblick in die Wahrscheinlichkeitsrechnung erhalten. Er reicht aus, um ein erfolgreiches Abarbeiten der ersten Abschnitte des Lehrgangs zu gewährleisten.

Bevor wir uns dieser Arbeit zuwenden, sei gestattet, Ihnen einen Scherz zum Thema »Wahrscheinlichkeit« mitzuteilen:

Ein Mathematiker fährt mit der Eisenbahn zu einem Kongreß, der 1500 km von seinem Wohnort entfernt tagt.

Auf die Frage eines Kollegen, warum er denn für die weite Reise nicht das Flugzeug benutzen würde, entgegnet er:

Ich habe die Wahrscheinlichkeit dafür berechnet, daß sich in einem Verkehrsflugzeug eine Bombe befindet. Die Wahrscheinlichkeit ist höher, als man allgemein annimmt, jedenfalls höher als bei der Eisenbahn. Das Reisen mit der Eisenbahn ist also weniger gefährlich als das Reisen mit dem Flugzeug.

Zwei Jahre später treffen sich die beiden wieder, und zwar im Flugzeug auf dem Wege zum nächsten Mathematikerkongreß. Der Kollege ist ganz erstaunt, daß unser Mathematiker diesmal mit dem Flugzeug reist, obwohl die Kongreßstadt nur 500 km entfernt liegt, und fragt ihn, warum er diesmal das Flugzeug bevorzuge. Darauf antwortet unser Mathematiker verschmitzt:

Ja, die Sache ist die: Ich habe inzwischen die Wahrscheinlichkeit dafür berechnet, daß sich in einem Verkehrsflugzeug *zwei* Bomben im Gepäck befinden; diese ist ganz gering und — so fügt er flüsternd, aber überlegen lächelnd hinzu — die *eine Bombe habe ich bei mir*!!

T 21

Machen Sie bitte eine
Pause.

! Beginnen Sie dann mit Abschnitt 1. des Lehrgangs!

———————→ **Seite 23**, nach Lehrschritt 4

Die Daten müssen sich auf ein *stetiges* Merkmal beziehen, dessen quantitative Ausprägungen mittels einer Intervallskala (metrisch) erfaßt wurden.
Wenn Sie nicht die richtige Antwort fanden, so wiederholen Sie bitte die Wiederholungsfragen zu Lehrschritt 123 und den Lehrschritt 124.

Wie werden nun *diskrete* Merkmale dargestellt, deren quantitative Ausprägungen durch eine Intervallskala gemessen wurden?

125

Die graphische Darstellung solcher Merkmale erfolgt durch das Streckendiagramm.
Es gehört zu den Liniendiagrammen, darf aber nicht mit dem Polygonzug verwechselt werden.
Das **Zeichnen des Streckendiagramms** ist einfach: An den Merkmalsausprägungen errichten wir Senkrechten auf der Merkmalsachse und tragen von dieser aus Strecken auf den Senkrechten ab, deren Länge der zugehörigen Häufigkeit entspricht.

Häufigkeitsverteilung des diskreten Merkmals »Zahl der Ferkel pro Wurf« bei 75 Würfen

Merkmals-ausprägung x_j	Häufigkeit f_j
0 bis 4	0
5	1
6	2
7	5
8	7
9	11
10	15
11	12
12	9
13	6
14	5
15	2
	75 = n

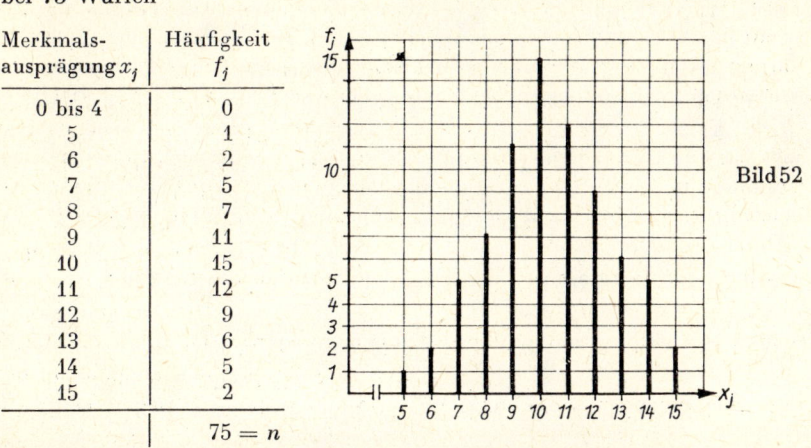

Bild 52

Zur besseren Heraushebung verstärkt man die Strecken ein wenig (Bild 52).
Keinesfalls jedoch dürfen breite Streifen gezeichnet werden oder gar die Endpunkte der Strecken miteinander verbunden werden!
Das Wesentliche am Streckendiagramm ist die metrische Einteilung auf der Merkmalsachse (Gleichabständigkeit, die Zahlen sind wirkliche Rechengrößen).

---

1. Für welche Datenart sind Streckendiagramme zu verwenden?
   Für A. Kategorien
   B. Rangdaten   Antwort: _____
   C. Meßwerte   (A, B oder C)
2. Können für diskrete Merkmale, die metrisch erfaßt werden, Histogramm oder Häufigkeitspolygon gezeichnet werden?   Antwort: Ja / Nein
   Begründung: _____

4.3.   Wahrscheinlichkeitsverteilungen

Wie wir bereits wissen, kann das Eintreten der zufälligen Ereignisse eines Versuchs durch je eine Wahrscheinlichkeit beschrieben werden.

Versuch	Zufällige Ereignisse	Wahrscheinlichkeiten
Paarung	Befruchtung Nichtbefruchtung	0,6 0,4

Den zufälligen Ereignissen liegt eine Zufallsvariable (hier: Paarungsergebnis) zugrunde, die – laut Definition – ihre Werte nach einer Wahrscheinlichkeitsverteilung annimmt.

▶ Unter **Wahrscheinlichkeitsverteilung** (kurz: Verteilung) verstehen wir den funktionalen Zusammenhang zwischen der Zufallsvariablen und den Wahrscheinlichkeiten der zufälligen Ereignisse.

● Bild einer Wahrscheinlichkeitsverteilung (zu obigem Beispiel):

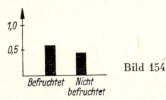

Bild 154

Im Falle diskreter Zufallsvariablen sind es die Wahrscheinlichkeiten selbst, die den diskreten Werten funktional zugeordnet sind; man spricht von der Wahrscheinlichkeitsfunktion. Im Falle stetiger Zufallsvariablen wird die Dichtefunktion angegeben. Für beide Fälle ist außerdem die Darstellung mit Hilfe einer Verteilungsfunktion möglich.

Zufallsvariable:	stetig	nicht stetig/diskret
Wahrscheinlichkeitsverteilung:	Dichtefunktion oder Verteilungsfunktion	Wahrscheinlichkeitsfunktion Verteilungsfunktion

Diese Begriffe werden wir in den folgenden Schritten näher erläutern.

! Lassen Sie sich nicht entmutigen, wenn Ihnen gewisse Gedankengänge etwas schwierig erscheinen.

Lesen und arbeiten Sie bitte konzentriert weiter, auch wenn es Mühe bereitet!

---

1. Sind die Begriffe Wahrscheinlichkeitsverteilung und Wahrscheinlichkeitsfunktion identisch?

2. Worin besteht der wesentliche Unterschied zwischen Häufigkeitsverteilungen und Wahrscheinlichkeitsverteilungen?

Richtige Antworten:
Zu 1.   Meßwerte, Rangdaten, Kategorien
Zu 2.

Ja	Nein
Ihre Antwort ist falsch!	Ihre Antwort ist richtig!

Histogramm und Häufigkeitspolygon sind richtige Darstellungsformen nur für monovariable Häufigkeitsverteilungen *stetiger* Merkmale, deren quantitative Ausprägungen **metrisch** erfaßt wurden.

Entscheiden Sie:

Ich möchte mich jetzt mit der Ausgleichung
von Polygonzügen beschäftigen.
└──────────────▶ Lehrschritt 155

Ich möchte die Arbeit mit dem Programm
auf regulärem Wege fortsetzen.

124

Wir wiederholen die Einteilung der Merkmale:

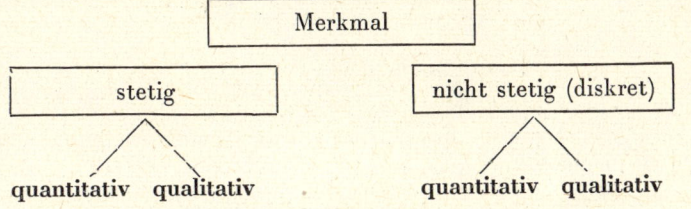

Ausprägungen: quantitativ qualitativ   quantitativ qualitativ

Dabei beachten wir, daß die Ermittlung der Ausprägungen je nach Art des Merkmals mit einer Intervall- oder Ordinalskala (bei quantitativen Ausprägungen) und mit einer Nominalskala (bei qualitativen Ausprägungen) erfolgen kann.

Welchen Voraussetzungen müssen Daten genügen, wenn sie in einem Histogramm oder als Häufigkeitspolygon dargestellt werden sollen?

_____

_____

_____

Antworten (sinngemäß):

Zu 1.   Nein, die Wahrscheinlichkeitsfunktion ist ein spezieller Fall der Wahrscheinlichkeitsverteilung für diskrete Zufallsvariablen.

Zu 2.   Häufigkeitsverteilungen sind empirische Verteilungen, Wahrscheinlichkeitsverteilungen sind theoretische Verteilungen.

Für hinreichend großes n geht die Häufigkeitsverteilung in die Wahrscheinlichkeitsverteilung über.

Betrachten wir zunächst die Wahrscheinlichkeitsfunktion als Wahrscheinlichkeitsverteilung für *diskrete* Zufallsvariablen!

T 23

Definition

▶ Unter der **Wahrscheinlichkeitsfunktion** $P(X = x_j)$ einer diskreten Zufallsvariablen X verstehen wir die eindeutige Zuordnung der Wahrscheinlichkeiten $p_1, ..., p_m$ zu den Werten $x_1, ..., x_m$ von X.

$$P(X = x_j) = P(x_j) = p_j \quad j = 1, ..., m.$$

Die den zufälligen Ereignissen eigentümlichen Wahrscheinlichkeiten übertragen sich also auf die Zufallsvariablen.

Die Darstellung der Wahrscheinlichkeitsfunktion erfolgt

als Tabelle   oder durch eine Zweizeilenmatrix

x_j	$P(x_j) = p_j$
x_1	p_1
x_2	p_2
$\vdots$	$\vdots$
x_j	p_j
$\vdots$	$\vdots$
x_m	p_m

$$\sum_{j=1}^{m} p_j = 1$$

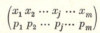

$$\begin{pmatrix} x_1\, x_2 \cdots x_j \cdots x_m \\ p_1\, p_2 \cdots p_j \cdots p_m \end{pmatrix}$$

oder graphisch als Streckendiagramm.

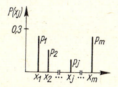

Bild 155

Stellen Sie die Wahrscheinlichkeitsverteilung für die diskrete Zufallsvariable »Augenzahl beim Würfeln«

a) als Matrix   b) graphisch dar!

295

Lösungen: Bild 48

Gründe, die gegen die Verwendung der anderen beiden Abbildungen sprechen: Bei Bild 49 ist die Einheit auf der Häufigkeitsachse zu groß gewählt, bei Bild 50 zu klein.

Anmerkung 1: Dabei kann es in besonderen Fällen (z. B. in der Werbung) durchaus angebracht sein, Bild 49 oder 50 den Vorzug zu geben.

Anmerkung 2: Unsere Bilder hier im Lehrprogrammbuch sind allesamt etwas zu klein dargestellt.

Für die Zeichnungen, die Sie in Ihrer beruflichen Tätigkeit anfertigen, empfehlen wir ein größeres Format.

Im Lehrschritt 77 lernten wir das Strichlistenverfahren kennen und wandten es im Schritt 78 auf das Beispiel »Vergleichsarbeit Physik« an. Jetzt (Schritte 115 bis 122) haben wir Histogramm und Häufigkeitspolygon behandelt. Dieser weite Abstand in der Darbietungsfolge könnte den Fehlschluß auslösen, daß von der Strichliste zum Histogramm oder Häufigkeitspolygon ein weiter Weg vonnöten ist.

Wir wollen bei unseren Untersuchungen so rationell und effektiv wie nur möglich arbeiten. Mit Bild 51 wird gezeigt, wie wir von der Strichliste unmittelbar zur graphischen Darstellung gelangen, vorausgesetzt, daß die vorgegebene Klasseneinteilung gleich verwendet werden kann.

123

Die Stichprobe aus einer Fertigung ergab 91 Meßwerte. Bild 51 zeigt die Kombination von Strichliste und Histogramm/Häufigkeitspolygon.

Diese Methode setzt allerdings voraus, daß man auf Kästchen- oder Millimeterpapier arbeitet und sorgfältig zu Werke geht. Aber letzteres gilt schließlich für jede Aufgabe, die im Rahmen der Statistik gestellt wird.

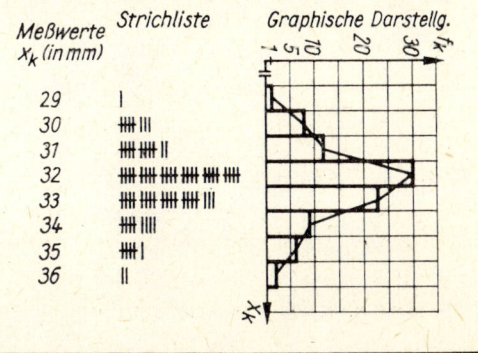

Meßwerte x_k (in mm)	Strichliste
29	I
30	₩ III
31	₩ ₩ II
32	₩ ₩ ₩ ₩ ₩ ₩ ₩
33	₩ ₩ ₩ ₩ ₩ III
34	₩ IIII
35	₩ I
36	II

Bild 51

Wiederholungsfragen:

1. Welche drei Datenarten haben wir unterschieden?

_____

2. Können Histogramm und Häufigkeitspolygon für alle Datenarten gezeichnet werden?

Ja/Nein

Lösung: a) $\begin{pmatrix} 1 & 2 & 3 & 4 & 5 & 6 \\ \frac{1}{6} & \frac{1}{6} & \frac{1}{6} & \frac{1}{6} & \frac{1}{6} & \frac{1}{6} \end{pmatrix}$ b)

Bild 156

T 24

Eine zweite Möglichkeit der Beschreibung der Wahrscheinlichkeitsverteilung ist durch die **Verteilungsfunktion** gegeben.

Definition

▶ Die für jede reelle Zahl x definierte Funktion $F(x) = P(X \leq x)$ heißt **Verteilungsfunktion** der Zufallsvariablen X.

Dabei bedeutet $F(x) = P(X \leq x)$:

Der Wert der Verteilungsfunktion $F(x)$ ist gleich der Wahrscheinlichkeit dafür, daß die Zufallsvariable X einen Wert annimmt, der kleiner (oder gleich) x (reelle Zahl) ist.

Im *diskreten Fall* ist dies eine **Treppenfunktion**, nämlich

$$F(x) = \sum_{x_j \leq x} P(x_j) \qquad \text{(t 19)}$$

Anm.: $\sum\limits_{x_j \leq x} P(x_j)$ besagt, daß alle $P(x_j)$ summiert werden, für die $x_j \leq x$ ist.

● Verteilungsfunktion der Zufallsvariablen »Augenzahl beim Würfeln«

$$F(x) = \begin{cases} 0 & \text{für} & x < 1 \\ \frac{1}{6} & \text{für} & 1 \leq x < 2 \\ \frac{2}{6} & \text{für} & 2 \leq x < 3 \\ \frac{3}{6} & \text{für} & 3 \leq x < 4 \\ \frac{4}{6} & \text{für} & 4 \leq x < 5 \\ \frac{5}{6} & \text{für} & 5 \leq x < 6 \\ 1 & \text{für} & 6 \leq x \end{cases}$$

So ist z. B. $F(4) = \sum\limits_{x_j \leq 4} P(x_j) = P(1) + P(2) + P(3) + P(4) = \frac{1}{6} + \frac{1}{6} + \frac{1}{6} + \frac{1}{6} = \frac{4}{6} = \frac{2}{3}$.

Die graphische Darstellung der Verteilungsfunktion für diskrete Zufallsvariablen ist eine **Treppenkurve**.

Das Bild der Treppenfunktion weist an den Stellen x_j Sprünge der Höhe p_j auf.

Bild 157

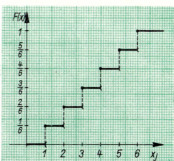

Anm.:

———(ist die graphische Kennzeichnung eines halboffenen Intervalls, also z. B. $1 \leq x < 2$.

1. Lesen Sie die Definition für die Verteilungsfunktion noch einmal!
2. Wie groß ist die Wahrscheinlichkeit dafür, beim Würfeln eine Augenzahl zu werfen, die a) kleiner oder gleich 6 ist,

   b) kleiner als 3 ist?

Lösungen: Histogramm als Flächendiagramm und Häufigkeitspolygon als Liniendiagramm ...

Zu 1. Um Vergleichsmöglichkeiten zu bieten, werden hier absolute und relative Häufigkeiten nebeneinander angegeben.

Klassenmitte x_k (Punkte)	Häufigkeit f_k	relative Häufigkeit $\frac{f_k}{n}$
5	4	0,125
8	4	0,125
11	6	0,188
14	10	0,312
17	5	0,156
20	2	0,062
23	1	0,031
	$32 = n$	$0,999 = \sum_{k=1}^{7} \frac{f_k}{n}$

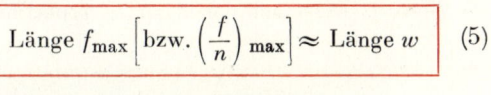

Bild 48

Zu 2. Es müßte sich 1,000 ergeben.

Anm.: Die Abweichung von 0,001 kommt durch Rundung der Einzelwerte zustande.

Zu 3. Der Flächeninhalt beträgt in diesem Falle 1,000.

Das ist eine wichtige Erkenntnis, die wir uns merken wollen.

Die Wahl eines geeigneten Maßstabes auf den beiden Achsen ist für die günstigste Darstellung der Häufigkeitsverteilung wichtig. Das Diagramm soll einen möglichst guten Eindruck hinterlassen. Zur Festlegung der Einheiten werden die größte vorkommende Häufigkeit $f_{\max}\left(\text{oder } \frac{f_{\max}}{n}\right)$ und die Verteilungsbreite herangezogen. Letztere wird charakterisiert durch die **Variationsweite** (auch Variationsbreite oder Spannweite)

$$w = x_{\max} - x_{\min} \tag{4}$$

oder – bei Klassenbildung – durch die Anzahl der Klassen. Wir streben für das Diagramm eine quadratische Form an. Als Faustregel diene:

$$\text{Länge } f_{\max} \left[\text{bzw. } \left(\frac{f}{n}\right)_{\max}\right] \approx \text{Länge } w \tag{5}$$

122

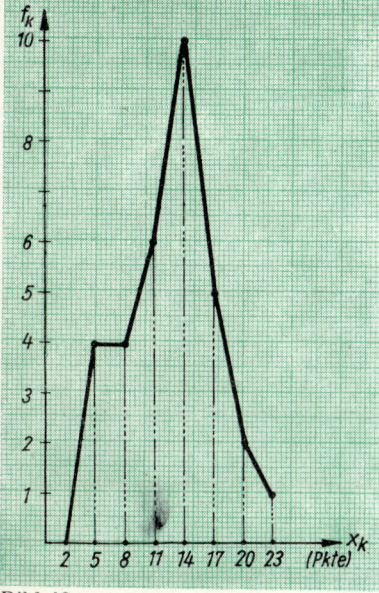

Bild 49

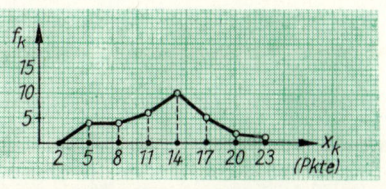

Bild 50

Vergleichen Sie die drei Bilder 48, 49 und 50 miteinander! Bei welchem Bild ist die Faustregel berücksichtigt? _____

Aus welchen Gründen sind die anderen beiden Bilder weniger zu empfehlen? _____

Lösungen:

Zu 2. a) $F(6) = P\ (X \leqq 6) = P(1) + \cdots + P(6) = \frac{1}{6} + \cdots + \frac{1}{6} = \frac{6}{6} = 1$

b) $F(2) = P\ (X \leqq 2) = P(1) + P(2) = \frac{1}{6} + \frac{1}{6} = \frac{2}{6} = \frac{1}{3}.$

Haben Sie $F(2)$ berechnet und nicht etwa $F(3)$?

! Es muß $F(2)$ angesetzt werden, weil nach der Wahrscheinlichkeit gefragt wurde, eine Augenzahl zu werfen, die **kleiner als 3** ist.

Im *stetigen* Fall kann für einen einzelnen Wert x_j der Zufallsvariablen X keine Wahrscheinlichkeit angegeben werden. Hier läßt sich zur Charakterisierung der Verteilung nur eine Wahrscheinlichkeitsdichte der Zufallsvariablen X ausweisen.

T 25

Definition

▶ Eine Funktion $f(x)$ heißt **Dichtefunktion** oder kurz **Dichte** einer Zufallsvariablen X, wenn die Wahrscheinlichkeit dafür, daß die Zufallsvariable einen Wert aus einem beliebigen Intervall $[x_1; x_2]$ annimmt, gleich der Fläche zwischen Abszissenachse und Kurve über dem Intervall ist.

Bild 158 zeigt die graphische Darstellung einer Dichtefunktion.

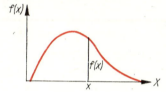

Bild 158

Dichtefunktion der Normalverteilung

$$f(x) = \frac{1}{\sigma \cdot \sqrt{2\pi}} \cdot e^{-\frac{(x-\mu)^2}{2\sigma^2}}$$

(t 20)

Bild 159

! Erschrecken Sie nicht vor diesem Ausdruck, er wird im Lehrschritt T 41 näher erläutert!

Definieren Sie die *Verteilungsfunktion* für eine diskrete Zufallsvariable!

299

Lösungen:

Zu 1.   Bild 46

Zu 2.   **Linkes Ende der Verteilung: Ja.** denn
in der Klasse »1 bis 3« mit der Klassenmitte »2« (Punkte) können Beobachtungswerte auftreten.
Rechtes Ende der Verteilung: Nein,
denn die Höchstpunktzahl, die in der
Physikarbeit erreicht werden konnte,
beträgt 24; die Klasse »25 bis 27« ist
also gar nicht möglich.

Anmerkung: Wenn Sie den Polygonzug auch rechts bis
zur Merkmalsachse herunter gezeichnet haben, so ist
das kein wesentlicher Fehler.

Bild 46

Histogramm als _____ diagramm und Häufigkeitspolygon als _____ diagramm spiegeln den Sachverhalt der Verteilung des untersuchten Merkmals in gleicher Weise wider.
Die **Fläche**, die durch die Rechtecke **des Histogramms** gebildet wird, ist gleich der
Fläche zwischen dem Häufigkeitspolygon und der Merkmalsachse.
Nehmen wir die Klassenbreite als Einheit an, dann beträgt dieser Flächeninhalt
n Einheiten.
Anstelle der absoluten Häufigkeiten können auf der Ordinatenachse auch die **relativen**
Häufigkeiten angegeben werden.

121

---

1. Zeichnen Sie das Häufigkeitspolygon zu unserem Standardbeispiel
auf Grund der relativen Häufigkeiten!

Klassenmitte x_k (Punkte)	Häufigkeit f_k	relative Häufigkeit $\frac{f_k}{n}$
5	4	0,125
8	4	0,125
11	6	0,188
14	10	0,312
17	5	___
20	2	___
23	1	___
	$32 = n$	$= \sum\limits_{k=1}^{7} \frac{f_k}{n}$

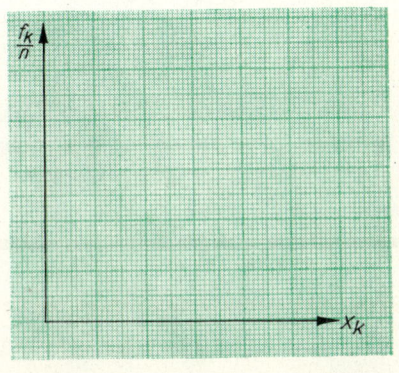

Bild 47

2. Welcher Wert müßte sich für $\sum\limits_{k=1}^{7} \frac{f_k}{n}$
ergeben?

3. Wie groß ist in diesem Fall (Darstellung des Polygonzuges unter Verwendung *relativer* Häufigkeiten) die Fläche zwischen Polygonzug und
x_k-Achse? _____

300

Lösung:

Die für jede reelle Zahl x definierte Funktion $F(x) = P(X \leq x)$ heißt Verteilungsfunktion der Zufallsvariablen X.

! Wenn es Ihnen nicht gelang, die Definition richtig anzugeben, so gehen Sie zurück zum Schritt T 24, und wiederholen Sie diesen!

Diese Definition der Verteilungsfunktion gilt auch für stetige Zufallsvariablen.
An Stelle der Treppenfunktion

T 26

$$F(x) = \sum_{x_j \leq x} P(x_j)$$

tritt für den stetigen Fall die Verteilungsfunktion

$$F(x) = \int_{-\infty}^{x} f(x)\, dx \qquad (\text{t } 21)$$

d. h., das Summenzeichen wird durch das Integrationszeichen ersetzt, und die $P(x_j)$ werden zur Dichtefunktion $f(x)$.
Dieses bestimmte Integral als Funktion der oberen Grenze x gibt den Wert des Flächeninhalts unter der Kurve der Dichtefunktion bis zur Ordinate an der Stelle x an, also

$$\boxed{\text{Fläche unter } f(x) = \text{Funktionswert von } F(x)} \qquad (\text{t } 21^{\text{a}})$$

Bild 160 veranschaulicht diesen Sachverhalt.

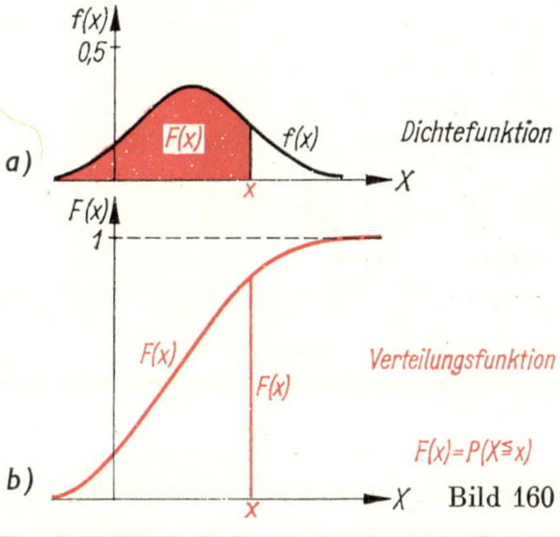

Aus Bild 160b) ist ablesbar, mit welcher Wahrscheinlichkeit die Zufallsvariable X Werte x_j annimmt, die kleiner oder gleich x sind.

Bild 160

---

1. Bezeichnen Sie die Ordinatenachsen in Bild 161a) und b)!

2. Bestimmen Sie aus Bild 161b) den Wert von $F(40)$, und schraffieren Sie in Bild 161a) die entsprechende Fläche! _____

3. Wie heißt die in Bild 161b) dargestellte Funktion? _____

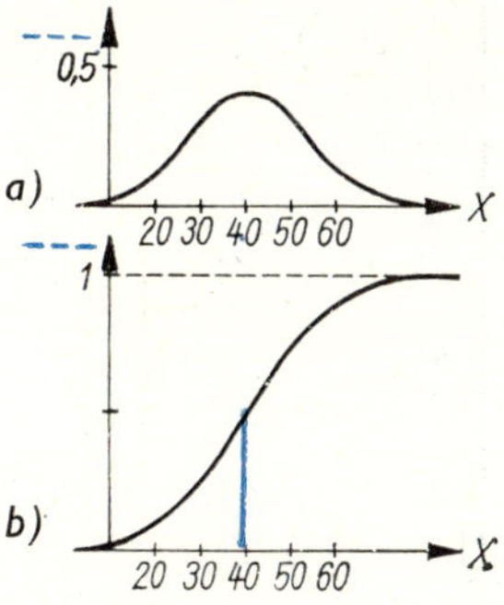

Bild 161

301

Lösung:

Bild 43

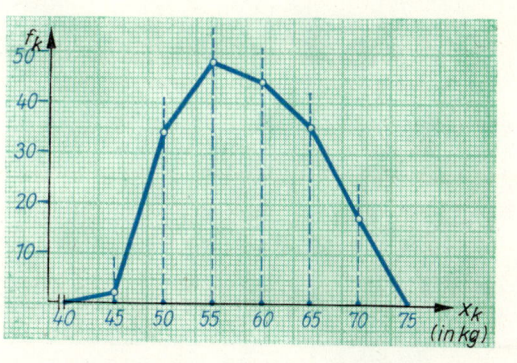

!

Vergleichen Sie diese graphische Darstellung (Bild 43) mit der Ihrigen (Bild 42), und korrigieren Sie, falls nötig!

Das Häufigkeitspolygon kann auch aus dem Histogramm entwickelt werden:

Liegt dieses als graphische Darstellung der monovariablen Häufigkeitsverteilung bereits vor, so markiert man die Mitten der oberen (parallel zur x_k-Achse verlaufenden) Rechteckseiten und verbindet diese Punkte.

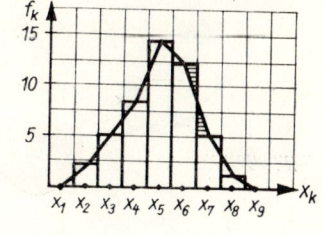

Bild 44

Dabei ist augenscheinlich, daß durch das Herunterziehen des Linienzuges auf die x_k-Achse die Gesamtfläche unter dem Polygonzug die gleiche ist wie die aller Rechtecke des Histogramms.

Denn die Dreiecke, die durch das Häufigkeitspolygon abgetrennt bzw. angefügt werden, sind flächengleich. (Siehe schraffierte Dreiecke in Bild 44.)

1. Gegeben ist das Histogramm unseres Standardbeispiels (stetiges Merkmal »Leistungsstand in Physik«; s. Bild 45).
   Zeichnen Sie das Häufigkeitspolygon darüber!
2. Darf hier der Polygonzug an den Enden bis zur Merkmalsachse herunter gezeichnet werden?

Bild 45

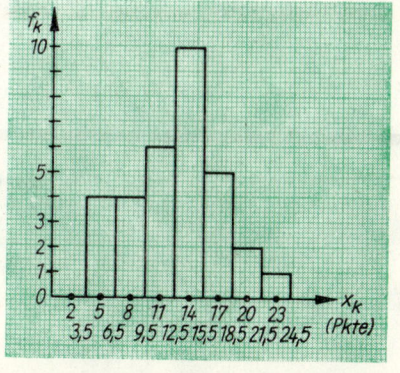

Lösungen: Bild 162

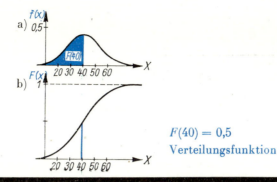

a)

b)

$F(40) = 0{,}5$
Verteilungsfunktion

Betrachten wir einige Eigenschaften der Verteilungsfunktion $F(x)$ für stetige Zufallsvariablen:

T 27

1. $F(-\infty) = 0$ $F(x)$ nähert sich dem negativen Teil der X-Achse asymptotisch.
2. $F(\infty) = 1$ $F(x)$ nähert sich mit wachsendem x der Parallelen im Abstand 1 zur X-Achse.
3. Ist $x_1 < x_2$,   so ist $F(x_1) \leqq F(x_2)$,
    das heißt, die Verteilungsfunktion $F(x)$ ist eine monoton wachsende Funktion.
4. $F(x)$ ist differenzierbar für alle x
5. $F(x)$ ist stetig im Intervall $(-\infty; +\infty)$.

$$F'(x) = f(x)$$ (t 22)

6. Die Wahrscheinlichkeit dafür, daß der Wert der Zufallsvariablen X im Intervall $(x_1; x_2]$ liegt, ist gleich der Differenz der Funktionswerte der Verteilungsfunktion an den Stellen x_1 und x_2

$$P(x_1 < X \leqq x_2) = \int_{x_1}^{x_2} f(x)\,\mathrm{d}x = F(x_2) - F(x_1)$$ (t 23)

Die graphische Veranschaulichung der 6. Eigenschaft geben die Bilder 163 a) und b).

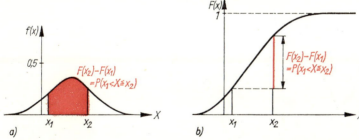

Bild 163   a)   b)

Anm. zu $P(x_1 < X \leqq x_2)$: Da hier der stetige Fall vorliegt, kann auch $P(x_1 \leqq X \leqq x_2)$ stehen.

1. Was folgt aus der 2. Eigenschaft für die Fläche unter der Dichtefunktion? _____

2. Welche der angegebenen sechs Eigenschaften treffen auch auf die Verteilungsfunktion für diskrete Zufallsvariablen (Treppenfunktion) zu? (Nur Nummer angeben.) _____

Die andere Möglichkeit der graphischen Darstellung einer monovariablen Häufigkeitsverteilung bei Vorliegen eines stetigen Merkmals, das auf Meßwerten beruht, ist durch Zeichnen des Häufigkeitspolygons gegeben.

Allgemein versteht man unter **Polygonzug** (Streckenzug, zuweilen kurz: Polygon) ein **Liniendiagramm**, das sich aus aneinandergesetzten Strecken zusammensetzt.

Speziell definieren wir für die graphische Darstellung monovariabler Häufigkeitsverteilungen das Häufigkeitspolygon:

▶ Das **Häufigkeitspolygon** ist eine Art der graphischen Darstellung monovariabler Häufigkeitsverteilungen. Es kann für intervallskalierte stetige Merkmale verwendet werden und besteht aus aneinandergefügten Strecken, die – den Häufigkeiten entsprechende – Punkte verbinden.

Auch hier repräsentiert die Fläche über der jeweiligen Klasse deren Häufigkeit.

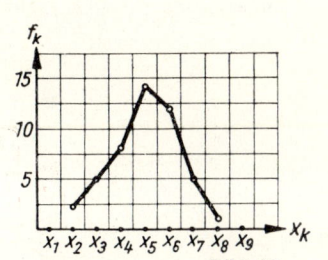

Bild 40

Anmerkung: Für den Begriff »Häufigkeitspolygon« verwenden wir zuweilen einfach den Oberbegriff »Polygonzug«.

Das **Zeichnen des Häufigkeitspolygons** geschieht auf folgende Weise: Auf der Merkmalsachse trägt man die Klassenmitten x_k ab (41.a), errichtet in diesen auf der x_k-Achse Senkrechten und trägt die Häufigkeit f_k der betreffenden Klasse auf den Senkrechten als Länge ab (b). Sodann verbindet man die entstehenden Punkte (c).

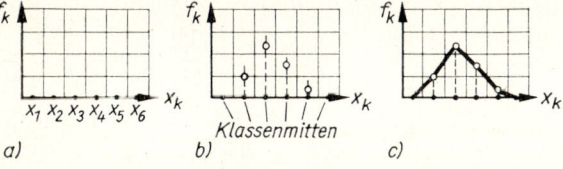

Bild 41   a)   b)   c)

Anmerkung: Der Polygonzug kann an den Enden der Verteilung bis zur Merkmalsachse verlängert werden, d. h. bis zur Klassenmitte der angrenzenden leeren Klasse, wenn es theoretisch möglich ist, daß Werte in diese Klasse fallen.

Bei einer Untersuchung des stetigen Merkmals» Körpergewicht« an 180 24jährigen Studentinnen ergab sich folgende Verteilung:

Klasse (kg)	Klassenmitte x_k (kg)	Häufigkeit f_k
42,5 bis unter 47,5	45	2
47,5 bis unter 52,5	50	34
52,5 bis unter 57,5	55	48
57,5 bis unter 62,5	60	44
62,5 bis unter 67,5	65	35
67,5 bis unter 72,5	70	17
		180 = n

Zeichnen Sie dazu das Häufigkeitspolygon!

Bild 42

304

Lösungen:

Zu 1.   Die Gesamtfläche unter der Dichtefunktion ist gleich 1.

Zu 2.   Die Eigenschaften 1., 2., 3. und 6. treffen auch auf die Treppenfunktion (Bild 157, Schritt T 24) zu.

Die Verteilungsfunktion für diskrete Zufallsvariablen ist unstetig an den Stellen x_j ($j = 1, \dots, m$). Damit ist sie im Gesamtintervall auch nicht differenzierbar.

Fassen wir zusammen:

T 28

Eine Wahrscheinlichkeitsverteilung ist ein funktionaler Zusammenhang zwischen der Zufallsvariablen einerseits und den Wahrscheinlichkeiten oder Wahrscheinlichkeitsdichten andererseits.

Sie kann uns in Form der Dichtefunktion, der Wahrscheinlichkeitsfunktion und der Verteilungsfunktion gegenübertreten.

Übersicht: Wahrscheinlichkeitsverteilungen (kurz: Verteilungen)

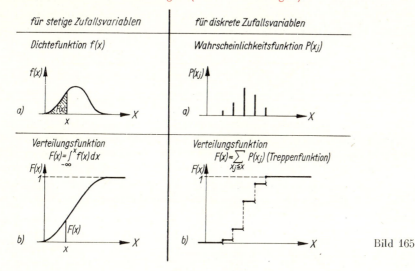

für stetige Zufallsvariablen	für diskrete Zufallsvariablen
Dichtefunktion $f(x)$	Wahrscheinlichkeitsfunktion $P(x_j)$
a)	a)
Verteilungsfunktion $F(x)=\int_{-\infty}^{x} f(x)\,dx$	Verteilungsfunktion $F(x)=\sum_{x_j\leq x} P(x_j)$ (Treppenfunktion)
b)	b)

Bild 164   Bild 165

---

1. Betrachten Sie die Übersicht noch einmal aufmerksam!

2. Wie heißt die in Bild 165b) dargestellte Kurve?

_____

3. Worauf sind die ungleichen »Stufenhöhen« in Bild 165b) zurückzuführen?

_____

Sie kamen bei der Zeichnung des Histogramms mit dem zur Verfügung gestellten Platz nicht aus.

Sie haben offensichtlich zu große Einheiten auf den Achsen gewählt.

Bevor man zu zeichnen beginnt, orientiere man sich in der sekundären Verteilungstafel

für die Merkmalsachse an der *Verteilungsbreite*
(hier: Zahl der Klassen) und

für die Häufigkeitsachse an der *größten vorkommenden Häufigkeit* f_{max}.

Haben wir — wie im vorliegenden Falle — 7 Klassen und stehen uns nur 5 cm auf der Abszissenachse zur Verfügung, so reicht der Platz natürlich nicht aus, wenn wir für die Klasse eine Einheit von 1 cm wählen.

Bezüglich der Ordinatenachse ist bei unserem Beispiel $f_{max} = 10$ einzukalkulieren, und wir müssen — wenn wir mit z.B. 5 cm auskommen wollen — die Einheit der Häufigkeit mit 0,5 cm oder 0,4 cm ansetzen.

! Kehren Sie zurück zum Schritt 117, betrachten Sie noch einmal Bild 38, und gehen Sie dann zur Frage 2. ————————➤ 117

Wir schildern noch einmal sehr ausführlich, wie man beim Zeichnen des Histogramms vorzugehen hat!

Als erstes überlege man sich die Zahl der Klassen und die größte vorkommende Häufigkeit f_{max}, weil von diesen Werten die Wahl der Einheit auf den Achsen abhängt. Daraufhin lege man den Maßstab auf der Ordinatenachse fest (a).

Sodann gebe man auf der Merkmalsachse die exakten Klassengrenzen an, errichte in diesen Senkrechten auf der Abszissenachse und trage auf den Senkrechten die für jede Klasse in der sekundären Verteilungstafel angegebene Häufigkeit ab (b). Durch Ziehen von Parallelen zur Merkmalsachse entstehen Rechtecke, die in ihrer Gesamtheit das Histogramm ausmachen (c).

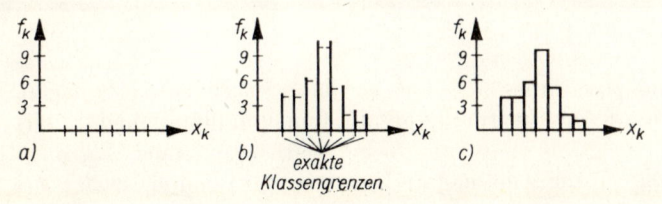

Bild 39

————————➤ 119

Lösung:

T 29

Wir wissen: Eine Zufallsvariable X wird durch ihre Wahrscheinlichkeitsverteilung gekennzeichnet, also durch Dichtefunktion, Wahrscheinlichkeitsfunktion oder Verteilungsfunktion. Diese Verteilungen lassen sich nun durch einige Größen charakterisieren, die wir Parameter der Wahrscheinlichkeitsverteilung nennen.

Die wichtigsten Parameter sind

der Erwartungswert oder die mathematische Erwartung $E(X) = \mu$,

die Varianz $V(X) = \sigma^2$.

Der Erwartungswert gibt das *Zentrum* der Verteilung an.

Definition

Der Erwartungswert $E(X)$ einer **diskreten Zufallsvariablen** X mit der Wahrscheinlichkeitsfunktion $\begin{pmatrix} x_1\, x_2\, \cdots\, x_j\, \cdots \\ p_1\, p_2\, \cdots\, p_j\, \cdots \end{pmatrix}$ ist gegeben durch

$$E(X) = \mu = \sum_{j=1}^{\infty} x_j \cdot p_j \qquad\qquad (t\,24)$$

Der Erwartungswert $E(X)$ einer **stetigen Zufallsvariablen** X ist gegeben durch

$$E(X) = \mu = \int_{-\infty}^{\infty} x\, f(x)\, \mathrm{d}x \qquad\qquad (t\,25)$$

Wir wollen Ihnen das Verstehen des Begriffs »Erwartungswert« dadurch erleichtern, daß wir Ihnen ein einfaches Beispiel für den diskreten Fall und endliches m geben.

Erwartungswert $E(X)$ beim Würfeln

$$x_j = j \begin{pmatrix} 1\ 2\ 3\ 4\ 5\ 6 \end{pmatrix}$$
$$p_j = \tfrac{1}{6} \begin{pmatrix} \tfrac{1}{6}\ \tfrac{1}{6}\ \tfrac{1}{6}\ \tfrac{1}{6}\ \tfrac{1}{6}\ \tfrac{1}{6} \end{pmatrix}$$

$$E(X) = \mu = \sum_{j=1}^{6} x_j \cdot p_j = \tfrac{1}{6} \cdot (1 + 2 + \cdots + 6) = \tfrac{1}{6} \cdot 21 = 3{,}5$$

Tatsächlich entspricht der Wert »3,5 Augen« der mathematischen Erwartung beim Werfen eines Würfels, d. h. der zentralen Tendenz der Erscheinung.

Bei empirischen Häufigkeitsverteilungen entspricht dem Erwartungswert der Mittelwert. Hierzu gibt es – den verschiedenen Verteilungsformen entsprechend – bestimmte Schätzverfahren. So ist bei Vorliegen einer Normalverteilung das arithmetische Mittel $\bar{x}$ ein erwartungstreuer Schätzwert für $E(X)$.

Weicht die empirische Verteilung stärker von der Normalverteilung ab, so ist das arithmetische Mittel nur ein grober Schätzwert für den Erwartungswert.

Berechnen Sie auf einem Übungsblatt den Erwartungswert für die diskrete Zufallsvariable mit der Wahrscheinlichkeitsfunktion: $\quad\begin{pmatrix} x_j & 1 & 4 & 9 & 16 \\ p_j & 0{,}5 & 0{,}25 & 0{,}15 & 0{,}10 \end{pmatrix}$

o sieht das von Ihnen darzustellende Histogramm aus:

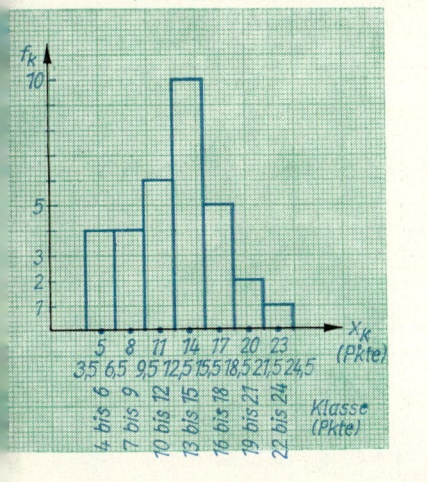

Dabei ist es gleichgültig, ob Sie zur Bezeichnung der Klassen auf der Merkmalsachse die Klassenmitten oder die (exakten) Klassengrenzen angegeben haben. Beides aufzuschreiben ist nicht vonnöten, hier geschah es nur zum besseren Verständnis.

Bild 38

Beantworten Sie der Reihe nach folgende mit der letzten Aufgabe im Zusammenhang stehenden Fragen, und gehen Sie jeweils den für *Ihre* Antwort vorbereiteten Weg:

1. Kamen Sie mit dem zur Verfügung gestellten Platz aus?

      Ja ——————▶ Gehen Sie über zu Frage 2.
      Nein——————▶ Gehen Sie nach Schritt 118 A!

2. Haben Sie in Bild 37 die Bezeichnungen der Achsen vergessen?

      Ja ——————▶ Tragen Sie die Achsenbezeichnungen in Bild 37 ein, und
      Nein——————▶   gehen Sie dann zu Frage 3.

3. Ist Ihnen in etwa eine quadratische Form der Darstellung gelungen?

      Ja ——————▶ Das ist gut! Zu Frage 4.
      Nein——————▶ Lesen Sie Schritt 122, und betrachten Sie dann obiges Bild 38 genau! Dann weiter zu Frage 4.

4. Hatten Sie Schwierigkeiten mit der Klassenbezeichnung auf der Merkmalsachse?

      Ja ——————▶ Wiederholen Sie Schritt 88, tragen Sie fehlende Klassenbezeichnungen (Klassenmitten, -grenzen) in Bild 37 ein,
      Nein——————▶   und gehen Sie dann zu Frage 5.

5. Haben Sie die Rechtecke schraffiert oder ausgemalt?

      Ja ——————▶ Das ist für das Histogramm nicht richtig! Merken Sie sich das bitte für weitere Aufgaben, und gehen Sie zu
      Nein——————▶   Frage 6.

6. Kamen Sie mit dem Zeichnen des Histogramms im allgemeinen zurecht?

      Ja ——————▶ Gut! Weiter nach Schritt 119.
      Nein——————▶ Bearbeiten Sie Schritt 118 B!

Lösung: $E(X) = \mu = 1 \cdot 0{,}5 + 4 \cdot 0{,}25 + 9 \cdot 0{,}15 + 16 \cdot 0{,}10 = 4{,}45$

Der zweite wichtige Parameter einer Wahrscheinlichkeitsverteilung ist die Varianz. Die Varianz einer Zufallsvariablen ist Ausdruck der Variabilität der Einzelwerte in der Verteilung.

T 30

Definition

▶ Die **Varianz** $V(X)$ einer **diskreten Zufallsvariablen** X mit der Wahrscheinlichkeitsfunktion $\begin{pmatrix} x_1\ x_2\ \cdots\ x_j\ \cdots \\ p_1\ p_2\ \cdots\ p_j\ \cdots \end{pmatrix}$ ist gegeben durch

$$V(X) = \sigma^2 = \sum_{j=1}^{\infty} (x_j - \mu)^2 \cdot p_j \qquad \text{(t 26}^{\text{a}}\text{)}$$

$$= \sum_{j=1}^{\infty} x_j^2 p_j - \mu^2 \qquad \text{(t 26}^{\text{b}}\text{)}$$

Die **Varianz** $V(X)$ einer **stetigen Zufallsvariablen** X ist gegeben durch

$$V(X) = \sigma^2 = \int_{-\infty}^{+\infty} (x - \mu)^2 f(x)\, \mathrm{d}x \qquad \text{(t 27}^{\text{a}}\text{)}$$

$$= \int_{-\infty}^{+\infty} x^2 f(x)\, \mathrm{d}x - \mu^2 \qquad \text{(t 27}^{\text{b}}\text{)}$$

Diese Definitionen sind für einen Teil der Lernenden nicht leicht zu verstehen. Das hängt einmal damit zusammen, daß wir mit diesem Buch nicht die Absicht verfolgen, in die theoretischen Grundlagen der Mathematischen Statistik tiefer einzudringen, zum anderen liegt es daran, daß einige von Ihnen den Abschnitt über statistische Maßzahlen, in dem die Beziehungen für empirische Verteilungen erläutert werden, erst noch bearbeiten werden.

! Verzagen Sie also nicht, sondern arbeiten Sie weiter, auch wenn Ihnen einige Zusammenhänge schwer begreiflich erscheinen.

Die Varianz gibt an, wie stark die Einzelwerte der Zufallsvariablen von dem Erwartungswert abweichen. Je größer die Varianz, desto stärker streuen die Einzelwerte.

▶ Die positive Quadratwurzel aus der Varianz heißt **Streuung** oder **Standardabweichung**.

Wir berechnen gemeinsam die Varianz der diskreten Zufallsvariablen mit der Wahrscheinlichkeitsfunktion $\begin{pmatrix} 1 & 4 & 9 & 16 \\ 0{,}5 & 0{,}25 & 0{,}15 & 0{,}10 \end{pmatrix}$.

Ergänzen Sie die folgenden Lücken!
Nach (t 26^{b}) ist

$$V(X) = \sigma^2 = \sum_{j=1}^{4} x_j^2 p_j - \mu^2$$

$$= 1 \cdot 0{,}5 + 16 \cdot \underline{\hspace{1cm}} + \underline{\hspace{1cm}} + \underline{\hspace{1cm}} \cdot 0{,}10 - 4{,}45^2$$

$$= \underline{\hspace{2cm}}$$

Zu 1.

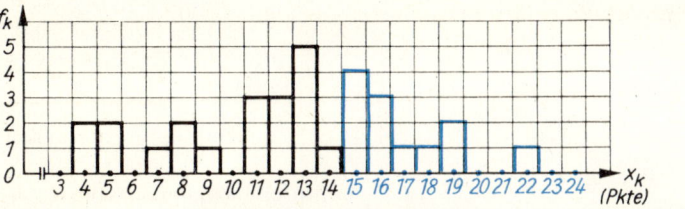

Bild 36

Hinweis: Ein kurzes Stück der Merkmalsachse wurde unterbrochen (–|–), weil wir die Klassen »0«, »1« und »2« ausgelassen haben und erst mit »3« beginnen.

Zu 2.

Die zugrunde liegende Klassenbreite $b = 1$ ist zu klein.

Vergleichen Sie Ihre mit den hier angegebenen Lösungen, und überdenken Sie den Sachverhalt, wenn (bei 2. dem Sinne nach) keine Übereinstimmung vorliegt!

In 2.4. (Klassenbildung) fanden wir, daß für unser Standardbeispiel die Klassenbreite $b = 3$ (mit Reduktionslage $a = 4$) auf die günstigste Klasseneinteilung führt. Wir erinnern uns der Werte:

116

Klasse (Punkte)	Exakte Klassengrenzen		Klassenmitte x_k(Punkte)	Häufigkeit f_k
	x_{ug}(Punkte)	x_{og}(Punkte)		
4 bis 6	3,5	6,5	5	4
7 bis 9	6,5	9,5	8	4
10 bis 12	9,5	12,5	11	6
13 bis 15	12,5	15,5	14	10
16 bis 18	15,5	18,5	17	5
19 bis 21	18,5	21,5	20	2
22 bis 24	21,5	24,5	23	1
				$32 = n$

Zeichnen Sie das Histogramm zu dieser sekundären Verteilungstafel unter Beachtung der Hinweise in den vorangehenden Schritten!

Arbeiten Sie gewissenhaft!

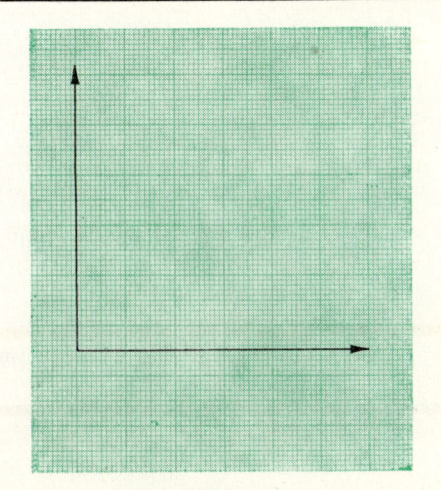

Bild 37

310

Lösung der Beispielaufgabe:
$$V(x) = \sigma^2 = 1 \cdot 0,5 + 16 \cdot 0,25 + 81 \cdot 0,15 + 256 \cdot 0,10 - 4,45^2$$
$$= 22,45$$

Wahrscheinlichkeitsverteilungen sind Ausdrucksmittel für theoretische Verteilungen.

▶ Eine **Verteilung** heißt **theoretisch**, wenn sie in einem statistischen Modell vorausgesetzt oder als zu prüfende Hypothese gestellt wird.

Zur **Beschreibung** theoretischer Verteilungen stehen uns je zwei Möglichkeiten zur Verfügung:

im stetigen Fall **Dichtefunktion und Verteilungsfunktion,**
im diskreten Fall **Wahrscheinlichkeitsfunktion und Treppenfunktion.**

Den theoretischen Verteilungen stehen die aus Versuchen (aus der Erfahrung) gewonnenen Häufigkeitsverteilungen als empirische Verteilungen gegenüber. Es entsprechen sich im einzelnen:

Empirische Verteilung	Theoretische Verteilung
Häufigkeitsverteilung für stetige Merkmale	≙ Dichtefunktion
Häufigkeitsverteilung für diskrete Merkmale	≙ Wahrscheinlichkeitsfunktion
kumulative Häufigkeitsverteilung für stetige Merkmale	≙ Verteilungsfunktion für stetige Zufallsvariablen
kumulative Häufigkeitsverteilung für diskrete Merkmale	≙ Verteilungsfunktion für diskrete Zufallsvariablen (Treppenfunktion)

Es gibt viele theoretische Verteilungen. Die bekanntesten und wichtigsten sind:

für den stetigen Fall **die Normalverteilung**
   die *t*-Verteilung   – das sind sogenannte
   die *F*-Verteilung   Prüfverteilungen –,
   die χ^2-Verteilung

für den diskreten Fall **die Binomialverteilung**
   die POISSON-Verteilung

Auf die Normalverteilung wird im folgenden Abschnitt näher eingegangen, hier behandeln wir lediglich kurz die Binomialverteilung.

1. Wie lautet die EULERsche Formel zur Berechnung der Binomialkoeffizienten?

2. Wie groß ist $\binom{9}{4}$?

Lösung:

Zu 1. ... die Merkmalsausprägungen auf der Abszissen achse, die Häufigkeiten auf der Ordinaten achse ...

Zu 2. (Sinngemäß): Der Vergleich mehrerer Häufigkeitsverteilungen mit ungleichem Umfang der Stichproben wird möglich.

Zur graphischen Darstellung einer **Häufigkeitsverteilung stetiger Merkmale,** die auf **Meßwerten** beruht, gibt es zwei Möglichkeiten:

115

Histogramm
Häufigkeitspolygon.

Wir können – ohne Einschränkung des Allgemeinheitsgrades – im folgenden stets voraussetzen, daß eine Klasseneinteilung vorliegt. Diese kann auf Grund der Meßgenauigkeit gegeben oder erst erstellt worden sein.

Das Histogramm gehört zur Kategorie der **Flächendiagramme.** Die Fläche über der Klasse repräsentiert deren Häufigkeit (Bild 34).

▶ Das **Histogramm** ist eine Art der graphischen Darstellung der Häufigkeitsverteilung stetiger Merkmale, von denen Meßwerte vorliegen. Es besteht aus unmittelbar nebeneinanderstehenden Rechtecken, die über den Merkmalsklassen errichtet werden und deren Fläche die Häufigkeit der jeweiligen Klasse repräsentiert.

Bild 34

Zur **Darstellung des Histogramms** trägt man auf der Merkmalsachse die exakten Klassengrenzen ab, errichtet in diesen Senkrechten und bildet über den Klassen Rechtecke, deren Höhe durch die Häufigkeit der Merkmalsausprägung in der betreffenden Klasse bestimmt ist. In welcher Weise die Klassen auf der Merkmalsachse bezeichnet werden, ist gleichgültig, meist geschieht das durch Angabe der Klassenmitten.

● Beispiel für Histogramm mit Klassenbreite $b = 1$
  Merkmal »Leistungsstand in Physik«, Werte aus Lehrschritt 79

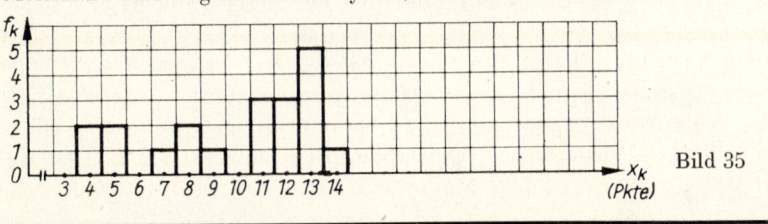

Bild 35

1. Vervollständigen Sie das Histogramm (Bild 35)!
2. Warum kann man aus dieser Darstellung (Bild 35) Gesetzmäßigkeiten der untersuchten Erscheinung nur schwer erkennen?

312

Richtige Antworten:

Zu 1. $\binom{n}{k} = \dfrac{n \cdot (n-1) \cdot (n-2) \cdot \ \cdots \ \cdot (n-k+1)}{1 \cdot 2 \cdot 3 \cdot \ \cdots \ \cdot k}$

Zu 2. $\binom{9}{4} = \dfrac{9 \cdot 8 \cdot 7 \cdot 6^2}{1 \cdot 2 \cdot 3 \cdot 4} = 126$

! Bereitete Ihnen die Beantwortung Mühe, so wiederholen Sie Schritt T 8, und kehren Sie dann nach hier zurück.

T 32

Die Binomialverteilung ist die einfachste theoretische Verteilung. Sie tritt auf, wenn die untersuchte Zufallsvariable nur *zwei Realisationen* hat, denen einander komplementäre Ereignisse zugrunde liegen.
Die Binomialverteilung ist also die Verteilung von Gegensatzpaaren mit Entweder-Oder-Eigenschaften, m. a. W. die Verteilung für alternative Merkmale.
Die Zufallsvariable X habe die beiden Realisationen

$x_1 \triangleq A$ (Eintreten des Ereignisses A)

und $x_2 \triangleq \bar{A}$ (Nicht-Eintreten des Ereignisses A)

mit den Wahrscheinlichkeiten

$P(A) = p$

und $P(\bar{A}) = q$.

Zufallsvariable	Realisationen	Wahrscheinlichkeiten
Paarungsergebnis	A Befruchtung $\bar{A}$ Nichtbefruchtung	$P(A) = p = 0,6$ $P(\bar{A}) = 1 - p = q = 0,4$
Funktionstüchtigkeit von Glühlampen	A funktionstüchtig $\bar{A}$ defekt	$P(A) = p = 0,97$ $P(\bar{A}) = 1 - p = q = 0,03$

Ergänzen Sie!

Zufallsvariable	Realisationen	Wahrscheinlichkeiten
Geschlecht bei Neugeborenen	A weiblich	$P(A) = p = 0,482$

Lösung:

Tabelle (tabellarische Darstellung)
Diagramm oder Graphik (graphische Darstellung)
statistische Maßzahl (Mittelwerte, Streuungsmaße)

Anmerkung: Reihenfolge der Angaben ohne Belang!

3.2.1. Graphische Darstellung monovariabler Häufigkeitsverteilungen

114

Zur graphischen Darstellung von monovariablen Häufigkeitsverteilungen verwendet man im allgemeinen ein rechtwinkliges Koordinatensystem. Auf der Abszissenachse werden die Merkmalsausprägungen (Meßwerte, bei Klassenbildung die Klassenmitten; Rangdaten; Kategorien) aufgetragen. Sie heißt deshalb Merkmalsachse. Die zugehörigen Häufigkeiten stellt man auf der Ordinatenachse dar. Dabei können sowohl absolute als auch relative Häufigkeiten verwendet werden. Die Angabe der relativen Häufigkeiten bietet den Vorteil eines Vergleichs mehrerer Häufigkeitsverteilungen bei ungleichem Umfang der Stichproben.

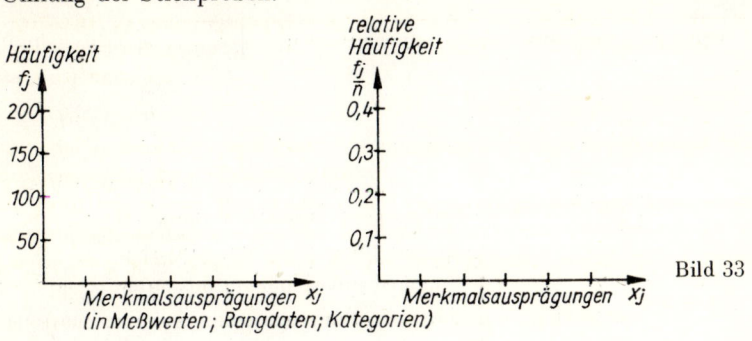

Bild 33

Oft wird auf der Ordinatenachse eine Einteilung für absolute *und* relative Häufigkeiten angegeben.

Bei der Anordnung der Merkmalswerte auf der Abszissenachse sollte man – sofern es möglich ist – *bessere* Leistungen nach rechts aufsteigend anordnen.

Um eine ansprechende Darstellung zu erhalten, streben wir an, dem Diagramm eine etwa quadratische Form zu geben. Das läßt sich durch unterschiedliche Wahl der Einheiten auf den Achsen erreichen. In speziellen Fällen haben auch Rechteckformen für die Diagramme ihre Berechtigung.

---

1. Bei der graphischen Darstellung von Häufigkeitsverteilungen werden die Merkmalsausprägungen auf der _____ achse, die
   (Abszissen/Ordinaten)

   Häufigkeiten auf der _____ achse aufgetragen.
   (Abszissen/Ordinaten)

2. Welchen Vorteil bietet die Angabe relativer Häufigkeiten im Diagramm?

Lösung:

Zufallsvariable	Realisationen	Wahrscheinlichkeiten
Geschlecht bei Neugeborenen	A weiblich	$P(A) = p = 0{,}482$
	$\overline{A}$ männlich	$P(\overline{A}) = 1 - p = q = 0{,}518$

An einem oft herangezogenen Modell läßt sich das Zustandekommen binomialer Verteilungen veranschaulichen.

T 33

In einem Sack seien w *weiße* und s *schwarze Kugeln* von gleicher Größe und gleicher Masse enthalten. Die Kugeln seien gut durchmischt. Damit liegt folgender Fall vor:

Zufallsvariable	Realisationen	Wahrscheinlichkeiten
Farbe der Kugel	A weiße Kugel	$P(A) = p = \dfrac{w}{w + s}$
	$\overline{A}$ schwarze Kugel	$P(\overline{A}) = q = \dfrac{s}{w + s}$

Jede Kugel wird nach dem Ziehen stets wieder zurückgelegt, wodurch der Inhalt des Sackes unerschöpflich erscheint.
Der Vorgang kann daher der Entnahme einer Zufallsstichprobe aus einer unendlich großen Grundgesamtheit gleichgesetzt werden.
Es werden erst eine, dann zwei, dann drei, ..., schließlich n Kugeln zufallsmäßig gezogen.
Ergebnisse:

$n = 1$ (Kugel wird gezogen)

    Zwei Möglichkeiten: A (weiß) $\overline{A}$ (schwarz)

    Zugehör. Wahrscheinlichkeiten: p q

$n = 2$ (Kugeln werden entnommen)

    Möglichkeiten: AA $A\overline{A}$ $\overline{A}A$ $\overline{A}\overline{A}$

    Wahrscheinlichkeiten: p^2 $\underbrace{pq \qquad pq}_{2pq}$ q^2

[denn nach dem Multiplikationssatz (t 18) der Wahrscheinlichkeitsrechnung ist die Wahrscheinlichkeit für das gleichzeitige Eintreten von zwei voneinander unabhängigen Zufallsereignissen gleich dem *Produkt* der Wahrscheinlichkeiten dieser beiden Ereignisse.

$P(A \text{ und } A) = P(A) \cdot P(A) = p \cdot p$]

Anm.: $A\overline{A}$ bedeutet:

Es wird bei unmittelbar aufeinanderfolgender Entnahme von 2 Kugeln erst weiß, dann schwarz gezogen.

Setzen Sie die Herleitung fort für $n = 3$ (Kugeln)!

_____

_____

3.2.   Graphische Darstellung

Neben der tabellarischen Darstellung dient die graphische Darstellung zur Veranschaulichung der untersuchten Erscheinung.

Die Tabelle hat den Vorteil der genauen Vermittlung der Einzeldaten, ist aber wegen der Fülle des Zahlenmaterials, das der Betrachter nicht im ganzen zu überblicken vermag, meist wenig instruktiv.

Eine Grafik dagegen vermittelt zwar oft keine Einzeldaten, gestattet aber auf Grund ihres hohen Grades an Anschaulichkeit einen schnellen Einblick in den Verlauf eines oder mehrerer Prozesse, in den Zusammenhang von Erscheinungen, in die Struktur des vorliegenden Sachverhalts usw.

Die Grafik ist infolgedessen von unschätzbarem Wert, wenn es darum geht, das Wesentliche einer untersuchten Erscheinung mit einem Blick zu erfassen.

▶ Die **graphische Darstellung** ist eine Zeichnung, die Ergebnisse der untersuchten Erscheinung anschaulich widerspiegelt.

In einer graphischen Darstellung werden die Zahlen eindeutig durch Punkte, Strecken, Flächen oder Körper wiedergegeben.

Wir unterscheiden:

> Punktdiagramme
> Liniendiagramme
> Flächendiagramme
> Körperdiagramme
> Kartogramme.

Für uns wird die graphische Darstellung von monovariablen Häufigkeitsverteilungen im Vordergrund stehen.

Es gibt *drei* Möglichkeiten der Darstellung von Daten. Führen Sie diese auf:

_____

_____

_____

Lösung:

$n = 3$ (Kugeln) werden entnommen

Möglichkeiten: $\quad\quad\quad AAA \quad AA\overline{A} \quad A\overline{A}A \quad \overline{A}AA \quad A\overline{A}\,\overline{A} \quad \overline{A}A\overline{A} \quad \overline{A}\,\overline{A}A \quad \overline{A}\,\overline{A}\,\overline{A}$

Wahrscheinlichkeiten: $\quad\quad p^3 \quad\;\; p^2q \quad p^2q \quad p^2q \quad\;\; pq^2 \quad\;\; pq^2 \quad\;\; pq^2 \quad\;\; q^3$

$$\underbrace{}_{3p^2q} \qquad \underbrace{}_{3pq^2}$$

Ausführliche Erläuterung für $A\overline{A}A$:

Ereignis A tritt mit der Wahrscheinlichkeit p auf, Ereignis $\overline{A}$ mit der Wahrscheinlichkeit q.

Nach dem Multiplikationssatz ergibt sich für das Eintreten von A, $\overline{A}$ und A die Wahrscheinlichkeit $P(A \text{ und } \overline{A} \text{ und } A) = P(A) \cdot P(\overline{A}) \cdot P(A) = p \cdot q \cdot p = p^2q$.

Die uns hier interessierende allgemeine Aufgabenstellung lautet:

T 34

Wie groß ist die Wahrscheinlichkeit dafür, daß man bei unmittelbar aufeinanderfolgender *Entnahme von n Kugeln x weiße* zieht?

An Hand des oben von uns Dargestellten fällt die Lösung nicht schwer:

Die Wahrscheinlichkeit, bei **$n = 3$** (Kugeln)

$\quad\quad$ 0mal weiß zu ziehen, beträgt $\quad P(X = 0) = q^3$
$\quad\quad$ 1mal weiß zu ziehen, beträgt $\quad P(X = 1) = 3pq^2$
$\quad\quad$ 2mal weiß zu ziehen, beträgt $\quad P(X = 2) = 3p^2q$
$\quad\quad$ 3mal weiß zu ziehen, beträgt $\quad P(X = 3) = p^3$.

Die Wahrscheinlichkeit, daß bei $n = 3$

$\quad\quad\quad$ »0mal weiß« oder »1mal weiß« oder »2mal weiß« oder »3mal weiß«

gezogen wird, beträgt nach dem Additionssatz (t 14), Lehrschritt T 17

$$q^3 + 3pq^2 + 3p^2q + p^3 = (q + p)^3 = 1$$

Die Wahrscheinlichkeiten stellen also die Glieder des Binoms $(q + p)^n$ dar.

Die Wahrscheinlichkeit bei **$n = n$** (Kugeln)

$\quad\quad$ 0mal weiß zu ziehen, beträgt $\quad P(X = 0) = \binom{n}{0} \cdot q^n$

$\quad\quad$ 1mal weiß zu ziehen, beträgt $\quad P(X = 1) = \binom{n}{1} \cdot pq^{n-1}$

$\quad\quad$ 2mal weiß zu ziehen, beträgt $\quad P(X = 2) = \binom{n}{2} \cdot p^2q^{n-2}$

$\quad\quad \vdots \quad\quad\quad \vdots \quad\quad\quad\quad\quad\quad\quad \vdots$

$\quad\quad$ x-mal weiß zu ziehen, beträgt $\quad \boxed{P(X = x) = \binom{n}{x} \cdot p^xq^{n-x}}$

$\quad\quad \vdots \quad\quad\quad \vdots \quad\quad\quad\quad\quad\quad\quad \vdots \quad\quad\quad \vdots$

$\quad\quad$ n-mal weiß zu ziehen, beträgt $\quad P(X = n) = \binom{n}{n} \cdot p^n$.

Frage: Wie groß ist die Wahrscheinlichkeit, bei Entnahme von $n = 4$ Kugeln $x = 2$ weiße zu ziehen? Verwenden Sie die eingerahmte Beziehung!

Antwort:

Lösung: Studierende ausgewählter Fachrichtungen in Österreich 1976, gegliedert nach Bildungsstätten (Hoch-, Ingenieur, Fachschulen)

Fach-richtung	Insgesamt	Art der Bildungsstätte		
		Hoch-schule	Ingenieur-schule	Fachschule
Philosophie Jura Mathematik Physik ⋮				

Bild 32

Hinweis: Sie haben die Aufgabe auch dann richtig gelöst, wenn Sie die Art der Bildungsstätte in der Vorspalte und die beliebig anzugebenden Fachrichtungen im Tabellenkopf aufgeschrieben haben.

Auch in den Häufigkeitstabellen, die wir in den vorangegangenen Schritten kennenlernten, sind die Bestandteile der Tabelle zu erkennen.

112

● Tab. Erreichte Punktzahlen in einer Physikarbeit der Klasse 11 B der Pestalozzi-OS Neustadt am 24. 4. 1970

Klasse (Punkte)	Häufigkeit f_k
4 bis 6	4
7 bis 9	4
10 bis 12	6
13 bis 15	10
16 bis 18	5
19 bis 21	2
22 bis 24	1
	$32 = n$

Tabellenkopf

Vorspalte   **Zahlenteil**

! Schlagen Sie **Seite 15** des **Beihefts** auf, und arbeiten Sie die Zusammenfassung von 3.1. durch!

Antwort: Die Wahrscheinlichkeit, bei Entnahme von $n = 4$ Kugeln $x = 2$ weiße zu ziehen, beträgt $P\,(X = 2) = \binom{4}{2} \cdot p^2 \cdot q^2$

Erläuterung: Die Antwort ergibt sich sofort bei Einsetzen von

$n = 4;\ x = 2$ in $P\,(X = x) = \binom{n}{x} \cdot p^x \cdot q^{n-x}$.

Die Lösung unserer allgemeinen Problemstellung lautet also

T 35

$$\boxed{P\,(X = x) = P_n(x) = \binom{n}{x} p^x \cdot q^{n-x} \ \text{mit}\ 0 \leqq x \leqq n,\ \text{ganz}}$$ (t 28)

Das ist die Wahrscheinlichkeitsfunktion einer diskreten Verteilung, der Binomialverteilung oder Alternativverteilung.
Sie wird kurz mit $B(n\,;p)$ bezeichnet.

Die Beziehung (t 28) gibt die *Wahrscheinlichkeit dafür* an, daß unter n gezogenen Kugeln x weiße sind, oder − allgemeiner ausgedrückt −, *daß das zufällige Ereignis A in n voneinander unabhängigen Versuchen gerade x-mal eintritt*.
Das hier behandelte Modell ist durchaus nicht als mathematische Kurzweil zu betrachten, sondern kann auf vielfältige Fragestellungen der Praxis angewandt werden.

● Beispiele dafür sind:

1. Wie groß ist die Wahrscheinlichkeit, daß bei Besamung von n Kühen x befruchtet werden?
2. Wie groß ist die Wahrscheinlichkeit, daß sich unter n produzierten Fernsehbildröhren x standardgerechte befinden?
3. Wie groß ist die Wahrscheinlichkeit, daß unter den Familien mit n Kindern sich x Knaben befinden?

Beispielaufgabe zu 1.
Für $n = 10$ Kühe; $x = 8$; $p = 0,6$
ergibt sich $P_{10}(8) = \binom{10}{8} \cdot 0,6^8 \cdot 0,4^2$
$= 45 \cdot 0,017 \cdot 0,16$
$= 0,1224$

Die Wahrscheinlichkeit dafür, daß bei der Besamung von 10 Kühen 8 befruchtet werden, beträgt 12,24%.

Nebenrechnungen
$\binom{10}{8} = \binom{10}{2}$ nach (t 5) in Lehrschritt T 9
$= \dfrac{10 \cdot 9}{1 \cdot 2} = 45$
$\lg 0,6^8 = 8 \cdot \lg 0,6$
$= 8 \cdot (0,7782 - 1)$
$= 0,2256 - 2$
$0,6^8 = 0,0168 \approx 0,017$

Wie groß ist die Wahrscheinlichkeit dafür, daß von 3 Kindern in einer Familie 2 Mädchen sind?

$P\,(\text{»Mädchen«}) = p = 0,482.$

Richtige Antwort: Nein.

Begründung: Zu einer Tabelle gehören neben den Zahlen auch die Überschrift, die Vorspalte und der Tabellenkopf.

Betrachten wir die einzelnen Bestandteile einer Tabelle näher.

Die **Überschrift** einer Tabelle muß enthalten:

- kurze Angabe des sachlichen Inhalts
- Zeitraum oder Zeitpunkt der Erfassung
- örtlichen Geltungsbereich.

● Studierende ausgewählter Fachrichtungen in Österreich 1976, gegliedert nach Bildungsstätten (Hoch-, Ingenieur-, Fachschulen)

Sie werden in diesem Beispiel die drei obengenannten Gesichtspunkte leicht erkennen. Dabei können der 2. und/oder der 3. Punkt mitunter fehlen, der erste *muß* jedoch stets angegeben werden.

Die Überschrift einer Tabelle kann nur dann entfallen, wenn die Tabelle in einen Text eingebaut ist, der an Stelle der Überschrift die entsprechenden Hinweise auf den Tabelleninhalt gibt.

Tabellenkopf und **Vorspalte** kennzeichnen den Inhalt der Tabelle genauer.

Der Tabellenkopf gibt den Inhalt der Spalten, die Vorspalte den Inhalt der Zeilen an.

Im **Zahlenteil** werden die Angaben in die entsprechenden Felder eingetragen.

Skizzieren Sie den Aufbau der Tabelle zu obigem Beispiel!

Lösung:　　$n = 3$; $x = 2$; Wahrscheinlichkeit für Eintreten des Ereignisses »Mädchen«

$P(\text{M}) = p = 0{,}482$.

$$P_3(2) = \binom{3}{2} \cdot 0{,}482^2 \cdot 0{,}518^1$$
$$= 3 \cdot 0{,}233 \cdot 0{,}518 = 0{,}362 \triangleq 36{,}2\%.$$

Wollen wir an die Darstellung der Wahrscheinlichkeitsfunktion der Binomialverteilung herangehen, so müssen wir die Wahrscheinlichkeiten dafür berechnen, daß sich in n voneinander unabhängigen Versuchen das zufällige Ereignis A, dem die Wahrscheinlichkeit $P(A) = p$ zukommt, keinmal

T 36

einmal
zweimal
$\vdots$
n-mal　　$\Big\}$　einstellt.

● $B\left(4; \dfrac{1}{3}\right)$. Verfolgen Sie aufmerksam die einzelnen Schritte!

Wir berechnen　　$P_n(x) = \binom{n}{x} \cdot p^x \cdot q^{n-x}$ für $n = 4$; $p = \tfrac{1}{3}$ und

$x = 0$　　$P_4(0) = \binom{4}{0} \cdot \left(\dfrac{1}{3}\right)^0 \cdot \left(\dfrac{2}{3}\right)^4 = 1 \cdot 1 \cdot \dfrac{16}{81} = \dfrac{16}{81}$

$x = 1$　　$P_4(1) = \binom{4}{1} \cdot \left(\dfrac{1}{3}\right)^1 \cdot \left(\dfrac{2}{3}\right)^3 = 4 \cdot \dfrac{1}{3} \cdot \dfrac{8}{27} = \dfrac{32}{81}$

$x = 2$　　$P_4(2) = \binom{4}{2} \cdot \left(\dfrac{1}{3}\right)^2 \cdot \left(\dfrac{2}{3}\right)^2 = 6 \cdot \dfrac{1}{9} \cdot \dfrac{4}{9} = \dfrac{24}{81}$

$x = 3$　　$P_4(3) = \underline{\hphantom{xxxxxx}} = \underline{\hphantom{xxxxxx}} = \underline{\hphantom{xx}}$

$x = 4$　　$P_4(4) = \underline{\hphantom{xxxxxx}} = \underline{\hphantom{xxxxxx}} = \underline{\hphantom{xx}}$

Kontrollmöglichkeit $\displaystyle\sum_{x=0}^{4} P_4(x) = \dfrac{81}{81} = 1$

Die graphische Darstellung der Binomialverteilung erfolgt als **Streckendiagramm**, da stets eine diskrete Zufallsvariable zugrunde liegt.

Darstellung von $B\left(4; \dfrac{1}{3}\right)$

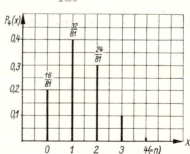

Bild 166

Stellen Sie auf Ihrem Übungsblatt die Binomialverteilungen $B\left(2; \dfrac{1}{2}\right)$　und　$B\left(3; \dfrac{1}{2}\right)$ graphisch dar!

321

3.1. Tabellarische Darstellung

I IO

Zur besseren Übersicht stellt man das gewonnene Zahlenmaterial in Tabellen zusammen. Sie entstehen als ein Ergebnis der Aufbereitung der Daten.

Aus Tabellen lassen sich bereits wichtige Schlüsse auf die Struktur der untersuchten Erscheinung ziehen.

Eine Tabelle hat folgende Bestandteile:

> Überschrift
> Tabellenkopf
> Vorspalte
> Zahlenteil.

Die Anordnung dieser Bestandteile wird aus folgender Abbildung ersichtlich.

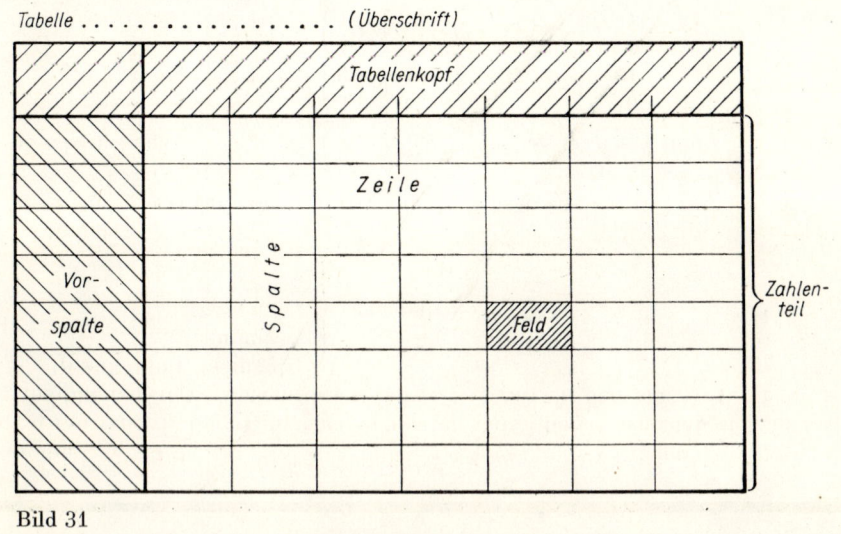

Bild 31

Frage: Ist jede Zusammenstellung von Zahlen eine Tabelle?
Antwort: Ja / Nein

Begründung: _____

_____

Richtige Einsetzungen für die Lücken im Beispiel $B(4; \frac{1}{3})$:

$$P_4(3) = \binom{4}{3} \cdot \left(\frac{1}{3}\right)^3 \cdot \left(\frac{2}{3}\right)^1 = 4 \cdot \frac{1}{27} \cdot \frac{2}{3} = \frac{8}{81}$$

$$P_4(4) = \binom{4}{4} \cdot \left(\frac{1}{3}\right)^4 \cdot \left(\frac{2}{3}\right)^0 = 1 \cdot \frac{1}{81} \cdot 1 = \frac{1}{81}$$

Lösung der Aufgabe:　　　　　　Sie berechneten zunächst

für $B\left(2; \frac{1}{2}\right)$: $P_2(0) = \binom{2}{0} \cdot \left(\frac{1}{2}\right)^0 \cdot \left(\frac{1}{2}\right)^2 = \frac{1}{4}$　　　für $B\left(3; \frac{1}{2}\right)$: $P_3(0) = \frac{1}{8}$

$P_2(1) = \binom{2}{1} \cdot \left(\frac{1}{2}\right)^1 \cdot \left(\frac{1}{2}\right)^1 = \frac{1}{2}$　　　$P_3(1) = \frac{3}{8}$

$P_2(2) = \binom{2}{2} \cdot \left(\frac{1}{2}\right)^2 \cdot \left(\frac{1}{2}\right)^0 = \frac{1}{4}$　　　$P_3(2) = \frac{3}{8}$

$P_3(3) = \frac{1}{8}$

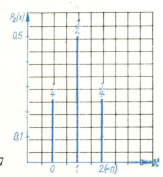

Bild 167　　　　　　　　　　　　Bild 168

Wenn Sie die Bilder 167 und 168 mit Bild 166 (vorangehender Schritt) vergleichen, so erkennen Sie:

T 37

Für $p = q = \frac{1}{2}$ ist die Binomialverteilung symmetrisch.
Je größer die Abweichung von $p = \frac{1}{2}$ ist, um so stärker tritt Asymmetrie in Erscheinung.
Wie für jede Verteilung lassen sich auch für die Binomialverteilung Erwartungswert und Varianz berechnen.

Der **Erwartungswert** beträgt　　　$\boxed{E(X) = n \cdot p}$　　　　　　(t 29)

die **Varianz**　　　　　　　　$\boxed{V(X) = n \cdot p \cdot q}$　　　　　(t 30)

● 　　Für $B(4; \frac{1}{3})$ ergeben sich
$E(X) = 4 \cdot \frac{1}{3} = \frac{4}{3}$　　$V(X) = 4 \cdot \frac{1}{3} \cdot \frac{2}{3} = \frac{8}{9}$

Die Herleitung der Beziehungen (t 29) und (t 30) erfolgt aus (t 24) bzw. (t 26) unter Verwendung von (t 28), wobei $x = j$ zu setzen ist.

Berechnen Sie Erwartungswert und Varianz für die symmetrischen Binomialverteilungen $B(2; \frac{1}{2})$ und $B(3; \frac{1}{2})$!

3.   Darstellung der Daten

Nach der Datenerfassung und -aufbereitung ist die Darstellung der Daten ein weiterer Schritt.

▶ Unter **Darstellung der Daten** verstehen wir deren tabellarische und graphische Veranschaulichung sowie deren Charakterisierung durch statistische Maßzahlen (Mittelwerte, Streuungsmaße usw.).

Es gibt also **drei Möglichkeiten der Darstellung** von Daten:

Tabelle (tabellarische Darstellung)
Diagramm (graphische Darstellung)
statistische Maßzahl (Mittelwerte, Streuungsmaße).

Mit diesen Möglichkeiten verfolgen wir das Ziel, das Typische der untersuchten Erscheinung sichtbar zu machen.

Dabei ist es oft sehr vorteilhaft, folgende Darstellungen nebeneinander aufzuführen:

Tabelle und statistische Maßzahlen
Diagramm und statistische Maßzahlen.

In den folgenden Lehrschritten beschäftigen wir uns mit den drei Möglichkeiten zur Darstellung der Daten. Dabei werden wir der Behandlung der statistischen Maßzahlen besonderes Augenmerk schenken.

! Entscheiden Sie:

Ich möchte Schritt für Schritt weiterarbeiten. ──────▶ **110**

Ich will die Ausführungen zur tabellarischen Darstellung auslassen und gleich zur Bearbeitung des Abschnitts »Graphische Darstellung« übergehen. ──────▶ **113**

Ich möchte mich weder mit der tabellarischen noch mit der graphischen Darstellung der Daten beschäftigen, sondern gleich den statistischen Maßzahlen zuwenden. ──────▶ **175**

Lösung   für $B\,(2;\tfrac{1}{2})$: $E(X) = n \cdot p = 2 \cdot \tfrac{1}{2} = 1$; $V(X) = n \cdot p \cdot q = 2 \cdot \tfrac{1}{2} \cdot \tfrac{1}{2} = \tfrac{1}{2}$
         für $B\,(3;\tfrac{1}{2})$: $E(X) = n \cdot p = 3 \cdot \tfrac{1}{2} = \tfrac{3}{2}$; $V(X) = n \cdot p \cdot q = 3 \cdot \tfrac{1}{2} \cdot \tfrac{1}{2} = \tfrac{3}{4}$

Bemerkung zum Erwartungswert: Bei $B\,(2;\tfrac{1}{2})$ stellt sich als Erwartungswert eine Realisation der Zufallsvariablen X, nämlich $x = 1$, ein, während das bei $B\,(3;\tfrac{1}{2})$ nicht der Fall ist.

Das heißt, der Erwartungswert braucht kein Wert zu sein, der als spezielles Ergebnis eines Versuchs auftritt. Erst das Durchführen zahlreicher Versuche führt auf einen »wahrscheinlichsten« Wert, eben den Erwartungswert.

T 38

Je größer man bei der symmetrischen Binomialverteilung $B\,(n;\tfrac{1}{2})$ n werden läßt, um so stärker nähert sich ihr Aussehen einer glockenförmigen Kurve. Glockenform aber ist ein wesentliches Kennzeichen der Normalverteilung.

Die Normalverteilung kann als Grenzfall der Binomialverteilung $B\,(n;\tfrac{1}{2})$ für $n \to \infty$ aufgefaßt werden.

Das kann man ausnutzen, wenn z.B. die Wahrscheinlichkeiten für die Binomialverteilung $B\,(1000;\tfrac{1}{2})$, also für die Entwicklung $(\tfrac{1}{2}+\tfrac{1}{2})^{1000}$ zu berechnen sind. Anstelle aufwendiger Rechenarbeit bei Verwendung der Binomialverteilung können die tabellierten Werte der Ordinaten für die Dichtefunktion der Normalverteilung herangezogen werden. Wie das geschehen kann, wird im nächsten Abschnitt erörtert.

Den Abschnitt »Wahrscheinlichkeitsverteilungen« soll eine Aufgabe abschließen, in der einige der behandelten Begriffe und Zusammenhänge auf das Beispiel einer stetigen Zufallsvariablen angewandt werden.

Die Dichtefunktion einer Zufallsvariablen X sei gegeben durch

$$f(x) = \begin{cases} 0 & \text{für } x < 2 \\ 1 & \text{für } 2 \leqq x \leqq 3 \\ 0 & \text{für } x > 3 \end{cases}$$

a) Stellen Sie die Dichtefunktion graphisch dar!

b) Geben Sie die Verteilungsfunktion der Zufallsvariablen X an!

c) Stellen Sie diese graphisch dar!

d) Berechnen Sie die Wahrscheinlichkeit $P\,(2{,}5 < X \leqq 2{,}8)$!

e) Berechnen Sie Erwartungswert und Varianz der Zufallsvariablen X.

Lösen Sie die Aufgabe auf einem Arbeitsblatt. Sollten Sie allerdings keine Vorkenntnisse zur Differential- und Integralrechnung besitzen, so lassen Sie die Teilaufgaben b) bis e) unberücksichtigt.

Erst nach Lösung der Aufgabe umblättern   ────────── ▶ T 39

Abschnitt 3. Darstellung der Daten (Lehrschritte 109 bis 240)

Ziele

Gesamtziel: Nach Durcharbeiten dieses Abschnitts hat der Lernende Kenntnis über die wichtigsten Begriffe und Zusammenhänge aus den Problemkreisen

3.1. Tabellarische Darstellung
3.2. Graphische Darstellung
3.3. Mittelwerte
3.4. Quantile
3.5. Streuungsmaße.

Der Lernende erwirbt die Fähigkeit, die Möglichkeiten der Darstellung von Daten zu erfassen, die verschiedenen Darstellungsformen anzuwenden, Tabellen, Diagramme und statistische Maßzahlen zu interpretieren und richtige Schlußfolgerungen daraus zu ziehen.

Einzelziele: Der Lernende wird in der Lage sein,

a) eine Tabelle richtig anzulegen,
b) die für Datenart und Art des Merkmals möglichen graphischen Darstellungsformen auszuwählen,
c) selbständig die verschiedenen Möglichkeiten der graphischen Darstellung von Daten, insbesondere von Häufigkeitsverteilungen, auszuführen,
d) typische Verteilungsformen zu unterscheiden,
e) die Prüfung einer empirischen Verteilung auf Normalverteilung zeichnerisch vorzunehmen,
f) die Ausgleichung von Häufigkeitsverteilungen durchzuführen,
g) zwischen der Darstellung von monovariablen und bivariablen Häufigkeitsverteilungen und speziellen Formen der graphischen Darstellung zu unterscheiden,
h) das arithmetische Mittel nach verschiedenen Formeln zu berechnen,
i) das gewogene arithmetische Mittel anzugeben,
k) andere Mittelwerte (Median, Dichtemittel, geometrisches Mittel) zu bestimmen und zu vergleichen,
l) sich für den richtigen Mittelwert bei einem gegebenen Problem zu entscheiden,
m) die Quantile einer Verteilung anzugeben,
n) die Standardabweichung nach verschiedenen Formeln zu berechnen,
o) deren Bedeutung zu erkennen,
p) den Variationskoeffizienten richtig zu gebrauchen,
q) die 3-s-Regel zu interpretieren,
r) die Standardabweichung zeichnerisch zu ermitteln,
s) den Standardfehler des Mittelwertes anzugeben,
t) sich für das richtige Streuungsmaß zu entscheiden,
u) die wichtigsten Eigenschaften der Normalverteilung anzugeben und anzuwenden und
v) sich der Tafeln über die Normalverteilung zu bedienen.

Darüber hinaus wird der Lernende mit Ergebnissen zahlreicher empirischer Untersuchungen, insbesondere aus dem Gebiet des Programmierten Lernens, vertraut gemacht. ———————▶ **109**

Lösung der Aufgabe zur Zufallsvariablen X mit der

$$\text{Dichtefunktion} \quad f(x) = \begin{cases} 0 & \text{für} \quad x < 2 \\ 1 & \text{für} \quad 2 \leqq x \leqq 3 \\ 0 & \text{für} \quad x > 3 \end{cases}$$

Zu a)

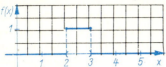

Bild 169

Zu b)   Verteilungsfunktion $F(x) = \begin{cases} 0 \text{ für } x < 2, & \text{denn } F'(x) = 0 = f(x) \\ x - 2 \text{ für } 2 \leqq x \leqq 3, & \text{denn } F'(x) = 1 = f(x) \\ 1 \text{ für } x > 3, & \text{denn } F'(x) = 0 = f(x) \end{cases}$

in dem betreffenden Intervall.

Wir wandten dazu die Beziehung (t 21) des Schrittes T 26 an.

Zu c)

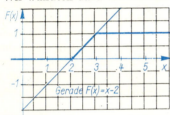

Bild 170   Bild 171

Zu d) $P\,(X \leqq 2{,}5) = F(2{,}5) = 0{,}5 \quad P\,(X \leqq 2{,}8) = F(2{,}8) = 0{,}8 \quad$ (aus Bild 171)

Dann ergibt sich nach (t 23) im Schritt T 27

$P\,(2{,}5 < X \leqq 2{,}8) = F(2{,}8) - F(2{,}5) = 0{,}8 - 0{,}5 = 0{,}3$

Zu e)   Für $2 \leqq x \leqq 3$ ist die Dichtefunktion $f(x) = 1$,
außerhalb dieses Intervalls ist $\quad\quad\quad f(x) = 0$.

Infolgedessen brauchen wir die Integrale, die sich bei Berechnung von $E(X)$ und $V(X)$ ergeben, nur zwischen den Grenzen $x = 2$ und $x = 3$ zu betrachten. Nach (t 25) im Schritt T 29 ist

$$E(X) = \mu = \int_2^3 x \cdot f(x)\,\mathrm{d}x = \int_2^3 x \cdot 1\,\mathrm{d}x = \left[\frac{x^2}{2}\right]_2^3 = \frac{9}{2} - 2 = \frac{5}{2}$$

Aus (t 27^a) in Schritt T 30 ergibt sich

$$V(x) = \sigma^2 = \int_2^3 (x - \mu)^2 \cdot f(x)\,\mathrm{d}x = \int_2^3 \left(x - \frac{5}{2}\right)^2 \cdot 1\,\mathrm{d}x = \int_2^3 \left(x^2 - 5x + \frac{25}{4}\right)\mathrm{d}x$$

$$= \left[\frac{x^3}{3} - \frac{5x^2}{2} + \frac{25x}{4}\right]_2^3 = 9 - \frac{45}{2} + \frac{75}{4} - \frac{8}{3} + 10 - \frac{25}{2}$$

$$= \frac{11}{4} - \frac{8}{3} = \frac{1}{12}$$

Entscheiden Sie sich:

!

Ich möchte mich jetzt der Normalverteilung zuwenden   → **T 40**, Seite 48

Ich kam vom Schritt 16 und möchte mit dem dort folgenden Abschnitt »1.2. Messen und Maßeinheiten« weiterarbeiten.   → **17**

Ich kam vom Schritt 142 und möchte zunächst den Teil »Graphische Darstellung« zu Ende bearbeiten.   → **143**

Ich möchte den eben zu Ende gegangenen Abschnitt wiederholen.   → **T 22**